Die Entdeckung der Tiere

HERBERT WENDT

DIE ENTDECKUNG DER TIERE

VON DER EINHORN-LEGENDE ZUR VERHALTENSFORSCHUNG

Mit einem Vorwort von Prof. Dr. Bernhard Grzimek
und einem einleitenden Essay
von Prof. Dr. Armin Geus

Christian Verlag

Redaktion: Ulla Dornberg
Korrekturen: Irmgard Perkounigg
Register: Irmgard Killing
Layout: Dieter Lidl
Entwurf des Schutzumschlags: Ludwig Kaiser

Gesamtherstellung: Hieronymus Mühlberger, Augsburg.
ISBN 3-88472-004-X

INHALTSÜBERSICHT

DRITTER TEIL – ENTDECKUNGEN DER NEUZEIT

Vorwort

Herbert Wendt war ein ungewöhnlicher Mensch. Zwei Jahrzehnte lang habe ich immer wieder mit ihm Fühlung gehabt, habe einige Jahre mit ihm eng zusammengearbeitet. Ich habe ihn in mancher Hinsicht bewundert.

Er wurde in der Großstadt Düsseldorf geboren, wuchs dort auf, studierte Zoologie und Geisteswissenschaften, schrieb erst Theaterstücke – von denen eins in der Hitler-Zeit alsbald verboten wurde – und wandte sich nach dem Krieg immer mehr den Naturwissenschaften zu. Sein 1953 erschienenes, in zwanzig Sprachen übersetztes Werk „Ich suchte Adam“ stellte die Menschheitsentwicklung von ihren ersten Anfängen an bis in die Neuzeit dar. Vor allem aber auch, wie sie erforscht wurde – und das alles trotz der Fülle des bewältigten Stoffes in gemeinverständlicher Sprache, so daß es auch Fachwissenschaftler anderer Zweige und nicht wissenschaftlich vorgebildete Leser verstehen konnten und davon gefesselt wurden. Diese wissenschaftlich sorgfältige und umfassende Arbeitsweise als Grundlage seiner so erfolgreichen Bücher hat Herbert Wendt sein ganzes Leben beibehalten.

Nach dem Verlust seines Armes im Krieg vor Kreta erlangte er in den weiteren vier Jahrzehnten seines Lebens nie mehr die volle Gesundheit, hatte immer wieder Schmerzen zu erleiden. Aber seine Willenskraft überwand das alles, er bereiste trotzdem immer wieder die Länder Südamerikas; ein nachdenkliches Buch über das Leben und Zusammenleben der weißen, schwarzen und roten Menschen in jenem Erdteil war die Frucht dieser Reisen. Herbert Wendt gehörte auch nicht zu den Schriftstellern, die sich nur denkend und schreibend mit Tieren befassen. Er hat in seinen Gehegen stets seltene und empfindliche Vogelarten mit viel Liebe und Geschick erfolgreich gezüchtet und z. B. die Pinché- oder Perückenäffchen erstmals zur Fortpflanzung gebracht.

Von den Naturwissenschaftlern wurden sein Werk und seine Arbeitsweise stets voll anerkannt. Hinzu kam, daß er mit Wissenschaftlern ausgezeichnet auskam und mit ihnen umzugehen verstand. So war ich froh, ihn als Redakteur und Lektor des großen, sechzehnbändigen Werkes „Grzimeks Tierleben“ gewinnen zu können. Er hat die meisten dieser Bände bearbeitet, hat viele Beiträge darin verfaßt und hat den umfangreichen Ergänzungsband „Entwicklungsgeschichte der Lebewesen“ zusammen mit Professor Gerhard Heberer selbst herausgegeben.

Mit Herbert Wendt ist ein Mensch dahingegangen, der nicht so bald vergessen werden wird und dessen Arbeit noch lange fortleben wird.

Ich habe ihm sehr zu danken.

Bernhard Grzimek.

Einleitung

von Armin Geus

Der Schriftsteller Herbert Wendt ist am 26. Juni 1979 in Baden-Baden verstorben, kurz nachdem er die Manuskriptarbeiten für dieses, sein letztes Buch, abgeschlossen hatte. Es war dies in der Tat kein Zufall, denn beständig schreibend lebte er seine Jahre.

Am 16. Mai 1914 in Düsseldorf geboren, studierte er nach dem Abitur ab 1933 Germanistik und Naturwissenschaften an den Universitäten in Leipzig, München, Tübingen und Berlin. Den politischen Ereignissen dieser Zeit und den erkennbar gewordenen Gefahren, die Millionen Menschen den Tod bringen sollten, vermochte der Student nicht auszuweichen, seine politische Heimat aber ist der deutsche Nationalsozialismus niemals geworden. Mit dem Verbot des Frühwerkes *Trennende Gitter* aus dem Jahre 1939 war auch von seiten der faschistischen Zensoren sichtbare Distanz geboten. Der Kriegsdienst brachte ihm den Verlust des rechten Armes, quälende Phantomschmerzen blieben bis in die letzten Lebenswochen.

In den Jahren nach dem Kriege wurde H. Wendt Mitredakteur der in Baden-Baden erschienenen Zeitschrift *Weltpresse*, dann des von Alfred Döblin herausgegebenen *Goldenen Tores*. In Berlin, Kappelrodeck und Eisental bei Bühl fand er mit der Familie jeweils eine vorübergehende Bleibe, bis sie 1955 in Baden-Baden seßhaft werden konnten. Seit 1952 war H. Wendt als freier Schriftsteller und Übersetzer tätig.

Im *Schiff der Verdammten*, dem ersten Sachbuch von 1952, das die Forschungsfahrt des dänischen Kapitäns Vitus Jonassen Bering behandelt, der in den Diensten Zar Peters des Großen auf der Suche nach einer Landverbindung zwischen Asien und Amerika die Südküste Alaskas, Kodiak Island und die Aleuten entdeckte, zeichnen sich der thematische Rahmen und die literarische Konzeption ab, die dem bereits im darauffolgenden Jahr veröffentlichten Werk *Ich suchte Adam* zu weltweitem Erfolg verholfen haben. Ähnlich wie Curt W. Ceram mit dem Roman der Archäologie *Götter, Gräber und Gelehrte*[1] neue Dimensionen der Sachliteratur aufgezeigt hat, sollte hier „*die Frage nach der Herkunft und dem Entwicklungsgang der Menschheit*" in der Form eines „*wissenschaftlichen Tatsachenromans*"[2] beantwortet werden, „*von einer speziellen Sachkennerschaft in die Breite der gleichwertigen tragenden Intelligenz*"[3] fortwirkend.

Der Leser erfährt, daß „*die Enthüllung der Urzeit... wohl das dramatischste Kapitel in der Naturgeschichte* [ist], *reich an Zwischenfällen und Verwicklungen, voll menschlicher Tragödien* [und] *jeder Schädel, jeder Faustkeil, der heute in einem Museum ruht, jedes Werk, das sich mit dem*

Ursprung des Menschen beschäftigt, ... sein besonderes Schicksal"[4] hat. Die methodische Vermittlung der Fakten und Zusammenhänge, nämlich über „*das eigentliche Thema hinaus auch andere Wissensgebiete* [zu] *streifen, ... aus Akten, Briefen und Berichten zu zitieren, um das Milieu jedes einzelnen Falles zu rekonstruieren*"[5], schafft die Voraussetzungen dafür, selbst „*teilzunehmen am Abenteuer der Forschung, an den Grabungsarbeiten, an der Aufdeckung von Spuren aus Urzeittagen und an den wissenschaftlichen Fehden, denen so mancher verkannte Entdecker zum Opfer fiel.*"[6]. Bei einer Gesamtauflage von über einer halben Million Bänden wurde dieser Erfolgstitel in vierzehn Sprachen übersetzt.

Die Tatsache, daß die Existenz des tierischen Körpers von Nahrungsaufnahme und Zeugung bestimmt ist, also von den Bedürfnissen zur Erhaltung des individuellen Lebens und den Voraussetzungen für den Fortbestand der eigenen Art, hat H. Wendt zum Anlaß seines *Liebeslebens in der Tierwelt*[4] genommen. Unter Hinweis auf Wilhelm Bölsches *Liebesleben in der Natur*[8], einem „*der erfolgreichsten Faktenbücher jener neuen biologisch-evolutionistischen Epoche*"[9] um die Jahrhundertwende, in dem „*eine ständige ‚Braut- und Erzeugungsnacht'* [herrscht], *durch die sich die darwinistische Verwandtschaft aller Wesen in einen liebestrunkenen Reigen verwandelt*"[10], schien ihm die Zeit „*reif für eine neue Entwicklungsgeschichte der Fortpflanzung*"[11]. Er mußte nicht mehr in der betulichen Diktion des Aufklärers alle nur erdenklichen Varianten menschlicher Sexualpraxis entzaubern und venerische Krankheiten zu einem „*Totentanz der Liebe*"[12] stilisieren, Sigmund Freud und Alfred C. Kinsey lagen zwischen ihm und dem Wissenschaftslyriker W. Bölsche. Weil aber „*nahezu alle Formen und Erscheinungen des menschlichen Sexus nur dann richtig* [zu] *deuten und* [zu] *erklären* [sind], *wenn wir ihre vormenschlichen, ihre tierischen Wurzeln aufdekken*"[13], bedient sich H. Wendt zurecht der vergleichenden Betrachtung.

Sein publizistisches Schaffen wollte die globalen Probleme von Natur- und Landschaftsschutz ebensowenig ausklammern, wie die Auseinandersetzung mit weltpolitischen Fragen. Als Kenner Lateinamerikas, der geographischen, wirtschaftlichen und gesellschaftlichen Verhältnisse, schrieb er 1964 eine viel beachtete kritische Analyse über Tendenzen und Chancen reformerischer Konzepte in Südamerika mit dem Titel *Der schwarz-weiß-rote Kontinent*[14]. Den Kreislauf des Wassers, die zunehmende Verschmutzung von Flüssen und Seen und die irreversiblen Störungen der ökologischen Systeme in den Weltmeeren schildert er in *Quellen, Ströme, Meere – Roman des Wassers*[15], und *Das bedrohte Paradies*[16] ist eine beschämende Bilanz der Vernichtung zahlreicher Tierarten, die dem Wachstumsfetischismus, wirtschaftlichem Kalkül, mitunter auch der Lust am Töten zum Opfer gefallen sind.

H. Wendt hat ein gewaltiges Lebenswerk hinterlassen. Er ist Verfasser von mehr als zwei Dutzend Buchveröffentlichungen. Daneben wirkte er über Jahre als Textredakteur von *Grzimeks Tierleben*, und zusammen mit Gerhard Heberer war er Herausgeber des Ergänzungsbandes dieser Enzyklopädie des Tierreiches zur *Entwicklungsgeschichte der Lebewesen*[17].

Nicht die Rede war bisher von dem Buch, 1956 in erster Auflage erschienen, das den Titel *Auf Noahs Spuren – Die Entdeckung der Tiere*[18] trägt. Die überaus positive Aufnahme dieses Werkes in der Öffentlichkeit ist nur mit dem Echo vergleichbar, das die Geschichte der Menschheitsentwicklung in *Ich suchte Adam* drei Jahre zuvor gefunden hatte.

Die Arche Noah ist seit jeher das biblische Sinnbild für die Artenvielfalt des Tierreiches, unübersehbar aber auch der von Menschenhand gezimmerte Zufluchtsort, wo die Repräsentanten jeder Art in der Obhut des Menschen der bevorstehenden Katastrophe entkommen konnten. Deshalb versteht Wendt seinen Gang durch die Kulturgeschichte insbesondere als Aufforderung, sich der verpflichtenden Treuhänderschaft bewußt zu bleiben und den Untergang weiterer Arten aufzuhalten.

„*Hier wird also jetzt auf Noahs Spuren eine Entdeckungsgeschichte der Tiere geboten*", schrieb Richard M. Barin anläßlich des Erscheinens der ersten Auflage in der Süddeutschen Zeitung, „*aber sie handelt vom Menschen! ... Die lange Entdeckungsfahrt, die der Leser mitmacht, zeigt deutlich, wie die Erforschung der Tiere unsere eigene Vergangenheit enthüllt – nicht nur davon ist in diesem überreichen Buche die Rede, wie der Mensch sich einst Drachen und Einhörner erdachte und eben jetzt von fabelhaften Meerschlangen und dem schrecklichen Schneemenschen im Himalaja flüstert, sondern davon, daß er Treuhänder des Tieres ist, durchaus nicht nur sein Entdecker und Erforscher*"[19].

Es war der Wunsch H. Wendts, auf der Grundlage dieses Buches die *Entdeckung der Tiere von der Einhornlegende bis zur Verhaltensforschung* neu zu schreiben. Er hat dieses Vorhaben zu Ende gebracht, das Erscheinen des neuen Bandes durfte er allerdings nicht mehr erleben.

H. Wendt beendet sein Buch mit der aufsehenerregenden Entdeckung des Quastenflossers *Latimeria chalumnae*, als wollte er sagen, damit sei vermutlich das letzte Kapitel in der Erforschungsgeschichte des Tierreiches geschrieben worden. Wenn dies für die Wirbeltiere durchaus zutreffen könnte, so sind doch innerhalb der wirbellosen Tiere gerade in der jüngsten Vergangenheit höchst bemerkenswerte Neufunde erfolgt, welche in der Öffentlichkeit zwar kaum registriert wurden, für die Aufklärung einer Reihe von ungelösten Problemen im Zusammenhang mit der phylogenetischen Entwicklung einzelner Tierstämme aber um so wichtiger gewesen sind[20].

Als die Mitarbeiter einer dänischen Tiefsee-Expedition am 6. Mai 1952 in den Gewässern des Stillen Ozeans vor dem Festland von Costa Rica mehrere Bodenproben aus einer Tiefe von dreieinhalbtausend Metern an Bord ihres Forschungsschiffes „Galathea“ geholt hatten, ahnte wohl niemand unter den Wissenschaftlern an Bord, daß sich in dem dunklen, schlickigen Material einige wenige lebende Exemplare jener Urschnecke befanden, die bislang nur als hypothetisches Modell in Lehrbüchern existierte.

Äußerlich war dem Weichtier nicht viel anzusehen. Erst bei genauerer Untersuchung stellte sich heraus, daß die leicht zerbrechliche und zum Vorderrand hin zipfelförmig eingekrümmte Schale an ihrer Spitze einen spiralig aufgerollten Anhang trägt, der den embryonalen Schalen mariner Prosobranchierlarven[21] zu entsprechen schien. Eine weitere Überraschung war die Tatsache, daß der After am Hinterende auf einer verlängerten Papille nach außen mündet, während er bei allen übrigen Arten dieser Gruppe im Verlauf der Larvenentwicklung infolge einer charakteristischen Drehung des die inneren Organe beherbergenden Eingeweidesackes in die Nähe des Kopfes verlagert wird.

Nicht genug, auf der Unterseite waren zu beiden Seiten des Fußes fünf büschelartige Kammkiemen vorhanden, die, wie später festgestellt wurde, den metameren Körperbau der Schnecke und ihren ursprünglichen Organisationstypus zu erkennen gaben. Die ebenfalls segmental ausgebildete Fußmuskulatur und die sechs Paare hintereinander geschalteter Exkretionsorgane vervollständigten dieses Bild.

H. Lemche hat die altertümliche Schnecke 1957 in der berühmten amerikanischen Zeitschrift *Nature*[22] als neue Art beschrieben und ihr zum Andenken an das dänische Forschungsschiff den Namen *Neopilina galatheae* gegeben. Schon der Titel seiner Veröffentlichung, *A new living deep-sea Mollusc of the cambro-devonian class Monoplacophora*, zeigt, daß der Verfasser die Verwandtschaft mit fossilen Formen des Kambrium, des Silur und des Devon, sowie die Zugehörigkeit zu den ausgestorbenen Monoplacophoren erkannt hatte. *Neopilina* ist demnach der erste lebende Repräsentant einer Weichtierklasse, der sich nahezu dreihundert Millionen Jahre lang am Leben zu erhalten und alle erdgeschichtlichen Umwälzungen zu überstehen vermochte. *„Aufgrund der weitreichenden Übereinstimmungen mit fossilen Schalen dürfen wir sogar annehmen“*, schreibt Peter Ax, *„daß Neopilina galatheae sich in diesem ungeheuren Zeitraum auch in der inneren Organisation kaum verändert hat“*[23].

Wenige Jahre danach, es war im Dezember 1958, entdeckten die beiden Amerikaner A. H. Clarke und R. J. Menzies[24] von der New Yorker Columbia-University im nördlichsten Abschnitt des vor der Küste von Chile und Peru sich erstreckenden Meeresgrabens zehn Exemplare eines zweiten rezenten Vertreters der Monoplacophora, die sie als *Neopilina* bzw. *Vema ewingi* beschrieben haben. Diesmal kamen die Schnecken aus einer Tiefe von sechstausend Metern und im Unterschied zu *Neopilina galatheae* hatten sie nicht fünf, sondern sechs Kiemenpaare.

Von einer anderen Tiergruppe, den Bartträgern oder Pogonophoren, deren Entdeckungsgeschichte mit dem Jahre 1914 beginnt, kennen wir keine fossilen Verwandten. Damals berichtete der Franzose M. Caullery[25] von einem unbekannten Wurm aus den Gewässern des Malaiischen Archipels, den er *Siboglinum weberi* nannte. Es bestand für ihn kein Zweifel, daß es sich dabei um einen ganz neuen Typus wirbelloser Tiere handelte, der kaum in den bestehenden Gruppierungen des Systems unterzubringen war.

Deshalb forderte K. E. Johansson[26], als er die von P. Uschakov[27] 1933 aus dem Ochotskischen Meer als *Lamellisabella zachsi* beschriebene zweite Pogonophorenart nachuntersucht hatte, eine eigene Klasse zu errichten. In dem Jahrzehnt zwischen 1950 und 1960 überstürzten sich dann die Ereignisse. Die vom Ozeanographischen Institut der sowjetischen Akademie der Wissenschaften in Leningrad unter der fachkundigen Leitung von A. W. Ivanov[28] planmäßig betriebene Durchforschung der Tiefseefauna des Ochotskischen Meeres und der Bering-See erbrachte eine Fülle weiterer Arten, und der bereits erwähnten dänischen Galathea-Expedition gelang zudem der Nachweis für das Vorkommen von Bartträgern im ostpazifischen Raum vor Panama und in der Makassarstrasse von Borneo. Schließlich meldete sich noch der schwedische Morphologe G. Jägersten[29] mit mehreren Funden aus dem Skagerrak und von der norwegischen Küste.

Die Pogonophoren sind – dies war eine Überraschung für alle Zoologen – in den verschiedensten Meeresgebieten beheimatet und nicht ausschließlich Meeresbewohner. Ihr fadenförmig gestreckter, durch eine auffallende Ringfurche deutlich in Vorderteil und Rumpf gegliederter Körper erreicht bei Durchmessern zwischen 0,15 bis 2,5 mm in einigen Fällen die beträchtliche Länge von 36 cm. Immer ist er von einer festen röhrenartigen Hülle umgeben, die, aus tierischer Zellulose bestehend, meist über spezifische, für die Unterscheidung der Arten wichtige Strukturen verfügt und ein Vielfaches der Körperlänge ausmachen kann. Ausschlaggebend für die Benennung dieser Tiere war der eigentümliche, auf der Unterseite des Vorderendes entspringende Tentakelapparat, der bei den Angehörigen der Gattung *Spirobrachia* aus mehr als zweihundert Einzelfäden bestehen kann, während die *Siboglinum*-Arten nur mit einem einzigen, aber besonders langen Tentaculum ausgestattet sind.

Einmalig in der Organisation freilebender Tiere ist die Tatsache, daß alle Pogonophoren weder einen Darmkanal noch Mund und After haben. Die Diskussion über den Nahrungserwerb und die Verdauung ist deswegen auch noch nicht abgeschlossen. Möglicherweise strudeln die dichten Wimperbänder an den Tentakeln Mikroorganismen herbei, die filtriert, anschließend durch von Drüsenzellen abgesonderte Verdauungsfermente aufgelöst und schließlich resorbiert werden. Andere Befunde deuten darauf hin, daß sie sich ohne eigene Enzymsysteme mit Hilfe von Bodenbakterien ernähren und die gelösten organischen Stoffe über die Oberfläche des Tentakelapparates direkt aus dem Wasser aufnehmen.

Der Kieler Zoologe, Adolf Remane, sagte einmal im Kreise von Kollegen und Schülern, er habe den größten Teil seiner wissenschaftlichen Arbeit auf Sand gebaut. Damit meinte er Untersuchungen, die tatsächlich dem Sand, genauer gesagt dem Lückensystem zwischen den Körnern des Sandbodens und der darin vorkommenden Tierwelt gewidmet waren. Die Erforschung dieses Lebensraumes, den man in der Fachliteratur auch Mesopsammal nennt, war buchstäblich vergessen worden, obgleich gerade hier *„im 20. Jahrhundert noch einmal die Begeisterung über eine neue Welt organischer Formen erlebt werden konnte"*, schrieb A. Remane 1952, *„die den Plankton- und Tiefseeforschern des vorigen Jahrhunderts einen so mächtigen Impuls gegeben hat"*[30]. Überdies waren diese Arbeiten ohne kostspielige Apparaturen durchführbar und nicht von der Ausrüstung aufwendiger Expeditionen abhängig.

Das erste Ergebnis in der Erforschung der Sandlückenfauna an den Küsten von Nord- und Ostsee war die Entdeckung der beiden winzigen Polypen *Halammohydra octopodides* und *Halammohydra schulzei* in der Kieler Bucht und auf Helgoland, die zwar schon 1927 beschrieben[31], aber erst gegen Ende der fünfziger Jahre von B. Swedmark und G. Teissier[32] an der Meeresbiologischen Station in Roscoff eingehend untersucht worden sind. Außerdem fanden sie zwei weitere neue Arten, *Halammohydra vermiformis* und *Halammohydra adhaerens,* sowie *Otohydra vagans* als Vertreter einer neuen Gattung.

Abgesehen von der Größe – denn auch in ausgestrecktem Zustand sind sie kaum länger als ein halber Millimeter – haben sich die Polypen den extremen Lebensbedingungen gut angepaßt: mit dem für Hydrozoen ungewöhnlichen Wimperkleid, das als larvales Merkmal zu deuten ist und die gesamte Körperoberfläche bedeckt, bewegen sie sich langsam schwimmend durch die Lückenräume des Bodens, und ein Haftorgan am unteren Ende ermöglicht vorübergehendes Befestigen, so daß sie bei Veränderungen der Druckverhältnisse nicht vom durchfließenden Wasser fortgespült werden.

Wenn von Moostierchen die Rede ist, denkt man an flächige oder bäumchenartig verzweigte Tierstöcke, die aus Hunderten von Einzelindividuen bestehen und fest mit ihrer Unterlage verbunden sind. Völlig anders hingegen sind die Verhältnisse bei *Monobryozoon ambulans,* dem Spaziergänger unter den Moostieren, den A. Remane 1936 im *Amphioxus*-Sand vor der Insel Helgoland gefunden hat[33]. Das einzeln lebende, knapp zwei Millimeter lange Tierchen trägt am Vorderende eine kranzförmige Tentakelkrone. Am Hinterende des beutelförmigen Rumpfes stehen schlauchartige Fortsätze ab, die sehr unterschiedliche Funktionen zu übernehmen haben. Wie kleine Stelzfüße schieben sie den Körper vorwärts, mit Hilfe von Klebdrüsen verankern sie ihn im Substrat und zur ungeschlechtlichen Fortpflanzung verdicken sie sich basal in Form rundlicher Knospen, denen schließlich die Tochtertiere entwachsen.

Von den zahlreichen, in den vergangenen dreißig Jahren neuentdeckten Würmern, insbesondere den parasitisch lebenden Formen, soll in diesem Rahmen nur die 1956 von dem Göttinger Zoologen Peter Ax begründete Ordnung Gnathostomulida[34] erwähnt werden.

Die ersten Exemplare sind 1928 ebenfalls von A. Remane beobachtet worden. Das damals aus der Kieler Bucht stammende Material reichte aber für eine gründlichere Bearbeitung noch nicht aus. Zwanzig Jahre später gelang es dann seinem ehemaligen Schüler P. Ax aus dem Sandstrand von Sylt und aus der Ostsee genügende Mengen aufzusammeln, womit den notwendigen anatomisch-histologischen Untersuchungen nichts mehr im Wege stand. Die Vermutung, daß die Gnathostomuliden in den Sandlückensystemen der Meere weltweit verbreitet sind, ist 1958 von Sebastian A. Gerlach[35] bestätigt worden. Als Teilnehmer der deutschen Xarifa-Expedition unter der Leitung von Hans Hass fand er im Küstensand des zu den Malediven gehörenden Addu-Atolls eine neue Art, sehr nahe verwandt mit der von P. Ax beschriebenen *Gnathostomula paradoxa*, die zur Erinnerung an ihren Fundort *Gnathostomula maldivarum* heißt. Ihre Sonderstellung im System der Plathelminthen oder Plattwürmer verdanken die schlanken, zwittrigen Tierchen mit einer Länge von 0,3 bis 1 mm nicht nur der eigenartigen Körperbedeckung, die aus einem Flimmerepithel besteht, dessen Zellen jeweils nur mit einer einzigen Wimper ausgestattet sind, sondern auch den beiden kräftigen Kieferzangen, die von drei Muskelbeuteln bewegt werden. Außerdem sind das keulenförmig verdickte, durch eine flache Einschnürung etwas abgesetzte Kopfstück und das in einem kurzen Schwanz auslaufende Hinterende mit Tastgeißeln versehen.

„*Einer der bedeutendsten Neuentdeckungen aus dem Lebensraum des Mesopsammal*“ schreibt Peter Ax „*bildet in der jüngeren Zeit die neue Krebsgruppe der Mystacocarida*“[36]. R. W. Pennak und D. J. Zinn[37] haben die ersten Exemplare dieser Tiere an der Ostküste Nordamerikas nahe bei der Meeresbiologischen Station Woods Hole fast einen Meter über der Wasserlinie im feuchten Ufersand gefunden. In ihrer Veröffentlichung aus dem Jahre 1943 stellten sie die unbekannten Krebse der Wissenschaft vor, nannten die Art *Derocheilocaris typicus* und erläuterten die Notwendigkeit, eine neue Ordnung, die Mystacocarida, zu errichten. Wegen der Kriegsereignisse blieb das erwartete Echo in Europa vorerst aus, bis wiederum A. Remane 1951 im Grundwasser der französischen Mittelmeerküste eine zweite Art entdeckte, die sich bald auch außerhalb des Mittelmeergebietes am Atlantik und an der südafrikanischen Küste nachweisen ließ. Die Bearbeitung des Materials erfolgte durch P. A. Chappuis und C. Delamare Deboutville[38]. Zu

Ehren seines Entdeckers haben sie das Krebschen *Derocheilocaris remanei* genannt. Fast gleichzeitig holte der Schwede E. Dahl[39] eine dritte Art, *Derocheilocaris galvarini,* vor der chilenischen Küste aus dem Wasser, die allerdings nicht im Lückensystem des Ufersandes, sondern im grobkörnigen Boden in einer Tiefe von 25 m vorkommt.

Wie alle Sandlückenbewohner bleiben auch die Mystacocarida sehr klein. Die größte Art, *Derocheilocaris galvarini,* wird nur 0,5 mm lang. Hinsichtlich des Körperbaues lassen sie sich mit den planktontischen Ruderfußkrebsen, den einheimischen Hüpferlingen beispielsweise, vergleichen. Die Gliedmaßenpaare der vorderen Rumpfsegmente sind jedoch bereits stark reduziert. Am hinteren Rumpfabschnitt fehlen sie ganz.

Berichte über neuentdeckte oder wiedergefundene Arten wird es auch in Zukunft geben. So hieß es zu Anfang dieses Jahres, daß der englische Autodidakt John Blashford-Snell in den ausgedehnten Sumpfwiesen Neuguineas zwischen dem Fly River und dem Turama einen bisher unbekannten Riesenwaran und eine neue Warzenschlange gefangen habe. Sowjetische Zoologen wollen im vergangenen Sommer in der Nähe von Kap Navarin in der Bering-See eine sechsköpfige Gruppe der Stellerschen Seekuh gesichtet haben, die 1741 von dem fränkischen Arzt und Naturforscher Georg Wilhelm Steller entdeckt wurde und seit 1768 als ausgerottet galt. Sollten sich diese Meldungen bestätigen und die Stellersche Seekuh wenigstens in einigen wenigen Exemplaren überlebt haben, müßte die traurige Geschichte ihres Schicksals, wie sie H. Wendt auch in diesem seinem letzten Buch erzählt hat, etwas korrigiert werden. Er selbst wäre sicher besonders glücklich darüber.

Anmerkungen

1 Curt W. Ceram (= Marek): *Götter, Gräber und Gelehrte.* Hamburg 1949.
2 Herbert Wendt: *Ich suchte Adam.* Hamm 1953 (Vorwort).
3 Curt W. Ceram (= Marek): *Wie zwei Weltbestseller entstanden.* Reinbek 1974, S. 24.
4 s. Anm. 2.
5 s. Anm. 2.
6 s. Anm. 2.
7 Herbert Wendt: *Das Liebesleben in der Tierwelt.* Reinbek 1962.
8 Wilhelm Bölsche: *Liebesleben in der Natur.* Jena 1898–1902 (3 Bde.).
9 s. Anm. 7, S. 12.
10 Richard Hamann und Jost Hermand: *Stilkunst um 1900.* Berlin 1960, S. 298.
11 s. Anm. 7, S. 14.

12 s. Anm. 7, S. 12.
13 s. Anm. 7, S. 14.
14 Herbert Wendt: *Der schwarz-weiß-rote Kontinent. Reformer und Rebellen in Lateinamerika.* Oldenburg-Hamburg 1964.
15 Herbert Wendt: *Quellen, Ströme, Meere – Roman des Wassers.* Rüschlikon 1965.
16 Herbert Wendt: *Das bedrohte Paradies – Kampf um die Erhaltung der Tierwelt.* Wien – Heidelberg 1965.
17 *Entwicklungsgeschichte der Lebewesen.* Hrsg. Gerhard Heberer und Herbert Wendt, Zürich 1972.
18 Herbert Wendt: *Auf Noahs Spuren – Die Entdeckung der Tiere.* Hamm 1956.
19 Richard M. Baring: *Als Noah aus dem Kasten war.* In: *Süddeutsche Zeitung* vom 15., 16. und 17. Juni 1957, Nr. 143/144.
20 Peter Ax: *Die Entdeckung neuer Organisationstypen im Tierreich.* Wittenberg-Lutherstadt 1960 (Neue Brehm-Bücherei Bd. 258).
21 Die Schnecken oder Gastropoden werden in Vorderkiemer oder Prosobranchier, Hinterkiemer oder Opisthobranchier und Lungenschnecken oder Pulmonaten gegliedert.
22 H. Lemche: *A new living deep-sea Mollusc of the cambrodevonian class Monoplacophora.* In: *Nature* 179 (1957).
23 s. Anm. 20, S. 14.
24 A. H. Clarke und R. J. Menzies: *Neopilina (Vema) ewingi, a Second Living Species of the Palaeozoic Class Monoplacophora.* In: *Science* 129 (1959).
25 M. Caullery: *Sur les Siboglinidae, type nouveau d'invertébrés recueilli par l'expédition du Siboga.* In: *Bull. Soc. Zool. France* 38 (1914).
26 K. E. Johansson: *Lamellisabella zachsi Uschakov, ein Vertreter einer neuen Tierklasse Pogonophora.* In: *Zool. Bidr. Uppsala* 18 (1939).
27 P. Uschakov: *Eine neue Form aus der Familie der Sabellidae (Polychaeta).* In: *Zool. Anz.* 104 (1933).
28 A. W. Ivanov: *Pogonophora.* In: *Systematic Zoology* 4 (1955), a. d. Russ. übers. von A. Petrunkevitch.
29 G. Jägersten: *Investigations on Siboglinum ekmani n. sp. encountered in Skagerak.* In: *Zool. Bidr. Uppsala* 31 (1956).
30 Adolf Remane: *Die Besiedlung des Sandbodens im Meere und die Bedeutung der Lebensformtypen für die Ökologie.* In: *Verhandlungen d. Deutsch. Zool. Ges. Wilhelmshaven* 1951. Leipzig 1952.
31 Adolf Remane: *Halammohydra, ein eigenartiges Hydrozoon der Nord- und Ostsee.* In: *Zeitsch. Morph. Ökol. d. Tiere* 7 (1927).
32 B. Swedmark und G. Teissier: *Organisation et développement des Halammohydra (Hydrozoaires).* In: *C. R. Acad. Science Paris* 244 (1957).
33 Adolf Remane: *Monobryozoon ambulans n. g. n. sp., ein eigenartiges Bryozoon des Meeressandes.* In: *Zool. Anz.* 113 (1936).
34 Peter Ax: *Die Gnathostomulida, eine rätselhafte Wurmgruppe aus dem Meeressand.* In: *Abhdl. Akad. Wiss. u. d. Lit. Mainz, Math.-Naturwiss. Kl.* Nr. 8 (1956).
35 Sebastian A. Gerlach: *Ein neuer Vertreter der Gnathostomulida (Turbellaria?) aus dem Meeressand der Malediven.* In: *Kieler Meeresforschungen* 14 (1958).
36 s. Anm. 20, S. 60.
37 R. W. Pennak und D. J. Zinn: *Mystacocarida, a new order of Crustacea from intertidal beaches in Massachusetts and Connecticut.* In: *Smithsonian Misc. Col.* 103, 9 (1943).

38 C. Delamare Deboutville und P.-A. Chappuis: *Présence de l'orde des Mystacocarida Pennak et Zinn dans le sable des plages du Roussillon.* In: *C. R. Acad. Science Paris* 223 (1951).
39 E. Dahl: *Mystacocarida.* In: *Reports Lund Univ. Chile* 1948–49, 7 (1952).

Prof. Dr. Armin Geus, 1937 in Staffelstein geboren, war bis 1970 wissenschaftlicher Mitarbeiter am I. Zoologischen Institut der Universität Erlangen und lehrt seit 1974 als Professor für Geschichte der Biologie an der Marburger Philipps-Universität. Seine Hauptarbeitsgebiete sind die Geschichte der Biologie des 18. und 19. Jahrhunderts, die Illustrationsgeschichte und die Entwicklung der naturwissenschatlich-medizinischen Zeitschriftenliteratur.

ERSTER TEIL

MYTHEN UND SAGEN

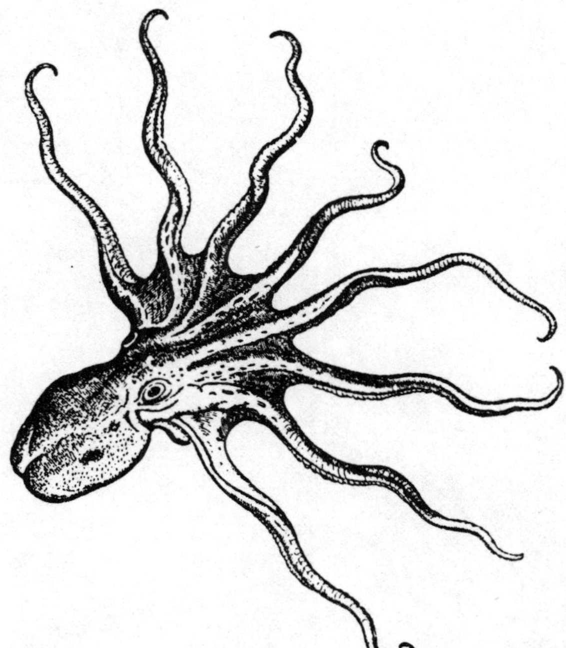

König der Fabeltiere

„Meinst du“, heißt es im Buche Hiob, „das Einhorn werde dir dienen und werde bleiben an deiner Krippe? Kannst du ihm dein Joch anknüpfen, die Furchen zu machen, daß es hinter dir brache in Gründen? Magst du dich darauf verlassen, da es so stark ist, und wirst es dir arbeiten lassen? Magst du ihm trauen, daß es deinen Samen dir wiederbringe und in deine Scheunen sammle?“

Das hier wiedergegebene Zitat stammt aus der Lutherischen Bibelübersetzung. Aber auch in früheren Übertragungen des Alten Testaments wird das fabulöse Tier bereits „Monokeros“ oder „Unicornum“, also „Einhorn“, genannt, obwohl im hebräischen Urtext nicht unbedingt von einem einhörnigen Lebewesen die Rede ist. Aus einigen Stellen scheint sogar hervorzugehen, daß das Re'em, wie das Geschöpf ursprünglich genannt wurde, zwei Hörner besessen haben muß. Der Sinn der Bibelworte jedoch ist klar: Es muß einst im Alten Orient ein starkes wildes Tier gegeben haben, das der Mensch einfing, an die Krippe band, ins Joch spannte und auf dem Felde arbeiten ließ. Die damalige Menschheit scheint diese Zähmung als eine umwälzende, wunderbare Tat empfunden zu haben, die ohne göttliche Hilfe nicht gelungen wäre.

Mit diesem Einhorn beginnt zwar nicht die Geschichte der zoologischen Entdeckungen, aber es entwickelte sich zum bedeutendsten aller Fabeltiere, zu einem mythischen Supertier, für dessen reale Existenz sich die namhaftesten Naturhistoriker von der Antike bis zur Schwelle der Neuzeit verbür-

Das klassische Einhorn in Gesners Naturgeschichte.

gen wollten. In den Schriften von Aristoteles, Plinius und Claudius Aelianus wird es erwähnt; als seine Heimat bezeichnete man entlegene Gebiete in Indien oder in Afrika. Auf der Suche nach dem Einhorn stießen Prähistoriker im sibirischen Dauerfrostboden auf Mammutzähne und auf Überreste eiszeitlicher Nashörner. Forscher und Weltreisende entdeckten im Verlauf der Einhorn-Fahndung in Südasien und Afrika die fünf Nashorn-Arten, die es heute noch auf unserer Erde gibt. In den Meeren des hohen Nordens fand sich schließlich der Narwal, ein Vertreter der Zahnwale, dessen schraubenförmig gedrehter Stoßzahn eine Zeitlang auf Einhorn-Darstellungen zu sehen war und bei dessen wissenschaftlichem Namen (*Monodon monoceros*) das Einhorn sogar Pate stand.

So sah Gesner den Narwal, dessen Zahn man für das Horn des Einhorns hielt.

Viele Wunderdinge wurden dem Einhorn zugeschrieben. Sein pulverisiertes Horn galt als Medikament gegen die verschiedensten Krankheiten und vor allem als Entgiftungsmittel. Man behauptete, jedes vergiftete Getränk fange sofort zu brausen an, wenn man ihm einige geraspelte Späne von dem legendären Horn hinzufüge. Besonders gern verschrieben die Mediziner Einhorn-Pulver gegen Impotenz und Unfruchtbarkeit. Deshalb wanderte das Einhorn allmählich auf die Firmenschilder der Apotheker. Es trug erheblich zur Ausrottung der Nashörner bei, machte den Narwal zum vielverfolgten Jagdobjekt und lieferte auch den Anlaß zu großen prähistorischen Grabungen, bei denen die Stoßzähne, Schädel und Knochen von Mammuten und anderen Fossilien ans Licht geholt und als *Unicornum verum*, als wahres und echtes Horn vom Haupt des Einhorns, etikettiert wurden. Von den Heraldikern wurde das Einhorn manchmal als Widder, oft wie ein Nashorn, meist aber in Pferdegestalt, jedoch mit gespaltenen Rinderhufen, dargestellt, auf der Stirn den bezeichnenden schnurgeraden, in sich gedrehten und spitz zulaufenden Narwalzahn. Auf altem Chorgestühl ist das Einhorn zu sehen, auf vielen Gemälden, Zeichnungen, Kupfer-

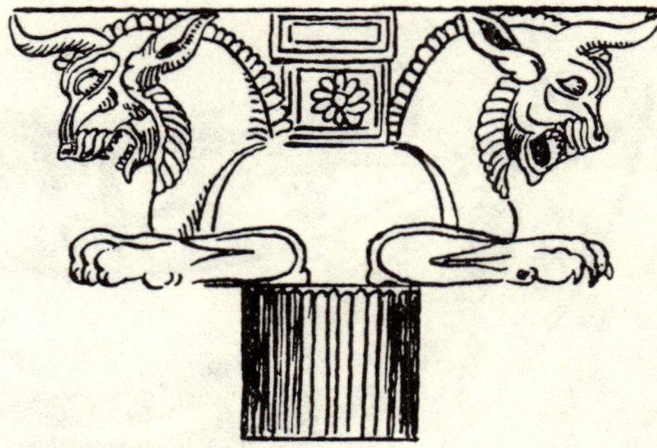

Der König der Fabeltiere auf einem Kapitell des Xerxes-Saales in Persepolis.

stichen und Teppichen. Einige Maler des Spätmittelalters räumten ihm auf ihren Bildern der Verkündigung sogar den Platz des Engels ein. Es hielt Einzug in die Dichtung, ins Kunstgewerbe und ins Staatswappen von Großbritannien und galt als Symbol der Jungfräulichkeit.

Im Mittelalter wog man „Einhorn“ buchstäblich mit Gold auf. Für nicht weniger als hunderttausend Taler erwarb ein Kurfürst von Sachsen ein solches Horn; mit zwei von ihnen konnte Kaiser Karl V. beim Markgrafen von Bayreuth eine hohe, für das Kaiserhaus bedrohliche Geldschuld ablösen. Die Republik Venedig steigerte im Jahre 1559 ihr Gebot für ein einziges der Wunderhörner vergeblich auf dreißigtausend Dukaten. Bei all diesen teuer bezahlten „Einhörnern“ dürfte es sich, wie wir heute wissen, durchweg um Narwalzähne gehandelt haben.

Für den Menschen von heute klingt es höchst verwirrend, daß das Horn eines Wesens, das offensichtlich nur eine Fabelgestalt war, eine derartige Bedeutung erlangen konnte. Lassen sich Fabelwesen, wie das Buch Hiob erzählt, zähmen und an die Krippe binden? Kann man Hörner von Fabelwesen pulverisieren und in den Apotheken verkaufen? Hat das Einhorn demnach vielleicht doch existiert, und wurde ihm nur durch reinen Zufall der Stoßzahn des Narwals angedichtet? Und wenn ja – was war es für ein Tier? Darf man wirklich annehmen, daß die heiligen Schriften der Hebräer unter dem Re'em, dem biblischen Einhorn, tatsächlich das Nashorn verstanden haben? Wie geriet der Narwal in die Geschichte? Und wie kommt es, daß sich Einhornsagen auch in anderen Kulturräumen finden, im fernen Orient zum Beispiel, wo das Einhorn auf Tuschzeichnungen und Holzschnitten in ganz anderer Gestalt erscheint als in Vorderasien und im Abendland? Ist der Begriff „Einhorn“ am Ende nichts als eine Allegorie, ein Symbol der Rätselhaftigkeit, des Wunderbaren und der unbändigen Kraft?

Soweit wir wissen, tauchte das Einhorn (oder eine Tierart, die einige seiner Wesenszüge aufweist) zum erstenmal in den fragmentarischen Auf-

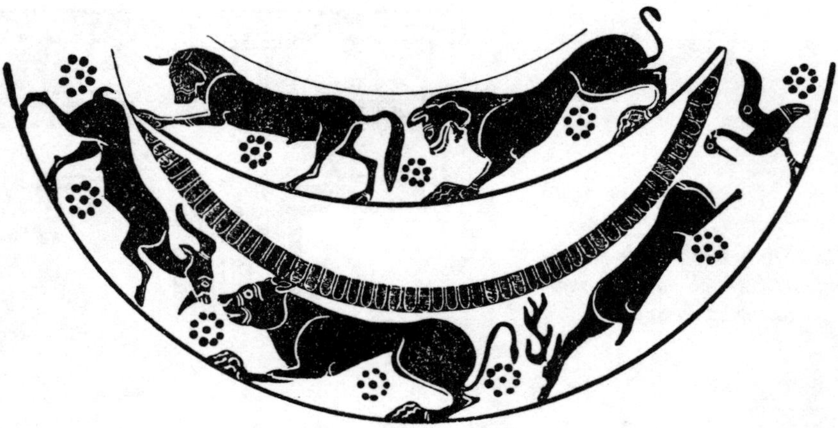

Die Rinderdarstellungen, bei denen Horn auf Horn gezeigt wurde, trugen viel zum Entstehen der Einhorn-Sage bei. Auf diesem Tierfries einer frühkorinthischen Kanne findet sich die Horn-auf-Horn-Darstellung gleich bei drei verschiedenen Tierarten.

zeichnungen auf, die der Grieche Ktesias, zeitweise Leibarzt des persischen Königs Artaxerxes II., um das Jahr 308 v. Chr. hinterließ. Allerdings sind diese Papiere lediglich in rudimentären Abschriften überliefert; zudem hat Ktesias die Fauna Indiens, von der hier die Rede ist, niemals persönlich kennengelernt. Es handelt sich also nur um Gerüchte aus zweiter Hand, um Überlieferungen, die mit wissenschaftlicher Genauigkeit kaum etwas zu tun haben dürften. In seinem Manuskript erwähnt der griechische Arzt eine bestimmte Art von Wildeseln, die größer als ein Pferd werden können: „Ihre Leiber sind weiß, die Köpfe dunkelrot und die Augen dunkelblau. Aus der Stirn ragt ihnen ein etwa anderthalb Fuß langes Horn, das, zu Staub zermahlen und in einem Getränk aufgelöst, ein sicheres Mittel auch gegen das stärkste Gift abgibt ..."

Hier weist das Einhorn bereits neben dem wunderkräftigen Horn auch die Pferdegestalt auf, in der es tausend Jahre später durch den mittelalterlichen Wald trabte. Offensichtlich hat Ktesias in seiner Schilderung vier ganz verschiedene Tierarten zusammengefügt: Aus Indien hörte er vage Gerüchte vom Panzernashorn, einem kraftvollen Lebewesen mit einem einzigen Horn auf der Nase, aus dessen Nasenzierde die Asiaten seit jeher allerlei Geheimmittel anfertigen. In Vorderasien erfuhr er vom pferdegestaltigen Onager, einem Halbesel, der im Rufe einer besonderen Wildheit stand und dessen Statur er dem Einhorn verlieh. Ferner ist ihm wohl etwas von spießhörnigen Antilopen zu Ohren gekommen, deren Abbild, Horn über Horn gezeichnet, schon ein recht naturgetreues Einhorn wiedergeben konnte. In

Babylon und Assyrien schließlich hatte er ausgiebig Gelegenheit, an Tempeltoren und auf den verschiedensten Flachreliefs die originalen Darstellungen eines im Orient weit verbreiteten Tieres zu betrachten – des Rimu, das die Hebräer Re'em nannten.

Damit haben wir uns endlich bis zum eigentlichen Ursprung der Einhorn-Legende vorgetastet. Das Rimu der alten Babylonier und Assyrer war kein Nashorn, kein Wildesel und keine Antilope. Auch mit Narwal oder Mammut hatte es nichts zu tun. Es war ein großes Rind, oft von der Seite dargestellt, so daß ein Horn das andere überdeckte. Die Einhorn-Fabel wurzelt demnach in der Domestizierung des Rindes – eines der bedeutungsvollsten Ereignisse der Menschheitsgeschichte. Erst die Rinderhaltung ermöglichte es dem schweifenden Nomaden, seßhaft zu werden, Siedlungen und Städte zu gründen, den Acker zu bestellen und – wie es im Buche Hiob heißt – „den Samen einzubringen in die Scheunen". Mit ihr begann die menschliche Zivilisation.

Das Rind wurde darum aus wohlverständlichen Gründen von allen Völkern, die es zu domestizieren verstanden, heilig gesprochen. Rinderkult fand oder findet sich in Indien und Burma, auf Bali, in ganz Vorderasien, in Ägypten und bei den ostafrikanischen Hirtenvölkern – von den Massai bis zu den Nama-Stämmen Süd- und Südwestafrikas. Und was das Brahminen-Zebu für die Hindus, der Gayal für die burmesischen Bergstämme und das Langhornrind für die Watussi ist, was der Apis-Stier für die alten Ägypter, der Minotaurus für die Kreter und das Goldene Kalb für Jerobeam war, das war das Rimu für die Babylonier, das Remu für die altorientalischen Akkader und Ugariten und das Re'em für die alttestamentarischen Hebräer.

Der Kult des heiligen Rindes war einst von Kreta bis Südafrika und Indonesien verbreitet. Er fand seinen Niederschlag auch in der griechischen Sagenwelt: So stahl Hermes dem Riesen Argus die heilige Kuh Io.

Bereits die künstlerisch hochbegabten Jägerstämme gegen Ende der letzten Eiszeit haben in ihren Kulthöhlen neben Mammut, Wollnashorn, Wildpferd und Wisent auch gewaltige Urstiere, also Auerochsen, an die Wände gemalt und dabei schon die Einhorn-Form entworfen, nämlich die Darstellung Horn über Horn. Im Alten Orient, als der Auerochse längst gezähmt war, wurde es üblich, solche „Einhörner" – die vielleicht Leitbullen in einer Rinderherde waren – auf Tempelfriesen, Reliefs und Metallschalen wiederzugeben und entsprechende Riten und Kulthandlungen damit zu verknüpfen.

Der Apis-Stier, ein populäres archäologisches Zeugnis für die Rinderverehrung im alten Orient.

Auf ähnliche Weise, Horn über Horn, haben die Ägypter Antilopen und Gazellen abgebildet, so zum Beispiel die Oryx-Antilope, den Spießbock, der heute noch bezeichnenderweise bei den Arabern den Namen Rim trägt; man hielt diese Tiere für sehr gefährlich, zähmte sie aber dennoch und deformierte ihnen – wohl aus kultischen Gründen – dabei die Hörner.

Das hat vorübergehend einige Verwirrung gestiftet. Manche Forscher der neueren Zeit wiesen darauf hin, daß in der afrikanischen Felskunst auffällig viele Profilzeichnungen von geradhörnigen Antilopen zu finden seien und daß man unter diesen Hornträgern wohl nach dem Original-Einhorn suchen müsse. Heute aber wissen wir, daß der Antilopenkult in Ägypten, in der Sahara und in den alten Felskulturen Ost- und Südafrikas lediglich ein Tierkult unter vielen anderen war, der später mit dem Einhornkult vermischt wurde.

Das Wundergeschöpf Rimu wirkte auf die Antike, für die das zahme Rind längst eine Selbstverständlichkeit geworden war, nicht mehr sonderlich attraktiv. Die orientalischen Kultlegenden aber waren geblieben und weckten in den Griechen und Römern ebenso wie in ihren kulturellen

Neben dem einhörnigen Hirsch kannten die ostasiatischen Sagen auch ein kurioses Einhorn im Schildkrötenpanzer, das als Sinnbild des Hauses und des Familienlebens galt. Sein Vorbild war vermutlich die Serow-Gemse, die in chinesischen Legenden oft Einhorn genannt wird.

Erben im europäischen Mittelalter den Glauben, es müsse irgendwo im fernen Asien oder Afrika noch ein übermächtiges, mit fabelhaften Kräften ausgestattetes Geschöpf existieren, das der Urheber dieser Legenden sei. So floß das Rimu zunächst mit der spießhörnigen Antilope Rim, dann mit dem wilden Halbesel Onager, schließlich mit dem stoßzähnigen Narwal des hohen Nordens und mit dem indischen Panzernashorn zu einem einzigen Fabelwesen zusammen.

Wie aber kam es zu dem Glauben an die wundertätigen Heilkräfte des Einhorns? Schon im Altertum und Frühmittelalter fand man bei Grabungen und Erdbewegungen die ersten Fossilien: Knochenteile oder versteinerte Hinterlassenschaften von Sauriern, Mammuten und Höhlenbären. Man hielt sie zunächst für Naturspiele, dann für Überbleibsel von Drachen, Basilisken, Behemoths und ähnlichen Sagengeschöpfen, vor allem aber für Einhorn-Reste. Die Wundergeschichten, die sich mit solchen Funden verknüpften, führten im Abendland wie im Fernen Osten zu dem Glauben, die Natur habe dem Menschen hier Allheilmittel gegen die verschiedensten Gebrechen in die Hände gegeben. Daß dieser Wunderglaube im chinesischen Kulturraum auf das Nashorn und in Nordasien auf das Mammut überging, ist eine andere Geschichte, von der wir noch hören werden.

Zu Anfang des neunzehnten Jahrhunderts zerrupften die Zoologen den König der Fabeltiere mit erbarmungsloser Sachlichkeit. Sie wiesen nach, daß ein Paarhufer mit einem Pferdekörper und einem einzigen Stirnhorn ein Widerspruch in sich selbst sei, eine unmögliche Monstrosität, die sämtlichen biologischen Gesetzen Hohn spräche.

Dennoch flackerte um die Wende zum zwanzigsten Jahrhundert noch einmal die Hoffnung auf, es könne hinter der Einhorn-Sage vielleicht doch

Erst auf neueren japanischen und chinesischen Holzschnitten zeigt das Fabeltier einige der bekannten Merkmale des orientalischen und mittelalterlichen Einhorns.

ein noch unbekanntes Tier stecken – ein Unpaarhufer, der sich zur Not mit den zoologischen Kriterien vertrug. Völkerkundler hörten nämlich von sibirischen Sagen, in denen gewaltige Ochsen mit einem Horn auf der Stirn erwähnt wurden; und die Urzeitforscher entdeckten im gleichen Sibirien (und auch in anderen pleistozänen Schichten Eurasiens) die Knochen eines kolossalen Nashorn-Verwandten, dessen Schädel ein imposantes Stirnhorn zierte. Nur leider hat dieses *Elasmotherium* (von dem es mehrere Arten gegeben hat) nur gerade eben noch die letzte Vereisungszeit des Pleistozäns erlebt und dann vor rund fünfzig bis hundert Jahrtausenden das Zeitliche gesegnet. Den sibirischen Völkern kann es also lediglich in fossilem Zustand begegnet sein.

So bleibt es dabei, daß das Re'em des Buches Hiob mit dem Ur-Stier identisch ist, mit dem Vorfahren des Hausrindes, und daß alle später hinzugekommenen Merkmale und Charakterzüge des Einhorns der regen, immerzu tätigen und zu Spekulationen und Konstruktionen aufgelegten menschlichen Phantasie zuzuschreiben sind.

Opfer des Aberglaubens

Um das Jahr 1292 reiste der venezianisch-dalmatinische Ostasienfahrer Marco Polo nach einem siebenjährigen Aufenthalt im chinesischen Raum mit einer Flotte von siebzehn Schiffen wieder in die Heimat zurück und lernte dabei unter anderem die große Insel Sumatra kennen. Dort sah er einige Tiere, die er als „Löwenhörner" bezeichnete: „Sie haben zwar die gleichen Füße wie die Elefanten, sind aber viel kleiner, ähneln in der Behaarung dem Büffel und tragen zwei Hörner auf dem Kopf, mit denen sie jedoch niemandem etwas tun."

Als Kind seiner Zeit konnte Marco Polo nicht umhin, seine behaarten „Löwenhörner" mit dem Einhorn der Fabel in Verbindung zu bringen. Doch das tat er mit offensichtlichem Widerstreben. Die Tiere gefielen ihm nämlich ganz und gar nicht: „Sie sind alles in allem ein garstiges Vieh. Ihren schweineähnlichen Kopf tragen sie immer gegen die Erde gekehrt, halten sich gern im Schlamm auf und entsprechen in keiner Weise dem, was man sich bei uns über das Einhorn erzählt... Ich kann nur sagen: Dieses Geschöpf ist das genaue Gegenteil von dem, was wir uns unter dem Einhorn vorstellen."

Marco Polos „Löwenhorn" ist ohne Zweifel identisch mit dem kleinen Sumatra- oder Halbpanzernashorn, das heute nur noch in wenigen Rückzuggebieten auf Sumatra, in Malaysia, Thailand und Burma lebt und dort dicht vor dem Aussterben steht. Die seltenste Nashorn-Art unserer Zeit wurde demnach als erste beschrieben.

Eigentlich brauchte das Nashorn, dieser wichtige Befruchter der Einhornsage, nicht erst entdeckt zu werden; die frühe Menschheit hatte schon immer Nashörner um sich gehabt. Knochenfunde, Höhlengemälde und eine Fülle von Felszeichnungen in Eurasien und Afrika zeugen davon. Noch in den Eis- und Zwischeneiszeiten des Pleistozäns – jenes Zeitalters, das der Erdgegenwart vorausging – gab es einhörnige und zweihörnige Wald-, Steppen- und Tundraformen, darunter das zottige Woll- oder Fellnashorn der letzten Vereisungsperiode, der bekannte Zeitgenosse des Mammuts.

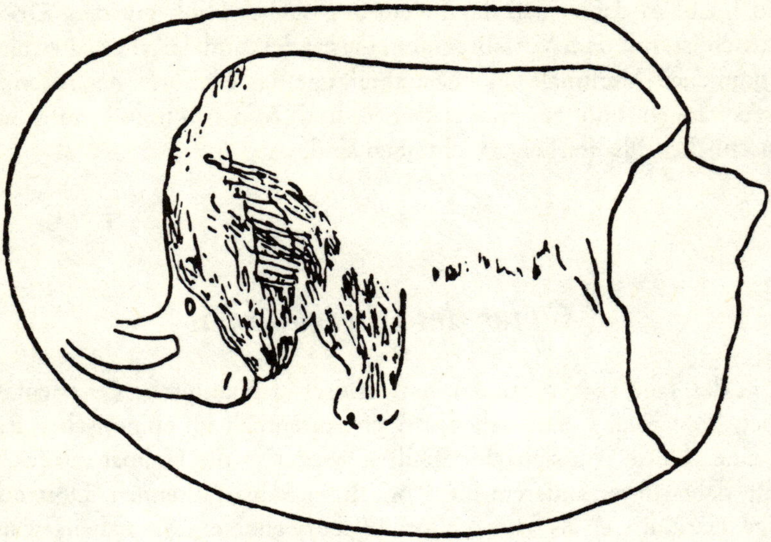

Eiszeitliches Wollnashorn, von einem Cro-Magnon-Jäger auf einem Kiesel aufgeritzt.

Als der heutige Mensch auftrat, existierten allerdings nur noch vier Formengruppen: Panzernashörner, Halbpanzernashörner, Breitmaulnashörner und Spitzmaulnashörner. Die erste Gruppe ist durch ein Nasenhorn gekennzeichnet, die anderen haben deren zwei. Von den übrigen Rhinozerossen unterscheiden sich die einhörnigen Panzernashörner vor allem durch einen ungewöhnlich starken, von tiefen Falten eingeschnittenen Hautpanzer. Den alten Chinesen, Babyloniern, Griechen und Römern waren sie bereits bekannt; aus ihren Hörnern wurden die schon erwähnten Mittel gegen Vergiftung, Epilepsie, Mannesschwäche und viele andere Übel hergestellt. Kein Wunder, daß sie seit dem klassischen Altertum ihrer Hörner wegen erbarmungslos bejagt wurden. Die Folge davon ist, daß heute vom Indischen Panzernashorn nur noch annähernd fünfhundert Individuen, streng beaufsichtigt in zwei Schutzgebieten in Assam und Nepal, übriggeblieben sind. Vom Sunda- oder Java-Panzernashorn, das einst weit über ganz Hinterindien und Indonesien verbreitet war, überlebten lediglich etwa vierhundert Tiere im Udjung-Kulon-Reservat auf Java.

Aus der Fülle der zweihörnigen Halbpanzernashörner blieb allein das nur büffelgroße Sumatra-Nashorn in den schon genannten schnell dahinschwindenden Restbeständen übrig. Diese Tiere gelten als die urtümlichsten der heutzeitlichen Nashörner; bis ins Pleistozän hinein kamen nahe verwandte Arten auch in Europa vor. Erst fünfeinhalb Jahrhunderte nach

Marco Polos Reise erfuhren die Zoologen Europas erneut etwas von ihm: Ein Sumatra-Nashorn war auf Treibsand geraten, wurde von zweihundert Männern mit Stricken aufs feste Land gezogen, mit Hilfe von Elefanten gezähmt und später in einen englischen Zoo überführt. Dort stellte man fest, daß die Art die gleiche war wie das von Marco Polo beschriebene „Löwenhorn".

Während die letzten Java-Nashörner immerhin in Udjung-Kulon konzentriert sind, wissen wir vom Sumatra-Nashorn noch nicht einmal schätzungsweise, wie viele von ihm noch existieren. Ihre Überlebenschancen sind weit geringer als die anderer Nashorn-Arten, da sie Einzelgänger im Dickicht des Urwaldes sind. Lediglich auf der großen Insel Sumatra hat man in den letzten Jahren Spuren von ihnen auf dem Waldboden gesichtet.

Etwas günstiger ist es um die afrikanischen Spitzmaul- und Breitmaulnashörner bestellt. Einst waren die beiden Arten weit über ganz Afrika verbreitet. Auf zahllosen prähistorischen Felszeichnungen in Nordafrika, in der Sahara und im Kapland ist vor allem das Breitmaulnashorn zu sehen, das sagenhafte „White Rhino" der Großwildjäger, das sich bis in unsere Tage hinein in vier weit voneinander entfernten Schutzgebieten in Süd- und Zentralafrika recht gut behaupten konnte. Etwas bedrohlicher sieht es neuerdings um das Spitzmaulnashorn aus – vor kurzem noch die häufigste afrikanische Art –, das in den letzten Jahrzehnten in vielen Gegenden durch hemmungslose Wilderei dezimiert wurde.

An einigen Handelsplätzen Ostafrikas stapeln sich nach wie vor die Nasenhörner gewilderter Tiere und warten auf den Abtransport nach Hongkong oder Singapur – Opfer des immer noch im Fernen Osten grassierenden Aberglaubens, daß ihre Nasenhörner Wundermittel seien. Daß Rhinozeroshorn in Wirklichkeit völlig wirkungslos ist, stellte der Großwildjäger John A. Hunter an sich selbst fest. Er brühte das pulverisierte Horn eines von ihm erlegten Nashorns zu einem Tee auf, wie es die Ostasiaten zu tun pflegen. „Obwohl ich mehrere Portionen des Gebräus trank, verspürte ich keinerlei Effekt", schrieb er darüber. Viele solcher Versuche und Selbstversuche sind unternommen worden, mit Horn aus Afrika und mit Horn aus Asien; nicht die geringste Wirksamkeit konnte man nachweisen. Dennoch suchen die Aufseher in den Reservaten Südasiens und Afrikas das Gelände eifrig ab, um ein Stück Horn oder zumindest etwas abgestreifte Haut zu finden; denn selbst dafür gibt es gut zahlende Interessenten.

Die ersten Beschreiber der großen asiatischen Panzernashörner waren verständlicherweise die Chinesen, die Hauptabnehmer des Nasenhorns. Schon lange vor Marco Polos Zeit wurden in Ostasien Großtransporte von Nashörnern durchgeführt. Die Ts'ien-han-shu-Annalen aus der Regierungsepoche des Kaisers P'ing, etwa um 300 n. Chr., enthalten zum Beispiel folgende Sätze: „Der Kaiser sandte reiche Geschenke an den König von

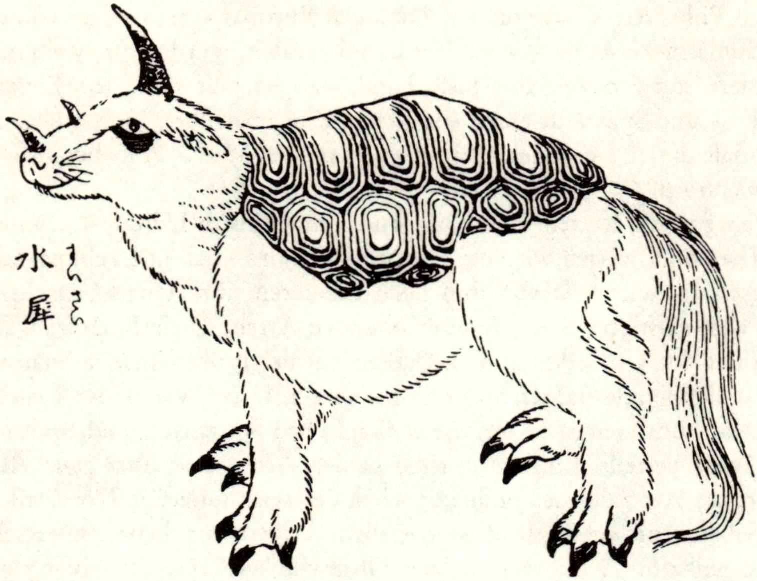

Als die Chinesen ihre Großtransporte südasiatischer Nashörner durchführten, verliehen die Künstler dem „Einhorn im Schildkrötenpanzer" einige Attribute des Rhinozeros. Auch japanische Maler haben dieses Fabeltier gern dargestellt.

Huangtschi mit dem Auftrag, er möge ihm als Tribut ein lebendes Nashorn überbringen." Und: „Die Gesandten aus Huangtschi, die aus dreitausend Li Entfernung kamen, haben als Tribut ein lebendes Nashorn dargebracht."

Das Königreich Huangtschi wird heute von den Geographen in Vorder- oder Hinterindien vermutet, jedenfalls im Süden Asiens, unendliche Meeresstrecken von China entfernt. Der Seetransport eines Nashorns über diese große Entfernung an den chinesischen Kaiserhof ist schon eine höchst erstaunliche und bewundernswerte Leistung, nur zu erklären aus der Wertschätzung, derer sich das Nashorn bei den chinesischen Medizinern und ihren Patienten erfreute. Bis zu Marco Polos Tagen gelangten noch viele Panzernashörner in die kaiserlichen Gärten des Himmelssohnes. Meist kamen sie aus Kambodscha, wo sie heute, nicht zuletzt durch Schuld der Chinesen, verschwunden sind.

Die erste Abbildung eines Panzernashorns, die europäische Augen nach der Antike zu sehen bekamen, stammt von der Hand Albrecht Dürers. Er hatte das Tier nach einer schlechten Skizze in Holz geschnitten. Es ist ein Nashorn aus Indien, das wie mit Schabracken bekleidet aussieht und Schuppen an den Füßen, ein kleines Horn auf der Schulter und hornartige Wucherungen an allen möglichen Körperstellen hat. Das lebende Vorbild zu dieser

Nashornzeichnung hat seine besonderen Schicksale durchstanden. Der italienische Naturforscher Ulisse Aldrovandi konnte sie der Nachwelt überliefern:

Im Jahre 1498 hatte der portugiesische Seefahrer Vasco da Gama Afrika umschifft und Indien auf dem Wasserwege entdeckt. Portugiesische Truppen eroberten elf Jahre später die indische Stadt Goa und setzten sich an der Küste des lange begehrten Wunderlandes fest. Den Soldaten fiel dabei neben Gold, Edelsteinen und Sklaven auch ein Nashorn in die Hände, das sie im Jahre 1523 lebendig zu Schiff an König Manuel den Großen nach Lissabon schickten. Leider hatte das Tier durch die lange Gefangenschaft im engen Schiffsverschlag zahlreiche hornige Hautwucherungen erhalten – eine Erscheinung übrigens, die bei alten Panzernashörnern auch in zoologischen Gärten des öfteren vorkommt. Der portugiesische Zeichner aber, der das fremde Tier in Lissabon bestaunte, war des Glaubens, solche Beulen, Schwielen und Auswüchse gehörten zu jedem rechten Rhinozeros, und skizzierte es dementsprechend. Und Dürer, der das schnell weltberühmt gewordene Geschöpf nie zu Gesicht bekam und sich lediglich die portugiesische Zeichnung beschaffen konnte, mußte logischerweise zu der gleichen Ansicht gelangen. Sein Holzschnitt, auf dem das Tier wie ein prähistorisches Ungeheuer aussieht, blieb bis zum achtzehnten Jahrhundert das einzige nennenswert bekannte Nashornbild auf Erden. So kam es, daß die patho-

Das berühmte Panzernashorn König Manuels des Großen, das mit seinen Hautwucherungen in alle Naturkundebücher einging.

logischen Wucherungen des Lissaboner Exemplars als Charakteristika sämtlicher Nashorn-Arten in die Naturkundebücher eingingen.

Ein hugenottischer Juwelierssohn namens Jean Chardin, der im Jahre 1665 im Alter von kaum zweiundzwanzig Jahren zum Zwecke des Diamantenhandels nach Persien und Indien gegangen war und dort als Kaufmann und Diplomat in britischen Diensten den größten Teil seines Lebens verbrachte, veröffentlichte um 1711 in seinen kulturgeschichtlich hochbedeutsamen Reisetagebüchern endlich eine bessere Nashornzeichnung. Er hatte das Panzertier übrigens nicht in Indien, sondern am persischen Hof in Ispahan gesehen. Schon einige Jahrzehnte vorher hatte ein holländischer Arzt auf Java, Jacob Bontius, etwas von einer zweiten Panzernashorn-Art erfahren. Recht dramatisch schilderte er, wie ein Java-Nashorn „mit ungeheurem Grunzen und Zähneknirschen“ auf einen Reiter losstürzt und dabei, „blind gemacht durch seine Wut, die Bäume und alles, was ihm hinderlich ist, krachend niederschmettert“. Bontius widerlegte auch die alte Mär, daß das Nashorn gute Freundschaft mit dem Tiger halte, und bemerkte hierzu: „Wenn beide Tiere nebeneinander hergehen, so sehen sie einander mit schiefen Augen an, grunzen und blecken die Zähne, was sicher kein Zeichen von Freundschaft ist.“

Die einhörnigen asiatischen Panzernashörner eroberten sich nun langsam die Lehrbücher, Museen und Tiergärten. Zur gleichen Zeit gelangten auch die ersten doppelt gehörnten Spitzmaulnashörner aus Afrika nach Europa. Obwohl es von ihnen bereits im dreizehnten Jahrhundert arabische Skizzen gegeben hatte, wollte die Wissenschaft zunächst nicht glauben, daß sie eine glatte, faltenlose Haut besitzen. Ein Museumskurator, der eines dieser Spitzmaulnashörner präparierte, nahm an, das Tier habe auf dem Transport gelitten, und bügelte Falten in die Haut, um sie „echt“ zu machen. Dieses faltige Doppelnashorn richtete dann später in der Systematik einige Verwirrung an und geisterte jahrzehntelang als besondere Art in den Lehrbüchern herum, bis ein kluger Mann auf den Gedanken kam, die hineingebügelten Falten zu entfernen und das Monstrum dann mit anderen afrikanischen Nashörnern zu vergleichen. Eilends und stillschweigend strich man daraufhin das „zweihörnige Panzernashorn“ wieder aus den gültigen Werken.

Afrika aber hat sich sein größtes Nashorn-Geheimnis bis in die neuere Zeit hinein aufgehoben. Noch zu Beginn des neunzehnten Jahrhunderts war alle Welt davon überzeugt, daß im afrikanischen Raum außer dem Spitzmaulnashorn, dem Schwarzen Nashorn der Jagdliteratur, keine weitere Nashorn-Art vorkomme. Die zahllosen Breitmaulnashörner auf afrikanischen Felszeichnungen hatte man übersehen oder noch nicht richtig gedeutet. Stutzig wurde man erst, als auf ost- und südafrikanischen Handelsplätzen immer wieder außergewöhnlich lange Nasenhörner zum Kauf angeboten wurden. Der britische Afrikaforscher William F. Burchell setzte sich auf diese Spur und fand im Süden des heutigen Botswana tatsächlich eine neue Nashorn-Art: vier Meter lang, zwei Meter hoch, drei Tonnen schwer und mit einem mehr als meterlangen Vorderhorn ausgestattet. Die breiten Lippen sind zum Abweiden von Gras geeignet. Lebend ist das Riesentier – nach dem Elefanten das größte Landsäugetier – erst in jüngster Zeit in die Tiergärten Europas und Amerikas gelangt.

Auf den afrikanischen Steppen gibt es also tatsächlich zwei Nashorn-Arten: das Weiße und das Schwarze Nashorn. Die Weißen sind allerdings nicht weiß, ebensowenig wie die Schwarzen schwarz sind. Möglicherweise hatte sich das erste Weiße Nashorn, das von einem Forscher erblickt und beschrieben wurde, gerade im gelben Lehm gewälzt, so daß es in der gleißenden Sonne weißlich erschien. Wahrscheinlicher aber ist, daß es sich bei dem Namen „Weißes Nashorn" nur um einen Übersetzungsfehler handelt. Da das Breitmaulnashorn ganz erheblich größer als das Spitzmaulnashorn ist, bezeichneten die burischen Siedler in Südafrika es als „Wijde Rino" – also als großes oder breites Nashorn. Infolge eines Mißverständnisses machten die Engländer daraus „White Rhino" – Weißes Nashorn. Und weil der Koloß mit diesem Namen in die Zoologiebücher eingegangen war, wurde die andere, schon lange zuvor bekannte Art, das Spitzmaulnashorn, nun automatisch zum „Schwarzen Nashorn", obwohl sie nicht wesentlich dunkler ist als die „weiße" Art.

Eine nördliche Unterart des Breitmaulnashorns – der Restbestand der früher weit über Nord- und Ostafrika verbreiteten Form – fand sich erst um 1900 am Oberen Nil, zu einer Zeit, als das südliche Breitmaulnashorn bereits als ausgerottet galt. Denn die Jagd auf diese Tiergiganten, die zu allem Unglück auch noch in Herden leben und sich bei Bedrohung kreisför-

Eine der ältesten Abbildungen des afrikanischen Spitzmaulnashorns aus dem dreizehnten Jahrhundert. Ein halbes Jahrtausend verging noch, bis es sich herausstellte, daß in Afrika zwei völlig verschiedene Gattungen von Nashörnern leben.

mig zusammenschließen, wurde zu einer regelrechten Massenabschlachterei.

Glücklicherweise blieben einige tausend Tiere der südlichen Unterart und etwas weniger der nördlichen Unterart von den Massakern verschont. Mit ihnen konnte man Zuchtgruppen aufbauen, die inzwischen dafür gesorgt haben, daß die Breitmäuler größere Chancen haben, das nächste Jahrhundert zu erleben, als alle anderen Vertreter des viel verfolgten Nashorngeschlechts.

Mammut und Elfenbein

In jenen Jahren, in denen der Schwede Karl von Linné die botanische und zoologische Systematik ins Leben rief, trafen in seiner Heimat rund dreitausend Landsleute ein, die nach der Niederlage des Schwedenkönigs Karl XII. bei Poltawa im Jahre 1709 in russische Kriegsgefangenschaft geraten und nach Sibirien verbannt worden waren. Von ihren Verbannungsorten brachten sie nicht nur die ersten gründlichen Nachrichten über die Völker, Sprachen und Landschaften Nord- und Innerasiens mit, sondern auch die Überreste eines gewaltigen Tieres, das man in Sibirien „Mammut" nannte und dessen vielfach gedrehte elfenbeinartige „Hörner" von Eingeborenen gesammelt wurden.

Zwar hatte noch niemand eines dieser Tiere lebend gesehen; wohl aber stieß man gelegentlich im tauenden Eis auf gigantische Leichname mit verwesenden Fleischfetzen und blutigen Knochen. Aus sämtlichen Funden und Beobachtungen schien hervorzugehen, daß in Nordasien ein noch unbekanntes Riesentier existierte, fellbedeckt, mit meterlangen „Hörnern" versehen, die von Elfenbeinhändlern sehr begehrt waren.

Immer wieder trafen die Jägerstämme der Taiga und der Tundra auf unförmige Eisblöcke, die von hungrigen Bären, Wölfen und Füchsen umlagert waren. Monate- und oft jahrelang pilgerten Mensch und Tier regelmäßig zu den vereisten Kadavern und warteten aufs Auftauen. Wenn es dann endlich soweit war, nahm der Mensch das Elfenbein, die Raubtiere verzehrten das Fleisch, und Wind und Wetter zerstörten die Knochen. In einigen Mammutmägen entdeckte man Klumpen von unverdauten und halbverdauten Kräutern, Tundragräsern und Nadelholztrieben. Das Fleisch war oft noch so frisch, daß auch Menschen davon essen konnten. Im Geologischen Institut von Sankt Petersburg wurde später einmal den Teilnehmern an einem wissenschaftlichen Kongreß Mammutsteak vorgesetzt; es stammte von einem Jungtier, das in einem Eisblock eingefroren wie in einer Tiefkühltruhe in die damalige russische Hauptstadt transportiert werden konnte.

Den Elfenbeinhändlern wurde es allmählich klar, daß die Mammute keine Einhörner, wie man zunächst angenommen hatte, auch keine unterirdisch lebenden Riesenmaulwürfe, keine landbewohnenden Walrosse oder ähnliche Ausgeburten der Phantasie waren. Man brauchte sich nur die „Hörner“ genauer anzusehen, um festzustellen, daß es Elefantenstoßzähne sein mußten. Aber wie ließ es sich erklären, daß Elefanten, die ja Tropentiere sind, auch im kalten Sibirien vorkamen oder zumindest vorgekommen waren? Schon im siebzehnten Jahrhundert spielten russische Naturhistoriker mit dem Gedanken, der Pol könne sich verlagert und die nordasiatischen Elefanten damit dem Erfrierungstod ausgeliefert haben.

Schon die frühe Menschheit erkannte die Verwendungsmöglichkeit des Elfenbeins. Hier haben Steinzeitmenschen zwei flüchtende Rentiere in einen Mammutzahn geschnitzt.

Daß es sich bei den „sibirischen Elefanten“ nicht um dieselben Rüsseltier-Arten handelte wie bei den Elfenbeinträgern aus Indien und Afrika, sondern um ein inzwischen ausgestorbenes Charaktertier der Eiszeit, stellte sich zu Anfang des neunzehnten Jahrhunderts durch die gründlichen Forschungen des deutschen Universalgelehrten Johann Friedrich Blumenbach und des englischen Paläontologen Henry Adams heraus. Wie diese Tiere aber in lebendem Zustand aussahen, das erkannte man erst, nachdem die Höhlenforscher zahllose Mammutzeichnungen und Bewegungsstudien von der Hand des Altsteinzeitmenschen entdeckt hatten.

Als dann schließlich Ende des neunzehnten Jahrhunderts der rhythmische Wechsel von Eis- und Zwischeneiszeiten sowohl in der Alten als auch in der Neuen Welt während der letzten Million Jahre zur Gewißheit wurde, fanden die Prähistoriker heraus, daß sich auch die pleistozäne Tier- und Pflanzenwelt im gleichen Rhythmus periodisch abgewechselt hatte. In den Kälteperioden lebten in Europa und Nordamerika bestimmte Mammutarten, Wollnashörner, Rentiere und Moschusochsen; sie wanderten jedesmal, wenn eine Zwischeneiszeit wärmere Temperaturen brachte, nach Nor-

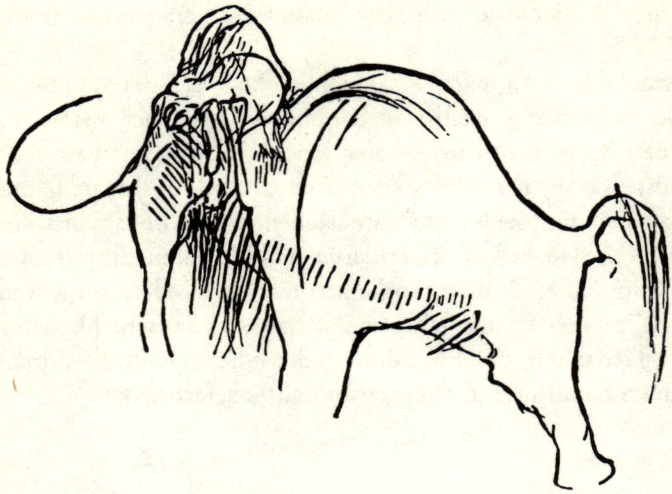

Das Mammut, ein begehrtes, aber auch gefährliches Jagdwild des Eiszeitmenschen. Wie es aussah, wissen wir so richtig erst seit der Entdeckung der Höhlengemälde.

Ostspanische Felszeichnungen verraten, daß der heute ausgestorbene Waldelefant noch gegen Ausgang der letzten Eiszeit in Südeuropa vorkam.

den und Nordosten ab. Von Süden rückten dann wärmeliebende Arten wie Waldelefant, Waldnashorn und andere nach. Meldete sich aber erneut eine Kältezeit an, zogen die Wärmeformen wieder nach Süden, und die kältefesten Arten besetzten abermals den Norden.

Im Laufe dieser Ereignisse blieb es nicht aus, daß ein lebhafter Artenwandel stattfand. So unterscheidet man in den einzelnen Kälte- und Warmzeiten des Pleistozäns mehrere Arten von Waldelefanten, Warmsteppen-Elefanten und Kältesteppen-Mammuten, ebenso wie eine Reihe von Wald- und Fellnashörnern, zu denen das späteiszeitliche Wollnashorn gehört. Der Eiszeitmensch benutzte Mammutknochen als Baumaterial und Mammutzähne als Rohstoff für seine Schnitzereien. Er schlachtete die zottigen Rüsseltiere ähnlich gründlich aus, wie es später die Sibirier mit den eingefrorenen Mammutkadavern taten und wie Afrikaner, Asiaten und weiße Großwildjäger in der Neuzeit mit den beiden überlebenden Elefanten-Arten verfahren. Insgesamt hat man in Sibirien die Reste von fast fünfzigtausend Mammuten aufgefunden. Hinzu kommen aus Nordamerika noch einige tausend Mammute und ebenso viele Mastodonten – eine verwandte neuweltliche Rüsseltierart, die gleichfalls gegen Ende des Pleistozäns ausstarb. Ein Drittel des in unserer Zeit vom Kunstgewerbe verarbeiteten Elfenbeins soll vom Kältesteppen-Mammut herrühren.

Nahezu überall, wo sich vorzeitliche und heutzeitliche menschliche Kulturen entfaltet haben, gab es auch Elefanten-Arten. Ähnlich wie der Eiszeitmensch das Mammut bejagte, sich von ihm ernährte und Kleinkunstwerke aus seinem Elfenbein schnitzte, tat es der Steppenjäger in der heutigen Sahara mit den großen Alt- und Südelefanten; und so tat es vielleicht auch die präindianische Bevölkerung im Raum des süd- und mittelamerikanischen Hochlandes mit den Mastodonten. Daß sich in Sibirien und Alaska so viele lebendfrisch wirkende Überreste von eiszeitlichen Rüsseltieren erhalten haben, ist dem Dauerfrost der Arktis zu verdanken, der weite Gebiete Nordasiens und Nordamerikas bis in die heutige Zeit hinein gleichsam in riesige Kühlräume verwandelt hat.

Die Elefantengestalt war dem Menschen also seit Urzeiten vertraut. Niemand wunderte sich über dieses auffällig aussehende Säugetier mit seiner zu einem Rüssel verlängerten Nase, die als vorzügliches Greiforgan zu den vielfältigsten Hantierungen dient, und mit den zwei oft zu großen Stoßzähnen entwickelten oberen Schneidezähnen, die das Elfenbein liefern. Und seit Urzeiten nutzte der Mensch dieses Elfenbein.

Nur zwei Arten von Rüsseltieren blieben bis heute übrig: der Afrikanische und der Indische Elefant, beide in freier Wildbahn gefährdet und durch die fortschreitende Zerstörung ihrer ursprünglichen Lebensräume mehr und mehr bedroht. Deshalb versucht der Mensch seinen Elfenbeinhunger an vielerlei Ersatzobjekten zu befriedigen: an Walroßzähnen, Flußpferd-

Ein vieldiskutiertes Maya-Bildwerk – die Stele B im Tempel von Copán. Da es echte Elefanten in Amerika nicht gegeben hat, können die beiden zugerittenen Dickhäuter nur gezähmte Mastodonten gewesen sein.

hauern, fossilem Zahnbein, den harten Samen der Steinnußpalme und neuerdings auch an Kunststoff.

Die Stadt Elephantine im heutigen Katarakt von Assuan, Metropole der ersten oberägyptischen Provinz, war im Altertum das Tor zum Sudan, zum Elefantenland des Südens. Bei den Ägyptern führte die Stadt den Namen Ab. Auch das Elfenbein, das dort in Unmengen durch die Straßen geschleust wurde, hieß Ab wie der Elefant selbst. Bereits im Alten Ägyptischen Reich stapelten sich in dieser auf einer Nilinsel gelegenen Elfenbeinstadt die Stoßzähne sudanesischer und ostafrikanischer Elefanten. Handwerker und Künstler stellten Hausrat und Schmuck aus ihnen her, der auf periodisch verkehrenden Nilbooten zu den Tempeln und Metropolen stromabwärts verschifft wurde.

Ein weiterer afrikanischer Elefanten-Umschlagplatz muß im Norden des

Atlasgebirges gelegen haben. Von hier bezogen später die Karthager ihr Elfenbein und ihre Haus- und Kriegselefanten. Ein dritter befand sich am Indus: Von dort aus wurden Indische Elefanten nach Persien, Babylon, Ninive und Kleinasien exportiert. Sowohl die asiatischen als auch die afrikanischen Elefanten galten als wertvolle Nutztiere. Beide Arten wurden auch schon früh zu kriegerischen Zwecken verwendet. So mußte zwangsläufig irgendwann einmal der Augenblick kommen, in dem asiatische und afrikanische Elefanten einander gegenüberstanden – der Augenblick, in dem die Kulturvölker der Antike erfuhren, daß „ihr" Elefant ebensowenig eine Sonderstellung auf Erden einnahm wie „ihre" Nation.

Diesen Augenblick können wir geschichtlich recht genau fixieren. Er fiel in die Regierungszeit des Pharao Thutmosis III., des Eroberers von Vorderasien, also in das siebzehnte Jahrhundert v. Chr. Ein Grab bei Ouarna auf der Westseite von Theben enthält eine Inschrift, die die Taten dieses Heldenkönigs Thutmosis verherrlicht, und in ihr heißt es: „Ich schaute abermals eine Tat der Vollkommenheit, ausgeführt von dem Herrscher Ägyptens im Lande Ninive, woselbst er auf der Jagd erlegte hundertundzwanzig Elefanten, ihres Elfenbeins wegen." Diese Elefanten von Ninive müssen zur asiatischen Art gehört haben. Afrikanische Elefanten hatte Pharao Thutmosis sicherlich schon oftmals in seinem Leben erlegt, ohne viel Aufhebens davon zu machen. Wenn er die Elefantenschlacht bei Ninive im Tempel verewigen ließ, so nur aus dem Grunde, weil er sie wirklich als eine Großtat, eine „Tat der Vollkommenheit", empfunden hat. Wer hundertzwanzig fremde Tiere bezwingt, der fühlt sich eben als Held.

In der Folge sind sich indische und afrikanische Elefanten oftmals begegnet und sogar in heftigen Wettstreit getreten, allerdings nicht auf wissenschaftlichem, sondern auf militärischem Sektor. Sie wurden die Tanks der Antike, mit deren Hilfe man Waffen und Soldaten in Feindesland transportierte und gegnerische Heere niederzuwalzen versuchte. Dareios Kodomannos, der dritte seines Namens auf dem persischen Königsthron, war nach den Indern der erste Feldherr, der diese neue strategische Waffe in Anwendung brachte. Sie nutzte ihm nicht viel; trotz seiner Geschwader indischer Elefanten wurde er von Alexander dem Großen sowohl bei Issos als auch bei Gaugamela entscheidend besiegt. Vielleicht rührt daher die schlechte Meinung, die Alexander von solcher Art Kriegführung hatte. Der große Makedonier lehnte es nämlich kategorsich ab, die Elefanten des Dareios in seine Armee aufzunehmen, und begnügte sich lediglich mit einem einzigen Rüsseltier namens Ajax, das die Ehre genoß, sein Gepäck zu tragen.

Alexanders Nachfolger, die Diadochen, dachten in diesem Punkte anders. Ägyptens tüchtiger Griechenfürst Ptolemäus II. Philadelphus, der Sohn des nach Alexanders Tode eingesetzten Statthalters, gründete am Roten Meer die Stadt Ptolemais Theron eigens zu dem Zweck, dort gefangene afrikanische Elefanten zu zähmen und für den Kriegsgebrauch abzurichten. Aus dieser Station stammen die berühmten Kriegselefanten seines Enkels Ptolemäus IV., der sich selbst Philopater, den Vaterliebenden, nannte, der aber vom Volk mit mehr Recht den Beinamen Tryphon, Schlemmer, erhielt. In der Schlacht bei Raphia im Jahre 217 v. Chr. standen die afrikanischen Elefantentanks dieses vierten Ptolemäus den indischen Elefantentanks des seleukidischen Diadochen Antiochos III. gegenüber – eine wahrhaft geschichtliche Auseinandersetzung. Zwar siegte der Schlemmer Ptolemäus über den großen Antiochos; aber die Fama behauptet, die afrikanischen Elefanten seien vor ihren indischen Vettern schmählich davongelaufen. Seitdem schwor man in der Antike darauf, der Afrikaner könne den Inder nicht riechen und nehme vor ihm Reißaus. Sudans Elefanten fielen dieses Vorurteils wegen immer mehr in Ungnade. Von da ab war es nur noch ein Schritt bis zu der Behauptung, der Afrikanische Elefant sei überhaupt zur Zähmung recht wenig geeignet.

Schon lange vorher hatte Europa die nichteuropäischen Elefanten kennengelernt. Der erste Europäer, dem die Begegnung mit einem lebenden Elefanten zugeschrieben wird, war der Grieche Ktesias, der Leibarzt des Perserkönigs Artaxerxes II. Um 398 v. Chr. berichtete Ktesias in seiner dreiundzwanzigbändigen Geschichte Persiens, er habe in Babylon einen Elefanten aus Indien gesehen, ein recht sonderbares Tier, das im Stehen schlafen müsse, weil es keine Gelenke in den Beinen habe und sich demzufolge weder hinlegen noch erheben könne.

Nun ist es mit dem Manne Ktesias und seinen Geschichten aus dem Orient eine eigene Sache. Die Nachwelt machte aus ihm einen Globetrotter, einen wissenschaftlichen Konquistador, und schrieb ihm die Entdeckung nahezu aller Weltwunder zu. Ktesias, so hieß es in Hellas, habe den Orient wie seine Westentasche gekannt; er habe den Elefanten, das Nashorn, das Einhorn, den indischen Wildesel, die östlichen Heilmittel gegen Vergiftung und Epilepsie und auch das Land Indien selbst (das er in Wirklichkeit nie gesehen hat) als erster beschrieben. Wenn man in Griechenland nicht recht wußte, von wem diese oder jene Nachricht über den Orient stammte, dann hieß es prompt: von Ktesias. Die Lehr- und Schulbücher späterer Zeiten übernahmen diese Weisheit. Noch heute gilt Ktesias offiziell als Entdecker des Elefanten, des Nashorns, des Landes Indien und unzähliger anderer orientalischer Wunderdinge.

Auch die Legende von der Unzähmbarkeit des Afrikanischen Elefanten hielt sich bis in die Neuzeit hinein, obwohl ihr unzählige Berichte aus Ägypten und Karthago widersprachen. Dort wandelten Afrikanische Elefanten als zahme Nutztiere über die Straßen, bevölkerten die Städte, arbeiteten mit Rüssel und Stoßzähnen in den Häfen und transportierten Handwerker und Soldaten auf ihrem Rücken. Im Zirkus haben Rüsseltiere aus

Afrika seit langem bewiesen, daß sie das gleiche leisten wie ihre Verwandten aus Südostasien. Auch den Römern fielen bei ihren großen Tierschaustellungen in punkto Gelehrigkeit keine Unterschiede zwischen den beiden Arten auf.

Die alten Inder bildeten Ganesa, den Gott der Weisheit, mit einem Elefantenkopf ab. Noch heute gilt der Elefant im Orient als Symbol der Weisheit.

Im ersten Jahrhundert v. Chr. waren die Arenen in Rom bereits voller Elefanten aus Afrika und aus Asien. Die grauen Dickhäuter kämpften dort gegen andere Tiere; sie lernten aber auch das Seiltanzen, das Speisen an reichgedeckter Tafel, das Schreiben mit einem Griffel und ähnliche Kunststücke. Rom hatte seine Erfahrungen mit Kriegselefanten hinter sich und benutzte die Riesentiere nun nur noch als Schau- und Nutztiere.

Die Elefanten-Erfahrungen der Römer waren nicht ganz angenehm gewesen. Indische Elefanten kamen im Jahre 280 v. Chr. erstmals aus den asiatischen Diadochenreichen in Italien angerückt; sie durchzogen mit König Pyrrhus von Epirus die Landschaft Lukanien und jagten den strammen Centurionen durch ihr Trompetengebrüll einen solchen Schrecken ein, daß

Schon vor dreizehn Jahrhunderten gelangten zahme indische Elefanten nach China. Wie die Riesentiere auf die Ostasiaten gewirkt haben, zeigt dieser Holzschnitt des japanischen Künstlers Hokusai.

die Schlachten bei Heraklea und Asculum verlorengingen. Zwar handelte es sich hier nur um „Pyrrhus-Siege"; aber die Angst vor den „lukanischen Ochsen", wie die Römer die Elefanten damals nannten, lag den Legionen und dem Volk noch lange danach in den Knochen. Dreißig Jahre darauf, im Ersten Punischen Krieg, standen dem römischen Heer auf Sizilien abermals solche Ungeheuer gegenüber. Sie trugen einen Schlachtturm auf dem Rükken, in dem mehrere Bogenschützen saßen, und waren gefolgt von braunen Kriegern, denen sie als lebendige Schutzmauer dienten. Diesmal stammten sie aus Afrika, aus Karthago.

Doch nun geschah etwas Überraschendes: Die karthagische Geheimwaffe funktionierte nicht. Römische Infanterie und Kavallerie umschwärmte die Elefantenschwadronen des Hasdrubal, warf Feuerbrände in ihre Reihen und beunruhigte die Tiere so, daß sie nicht Roms, sondern Karthagos Söldner niederzutrampeln begannen. Entschlossen befahl Hasdrubal, den erregten Elefanten einen scharfen Meißel in den Kopf zu treiben und sie auf diese Weise schnellstens zu töten. Es half nichts – Lucius Caecilius Metellus siegte im Jahre 250 v. Chr. bei Panormos, nahm die restlichen Elefanten des Hasdrubal gefangen und führte sie im Triumph nach Rom, wo sie bald in den Arenen abgeschlachtet wurden.

Im weiteren Verlauf der Punischen Kriege gewöhnten sich die Römer allmählich an die Karthager ebenso wie an die „lukanischen Ochsen“. Und zweiunddreißig Jahre nach der Schlacht bei Panormos erlitten die Elefanten die größte Niederlage ihrer Geschichte – allerdings nicht durch Rom, sondern durch die Natur selbst. Hannibal, Karthagos größte und tragischste Feldherrengestalt, wollte Italien von Norden her unterwerfen, mit hitzegewohnten afrikanischen Soldaten, mit bergunkundigen afrikanischen Elefanten. Eine Armee, bestehend aus neuntausend Reitern, fünfzigtausend punischen, libyschen, iberischen und schwarzen Fußsoldaten und fünfzig Kriegselefanten, brach im Mai des Jahres 218 v. Chr. aus Klein-Karthago (der heutigen spanischen Stadt Cartagena) auf und bezwang in einer Kraftleistung ohne Beispiel die Pyrenäen und die Alpen.

Die afrikanischen Menschen und Tiere freilich mußten einen hohen Preis dafür zahlen. Schon nach dem Überschreiten der Pyrenäen waren Hannibal nur noch siebenunddreißig Elefanten verblieben. Auf den Alpenpässen steigerte sich der Kampf mit den Elementen dann zu einer Tragödie. Schnee lag auf den Gipfeln, die Pfade waren vereist, und die durch Frost und Hunger ermatteten Söldner und Elefanten glitten aus und stürzten in gähnende

Chinesischer Arbeitselefant – nur mit der Leiter zu besteigen. Eine amüsante Tiergroteske aus dem Fernen Osten.

Tiefen. Auf halbem Weg durch das Gebirge bereits hatte sich die Armee um die Hälfte ihrer Soldaten vermindert. Von den Elefanten waren lediglich noch zwanzig dabei. Und als Hannibal schließlich in der Poebene stand, war sein Heer auf zwanzigtausend Infanteristen, einige tausend Reiter und acht Elefanten zusammengeschmolzen.

Mit diesen Truppenresten mußte Hannibal gegen verschiedene römische Armeen antreten, deren jede um ein Vielfaches stärker war als die seine. Trotzdem erlitt er in Italien nicht eine einzige Niederlage. Karthago ging, wie sich in den Geschichtsbüchern nachlesen läßt, auf andere Weise zugrunde. Ein einziger Elefant aber überstand den großen Feldzug. Er kehrte, nachdem er Spanien, Gallien und Italien durchwandert, zwei Hochgebirge überquert, fünf Kilometer vor Rom geweilt und an mindestens sechs Schlachten teilgenommen hatte, fünfzehn Jahre nach dem Aufbruch aus Cartagena wieder wohlbehalten in eine der großen Elefantenstallungen von Karthago zurück.

Nach der Zerstörung Karthagos importierten die Römer massenweise Elefanten aus den neugewonnenen Provinzen Numidia und Africa und rotteten so die im Norden der Sahara lebende Unterart allmählich aus. Die letzten Nachrichten über den karthagischen Atlas-Elefanten stammen aus dem zweiten nachchristlichen Jahrhundert. Damit verschwand der Elefant zunächst aus dem Bewußtsein der abendländischen Völker. Denn im Mittelalter versperrte der Islam den wißbegierigen Europäern den Weg zu Indiens und Afrikas Wundern – und demzufolge auch zu Indiens und Afrikas Dickhäutern. Harun al Raschids Präsent an Karl den Großen war das einzige Rüsseltier, das in einem Zeitraum von mehr als tausend Jahren europäischen Boden betrat.

Dafür kam die Sitte der Elefantenzähmung und der Kriegführung mit Hilfe von Elefanten bei den Arabern wieder zu Ehren. Bereits im siebten Jahrhundert, in der Epoche der T'ang-Dynastie, waren auch die ersten Indischen Elefanten nach China gelangt; sie wurden dort ihrer Weisheit wegen von den größten Dichtern besungen und – wie es im Wesen des chinesischen Volkes liegt – fleißig als Arbeitstiere benutzt.

Als das Abendland sich im sechzehnten Jahrhundert endlich wieder intensiver mit Elefanten zu beschäftigen begann, hatte man längst vergessen, daß es mehrere Arten gab. Die ersten Rüsseltiere, die erneut in Europa eintrafen, gehörten der indischen Art an, die man demzufolge für die einzige auf der Erde hielt. Schon im Jahre 1443 soll auf der Frankfurter Messe ein Indischer Elefant gezeigt worden sein. Im Winter 1551 erhielten dann Hannibals alpenüberquerende Dickhäuter einen würdigen Nachfolger, an den heute noch das Gasthaus „Zum Elefanten“ in Brixen in Südtirol erinnert. In diesem Gasthof machte ein Indischer Elefant Rast, als er auf umgekehrtem Wege wie die lebenden Tanks aus Karthago die Alpenpässe über-

Das Indische Rüsseltier in Gesners Naturgeschichte hat bereits die Ohrform des Afrikanischen Elefanten.

schritt, um in Deutschland zur Schau gestellt zu werden. Dem Brixener Exemplar folgte bald ein weiteres, auf dem Kaiser Maximilian II. feierlich in Wien einzog. Auch in den Türkenkriegen wurden vom Reichsheer neben den ersten Säcken voller Kaffeebohnen verschiedene asiatische Elefanten erbeutet. Den Inhalt der Säcke hielt man für Kamelfutter und schüttete ihn weg; die Elefanten verwendete man zu Festungsarbeiten. Auf diese Weise eroberte sich die indische Art nach und nach einen Platz in der Naturgeschichte, in der Literatur, im Volksmund, in Sprichwort, Fabel und Kindermärchen.

Mit der Auferstehung der afrikanischen Rüsseltiere dagegen dauerte es noch eine Weile. Als die Portugiesen, Holländer und Engländer im sechzehnten und siebzehnten Jahrhundert den afrikanischen Kontinent als einen schmackhaften Bissen anzusehen begannen, warfen sie die dort angetroffenen Elefanten einfach mit der indischen Form zusammen. Einer der frühesten Berichte betrifft die Elefanten von Angola; er wurde im Jahre 1624 von dem weitgereisten Wundarzt Samuel Braun aus Basel verfaßt.

„Dieses Land zeugt viele Elephanten", heißt es hier. „Die Elephanten belangend ist zu wissen, daß die Handelsleuth von denselbigen das Gebein und ihre Zähne wunderlich bekommen. Denn die Elephanten wechseln die Zähne und lassen dieselben in ihrem Alter fallen, wenn ein Zahn etwa einen Zentner und etliche Pfund wiegt, wie ich's selber gesehen. Mit denselbigen

Zähnen nun handeln sie starck. Denn daraus werden köstliche Messerhefte und Tischtafeln zierlich zubereitet. Wann sie aber die Elephanten fangen, so thun sie es also: Weil sie der Elephanten Weg, den sie zum Wasser nehmen, gar wohl wissen, auch ein jeder Elephant seinen Weg also nimmt, daß er den anderen auf seinem Weg nicht hindern oder weichen macht, so machen die Schwartzen oder Einwohner ein groß Loch, etwa zween Mann tief, darnach verdecken sie das Loch mit alten Bäumen. Wann dann die Elephanten zum Wasser gehen, so fallen sie in das Loch. Und so es diejenigen ersehen, welche von weitem darauf lauern und solche Lotterfallen gemacht, laufen sie behend herzu und schießen sie zu Tode mit langen Pfeilen. Hierdurch bekommen sie das Elfen- oder Elephantenbein."

Der Basler Wundarzt Samuel Braun konnte nicht ahnen, daß seine Vorfahren in der Späteiszeit auf nahezu die gleiche Weise haarige Mammute erjagt hatten. Fanggruben, wie sie von Braun geschildert wurden, sind noch heute bei innerafrikanischen Naturvölkern in Gebrauch.

Bis ins erste Viertel des neunzehnten Jahrhunderts hinein kam zu Samuel Brauns Erkenntnissen kaum etwas Neues hinzu. Man jagte die afrikanischen Elefanten, errichtete „Lotterfallen", verschaffte sich das Elfenbein und „handelte damit starck". Erst im Jahre 1825 kam ein lebender Elefant aus Afrika in die Menagerie des Jardin des Plantes zu Paris. Er fand Aufnahme in die Annalen der Naturgeschichte. Der große französische Zoologe Georges Cuvier untersuchte ihn nämlich und stellte fest, daß er sich in vielen Punkten ganz erheblich von seinem indischen Vetter unterschied. Cuviers deutscher Kollege Blumenbach machte aus dem afrikanischen Elefanten eine neue Art; und Cuviers Bruder Frédéric erhob ihn sogar in den Rang einer besonderen Gattung.

Später unterschieden die Zoologen in Afrika zwei Unterarten: den Rundohrigen Waldelefanten und den riesigen Großohrigen Steppenelefanten. Beide sind trotz aller Hegemaßnahmen und Schutzgebiete ebenso auf dem Rückmarsch wie die als Arbeitstiere immer mehr von Autos und Traktoren verdrängten Elefanten Südasiens. Das Zeitalter der grauen Riesen nähert sich unwiderruflich seinem Ende, noch bevor es den Zoologen und Tiergärtnern gelungen ist, Elefanten in Tierparks systematisch zu züchten und wenigstens auf solche Weise zur Erhaltung dieser imposanten Tiergestalten beizutragen.

Schon die Haltung und Pflege von Elefantenbullen ist überaus problematisch; die vielen durch sie verursachten Unglücksfälle haben dazu geführt, daß die meisten Zoos nur weibliche Rüsseltiere zeigen. Und künstliche Besamung ist bei Elefanten bis jetzt noch nicht gelungen.

Erst in unserem zwanzigsten Jahrhundert, dessen Zivilisation sich ausgesprochen elefantenfeindlich erwies, klärte sich endlich das Gerücht von der angeblichen Unzähmbarkeit des Afrikanischen Elefanten. Im früheren Belgisch-Kongo (heute Zaïre) entstand zu Anfang des Jahrhunderts die erste Zähmungsstation. Heute leisten dort in der Station Gangala-na-Bodio abgerichtete Waldelefanten trotz der Einführung von Lastwagen und Traktoren gute Dienste als Zug- und Tragtiere bei allerlei Waldarbeiten. Sie leben praktisch frei auf einem Gelände von zweitausend Hektar; ihr Bestand läßt sich – zumindest bis jetzt noch – mühelos aus den immer noch recht großen Elefantenherden von Zaïre ergänzen.

Nur eine einzige Gefahr hängt wie ein Menetekel über dieser Versuchsstation wie über allen Elefanten-Reservaten – die Wilderei, die Bedrohung der Tiere durch den nach wie vor blühenden Elfenbeinhandel.

Gorgonen, Zyklopen und Waldmenschen

Trommeln, Flöten und Zymbeln ertönten aus dem Urwald, wie der Befehlshaber der Flotte später ins Logbuch eintrug, ungeheures Geschrei klang auf zwischen den Riesenbäumen, und in den Nächten zuckten überall Feuer. Fast einen Monat fuhren sie schon nach Süden – dreißigtausend Männer und Frauen auf sechzig Schiffen. Sie hatten bereits allerhand gesehen an der westafrikanischen Küste, Wunderbares und Schreckliches; aber immer noch wollte Hanno, der Suffet, der Vizepräsident der Stadtrepublik Karthago, nicht umkehren. Mit dreißigtausend Menschen und dem nötigen Kriegs- und Friedensgerät, so glaubte er, lasse Afrika sich umschiffen, kolonisieren und endgültig an Karthago schmieden.

Hannos Fahrt zum „Götterwagen" fand um 525 v. Chr. statt. Sie war nicht der erste Versuch einer Umrundung des afrikanischen Kontinents; denn bereits siebzig Jahre zuvor hatten phönizische Schiffer nach einem Plan des Pharao Necho II. das Kap glücklich bezwungen. Aber sie war das wohl bestausgerüstete Siedlungsunternehmen des Altertums. Und da der nüchterne, korrekte Reisebericht des Suffeten Hanno sich in einer Abschrift, die in den Codex Heidelbergensis aufgenommen wurde, bis heute erhalten hat, wissen wir über diese antike Großexpedition verhältnismäßig gut Bescheid.

Westafrika war den karthagischen Seefahrern nicht unbekannt. An der Westküste von Marokko und vielleicht sogar bis zum Senegal hinunter gab es karthagische Pflanzstädte und Stützpunkte. Karthagos Negersklaven stammten zu einem großen Teil aus Mauretanien. Hanno konnte Dolmetscher von verschiedenen westafrikanischen Plätzen mitnehmen, konnte sich auf die Ergebnisse früherer Fahrten stützen und wußte möglicherweise schon, daß die afrikanische Küste am Golf von Guinea nach Osten umbog.

Doch diesen Punkt hatte seine Flotte inzwischen nach vier Wochen Fahrt längst erreicht. Seit vielen Tagen bereits ruderten seine Männer durch eine fremde, unheimlich wirkende Welt.

Diese Welt des tropischen Afrika mit ihren Rätseln und Überraschungen, ihrer Abgründigkeit und Dämonie wird zwischen den Zeilen des schmucklosen Reiseberichts deutlich sichtbar. Die Karthager schauten auf weite Ebenen voller Tierherden, trafen in Bergschluchten auf dunkelhäutige Eingeborene, entdeckten Flußpferde und Krokodile, die sich in großen Flüssen wälzten, und sahen nachts die Wald- und Steppenbrände wie feurige Ströme übers Land rasen. Nach einigen Kolonisationsversuchen erblickte Hanno schließlich einen gewaltigen Berg, den die Dolmetscher „Götterwagen" nannten. Er fuhr noch drei Tage weiter, erreichte am „Südhorn" eine Bucht und steuerte dort eine Insel oder Halbinsel an, auf der sich ein See befand. „Weiter fuhren wir nicht", schrieb er in lapidarer Kürze, „da es an Vorräten mangelte."

Zwei Stellen in Hannos Aufzeichnungen sind für uns besonders interessant. Einmal, „eine Tagfahrt von einem großen Fluß entfernt", sahen die Karthager Berge, „von Waldmenschen in Tierfellen bewohnt, die uns durch Steinewerfen hinderten, die Tiefe zu verlassen". Und das zweite Mal, auf der „Insel am Südhorn", tauchten gleichfalls „wilde Menschen" auf, „darunter viele Weiber mit zottigen Köpfen, die unsere Dolmetscher Gorillas nannten." Mit diesen Gorillas erlebten Hannos Seefahrer einiges: „Wir verfolgten die Männer, konnten aber keinen fangen, da sie allesamt flohen, über steile Abhänge kletterten und sich mit Steinen verteidigten. Drei Weiber fingen wir; sie bissen jedoch, zerkratzten unsere Anführer und wollten nicht folgen. Wir mußten sie töten. Ihre abgezogenen Häute brachten wir nach Karthago."

An diesen Sätzen haben Geschichts- und Naturwissenschaft schon viel herumgerätselt. Stellen sie die erste Erwähnung der großen afrikanischen Menschenaffen dar? Oder sind die Karthager nur auf Paviane oder andere Hundsaffen gestoßen? Auf Neger in Fellkleidern? Auf eine heute ausgestorbene, besonders menschenähnliche Affenart? Um hier Klarheit zu schaffen, müssen wir zunächst einmal untersuchen, wo Hanno eigentlich gewesen ist und welche Punkte er erreicht hat.

Bei dem „großen Fluß", an dem die erste Begegnung mit den Waldmenschen stattfand, kann es sich – darüber ist man sich heute einig – nur um den Senegal gehandelt haben. Der „Götterwagen" aber? Und das „Südhorn"? Hier streiten sich die Gelehrten. Kap Verde südlich vom Senegal, Sierra Leone, Kap Palmas an der Elfenbeinküste, sogar der Pik von Teneriffa und auch verschiedene Küstengebiete in Kamerun oder Gabun wurden genannt. Nach und nach schieden die nördlichsten wie die südlichsten Punkte schon aus rein nautischen und geographischen Erwägungen aus. Heute gibt es lediglich zwei Parteien im Meinungsstreit. Die eine, die dem alten Entdekkungsfahrer Hanno nicht gar so viel zutrauen möchte, hält den nur neunhundert Meter hohen Kalukima-Berg in Sierra Leone für den Götterwagen und dementsprechend das Kap Palmas für das Südhorn. Die andere, die von Hannos seemännischen Fähigkeiten mehr überzeugt ist, schwört auf den viertausend Meter hohen Kamerunberg und auf das Kap Esterias in Gabun.

Ist Hanno lediglich bis Sierra Leone gekommen, so kann er keine Gorillas angetroffen haben. War er aber in Kamerun und Gabun, so hat er sich haargenau im Zentrum des Verbreitungsgebiets des Flachlandgorillas befunden. Deshalb behauptet die eine Partei, die es mit dem Kalukima-Berg hält, die „Waldmenschen" seien Neger, Pygmäen oder Paviane gewesen. Die Kamerun-Partei dagegen ist überzeugt, daß Hannos „Gorillas" nichts anderes waren – als eben Gorillas. Und da der Kamerunberg im Gegensatz zum Kalukima (wie von Hanno geschildert) ein Vulkan ist, da er bei den Eingeborenen heute noch „Mongo ma Lobe" (Götterberg) heißt, und da man den Gorilla in Kamerun und Gabun N'Guyala (Herr der Wälder) nennt, dürfte die Waagschale wohl endgültig zugunsten der zweiten Partei ausgeschlagen sein.

Neger waren den Karthagern durch ihre Sklavenhaltung wohlbekannt. Paviane, Meerkatzen und andere Tieraffen wurden in Ägypten in Tempeln gehalten, in Stein geschnitten und nach ihrem Tode einbalsamiert; folglich müssen sie auch den Karthagern vertraut gewesen sein. Auf Schimpansen mag vielleicht die Begegnung mit „Waldmenschen" im Senegal hindeuten. Aber im allgemeinen sind Schimpansen recht wachsam, scheu und vorsichtig, so daß sie für den Vorfall am „Südhorn" kaum in Frage kommen. Der Flachland-Gorilla von der Gabunküste dagegen tritt als ein solches Muskelpaket auf, daß er kaum natürliche Feinde kennt und folglich weitgehend frei von Furcht ist. In seinem ganzen Verhalten paßt er recht gut zu den Angaben in Hannos Reisebericht, zumal er heute noch im gleichen Gebiet vorkommt.

Ein Kenner der phönizischen Sprache, Heinrich Heim, hat übrigens im Jahre 1951 eine interessante Deutung des Wortes „Gorilla" versucht. Nach Heim stammt das Wort unmittelbar aus dem Karthagischen. „Gorel" bedeutet „Kratzer"; „Gorilla" ist das Femininum davon. Wenn man sich vorstellt, wie die Gorillaweiber die punischen Anführer zerkratzt haben müssen, klingt das ganz plausibel. Wahrscheinlich haben Hannos Männer nicht recht hingehört, als die Dolmetscher vom „N'Guyala" sprachen, und statt dessen mehr an ihre Risse und Wunden gedacht. Und so wurde aus dem „Herrn der Wälder" durch eine peinliche Ideen-Assoziation ein „Volk von Kratzerinnen".

Lange Zeit hat man angenommen, daß der Menschheit diese frühe Kenntnis der afrikanischen Menschenaffen völlig verlorengegangen ist und daß erst zwei Jahrtausende später, gegen Ende des sechzehnten Jahrhunderts, weitere Schimpansen- und Gorillaberichte an die Öffentlichkeit gelangt sind. Nach neueren Forschungen aber scheint es doch so zu sein, als hätten auch die alten Ägypter, Griechen und Römer die beiden Arten von afrikanischen Menschenaffen, zumindest vom Hörensagen, schon gekannt – als Gorgonen, Zyklopen, Satyrn, Faune und ähnliche Angehörige der antiken Fabelwelt.

Zu Anfang unseres Jahrhunderts hat sich der Tierpsychologe Theodor Zell intensiv diesem Pandämonium des klassischen Altertums gewidmet und eine hochinteressante Schrift veröffentlicht, die den Titel trägt: „Polyphem ein Gorilla!“ Nach Zell gehörte nicht nur der gigantische Widersacher des Odysseus zu den Menschenaffen, sondern auch das ganze Zyklopengeschlecht und sogar die leopardenwürgende Gorgo, die Perseus der Sage nach in Afrika umgebracht hat.

Zu den mythologischen Geschöpfen von zusammengesetzter Gestalt gehören die Kentauren der griechischen Sage. Begegnungen mit skythischen Reitervölkern haben in ihnen einen Niederschlag gefunden.

Das klingt gewiß sehr waghalsig; aber es hat durchaus etwas für sich. „Kyklops“ bedeutet „Rundauge“. Die Zyklopen und mit ihnen Polyphem sind ursprünglich nicht einäugig, sondern rundäugig gewesen; rundäugig wirken aber die Menschenaffen mit ihren rundgeschnittenen Augenöffnungen, in denen kaum das Weiße neben der dunklen Pupille zu erkennen ist. Der Mensch dagegen kann als „mandeläugig“ bezeichnet werden. Da man die Odyssee heute nicht mehr nur (wie uns die Altphilologen einst weismachen wollten) im Mittelmeerraum, sondern zu einem wesentlichen Teil außerhalb Europas ansiedelt, besteht eine gewisse Wahrscheinlichkeit für die Annahme, daß Gerüchte von großen rundäugigen Menschenaffen die Zyklopensage befruchtet haben.

Was nun die Gorgo betrifft, so wirkt Zells Deutungsversuch noch einleuchtender. Dieses Fabelwesen stammt der Sage nach aus dem fernsten Afrika; es wird auf antiken Vasenbildern oft dichtbehaart oder mit gorillaartigen Eckzähnen dargestellt und soll Leoparden erdrosseln, was höchstens ein in die Enge getriebener Gorilla fertigbringt. Außerdem – und dieser Beweis scheint schlüssig zu sein – haben Autoren der Antike die drei Gorillafelle, die Hanno von einer Fahrt mitgebracht und im Tempel des Melkart zu Karthago zur Schau gestellt hat, als „Gorgadas" bezeichnet.

Es gibt noch weitere Zeugnisse für die einstige Existenz großer Menschenaffen im Raum Nordwestafrikas – die Felsbilder in der südalgerischen Sahara. Sie stammen etwa aus dem vierten vorchristlichen Jahrtausend, aus

Ältere Darstellung des Gorgo mit gorillaartigen Eckzähnen.

einer Zeit, in der weite Gebiete der heutigen Sahara noch von Wald und Waldsteppe bedeckt waren. Der Entdecker dieser Felsbilder, der französische Archäologe Henri Lhote, bezeichnete eine Anzahl riesiger menschenähnlicher Figuren scherzhaft als „Marsgötter". Leider sind nur die Umrisse der Gestalten wiedergegeben, aber sie weisen dennoch viele auffällige Übereinstimmungen mit denen eines Gorillas auf. „Breite Schultern tragen einen rundäugigen Kopf, der ohne abgesetzten Hals in den Körper übergeht", wie der Archäologe B. Brentjes aus Halle schreibt. „Die Arme sind wuchtig; der

Die Sphinx, bei den Ägyptern halb Raubtier und halb Mensch, erhielt im Mittelalter einen Affenkörper und die Füße eines Greifs; zu dieser Wandlung ihres Bildes haben vermutlich neben anderem auch entstellte Affenberichte beigetragen.

Oberkörper ist fett und mächtig, der Unterkörper aber vernachlässigt und unproportioniert."

Auf einer Silberschale, die der Archäologe Ludwig Curtius in einem etruskischen Grab fand und die im siebten vorchristlichen Jahrhundert in einer phönizischen oder karthagischen Werkstatt entstand, scheint sogar eine Gorillajagd dargestellt zu sein. Der äußere Fries zeigt fast kinematographisch in einer Reihe aufeinanderfolgender Bilder die Bejagung und Tötung eines gorillaartigen Lebewesens. Es geht auf zwei Beinen, trägt ein Haarkleid, hat einen massigen Körper und einen mächtigen Schädel; in einer Hand hält es einen Stock und wirft mit der anderen einen Stein. Der Künstler dürfte das Wesen gut gekannt haben; denn sowohl die Körperproportionen als auch die typische Angriffshaltung erlauben kaum einen Zweifel daran, daß es sich um einen großen Menschenaffen handelt – vielleicht wiederum um einen Gorilla.

Das heilige Tier Djeng der Ägypter dagegen ist vermutlich der Schimpanse gewesen. In einem Tempel der altlatinischen Stadt Praeneste, der der Glücksgöttin Fortuna geweiht und bei den Römern als Ausflugsziel sehr beliebt war, findet sich ein Mosaikbild, das neben anderen Tieren des Nillandes auch einen Schimpansen zeigt. Erwiesenermaßen haben die Ägypter

– entweder auf direktem Wege oder durch Vermittlung sudanesischer Zwischenhändler – schon früh eine eingehende Bekanntschaft mit den Menschen und Tieren der ostafrikanischen Seengebiete geschlossen; bereits vor viertausend Jahren wußten sie zum Beispiel von der Existenz der Pygmäen und des Okapis. In der gleichen Gegend werden sie auch den Schimpansen, den „Nschiëgo" der Eingeborenen, angetroffen haben; er ging dann als „Djeng" in ihre Tempel ein und wurde als Kind der Fortuna von römischen Eroberern nach Latium importiert.

Die Griechen und Römer waren aus geographischen Gründen mit Affen weniger vertraut als die Völker Asiens und Afrikas. So kam es, daß bei ihnen die in Ägypten und Indien kultisch verehrten Affenarten zu Satyrn oder Faunen wurden, zu „Menschen mit Hundsköpfen, die sich in Tierpelze kleiden, Krallen besitzen, bellende Laute ausstoßen, anstatt zu sprechen, und von Jagd und Vogelfang leben", wie Megasthenes, ein seleukidischer Gesandter in Indien, um 300 v. Chr. schrieb.

Im Mittelalter flochten sich Mythologie, Affenschilderungen und entstellte Berichte über exotische Völkerschaften zu einem unentwirrbaren Knäuel zusammen. Wohl kannte man den Magot, einen nordafrikanischen Felsenaffen; denn der römische Arzt Galen, die höchste medizinische Autorität für alle mittelalterlichen Heilkundigen, hatte ihn seziert und in einem seiner klassischen Werke abgebildet. Man wußte auch noch vage von der Existenz einiger anderer Affenarten. Aber wie es sonst in dieser Zeit um die Kenntnis unserer tierischen Vettern stand, das zeigt am besten eine im Jahre 1518 erschienene Neubearbeitung des Plinius. In diesem Buch taucht ein

Die griechische Kunst der älteren Zeit betont bei der Darstellung von Sytyrn das äffisch-groteske Element. Erst auf späteren Bildwerken wird aus dem Affensytyr ein träumerischer Jüngling.

sprechendes, am Leibe wie eine Geiß gestaltetes Waldmännlein „zwischen rauhem Gebirg und finsterem Gewild“ auf und bittet den heiligen Antonius um Huld und Frieden. „Dergleichen Affen- und Menschengestalt“, so betont der Verfasser, „ist gewißlich in die Stadt Alexandria gebracht und öffentlich gezeigt worden; als sie bald danach abging, nahm man den toten

Der bekannteste Affe im Altertum und Mittelalter war der Magot, der heute im Atlas-Gebirge und auf dem Felsen von Gibraltar lebt. Konrad Gesner hatte, wie auf diesem Bild zu erkennen, schon eine richtige Vorstellung von seinem Aussehen.

Leichnam, machte ihn in Salz wohl ein, damit er nicht in der Hitze verfaule, und schickte ihn gen Antiochien, damit der Kaiser ihn sehe.“ Da der Autor über Affen von normaler Gestalt anscheinend nicht ganz unorientiert war, mag es sich um einen Menschenaffen gehandelt haben.

Erst gegen Ende des sechzehnten Jahrhunderts gab es dann wieder Menschenaffen-Berichte, und zwar von Seefahrern, die den Gorilla übrigens weit korrekter geschildert haben als die Anatomen, denen immer wieder Verwechslungen zwischen Gorilla, Schimpanse und dem indonesischen Orang-Utan unterliefen. Der englische Abenteurer Andrew Battel unterschied in Afrika klar und eindeutig den von ihm beschriebenen Schimpansen, den er „Ensego“ nannte, von einem Riesenaffen namens „Pongo“.

„Der Pongo“, so heißt es in seinem Bericht, „hat den Gliederbau eines

Menschen, nur daß er seiner Gestalt nach eher ein Riese ist als ein Mensch; denn er ist sehr groß, hat ein Menschengesicht, tief in den Höhlen liegende Augen und lange Haare auf den Brauen. Gesicht und Ohren sind unbehaart wie auch die Hände. Der Körper dagegen ist, wenn auch nicht dicht, mit Haaren von düsterer, braunschwarzer Farbe bekleidet. Vom Menschen unterscheidet er sich kaum, abgesehen davon, daß seine Beine keine Waden haben . . . Er schläft in Bäumen und baut sich Schutzdächer gegen den Regen. Seine Nahrung besteht aus Früchten, die er in den Wäldern findet, auch wohl aus Nüssen; Fleisch ißt er niemals. Sprechen kann er nicht, und sein Verstand ist nicht größer als der eines Tieres."

Dies ist eine recht zutreffende Beschreibung; sie übertrifft zumindest an Sachlichkeit alles, was bis dahin und bis in die neuere Zeit hinein über die Menschenaffen zu lesen war. Dennoch achtete kein Zoologe auf Battels Bericht. Auch die übrigen Nachrichten von gewaltigen Menschenaffen in Afrika, die weit größer seien als die Schimpansen, verstaubten bis zur Mitte des neunzehnten Jahrhunderts unbeachtet in den Archiven.

Unter ihnen befand sich die Geschichte eines gefangenen Gorillakindes, die von einem Schiffskapitän, dessen Name nicht überliefert ist, aufgezeichnet worden war. Er hatte auf seinen Reisen die Guinea- und die Kongoküsten entlang sowohl den Schimpansen, den er „Tschimpänso" nannte, als auch den gewaltigen Gorilla, der bei ihm „Impunga" heißt und über den er maßlos übertriebene Schauergeschichten erzählte, kennengelernt. Immerhin gelang es ihm, einen jungen Gorilla zu erbeuten und für kurze Zeit in Gefangenschaft zu halten.

„Er war ruhig und ernsthaft", heißt es in seinen Aufzeichnungen, „er nahm ohne Gegenwehr seine Speisen und trank mit Verstand. Man hatte ihm ein Joch um den Nacken gelegt und seine Hände genau so gebunden wie die der Sklaven, welche ihn transportierten; und so konnte man ihn widerstandslos fortführen. Als er aber in der Königsstadt Malemba angelangt war und eine unschätzbare Menge von Leuten sich einfand, um ihn zu betrachten, wurde er traurig und mürrisch, wollte keine Nahrung mehr zu sich nehmen und starb nach vier oder fünf Tagen. Er war noch jung, aber doch schon über anderthalb Meter hoch." Eine Gorilla-Tragödie war das, wie sie spätere Tierfänger und Tiergärtner zur Genüge kennengelernt haben – und zugleich die letzte authentische Erwähnung des Riesenaffen bis zum Jahre 1846.

Denn von nun ab versank der Gorilla wieder im Halbdämmer der Fabel und des Vergessens. Er wechselte erneut in die Mythologie über oder wurde mit dem Schimpansen und dem asiatischen Orang-Utan in einen Topf geworfen. Der Schimpanse dagegen behielt seinen Platz in der Naturwissenschaft, wenn auch nicht ganz unangefochten. Eine Weile sah es so aus, als werde ihn der Orang-Utan wieder aus den Zoologiebüchern verdrängen.

„Orang-Utan“ heißt im Küstenmalaiischen „Waldmensch“. Ursprünglich faßte man unter diesem Begriff eine Vielzahl von waldbewohnenden, meist noch auf der Sammler- und Jägerstufe stehenden Völker zusammen, die die Malaien auf ihren ausgedehnten See-Wanderungen kennengelernt hatten. Überall in Südostasien, wo solche Stämme leben oder gelebt haben, gab es auch Gerüchte von wilden affenähnlichen Menschen. Kein Wunder, daß man die ersten Nachrichten, die über einen richtigen Menschenaffen auf Sumatra und Borneo in Europa eintrafen, prompt auf die Waldvölker Südostasiens bezog. Und da die Anatomen zu jener Zeit gerade die ersten erbeuteten Schimpansen aus Afrika unter das Messer nahmen und als „Satyrn“, „Troglodyten“ oder „Pygmäen“ beschrieben, blieb es nicht aus, daß sie dem Orang-Utan das gleiche Etikett aufklebten.

Im Jahre 1641 sezierte der berühmte holländische Anatom Nicolaus Tulp einen Schimpansen aus der Menagerie des Prinzen von Oranien, den ersten, der Europa erreicht hatte, und ernannte ihn zum „Waldmenschen oder Indischen Satyr“. Fünfundzwanzig Jahre darauf schrieb der englische Anatom Edward Tyson die erste gründliche Abhandlung über den Körperbau eines Schimpansen, den er freilich als „Pygmäen“ bezeichnete. Nach Tysons Ansicht handelte es sich allerdings bei solchen „Pygmäen“ und generell bei all jenen Geschöpfen, die bei älteren Autoren unter Begriffen wie „Pygmäen“, „wilde Menschen“ oder „Waldmenschen“ aufgeführt waren, überhaupt nicht um richtige Menschen, sondern um Affen.

Damit war die Verwirrung auf dem Höhepunkt. Denn auf Tysons Anatomie stützte sich Linné, als er in seinem „System der Natur“ Menschenaffen und Naturvölker kunterbunt durcheinanderwarf. Den Schimpansen nannte der große schwedische Ordner der Natur *Homo troglodytes* (Höhlenmensch). „Aus dem Waldmenschen oder Orang-Utan hat er“, wie sein Schüler Hoppius vermerkt, „eine zweite Art von Menschen gemacht und sie unter dem Namen Pongo, Nachtmensch oder *Homo satyrus* besonders aufgeführt.“

Linnés Orang-Utan war aber noch immer nicht dasjenige Geschöpf, das wir heute unter dieser Bezeichnung verstehen, sondern ein reines Phantasieprodukt. Der Begründer der biologischen Systematik hatte etwas von den Waldvölkern Indonesiens gehört, dann vom „Pongo“, dem Gorilla des Andrew Battel, ferner von Tysons Urteil über den Schimpansen und schließlich einiges von den Beobachtungen eines holländischen Arztes, der nach vierjährigem Aufenthalt in Indonesien im Jahre 1631 dort am Tropenfieber verstorben war. Dieser Jacob Bontius hatte auf Sumatra und Borneo „Waldmenschen“ beobachtet, in rotes Fell gekleidet, die zwar „reden könnten, wenn sie nur wollten, es jedoch nicht tun, weil sie fürchten, sonst arbeiten zu müssen“.

Überhaupt stammen die meisten Orang-Berichte früherer Zeiten von holländischen Südasien-Reisenden. Einige dieser Männer, nach wie vor im Banne der alten Vorstellung von „wilden Menschen", behaupteten allen Ernstes, die Orang-Utans seien aus der „Vermischung von Affen und eingeborenen Menschenweibern" entstanden.

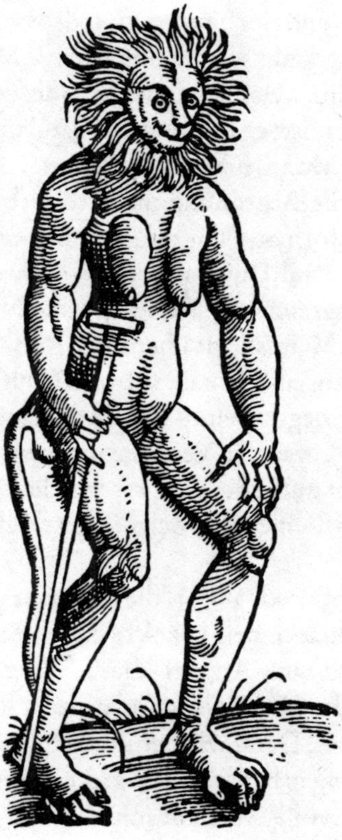

Als nach dem Ende des Mittelalters die ersten Berichte über menschenähnliche Affen nach Europa gelangten, wurde die Sage von haarigen Tiermenschen geboren.

So richtig voneinander getrennt und von den Naturvölkern ihrer jeweiligen Heimat unterschieden wurden der Schimpanse Afrikas und der Orang-Utan Indonesiens erst Mitte des neunzehnten Jahrhunderts, als beide Arten nebeneinander in den Menagerien zur Schau gestellt wurden. Zu dieser Zeit aber trat der gewaltigste Menschenaffe, der afrikanische Gorilla, den die Zoologen inzwischen vergessen hatten, erneut auf den Plan.

Die ersten beiden Männer, die der Wissenschaft Gorillaschädel vorlegen konnten, reicherten ihre Beschreibung dieses größten Menschenaffen mit

Greuelmärchen an, die seitdem nur schwer auszurotten sind. Es handelte sich um zwei amerikanische Missionare: Thomas Wilson und Thomas Savage. Obwohl die beiden nie einen Gorilla zu Gesicht bekamen und nur einige Schädel bei Eingeborenen sammeln konnten, schrieben sie von der Wildheit und Angriffslust des Riesenaffen und setzten das Märchen in die Welt, der Gorilla habe die Angewohnheit, Neger hinterhältig zu überfallen, auf einen Baum zu schleppen und dort zuerst zu erdrosseln und dann zu zerstückeln. Nach Thomas Savage gibt es nur eine einzige Möglichkeit, diesen Urwaldriesen zu bezwingen: „Der Jäger wartet mit angelegtem Gewehr, bis das Tier herangekommen ist; er läßt den Gorilla dann den Gewehrlauf ergreifen und direkt in den Mund führen, so daß er abdrücken kann. Versagt der Schuß, so verläuft die Begegnung meist tödlich für den Jäger."

Mit solcherlei Informationen ausgestattet, reiste der französisch-amerikanische Journalist Paul DuChaillu in den Jahren von 1855 bis 1856 durch Gabun und das angrenzende Kongogebiet. Nach der Rückkehr legte er seinem Verleger ein Manuskript über seine Reiseerlebnisse vor: „Reisen und Abenteuer in Äquatorial-Afrika". Obwohl DuChaillu der erste Weiße war, dem angeblich die Erlegung eines Gorillas gelang – diese Angabe wird heute freilich bezweifelt –, war der Verleger mit dem sachlichen Ton des Manuskripts nicht so recht zufrieden. Inzwischen hatte nämlich ein weiterer Amerikaner namens Ford eine neue Schauergeschichte über den Gorilla publiziert.

„Der Gorilla stößt, sobald er die Annäherung eines Menschen wahrnimmt, augenblicklich seinen bezeichnenden Schrei aus, bereitet sich zum Kampf vor und geht zum Angriff über ... Er nimmt einen Anlauf, schlägt seinen Gegner mit der Hand nieder oder packt ihn mit einem Griff, der kein Entrinnen ermöglicht. Dann wirft er ihn auf den Boden und zerfetzt ihn mit den Zähnen." Gesehen hatte auch Ford einen solchen Angriff nicht; aber die Eingeborenen, „völlig vertraut mit dem Wesen und Sitten dieser Tiere", hatten ihm davon erzählt.

Ford mochte sich nicht einmal mit einem Gorillababy anfreunden, das er von Einheimischen erworben hatte: „Den wilden Charakter des Gorillas konnte man auch an diesem kleinen Geschöpf feststellen. Wir gaben uns die größte Mühe, es zu zähmen. Es war jedoch so unverbesserlich, daß es mich noch eine Stunde vor seinem Tode biß." Nach allen Erfahrungen, die man mit der Aufzucht von Gorillakindern gemacht hat, zeugt das Verhalten dieses kleinen Wesens nicht gegen den Charakter des Gorillas, sondern gegen die „Zähmungsversuche" des Mr. Ford.

Auf Verlangen des Verlegers mußte DuChaillu seine Arbeit mehrmals umschreiben, um ihr den nötigen Pfeffer zu geben. Er folgte den Ratschlägen, zumal er selbst nicht die geringste Veranlassung hatte, den Angaben seiner Vorgänger zu mißtrauen. Bis dahin existierte nämlich keine einzige

Notiz aus neuerer Zeit über den Gorilla, die etwas freundlichere Töne angeschlagen hätte. Allerdings hatte auch kein einziger Weißer ein authentisches Zusammentreffen mit erwachsenen freilebenden Gorillas geschildert; kein einziger hatte einen Gorillamann auch nur von fern zu Gesicht bekommen. So machte DuChaillu aus dem Gorilla einen „höllischen Traumspuk, eines der fürchterlichsten Geschöpfe auf Erden, ein Wesen widerlichster Art". Er blendete einige Jagderlebnisse in seine Reiseschilderungen ein und bestätigte, daß „keine Beschreibung die entsetzliche Erscheinung, die Wut des Angriffes und die wüste Bosheit eines Gorillas" versinnbildlichen könne. Selbst ein Gorillababy, dem die Mutter weggeschossen war, fand sein Mißfallen. Es sei „weder durch Hungerkuren noch durch gesittete Nahrung zu bändigen gewesen". Als ihm das Kleine nach zehn Tagen dahinstarb, schickte ihm DuChaillu den Nekrolog hinterher: „Niemals sah ich ein so wütendes Vieh wie diesen Affen."

DuChaillus Schilderungen sind schuld daran, daß der Gorilla in den Augen der Afrikareisenden ein wahrer Waldteufel blieb. Die Forscher, die das Wohngebiet des Tiefland-Gorillas aufsuchten, verhielten sich dementsprechend. Gorillajagd wurde zur „Krone des Weidwerks" in Afrika. Und da Großwildjäger ja gern mit ihren Heldentaten prahlen, nimmt es nicht wunder, daß die meisten unter ihnen trotz mancher informativer Berichterstattung in die Fußstapfen des Paul DuChaillu traten.

Immerhin – schon früh meldeten sich die Gegner einer solchen pauschalen Diffamierung der großen Menschenaffen zu Worte. Eigens zu dem Zweck, um Paul DuChaillu zu widerlegen, reiste der englische Mediziner William Winwood Reade im Alter von dreiundzwanzig Jahren durch die Gorilla-Bezirke Zentralafrikas. Der Gorilla, so fand er heraus, galt bei verschiedenen Völkern des afrikanischen Urwaldes als kultisch verehrtes Wesen, als eine Art „Waldgott", als „ehemaliger Mensch, der der menschlichen Gesellschaft den Rücken gekehrt und deshalb den Wald aufgesucht hat". Nach Reades Recherchen hat bis in die sechziger Jahre des neunzehnten Jahrhunderts hinein „kein einziger weißer Mann bisher weder einen Gorilla noch einen Schimpansen erlegt". Auch er selbst bekam auf seinen Reisen Gorillas kaum zu Gesicht und konnte nur die Meinung seiner afrikanischen Gewährsleute weitergeben:

„Sie leugnen, daß Gorillas den Menschen angreifen, ohne gereizt zu sein. ‚Laßt ihn in Frieden', so sagen sie, ‚und er läßt euch in Frieden!' Der Leopard gilt allgemein für ein wilderes und gefährlicheres Tier als der Gorilla. Auch der Schimpanse wehrt sich gegen den Menschen, wenn er attakkiert wird; das gleiche tut der Orang-Utan, das gleiche tun alle Tiere vom Elefanten bis hinunter zu den Insekten. Ich kann also keinen Grund zu der Annahme finden, daß der Gorilla aggressiver sei als andere Tiere."

Das bestätigte sich vollauf, als sich die Gorilla-Forschung später weit nach Osten verlagerte, in das Gebiet der Virungaberge im östlichen Zaïre, an den Grenzen zu Ruanda und Uganda. Die dort lebende Unterart, der Berggorilla, wohnt nicht im undurchdringlichen Regenwald, sondern in lockeren, leichter überschaubaren Bergwäldern. So konnten hier die ersten einwandfreien Verhaltensbeobachtungen an Gorillas durchgeführt werden. Neben dem amerikanischen Museumsdirektor Carl Akeley, dem filmenden Ehepaar Martin und Osa Johnson und dem amerikanischen Verhaltensforscher George B. Schaller taten sich hier mehrere Zoologinnen hervor: die englische Museumssekretärin Rosalie Osborne, ihre Landsmännin Jill Donisthorpe und Schallers Frau Kay. Alle ihre Berichte bestätigten die erstaunliche Friedfertigkeit des Gorillas.

Überraschend war die starke Neugier einzelner Gorillas. Sie kamen dicht an die menschlichen Beobachter heran und stießen dann Zweige gegen sie, als ob sie sehen wollten, was die fremdartigen Lebewesen tun würden. Überhaupt stellten sich die Gorillas als große Bluffer heraus: Immer wieder starteten die Riesenaffen Scheinangriffe, die sie stets wenige Meter vor ihrem Angriffsziel abbremsten. Offensichtlich wollten sie den Forschern nur klar machen, daß Eindringlinge einen gewissen Abstand von ihnen und ihren Familienangehörigen zu halten hatten.

Auch in die Erforschungsgeschichte des Schimpansen und des Orang-Utans sind Frauen eingegangen – ein Zeichen dafür, daß weibliches Einfühlungsvermögen und weibliche Beobachtungsgabe bei diesen unseren nächsten Verwandten mehr ausrichten als das Imponiergehabe des Großwildjägers. Das meiste von dem, was wir heute vom Verhalten freilebender Schimpansen wissen, verdanken wir den jahrelangen Forschungen der Engländerin Jane van Lawick-Goodall. Und das meiste von dem, was heute auf Borneo und Sumatra zum Schutz und zur Erhaltung des Orang-Utans getan wird, verdanken wir der deutschstämmigen Engländerin Barbara Harrisson und zwei Zoologinnen aus der Schweiz: Monika Loewenberg und Regina Frey.

Heute besteht die Hauptaufgabe der Menschenaffenforschung im Schutz der letzten Bestände. Denn sämtliche Arten sind nicht mehr nur durch „irrsinnige Sportschützen" bedroht, wie Barbara Harrisson es formulierte, sondern auch durch die fortschreitende Entwaldung ihrer Heimat, die Zerstörung ihrer natürlichen Umwelt und die Umwandlung dieser Umwelt in „Kulturlandschaften", selbst wenn man die Tiere nach wie vor in gut züchtenden Familiengruppen im Zoo bewundern kann. „Gelingt es uns aber nicht", so schreibt Barbara Harrisson in ihrem Orang-Utan-Buch, „diesen uns so nahestehenden Tieren ein Leben außerhalb der Käfiggitter zu ermöglichen, dann wäre die Menschheit ernsthaft zu einer Gefährdung des kreatürlichen Daseins geworden; und eine höhere Instanz müßte ihr das Recht absprechen, weiterhin die Welt zu verwalten."

Die Entdeckungsgeschichte der großen Menschenaffen (bei der wir hier die Gibbons und ihre Verwandten unerwähnt lassen müssen) schließt erst in den Jahren 1925 bis 1930 ab, zu einer Zeit, als sich die einstigen „Walddämonen" längst als die stammesgeschichtlich höchststehenden und von den Verhaltensforschern am stärksten beachteten Tiere entpuppt hatten. Um den Nachweis zu erbringen, daß es in Afrika außer dem Gorilla und dem Schimpansen keine weitere Menschenaffen-Art gebe, studierte der deutsche Zoologe Ernst Schwarz eingehend das reichhaltige Schimpansen-Material in den europäischen Museen. Dabei entdeckte er zu seiner Überraschung in dem berühmten Tervueren-Museum bei Brüssel, das die umfangreichen Sammlungen der Belgier aus dem damaligen Kongostaat beherbergte, die Skelette und Felle von bisher unbekannten Zwergschimpansen. Von gewöhnlichen Schimpansen unterschieden sie sich in mehreren Punkten. Der Leiter des Museums, Henri Schouteden, konnte nachweisen, daß die fraglichen Menschenaffen aus dem Ituri-Wald, also aus der Heimat menschlicher Pygmäen, stammten.

In den Jahren 1929 und 1930 veröffentlichten dann Schwarz und Schouteden mehrere Berichte über den Bonobo, den neuentdeckten Zwergschimpansen. Lebende Bonobos konnte man in jüngster Zeit in den Zoos von Paris, San Diego, Antwerpen, Frankfurt und Stuttgart bewundern. Man sah, daß diese zarten, zierlichen Menschenaffen mit ihrem lackschwarzen Gesicht, ihren roten Lippen und ihrer singenden Stimme in der Tat eine neue Art sind – die vierte Menschenaffen-Art. Der Bonobo wirkt wie ein äffisches Gegenstück zu den Bambutis, den menschlichen Waldzwergen, zumal er das gleiche Wohngebiet mit ihnen teilt. Neuere Forschungen haben gezeigt, daß der Bonobo südlich des Kongostromes viel weiter verbreitet ist, als man ursprünglich annahm. Aus Blutfeinuntersuchungen ging hervor, daß die Bonobos im Blutserum mehr menschliche Merkmale besitzen als die Schimpansen.

Damit könnte dieser erst in neuester Zeit entdeckte Menschenaffe auch für die Erforschung der menschlichen Stammesgeschichte bedeutsam sein; denn er hat sich im wahrsten Sinne des Wortes als unser nächster „Blutsverwandter" erwiesen.

Lemuren und andere Nachtgeister

Es gibt ein schönes geologisch-zoologisches Märchen, vieldiskutiert, unbewiesen und genauso aufregend wie das Märchen vom versunkenen Kontinent Atlantis. Es ist das Märchen von der Atlantis des Südens, vom versunkenen Kontinent Lemuria. Auch die Lemuria-Sage hat wie die Atlantis-Sage ihren Erdichter und Erfinder gehabt, ihren Platon. Nur lebte der Platon der Lemuria im neunzehnten Jahrhundert und war nicht Philosoph, sondern Zoologe. Philip Lutley Sclater hieß er. Er war der Meinung, jede Tierart sei an genau dem Fleckchen Erde erschaffen worden, wo sie auch heute noch wohne. Diese Theorie verführte ihn zur Konstruktion des nichtvorhandenen Landes Lemuria.

Der Kontinent Lemuria, so behauptete Sclater im Jahre 1874, habe im Erdmittelalter einen großen Teil des heutigen Indischen Ozeans ausgefüllt. Wohl sei er später versunken, untergegangen wie sein hypothetisches atlantisches Gegenstück. Aber nicht vollständig. Es existiere auch in unserer Erdgegenwart noch ein Rest von Lemuria, bewohnt von urtümlichen Tierformen – die Insel Madagaskar. Die Fauna Madagaskars mit ihren Riesenstraußen, Ur-Insektenfressern, Frettkatzen und Halbaffen sei ein getreues Abbild der lemurischen Tierwelt von einst.

Schon vor Sclater war es vielen Zoologen aufgefallen, daß Madagaskars Tiere wenig oder nichts mit denen des benachbarten Ostafrika zu tun haben. Auf Madagaskar gibt es keine Elefanten und Nashörner, keine Antilopen und Giraffen, keine Affen und Großraubtiere. Ein (inzwischen ausgestorbenes) madagassisches Flußpferd und ein madagassisches Flußschwein durchbrechen diese Regel; aber beide Tiere sind, wie sich herausstellte, erst in relativ später Zeit als gute Schwimmer über den Kanal von Moçambique zugewandert. Dafür zeigten sich überraschende Parallelen zwischen der madagassischen Fauna einerseits und sehr alten Tierformen Indiens, der australomalaiischen Region und des innerafrikanischen Urwaldes andererseits. Madagaskars ausgestorbenen Riesenstraußen entsprechen (wenigstens in groben Zügen) die Moas und Kasuare des fünften Erdteils. Primitive Insektenfresser, wie sie Madagaskar in seinen Borstenigeln, Reiswühlern und Otterspitzmäusen besitzt, existieren auch als Spitzottern in Kamerun und (wie man bis 1938 meinte) als Spitzhörnchen in Indonesien. Urtümliche Schleichkatzen leben in Madagaskar wie in Indien und Westafrika. Die Paradetiere Sclaters aber wurden die Taufpaten seines Märchenkontinents, die Lemuren.

Madagaskar ist das eigentliche Lemurenland, die Heimat der fuchs- oder eulengesichtigen nächtlichen Gespenstertiere, der Halbaffen. Maus-, eichhörnchen- und katzengroße Halbaffen gibt es dort, geschwänzte und ungeschwänzte, Halbaffen mit Resten einer Beutelfalte, mit einem Nagetiergebiß, mit insektenfresserartigen und affenartigen Gehirnen; einst lebte sogar ein Halbaffe von der Größe eines Schimpansen oder Gorillas auf Madagaskar. Man kennt Halbaffen aber auch noch aus anderen Gegenden – aus dem indomalaiischen Raum und aus Innerafrika. Und das sind genau die Gegenden, in die sie von Lemuria aus über eine hypothetische Malediven-Brücke und eine hypothetische Komoren-Brücke hätten einwandern können. Ein Blick auf die Landkarte zeigt, wie Sclater sich die Sache vorgestellt hat: Lemurias Landmasse füllte einst den ganzen inseldurchsetzten Meeresraum vom Moçambique-Kanal bis zur Südspitze Indiens. Übrig blieben nach dem Versinken der Landmasse außer Madagaskar, den Maskarenen, Seychellen, Chagos-Inseln und anderen Eilanden im Indischen Ozean nur noch die Reste der ehemaligen Landbrücken – die Inselgruppe der Komoren, die nach Zentralafrika deutet, und die beiden Inselgruppen der Malediven und Lakkadiven, die nach Indien überleiten.

Eine frappierende, niet- und fugenlose Theorie schien das zu sein, ein Musterbeispiel dafür, wie man tiergeographische Probleme rein denkerisch lösen kann. Nur leider stimmt sie nicht. Die Lemuren selbst zeugten schon bald gegen sie. Man fand ausgestorbene Halbaffen in Frankreich und in der Schweiz, in Neumexiko, in den nordamerikanischen Prärien, im Löß der argentinischen Pampas – in Gebieten also, die sicherlich über keinerlei Landbrücken mit Sclaters Lemuria in Verbindung gestanden haben. Der Fabelkontinent löste sich somit in Nichts auf. Die Theorie vom versunkenen Erdteil wurde abgelöst durch eine andere Theorie, durch Alfred Wegeners Theorie von den treibenden Festlandmassen. An die Stelle des alten Märchens von Lemuria trat das moderne und nicht minder schöne Märchen von Gondwana.

Gondwana ist eigentlich eine Landschaft in Zentralindien. Sie gab den Namen her für eine gewaltige Kontinentalmasse, die, wie man heute vermutet, vor fünfhundert Millionen Jahren die südliche Erdhalbkugel ausgefüllt hat. Das geologische Gondwana ist also nichts anderes als ein erweitertes Lemuria; es schloß die heutigen Erdteile Südamerika, Afrika, Südasien, Australien und Antarktis in sich ein. Man nimmt auch ein nördliches Gegenstück zu Gondwana an: das nach einer kanadischen Provinz benannte „Nordland" Laurasia, den nordamerikanisch-europäisch-sibirischen Block. Zwischen beiden lag die Tethys, ein gewaltiges Mittelmeer, das beide Erdhälften trennte. Dort, wo Laurasia und Gondwana später zusammenstießen (und das taten sie nach Wegener, weil sie wie Eisschollen auf dem halbflüssigen Magma unter der Erdkruste trieben), türmten sich Gebirge: die Alpen zum Beispiel, der Kaukasus, der Himalaja.

Aber die Landmassen trieben nach dieser Theorie nicht nur, sie barsten auch, sie zerrissen und zerfielen. Von Gondwana löste sich zunächst die Antarktis und schwamm davon. Dann, zur Beuteltierzeit, wanderte die australische Scholle ab, mitsamt den Beuteltieren, die es zwar überall in Gondwana gegeben hatte, die sich aber gerade in der australischen Isolierung erhalten konnten. Etwas später, im ältesten Tertiär, als schon die ersten primitiven Insektenfresser, Ur-Raubtiere und Halbaffen auftraten, riß Madagaskar sich los und nahm diese Tierreliquien mit. Zur Zeit der frühen Nagetiere und Huftiere, der zahnarmen Säuger und der ersten echten Affen gab es einen gewaltigen Riß: Gondwana verlor die südamerikanische Hälfte und damit die Meerschweinchen, Faultiere, Opossums, Ameisenbären und Kapuzineraffen. Schließlich trennte Indien sich von Afrika und suchte Anschluß an das laurasiatische Nordland, wo es sich, wie die Wegener-Schule sagt, „einkeilte und den Himalaja hochwühlte". Und Afrika streckte Fühler nach Europa aus – Spanien, Italien und Balkanhalbinsel heißen diese Fühler heute.

Soweit das moderne Märchen von Gondwana. Es hat viele Vorzüge gegenüber dem lemurischen Märchen. So scheinen die afrikanischen Grabeneinbrüche zu beweisen, daß der Zerfall des Südlandes immer noch nicht beendet ist. Die Entstehung des Nordatlantiks deutet darauf hin, daß es mit dem Nordland Laurasia ähnlich, wenn auch etwas gemäßigter, zugegangen ist. Die Gondwana-Theorie hat aber bei den Zoologen vor allem deshalb großen Anklang gefunden, weil sie die meisten tiergeographischen Probleme lösen kann. Auch die weltweite Verbreitung der fossilen und lebenden Halbaffen findet durch sie ihre Erklärung: Die Lemuren, echte Kinder des alten Gondwana, sind nach Nordamerika und Mitteleuropa gelangt, als das Südland mit dem Nordland über eine Panama- und eine Spanienbrücke Verbindung aufnahm. Diese Verbindungen existieren, wie jeder weiß, heute noch.

Die Gondwana-Geschichte wurde deshalb so ausführlich erzählt, weil sie eng verknüpft ist mit der Geschichte der Primaten, der Herrentiere, unter denen sich ja auch die Vorfahren des Menschen befunden haben. Aus archaischen Insektenfressern haben sich einst im Frühtertiär in den Dschungeln Gondwanas vor rund fünfzig Millionen Jahren die Halbaffen entwickelt. Von einem amerikanischen Halbaffenzweig stammen die Neuweltaffen ab, von anderen Zweigen aus der Alten Welt lassen sich die Hundsaffen, Gibbons und Menschenaffen herleiten – und damit auch indirekt die Vormenschen. Die Halbaffen haben das scharfe Auge ausgebildet, die Fähigkeit des Fixierens und des Akkommodierens, die uns den Blick durchs Mikroskop und zu den Sternen erlaubt, die geschickte Greifhand, mit der wir Maschinen bauen, Bücher schreiben und unsere Umwelt manipulieren; sie haben – nicht zuletzt – das stark gefurchte, zweigeteilte Primatengehirn entwickelt, mit dem wir große und weniger große Gedanken denken. Sie sind erdgeschichtlich sehr alte und urtümliche Säugetiere und stehen in mancherlei Hinsicht den Insektenfressern noch recht nahe. Es gibt Halbaffen mit Laubfroschzehen, mit verkümmerten und wie verdorrt wirkenden Fingern; es gibt sogar welche, die eine Art Flughaut besitzen, so daß sie fallschirmartige Gleitsprünge ausführen können. Einige aber leiten schon zu den Affen über, manche können aufrecht gehen – kurz, vieles, was Affen und Menschen von anderen Säugetieren unterscheidet, zeichnet sich bereits bei den Lemuren ab.

Schon im siebzehnten Jahrhundert berichtete der französische Admiral Gaston Etienne de Flacourt, der erste Gouverneur Madagaskars, der glücklicherweise naturgeschichtlich sehr interessiert war, etwas von „hundsköpfigen Tieren mit menschenähnlichen Leibern“ auf seiner Insel. Dem Admiral gelang es zwar nicht, die aufsässigen Eingeborenen mit den französischen Kolonisten auszusöhnen; dafür aber schrieb er ein recht kluges Buch über die Natur der großen Insel. Er brachte in Erfahrung, daß es dort neben winzigen Mausmakis, etwas größeren Katzen- und Wieselmakis und einer Vielfalt von mittelgroßen Lemuren-Arten wie dem Katta und dem Mohrenmaki auch recht stattliche Formen aus dieser Sippschaft gab – die Sifakas und den Indri, die größten noch lebenden Halbaffen. Sogar einer jener Riesenlemuren, deren Knochen man später aus der Erde grub, scheint zu Flacourts Zeiten noch gelebt zu haben. In den Erzählungen der Eingeborenen trägt das Tier den Namen „Tratratratra“ und wird als ein Wesen „mit dem Kopf eines Menschen auf dem Rumpf eines Kalbes“ beschrieben. Wahrscheinlich handelt es sich hier um den Riesenmaki *Megaladapis.* Die Schädel, die man von ihm fand, haben etwa die Größe eines Eselkopfes.

Daß es Halbaffen auch in Afrika und Südasien gibt, zeigte sich, als Kaufleute, Gewürzhändler und Kolonialbeamte in regelmäßigen Abständen allerlei interessantes Getier aus den verschiedensten Gegenden bei den Naturaliensammlern ihrer Heimat ablieferten. Auf diese Weise gerieten die ersten großohrigen Galagos aus Ost- und Zentralafrika in die Hände der Zoologen; man hielt sie zunächst für eine Art von Eichhörnchen. Gegen Ende des siebzehnten Jahrhunderts trafen die ersten Pottos, Bärenmakis, Schlank- und Plumploris aus Ostafrika und dem südlichen Asien in Europa ein; man bezeichnete sie anfangs wegen ihrer Greifhände als Faultiere. Auch über den Koboldmaki von den Sunda-Inseln und den Philippinen (der eine eigene Teilordnung der Primaten zwischen Halbaffen und Affen vertritt) hatte man schon einiges gehört; richtig erforscht wurde der kleine Kobold aber erst durch den Sattlersohn Salomon Müller aus Heidelberg, den letzten Überlebenden der dramatischen Suche nach den Paradiesvögeln, von der wir noch hören werden, und von Darwins Mitstreiter Alfred Russel Wallace.

Nun war es damals keineswegs so, daß die Zoologen beim Anblick eines Kattas, Koboldmakis, Loris oder Pottos sofort zielsicher das Wort „Halbaffe“ ausgerufen hätten. Im Gegenteil, dieses Wort mußte erst noch erfunden werden. Man brachte die einzelnen Halbaffenarten bei den Beuteltieren, Insektenfressern, Springmäusen, Eichhörnchen, Faultieren und Affen unter; man rangierte unsicher mit ihnen hin und her, auch dann noch, als Linné den erlösenden Begriff *Prosimiae* (Vor-Affen) geschaffen hatte. Der französische Naturforscher Buffon wollte nicht davon abgehen, daß Koboldmaki und Fingertier Springmäuse seien. Sein Nachfolger Georges Cuvier hielt den ersteren für einen Insektenfresser und den zweiten für einen Nager. Noch bis in unsere Zeit hinein waren zwei Formen, *Tarsius* und *Tupaia*, umstritten; und erst im Jahre 1938 hat man – aber wohl immer noch nicht endgültig – Klarheit geschaffen über alles, was zur Halbaffenordnung gehört und was nicht.

Die madagassischen Halbaffen, die Makis, traten erst so richtig ins Rampenlicht, als im Jahre 1768 der französische Weltumsegler Louis-Antoine de Bougainville seinen Schiffsarzt und Naturforscher Philibert Commerson auf dem französischen Stützpunkt Isle de France absetzte und ihm den Auftrag gab, „die Naturprodukte Madagaskars und der Maskarenen einer Untersuchung zu unterziehen“. Commerson traf auf Isle de France die Gewürzhändler Pierre Poivre und Pierre Sonnerat an. Beide redeten ihm so viel von den Schätzen und Schönheiten der „Dauphin-Insel“ vor, daß er sich entschloß, dort zu bleiben. Er stellte Pierre Sonnerat als Famulus an, setzte mit ihm nach Madagaskar über und sah beim Durchwandern der Gebirgswälder des Ostens plötzlich ein schwanzloses, schwarz, weiß und grau gefärbtes großes Tier, das wie ein Mensch aufrecht auf einem Ast saß und mit der Hand eine Frucht zum Munde führte.

Die Eingeborenen, die die beiden Forscher begleiteten, hatten das Tier auch gesehen. „Schau her!“ riefen sie Sonnerat, der anscheinend ein bißchen gedöst hatte, in ihrer Sprache zu, und deuteten aufgeregt auf den Baum. Nun heißt „Schau her!“ in jenem örtlichen Dialekt eigentlich „Endrina!“; der Ausruf muß aber in Sonnerats Ohren ungefähr wie „Indri-indri!“ geklungen haben. Und da Sonnerat den Dialekt nicht kannte, meinte er, die Madagassen hätten ihm den Namen des Tieres zugerufen, und notierte sich das Wort. So kommt es, daß der größte lebende Halbaffe auf unserer Erde, der fast meterlange Babakoto, der „Vatersohn“ der Hova, heute noch den Namen Indri *(Indris indris)* trägt. Commerson und Sonnerat fragten die Eingeborenen gründlich nach dem Tier aus. Der „Vatersohn“, so erfuhren sie, sei „fady“, sei heilig und unverletzlich – in Polynesien würde man „tabu“ dazu sagen. In seinem Körper wohne die Seele eines verstorbenen Menschen. Im übrigen benehme er sich sanft und freundlich, tue niemandem etwas zuleide und lasse sich wie ein Hund zur Vogeljagd abrichten.

Sonnerat muß anscheinend eine unglückselige Neigung besessen haben, madagassische Ausrufe mißzuverstehen. Zehn Jahre darauf, als sein Chef und Gefährte Commerson schon längst auf Isle de France am Tropenfieber verstorben war, besuchte er noch einmal die Insel Madagaskar und sammelte an der Westküste, wie er es in jeder von ihm besuchten Gegend zu tun pflegte, allerlei Tiere für den Grafen Buffon. Und da passierte ihm das gleiche Mißgeschick. Er erwischte zwei sehr sonderbare Geschöpfe, die sogar den Madagassen kaum bekannt gewesen sein müssen. Denn als Sonnerat die beiden Tiere im Dorf herumzeigte, schrie die braune Gesellschaft vor Verwunderung laut auf. Ihr Geschrei hörte sich wie „Aye-aye!“ an. Sonnerat notierte es sich. Es ist beinahe überflüssig zu sagen, daß das Tier bei ihm fortan „Aye-aye“ hieß. In Frankreich heißt es immer noch so.

Im übrigen aber ist die Beschreibung, die der sonst als etwas unseriös verschriene Abenteurer Sonnerat von dem Tier geliefert hat, ausgezeichnet. „Das Aye-aye hat Ähnlichkeit mit dem Eichhörnchen“, heißt es in seinem Bericht, „gleicht aber auch einigermaßen dem Maki und dem Affen. Es besitzt an jedem Fuß fünf mit krummen Nägeln versehene Finger, von denen die an den Vorderfüßen sehr lang und ein wenig gekrümmt sind, weshalb das Tier auch nur sehr langsam gehen kann. Die zwei äußersten Gelenke des Mittelfingers sind lang, dünn und unbehaart. Das Aye-aye benutzt sie, um Würmer aus den Ritzen der Bäume zu holen und diese Würmer dann in den Schlund zu stoßen; anscheinend hängt es sich mit ihnen auch an Baumäste. Von den Hinterzehen hat der Daumen einen platten Nagel, gleich den Nägeln des Menschen.“

Fingertier nennen wir heute das Geschöpf mit dem verdorrten Mittelfinger. Zwar klaubt das Tier mit seinem seltsamen Nacktfinger nicht nur Würmer aus Baumritzen, sondern hauptsächlich Mark aus dem Bambusrohr, sonst aber stimmt alles an Sonnerats Bericht. Spätere Naturforscher haben sich in punkto Fingertier weit weniger mit Lorbeeren behängt als er. Von seinen beiden Gefangenen erzählt Sonnerat: „Ich hatte ein Männchen und ein Weibchen, die sich bei Tage nicht sehen ließen. Sie waren sehr träge, folglich auch sehr sanft. Ihre rötlichen Augen wirkten starr wie die einer Eule. Ich ernährte die Tiere mit gekochtem Reis; sie bedienten sich beim Fressen der dünnen zwei Finger ihrer Hände wie die Chinesen ihrer Stäbchen. Scheu und furchtsam krochen sie dicht zusammen, um zu schlafen, sie wälzten sich auf die Seite und verbargen den Kopf zwischen den Vorderfüßen. Stets lagen sie tagsüber unbeweglich da; nur durch Rütteln konnte man sie dahin bringen, daß sie sich regten. Beide lebten nur zwei Monate.“

Im Jahre 1782 trafen die beiden in Malzwein konservierten Fingertierleichen in Paris ein. Graf Buffon sah, daß das Aye-aye ein echtes Nagetiergebiß mit den charakteristischen wurzellosen, meißelförmig abgeschrägten Schneidezähnen aller Nager besaß. Eine Springmaus also? Oder ein Eichhörnchen, wie der deutsche Zoologe Gmelin meinte? Man stritt sich heftig darüber. Der Streit um das Fingertier dauerte rund achtzig Jahre. Cuvier beteiligte sich an ihm und verspottete seinen wissenschaftlichen Widersacher Geoffroy de Saint-Hilaire, der es gewagt hatte, etwas von einer Verwandtschaft der „nacktfingrigen Maus“ mit den Makis anzudeuten. Deutsche Zoologen schufen für das Fingertier eine besondere Säugetierordnung. Andere vereinigten das Aye-aye mit den Kletterbeutlern Neuguineas. Und schließlich wußte man überhaupt nicht mehr ein noch aus – man schwieg höflich, wenn jemand von dem „Nacktfinger“, der „Handmaus“, dem „Affen mit den Eichhornzähnen“ zu reden anfangen wollte. Seit Sonnerats Tagen war übrigens kein einziges Fingertier mehr aus Madagaskar eingetroffen. Man hielt das Rätselwesen längst für ausgestorben.

Um die Mitte des neunzehnten Jahrhunderts aber meldete sich das Aye-aye wieder. Ein Fingertier traf glücklich in lebendem Zustand im Londoner Zoo ein, einige weitere wanderten wenigstens in Spiritus nach Paris, London und Berlin. Auch junge Exemplare waren darunter, die noch ihr Milchgebiß besaßen. Nun kamen gleich zwei Forscher auf die Lösung des Problems. Der deutsche Zoologe und Mediziner Wilhelm Karl Hartwig Peters suchte das Fingertier persönlich in seiner madagassischen Heimat auf und stellte fest, „daß das Aye-aye in allen wesentlichen Merkmalen mit den Halbaffen übereinstimmt, dagegen kein einziges Merkmal zeigt, in dem es eine größere Annäherung an die Nagetiere erkennen ließe als alle anderen Gattungen der Halbaffen“. Und der englische Paläontologe Richard Owen konnte beweisen, daß das Milchgebiß junger Fingertiere, die er untersuchte, völlig halbaffenartig war. Die kuriosen Nagezähne bilden sich, wie Owen zeigte, erst bei den heranwachsenden Aye-ayes heraus, eben weil die Tiere nur durch Nagen zu ihrer Nahrung gelangen können. Eine typische Konvergenzerscheinung also. Als Konvergenz bezeichnet man das Phänomen, daß Tierformen, die sich verwandtschaftlich fernstehen, aber die gleiche Lebensweise führen, in gewissen Merkmalen ihres Körperbaus eine überraschende Ähnlichkeit aufweisen. Wie der Delphin ein Säugetier ist, das im Lebensraum des Ozeans Fischgestalt angenommen hat, so ist das Fingertier ein Halbaffe, ein Maki, der wie ein Nagetier lebt.

Heute ist das Fingertier tatsächlich nahezu ausgestorben. Eine große Suchaktion, die der französische Lemuren-Forscher Jean-Jacques Petter um 1960 durchführen ließ, um die letzten Fingertiere auf die zum Halbaffen-Schutzgebiet erklärte kleine Insel Nossi-Mangabé umzusiedeln, erbrachte ganze neun Tiere. Wahrscheinlich hat das Fingertier bereits die „rote Todeslinie“ unterschritten, also die Kopfzahl, die unbedingt nötig ist, um die Art zu erhalten.

Der englische Zoologe David Attenborough besuchte in den fünfziger und sechziger Jahren unseres Jahrhunderts mehrmals die Insel der Lemuren und bemühte sich dabei besonders um die Erforschung derjenigen Arten, die durch die Rodung der Urwälder und durch das Verschwinden der alten Tabus bei den Eingeborenen immer stärker in ihrer Existenz gefährdet sind.

Hierzu zählen auch die Indriartigen, die größten lebenden Halbaffen. Nach madagassischen Überlieferungen haben Mensch und Indri die gleichen Stammeltern:

„Ein Mann und eine Frau wanderten einst durch den Urwald. Nach einiger Zeit gebar die Frau eine große Anzahl von Kindern. Als die Kinder erwachsen wurden, begannen einige mit dem Roden von Bäumen und dem Anpflanzen von Reis. Die anderen ernährten sich weiterhin nur von den Blättern wildwachsender Bäume. Im Laufe der Zeit begann die erste Gruppe sich untereinander zu bekämpfen. Es waren die Urahnen der Menschen. Die anderen suchten entsetzt Zuflucht in den Baumwipfeln, damit sie weiterhin in Frieden leben konnten. Es waren die ersten Indris. Daher sind die Menschen und die Indris miteinander verwandt."

Noch vor wenigen Jahrzehnten war es auf Madagaskar völlig unmöglich, auf Indris Jagd zu machen. Nach den Legenden der Eingeborenen wissen nicht nur die Menschen um ihre Verwandtschaft mit den Indris, sondern auch die Indris um ihre Verwandtschaft mit den Menschen. „Einmal stießen die Indris ein lautes Geheul aus", so gibt Attenborough einige dieser Geschichten wieder, „um die Dorfbewohner vor dem Nahen einer Räuberbande zu warnen. Ein anderes Mal wurde ein Mensch, der auf einen Baum geklettert war, um wilden Honig zu sammeln, von den Bienen angegriffen und böse zerstochen. Halb blind rutschte er ab und stürzte in die Tiefe. Aber während er noch durch die Äste purzelte, wurde er von einem riesigen Indri aufgefangen. Schweigend half ihm der Indri hinab, bis der Mensch wieder in Sicherheit war, und verschwand dann im Walde."

Ein so von Sagen umwobenes Tier, das bis in die neueste Zeit hinein durch die religiösen Vorstellungen der Madagassen geschützt war, so daß praktisch kein Forscher die Möglichkeit hatte, sein Freileben zu studieren, mußte zwangsläufig der große Unbekannte unter den madagassischen Lemuren bleiben. Denn auch Beobachtungen in Gefangenschaft standen nicht zur Verfügung, da nicht einmal der Zoo von Tananarive, der Hauptstadt Madagaskars, imstande war, einige von ihnen einzugewöhnen. Man baute dort die schönsten Freilandvolieren für sie und versuchte, sie mit all den Pflanzen zu ernähren, die sie auch in freier Natur bevorzugen. Die Indris aber verweigerten die Nahrungsaufnahme, fielen in nervöse Krämpfe und starben nach wenigen Tagen. Offensichtlich vermögen diese empfindlichen Tiere den Schock der Gefangennahme nicht zu verkraften.

Als David Attenborough das erste Mal nach Madagaskar kam, hatte er wenig Hoffnung, jemals Indris zu Gesicht zu bekommen. Denn mit den religiösen Überlieferungen der Eingeborenen war es inzwischen leider zu Ende gegangen. Die Indris waren nicht mehr tabu, sondern wurden rücksichtslos gewildert, obwohl sie schon seit Jahrzehnten unter völligem Schutz standen. Nach Attenboroughs Erkundungen gab es lediglich ein begrenztes Gebiet im nordöstlichen Madagaskar, in dem noch einige Indris vorkommen sollten. Dieses Gebiet aber ließ sich verhältnismäßig leicht erreichen, da eine Eisenbahn mittendurch führt. Immerhin befand sich in dem sonst so abgeholzten Madagaskar hier noch der verfilzteste Urwald, den Attenborough bis dahin auf der Lemureninsel angetroffen hatte. Der Pflanzenwuchs war so dicht und der Wald dementsprechend so dunkel, daß Attenborough – falls er das Glück haben sollte, Indris zu sehen – nicht damit rechnete, sie fotografieren und filmen zu können.

Recht mutlos bahnte er sich seinen Weg durch das Dickicht. Plötzlich hörte er ein markerschütterndes, geradezu unirdisch klingendes Geheul. Der ohrenbetäubende Lärm stammte offenkundig von Indris und klang so, als säße eine ganze Horde von ihnen dicht neben ihm. Aber er konnte nichts von ihnen sehen, „nicht einmal das winzigste Fleckchen vom schwarzen Fell, nicht einmal das Aufblitzen eines Auges, nicht einmal eine Bewegung zwischen den Zweigen. Dann endete das Gejammer ebenso plötzlich, wie es begonnen hatte". Attenborough aber war dennoch glücklich, weil er nun sicher wußte, daß es noch Indris gab und daß sie gerade in diesem Gebiet lebten.

Als er das nächstemal das Geheul der Indris hörte, kam er auf den Gedanken, diesen Lärm auf Tonband aufzunehmen, um die großen Lemuren durch die Wiedergabe ihrer Rufe anzulocken. Emsig schickte das Tonband die aufgenommenen Klagetöne in den Urwald hinein. Sie klangen allerdings reichlich kläglich und dünn, so daß Attenborough skeptisch wurde, ob diese Methode funktionierte. Kein normaler Indri würde das kümmerliche Gejammer für die durchdringenden Stimmen seiner Artgenossen halten. Auf einmal wurde das Tonband von dröhnenden, trompetenden Rufen übertönt. Sie klangen ganz anders als die Indrichöre, die Attenborough zuvor gehört und aufgenommen hatte. Zehn Meter über ihm, hoch in den Bäumen, saßen drei Indris, guckten ihn entrüstet an und sprangen dann mit mächtigen Sätzen davon. Augenscheinlich hatten sie die Tonbandstimmen keineswegs für Indrirufe gehalten, sondern für einen höchst beunruhigenden Lärm. Sie schlugen deshalb Alarm und machten sich davon, so als seien sie durch den Tonbandunfug gröblich beleidigt worden.

Am nächsten Tag waren sie wieder da – ein großes Männchen, ein jüngeres Pärchen und eine Mutter mit einem schwarzgesichtigen Kind auf dem Rücken. Diesmal setzte Attenborough sein Tonbandgerät nicht in Tätigkeit, und die Indris blieben, wo sie waren. Mehr als eine Woche lang filmte er die kleine Gruppe, die sich gar nicht so scheu benahm und sich keineswegs im dunklen Wald verbarg, wie er befürchtet hatte. Die Tiere saßen im hellen Tageslicht frei und offen auf den Baumästen, den Rücken gegen einen Baumstamm gelehnt und die Beine lang ausgestreckt. „Die beiden Jüngeren", schreibt Attenborough, „waren ein äußerst zärtliches Paar; jeden Tag verbrachten sie Stunden damit, einander zu liebkosen und abzulecken. Dabei hockten sie auf einem dünnen waagerechten Ast, was sehr gefährlich aussah, da er jeden Augenblick abzubrechen drohte. Mich erinnerten sie an ein Paar gewandter Zirkusakrobaten, die so taten, als sei es nichts, auf einem in großer Höhe gespannten Drahtseil herumzuspazieren. Bei jeder Beunruhigung legte das Männchen einen seiner langen Arme um das Weibchen, so als ob er es schützen wolle."

Schließlich bekam Attenborough auch heraus, warum er anfangs zwar das Geheul der Indris gehört, sie selbst aber nicht zu Gesicht bekommen hatte. Es war schlicht und einfach die falsche Tageszeit gewesen. Indris lassen ihre Chöre früh am Morgen erklingen, wenn sie sich noch im Urwalddickicht verborgen halten. Im Laufe des Vormittags erscheinen sie dann in den unteren Stockwerken des Urwaldes und zeigen sich dort überraschend frei und offen. Anscheinend haben sie noch nicht begriffen, daß die alten Zeiten der Tabus für sie vorbei sind und der Mensch zu ihrem Feind geworden ist. Hinzu kommt, daß die Indris in der Nähe des kleinen Ortes Périnet von Naturschutzbeamten der Republik Madagaskar streng bewacht werden, so daß sich hier wohl kaum Wilderer blicken lassen. Wie unbedroht sich die Indris fühlten, erkannte Attenborough daran, daß einige in unmittelbarer Nähe des Bahnhofs von Périnet in den Baumwipfeln ihr Schlummerstündchen hielten.

Mit Ausnahme der winzigen Mausmakis, die wegen ihrer Kleinheit von den Eingeborenen nicht gegessen und für eine besondere Art von „Baummäusen" gehalten werden, stehen sämtliche madagassischen Halbaffen heute dicht vor dem Aussterben, obwohl sie schon in den vierziger Jahren unseres Jahrhunderts von der damaligen französischen Kolonialmacht unter strengen Schutz gestellt wurden. Die Republik Madagaskar hat diese Schutzbestimmungen noch verschärft und auch jede Ausfuhr von Lemuren in Zoos verboten. Die Zeiten, in denen jeder bessere Zoo seine Makisammlung vorweisen konnte, sind endgültig vorbei. Daß es heute überhaupt noch Makis in Ziergärten gibt, vor allem den mit einem schönen schwarzweiß geringelten Schwanz geschmückten Katta, ist in erster Linie dem Franzosen Georges Basilewski zu verdanken. Er richtete seinen Privatzoo in Cors de Cagnes bei Nizza eigens für Lemuren ein, die er sich kurz vor dem Ausfuhrverbot aus Madagaskar beschafft hatte. Die Tatsache, daß er inzwischen rund sechzig Zoos in aller Welt mit den Nachkommen seiner Pfleglinge versorgt hat, beweist, daß sich zumindest die mittelgroßen Maki-Arten in Gefangenschaft gut züchten lassen, sofern man große sonnige Volieren für sie einrichtet. Man könnte, wie Basilewski meint, die mittelgroßen Arten durchaus in Gefangenschaft vor dem Aussterben bewahren, zu dem die meisten auf Madagaskar trotz der Schutz- und Ausfuhrbestimmungen wohl zwangsläufig verurteilt sind.

Für die großen Arten, zu denen neben dem Indri auch seine nächsten Verwandten, die Sifakas, gehören, gibt es nur dann ein Überleben, wenn ihre Schutzgebiete so scharf bewacht werden, daß kein Eingeborener mehr an ihnen seinen Fleischhunger stillen kann. Der Diadem-Sifaka aus dem Westteil der Insel ist bereits nahezu verschwunden. Den schneeweißen schwarzgesichtigen Larven-Sifaka mit seinem braunen Käppchen, den perfektesten Springer unter allen Lemuren, traf Attenborough ausgerechnet im fast waldlosen Süden an, wo die dornigen Säulen von Didiera-Gewächsen (einer für Madagaskar typischen Wolfsmilchart) an die Stelle von Bäumen treten. Es kam Attenborough rätselhaft vor, wie in dieser Dornenwildnis, die ihm die Kleider zerriß und seine Haut zerkratzte, überhaupt große Halbaffen leben konnten. Wie die Indris, so waren auch die Sifakas für ihn nahezu unbekannte Tiere. Er wußte nur, daß sie in gewaltigen Sprüngen von Stamm zu Stamm Weiten von bis zu zehn Meter bewältigen können und dabei nach Angaben früherer Naturforscher eine Falte zwischen den Oberarmen und dem Brustkorb als Gleithaut benutzen – fliegende Halbaffen sozusagen.

Die ersten Sifakas, die Attenborough auf den Didiera-Stämmen zu Gesicht bekam, bewiesen ihm, daß auch diese „Flughaut" nichts als ein zoologisches Märchen war. Die Sifakas starrten mit aufgerissenen Augen zu ihm herab, niesten dann mehrere Male und schwangen sich mit einem mächtigen Satz in die Luft. Dabei hielten sie den Körper aufrecht, und der Schwanz wehte wie eine Fahne hinter ihnen her: „Es bestand kein Zweifel, sie hatten diese ungeheuren Sprünge lediglich durch die Kraft ihrer Beine bewältigt, ohne die Hilfe irgendeines Gleitfluges."

In ihrem Verhalten haben die Sifakas überraschende Ähnlichkeit mit den Schlankaffen, den „heiligen Affen" Südostasiens. Genau wie sie erklettern sie frühmorgens die höchsten Spitzen der Dorngewächse und sitzen dort mit hocherhobenen Armen, um sich an den Strahlen der aufgehenden Sonne zu wärmen. Deshalb wurden sie von den Madagassen als göttliche Geschöpfe angesehen, die jeden Morgen die Sonne anbeteten.

Auf dem Boden verwandelt sich ihr aufrechter Gang manchmal in känguruhartige Sprünge, wobei sie bei jedem Satz zwei Meter zurücklegen können. Sie halten dabei die langen Beine dicht zusammen und strecken die verhältnismäßig kurzen Arme vor, so daß es den Anschein erweckt, als spielten sie Sackhüpfen.

Nur wenige Forscher haben diese liebenswerten, harmlosen Geschöpfe aus ferner Urzeit, die niemandem schaden und niemanden stören, in ihrem letzten Rückzugsgebiet besucht. Sie nahmen schweren Herzens Abschied von ihnen, denn wenn die Entwaldung Madagaskars im gleichen Tempo wie bisher weitergeht, sieht man den Tag kommen, an dem es überhaupt keinen Raum mehr für sie gibt.

In neuerer Zeit wartete ein ganz anderer Teil des alten Gondwana mit ungelösten Rätseln und zoologischen Überraschungen auf: die Inselwelt Südostasiens. Auch hier gibt es Halbaffen, die allerdings zu ganz anderen Verwandtschaftsgruppen gehören als die Lemuren und Indriartigen Madagaskars: nämlich Schlanklori, Plumplori und Koboldmaki. Außerdem gleitet hier nachts ein seltsames Lebewesen von Baumgruppe zu Baumgruppe, das man früher gleichfalls in die Lemurenverwandtschaft gestellt hat – der Riesengleitflieger, Pelzflatterer oder Flattermaki, in jeder Hinsicht ein Sonderling unter den Säugetieren. Der Riesengleitflieger besitzt zwar eine großflächige Fallschirmhaut, gehört aber nicht zur Sippschaft der Fledermäuse und Flughunde, sondern stammt wie die Halbaffen von urtümlichen Insektenfressern ab. Eine etwas kuriose Herkunft, zumal sich das Tier nicht von Insekten, sondern ausschließlich von Blättern und Knospen ganz bestimmter Pflanzenarten ernährt.

Im gleichen Lebensraum wie diese merkwürdigen Nachtgeister, die heute eine eigene Ordnung im System der Säugetiere vertreten, hausen die großäugigen Gespenst- oder Koboldmakis, denen man neuerdings eine Zwischenstellung zwischen Halbaffen und Affen zugewiesen hat. Sie scheinen die letzten Überlebenden jener Ur-Primaten aus dem frühen Tertiär zu sein, die eine Brücke zwischen den Halbaffen und den Affen schlagen. Ihre fossilen Vertreter müssen wie kleine Homunkuli ausgesehen haben. Trotz mancher Spezialanpassungen darf man die Koboldmakis deshalb als „lebende Fossilien" bezeichnen.

Ein Verwandter des Koboldmaki aus dem Eozän – der Tetonius homunculus. Viele Zoologen halten die winzigen Homunkuli für die Stammgruppe, aus der sich die höheren Affen entwickelt haben.

Recht still und bescheiden existieren in Südasien und im indonesischen Raum rund fünfzig Arten von unscheinbar aussehenden Geschöpfen. Fünf Gattungen von diesen Spitzhörnchen wirken bei oberflächlicher Betrachtung ein wenig wie Eichhörnchen mit großen Augen und einer spitzen Schnauze; bei den Engländern tragen diese Tiere deshalb den Namen

„squirrel shrews“ (Eichhörnchen-Spitzmäuse). Eine weitere Gattung heißt *Ptilocercus* (Federschwanz) nach den buschig-fransigen Haaren, mit denen das letzte Drittel ihres ansonsten rattenhaft nackten Schwanzes bedeckt ist. Der erste „Federschwanz“ wurde im Jahre 1848 ausgerechnet im Palast eines malaiischen Fürsten gefangen. Das Tierchen ähnelt in groben Zügen einer Ratte und trägt deshalb bei den Eingeborenen den Namen „Tikus-Kaju“ (Baumratte). Später erkannte man, daß Spitzhörnchen und Federschwanz kein Hörnchen- oder Ratten-, sondern ein Insektenfressergebiß besitzen, und stellte sie zu den gleichen urtümlichen Insektenfressern, wie sie als Borstenigel in Madagaskar, als Otterspitzmäuse in Westafrika, als Rüsselspringer in den afrikanischen Steppen und als Schlitzrüßler auf den Karibischen Inseln leben.

Aber damit war die Sache noch längst nicht abgeschlossen. Wirklich interessant wurden die Tupaias – so taufte man die Spitzhörnchen –, als der deutsche Tiersammler Salomon Müller um 1840 aus Borneo das Nasenhörnchen mitbrachte, ein echtes hörnchenartiges Nagetier, das aber in der Größe, in der Beschaffenheit und Farbe des Pelzes und in der Verlängerung der Schnauze eine Tupaia-Art so exakt nachahmt, daß beide, Nagetier und Insektenfresser, einander zum Verwechseln ähnlich sehen. Diese Mimikry war gewiß ein recht erstaunliches Phänomen, aber nicht weiter aufregend. Man vergaß die Tiere schon wieder so halb und halb. Dann aber beschäftigte sich die Wissenschaft im Jahre 1938 zum zweiten Male eingehend mit den „Eichhorn-Spitzmäusen“ – diesmal freilich aus ganz anderen Gründen. Sie leben nicht wie Spitzmäuse von Insekten, sondern sind Allesfresser wie die Primaten. Sie benehmen sich in den heimischen Buschwäldern nicht wie kleine Kerfjäger, sondern wie Halbaffen und Affen. Ihre Augen ähneln im Bau denen der primitiven Lemuren. Es sah nach alledem so aus, als hätten sie den insektenfressenden Vorfahren der Halbaffen sehr nahegestanden. Das alles war schon auffällig genug. Bezeichneten die unscheinbaren „squirrel shrews“ etwa gar die hochwichtige Stelle im Tierstammbaum, an der sich die Primaten von den Insektenfressern abgezweigt haben?

Nach Meinung englischer, amerikanischer und deutscher Experten sind sie sogar noch einen Schritt weitergegangen. Man schaute sich ihre breitkronigen Zähne genauer an, man studierte die Form ihrer Augenhöhlen, ihre geschickten fünffingrigen Hände, ihr Gehirn. Dann kam der Eklat: Mit einem Satz sprangen Tupaia und Federschwanz die Stufenleiter der Tiere hoch hinauf. Sie wurden öffentlich vom Rang der Insektenfresser in den Rang der Halbaffen erhoben. Dadurch konnte wiederum eine Brücke geschlagen werden, die Brücke vom Ur-Säuger zum Primaten. Den lebenden Fossilien Alt-Gondwanas aus dem Eozän, den Tanreks, Frettkatzen, Lemuren und Koboldmakis, hatte sich eine neue Übergangsform hinzugesellt – das allererste, noch spitzmausähnliche Herrentier.

Freilich ist die Rangerhebung der Tupaias noch immer umstritten. Englands größter Primatologe, Osman Hill, hat sich aus wohlüberlegten Gründen geweigert, die Spitzhörnchen in sein vielbändiges Standardwerk, das alle fossilen und lebenden Primaten zusammenfaßt, aufzunehmen. Die Tierrätsel im lemurischen Gondwana sind also noch keineswegs gelöst. Das moderne Märchen vom versunkenen Südland hat sicher noch viele ungeschriebene Kapitel.

Die Menagerie des Großkhans

China ist das Geburtsland der Zoologischen Gärten. Schon um 1050 v. Chr. hatte sich, wenn man dem Chu-King, dem heiligen Buch der Lieder, glauben darf, der Ahnherr der Tschou-Dynastie Wu-Wang einen „Park der Intelligenz" anlegen lassen und dort Tiger, Hirsche, Nashörner und andere Großtiere zur Schau gestellt, außerdem allerlei Vögel, Riesenschlangen, Schildkröten und eine Fülle von Fischen. Wu-Wangs Nachfolger, auch wenn sie aus der Mongolei oder aus der Mandschurei kamen, behielten diese Sitte bei. Tiere, die den Zoologen aus Europa und Nordamerika erst in neuerer Zeit bekannt wurden – so der auffällig gefärbte Schabrackentapir, der Davidshirsch, der weiß-schwarze Große Panda und andere mehr –, gelangten damals schon in die kaiserlichen Intelligenzgärten und wurden von dort oft an befreundete Fürsten weiterverschenkt.

Als im Jahre 1260 n. Chr. der große Kublai-Khan, der gebildetste und toleranteste aller Mongolenherrscher, den Thron in Peking bestieg, übernahm er von den Chinesen nicht nur seinen neuen dynastischen Namen Yüan, sondern auch die Tiergärten. Er erweiterte die chinesischen Zoos und errichtete sogar in seiner Sommerresidenz Karakorum, also mitten in der Mongolei, einen besonders schönen und ausgedehnten Wildpark voller Hirsche, Antilopen, Fasanen, Raubtiere und Raubvögel verschiedener Arten, in dessen Mitte sich ein auf vergoldeten Säulen ruhendes Lustschloß erhob. Der berühmteste Ostasienreisende jener Zeit, Marco Polo, brauchte somit auf seiner Weltreise den Tieren der Tatarei und des fernen Landes Cathay (so nannte man damals China) nicht in der Wildnis nachzuspüren; er konnte sie in aller Ruhe in ihren Gattern und Gehegen studieren. Und da fielen ihm einige interessante Dinge auf.

Die Mongolen pflegten ihre Tiere nämlich nicht nur aus Liebhaberei oder zur Förderung der Gelehrsamkeit wie die Chinesen; sie benutzten sie auch, um einen Jagdsport auszuüben, der der mittelalterlichen Falkenbeize ähnelte. Als „Jagdfalken" aber verwendeten sie neben Falken, Habichten und

Adlern allerlei vierbeinige Geschöpfe: „Gestreifte Löwen, hochbeinige Leoparden und große Luchse“ – also Tiger, Geparden und Karakale, wie wir heute sagen würden.

„Ein räubig Thier“ nennt Gesner den Luchs. Sein orientalischer Vetter, der Karakal, wurde bereits in der Antike gezähmt und zur Kleintierjagd abgerichtet.

„In reichen, von Bächen bewässerten Wiesen“, schreibt Marco Polo darüber, „wird allerlei Wild gehegt, das den Jagdvögeln zum Unterhalt dient. Die Zahl dieser Vögel beläuft sich auf zweihundert, und wenigstens einmal in jeder Woche besichtigt sie der Großkhan in eigener Person. Er läßt auch Adler abrichten, um auf Wölfe zu stoßen; sie sind so groß und stark, daß sich kein Wolf ihren Klauen entreißen kann. Vor allem aber hält er für seine Jagden viele Leoparden, Luchse und Löwen. Wenn er in seine Tiergärten reitet, führt er häufig einen oder mehrere Leoparden auf Pferden hinter ihren Wärtern mit; und wenn er dann Befehl gibt, sie loszulassen, fallen sie augenblicklich über einen Hirsch, eine Antilope oder ein Stück Damwild her. Die Beute gibt Seine Majestät dann den Falken. Auf diese Weise amüsiert er sich.“

Bei den „Luchsen“ des Kublai-Khan handelte es sich wahrscheinlich um Karakale. Dieser südliche Vetter des Luchses war bereits in der Antike bekannt, ist auf ägyptischen Denkmälern zu sehen und wurde von alters her im Nilland wie in Asien zur Jagd abgerichtet. Noch heute benutzen snobistische Maharadschas das Tier, um allerlei Kleinwild zu fangen; es ist ein beliebter Sport, mehrere Karakale auf einen Taubenschwarm loszulassen und zu wetten, welcher von ihnen in kürzester Zeit die meisten Tauben tötet.

Über die „Leoparden", die Marco Polo hinter den Pferden der mongolischen Tierwärter beobachtet hatte, ist mehr zu sagen. Zunächst – es waren gar keine Leoparden, sondern Geparden, Angehörige einer Raubtiergattung, die von sämtlichen übrigen Katzen ganz erheblich abweicht. Der Gepard ist hochbeinig wie ein Windhund, hat einen kleinen Kopf und nicht zurückziehbare Krallen an den Pfoten. Mit dem Leopard teilt er noch nicht einmal die Fellzeichnung: Leoparden besitzen große unregelmäßige Voll- und Ringflecke, Geparden dagegen sind über und über mit kleinen einfachen Tupfen bedeckt. Das hält aber auch heute noch die Mehrzahl der Zoobesucher nicht davon ab, den harmlosen Gepard als „Jagdleopard" zu bezeichnen. Der „Jagdleopard" gehört zu den zoologischen Wortungetümen, die sich wohl nicht aus der Welt schaffen lassen.

Nach landläufiger Ansicht ist Marco Polo der erste europäische Entdekker dieser schönen hochbeinigen „Windspiele der Steppe" gewesen. Aber es gibt noch eine dreizehn Jahrhunderte ältere Geparden-Notiz, aus Afrika allerdings, verfaßt von dem griechischen Allerweltsberichterstatter Diodor. „Der sogenannte Kepos", schreibt Diodor in seinem Buch über Äthiopien, „wird wegen des Reizes und der Anmut seines ganzen Körpers mit einem

Gepard als Reittier auf einer altgriechischen Darstellung.

schönen Garten verglichen; im Gesicht gleicht er dem Löwen, am übrigen Leib einem Panther, abgesehen von der Gestalt, die die einer Gazelle ist." Wenn man diese Worte nachliest und sich daraufhin einen Geparden anschaut, dann muß man dem alten Doidoros Siculus, der das Tier wohl nur vom Hörensagen gekannt hat, alle Hochachtung aussprechen.

Tausende solcher gazellenschlanken und gartenschönen Jagdgeparden begleiteten zu Marco Polos Zeiten die Pirschzüge der Mongolenherrscher. Bei den Arabern am Nordrand der Sahara und bei den Amharen Abessiniens diente die afrikanische Unterart, der Fahhad, bei den Indern die heute wohl ausgestorbene asiatische Unterart, der Tschitah, als Helfer bei der Antilopenhatz. Die Jagdgeparden wurden und werden heute noch behaubt wie edle Jagdfalken und auf Karren so nahe wie möglich an das Wild herangeführt. Sobald sie von der Kappe befreit sind, stürmen sie wie der Wind auf die Beute zu, trommeln sie mit den Läufen nieder und warten, bis ihr Herr herannaht und ihnen als Belohnung das Blut der getöteten Antilope zu trinken gibt. Ein Amüsement war das, an dem später auch europäische und vorderasiatische Herrscher Geschmack fanden. Am armenischen Fürstenhof, beim türkischen Sultan, in den Jagdschlössern der Könige von Frankreich und in Wien beim deutschen Kaiser – überall tauchten seit dem sechzehnten Jahrhundert dressierte und zur Jagd abgerichtete Geparden auf. Die beiden Tschitahs, die Kaiser Leopold vom türkischen Sultan als Geschenk erhielt, erwiesen sich sogar bei der Rehhatz im Wienerwald als recht brauchbar.

Die Löwen, die Marco Polo im Tierpark von Karakorum auffielen, stehen richtigen Löwen weit näher als der Gepard dem Leoparden und kreuzen sich auch mit ihnen, was die beiden gefleckten Katzen nicht tun. „Sie sind größer als die babylonischen Löwen", erzählt der venezianische Weltreisende, „und haben ein prächtiges Fell, das mit schwarzen, weißen und roten Streifen verziert ist. Sehr behend verstehen sie es, Eber, wilde Stiere und Esel, Bären, Hirsche, Gazellen und anderes Wild zu greifen. Es ist ein herrlicher Anblick, wenn der Löwe losgelassen wird und seine Beute voll wilder Begier verfolgt, bis er sie durch seine Schnelligkeit eingeholt hat. Zu solchen Zwecken führt Seine Majestät diese Jagdlöwen in Käfigen mit, die auf Wagen stehen; dort ist dem Löwen jedesmal auch ein Hund beigegeben, mit dem er sich bald befreundet. In solche Käfige muß man die Löwen einschließen, weil sie sonst, sobald sie ein Wild erblicken, nicht an sich halten könnten und ihm gar zu wütend nachlaufen würden. Auch muß man sie gegen den Wind an die Beute führen, damit das Wild sie nicht vorzeitig wittert und entflieht."

Tiger als Löwen zu bezeichnen, wie Marco Polo es getan hat, ist vom zoologischen Standpunkt aus nicht einmal ein sonderlich grober Schnitzer. Denn beide Großkatzen stehen sich verwandtschaftlich so nahe, daß man

Der vorderasiatische Löwe, der heute nahezu ausgestorben ist, war das begehrteste Jagdwild assyrischer Herrscher.

sie im Skelett kaum auseinanderhalten kann. Es hat sogar einmal einen „Löwentiger" gegeben, eine Zwischenform, die schwach gestreift war wie ein sibirischer Tiger und eine Schwanzquaste besessen hatte wie ein Löwe. Ihre nicht sehr starke Mähne hielt etwa die Mitte zwischen der des indischen Löwen, der übrigens gleichfalls schattenhafte Querstreifen auf der hinteren Rückenhälfte trägt, und der Hals- und Brustkrause der nördlichen Tigerrassen. Dieses Tier lebte in der europäischen Eiszeit und ging als „Höhlenlöwe" in die Vorgeschichtsliteratur ein, bis man auf frühmenschlichen Zeichnungen seine Tigerstreifen entdeckte. Löwe, Löwentiger und Tiger stammen vermutlich von ein und derselben Großkatze ab. Diese Katze wurde in den Steppen Afrikas und Vorderasiens zum sandfarbenen Mähnenträger, in den nördlichen Tundren zum unvollkommen gestreiften Halbtiger und in den asiatischen Dschungeln und Taigen zur bunten Streifenkatze.

Da Marco Polo aber diese stammesgeschichtlichen Recherchen der modernen Zoologen nicht vorausahnen konnte, müssen wir uns über seine Formulierung doch ein wenig wundern. Hatte der große Venezianer tatsächlich noch nie etwas von Tigern gehört? Löwen werden in seiner Reisebeschreibung viermal genannt: als Jagdhelfer des Großkhans, als Bewohner der chinesischen Grenzprovinzen Szetschuan und Yünnan und als Wegelagerer auf den Straßen, die nach Hinterindien führen; „wo sie in solchen

Der Tiger, der Antike wohlbekannt, aber erst durch Marco Polo wiederentdeckt, auf einem Holzschnitt aus dem 16. Jahrhundert.

Mengen herumstreifen, daß die Leute, um nicht gefährdet zu werden, immer nur in großen Gesellschaften reisen." In keinem dieser Fälle kann es sich um asiatische Löwen gehandelt haben; denn die indische Löwenrasse von Gudscherat und Radschputana ist nie über den Oberlauf des Ganges weiter nach Osten vorgedrungen. Außerdem bezeichnet Marco Polo seine „Löwen" ausdrücklich als bunt gestreift. Demnach scheint der europäischen Menschheit die Kenntnis des Tigers, eines der häufigsten Tiere in den römischen Tierparks und Arenen, im Mittelalter ebenso verlorengegangen zu sein wie die anderer exotischer Geschöpfe, von denen im alten Rom noch jeder Schuljunge hätte erzählen können. Nicht einmal der klassische Name *Tigris* blieb erhalten. Erst später, in der Zeit der großen Reisen, wurde er wieder ausgegraben.

Der Tiger war den antiken Tierkennern zwar nicht ganz so vertraut wie der Löwe, der zu Herodots Zeit noch in Griechenland und zur Zeit des Aristoteles noch auf der Balkan-Halbinsel und in Kleinasien gelebt hatte. Aber immerhin hatte bereits der alexandrinische Feldherr Niarchos ein Tigerfell besessen. Durch die Seleukiden gelangten dann die ersten lebenden Tiger nach Athen und durch die pompejanischen Kriege nach Rom. Der römische Staatsmann Marcus Aemilius Scaurus ließ in seinem marmornen Prunktheater, das achtzigtausend Besucher faßte, neben hundertfünfzig Panthern, fünf Krokodilen und einem Wildpferd auch einen Tiger auftreten. Kaiser Claudius besaß vier Stück; Kaiser Caracalla tötete sogar einen „Hippotigris" (nicht etwa ein Zebra, wie man lange gemeint hatte, sondern, was ja auch eines Kaisers würdiger war, einen Mordstiger, „so groß wie ein Pferd"). Heliogabal schließlich ließ eine größere Anzahl von Tigern zähmen und spannte sie vor seinen Wagen, auf dem er dann als Gott Bacchus im Triumph durch Rom fuhr. Im Verlauf der Partherkriege wurde es den Feldherrn zur Gewohnheit, Tiger nach Rom zu schicken, oft bis zu fünfzig Stück auf einmal, und sie im Zirkus mit Gladiatoren kämpfen zu lassen. Unter diesen römischen Streifenkatzen befand sich übrigens auch ein Königstiger aus Indiens Dschungeln. Eine indische Gesandtschaft hatte das Tier dem Kaiser Augustus während seines Aufenthaltes auf der Insel Samos mitsamt einer lebenden Pythonschlange als Geschenk überreicht; der Transport soll vier Jahre gedauert haben.

Weder die Römer noch Marco Polo haben je etwas von dem sonderbaren magischen Kult gehört, der in allen Tigerländern mit der großen gestreiften Raubkatze getrieben wird. Durch diesen Kult ist der Tiger auch in die Geistes- und Religionsgeschichte der Menschheit eingegangen. Das gefährlichste, von allen Eingeborenen gefürchtete Raubtier Asiens wurde in Sibi-

Die Streifenkatze – strafender Dämon der Ostasiaten. Der Japaner Hokusai hat die magische Wirkung, die von dem großen Raubtier ausgeht, hier in einem packenden Bild eingefangen.

rien wie in Indien, in der Mandschurei wie in Thailand nicht etwa verflucht und verabscheut, wie es der europäischen Mentalität entsprochen hätte, sondern als strafender Gott oder Gott-Stellvertreter verehrt. In Thailand spielte der Tiger bis in die neuere Zeit hinein die Rolle eines Justizbeamten: Wurden mehrere Menschen eines Verbrechens beschuldigt, so warf man sie allesamt einer zu diesem Zweck bereitgehaltenen Raubkatze vor. Als schuldig galt der, den sie dann tötete. Nicht ganz so makaber wie diese südostasiatische Version unserer mittelalterlichen Gottesurteile war die Ansicht der Sumatraner, daß der Tiger als fleischgewordene Menschenseele nicht erlegt werden dürfe. Die gleiche Vorstellung herrschte bei den Tungusen: Sie glaubten sich von Tigergöttern regiert, an deren Spitze ein alter Oberstatthalter stehe, sprachen nur flüsternd und in Orakelworten von dem Tier, und waren überzeugt, daß jeder Mensch, der einen Tiger umzubringen versuche, prompt von einem anderen Tiger gefressen werde. Als „Menschen- oder Herrentier", als „heiliger Gott-Burchan" durchgeistert die gestreifte Katze alle ostsibirischen Kulte und Mythen. Noch heute legt ein gläubiger Orotschone, wenn er auf eine Tigerfährte trifft, sogleich einen Teil seiner Habe als Opfer in die Fußspuren.

Was für die süd- und ostasiatischen Naturvölker der Tiger war, das war für den Neandertaler der Höhlenbär, für die Aïnu und Giljaken der Braunbär und für die Bewohner arktischer Regionen der Eisbär. Freilich jagten die Polarvölker die Bären ihrer kalten Heimat mit entschieden mehr Leidenschaft, als die Dschungel- und Taiga-Menschen die Streifenkatze jagten. Fleisch, Fett und Pelz sind im Norden rarer und lebensnotwendiger als im Süden; deshalb ändern sich dort auch die Kulte. Über die großen weißen Bären des polaren Sibirien findet sich bei Marco Polo gleichfalls eine interessante Notiz, und zwar im 45. Kapitel seines dritten Buches. Es heißt hier: „In den nördlichen Gegenden Asiens gibt es neben völlig schwarzen Füchsen auch Bären, die weiß von Farbe sind."

Dieser Satz wirkt überraschend. In der frühmittelalterlichen Literatur wird der Eisbär sonst nur noch ein einziges Mal erwähnt: Harald der Harte, König der Norweger, erhielt ein solches Tier um die Mitte des elften Jahrhunderts von den Grönlandwikingern Eriks des Roten. Nun – in Grönland kommt der weiße Polarbär auch heute noch vor. Ebenso braucht man über die Tatsache, daß Jacques Cartier, der Entdecker Kanadas, um 1535 auf Neufundland „einen großen, schwanenweißen Bären" erlegte, nicht weiter verwundert zu sein. Woher aber wußten die Mongolen, denen Marco Polo ja seine Nachricht verdankte, von der Existenz eines Geschöpfes, das fast dreitausend Kilometer von Karakorum entfernt an der Eismeerküste lebt?

Der einzige Schluß, den man aus Marco Polos Notiz ziehen kann, ist der, daß den Mongolen bereits das erst im siebzehnten Jahrhundert von russischen Reisenden entdeckte – oder besser: wiederentdeckte – Nordsibirien bekannt gewesen sein muß. Die russischen Entdecker Sibiriens waren Pelzhändler und Pelzjäger gewesen, auf sibirische Pelztiere gejagt und mit sibirischen Pelzen gehandelt aber hat man in Ostasien schon seit dem fünften nachchristlichen Jahrhundert. Wie der islamitische Chinese Mohammed Sulaimann Ying Kwang Yu in einer Studie über die mongolischen Reiche anführt, hat sich der Herrschaftsbereich des Kublai-Khan „von einem Meere, das vereist ist, bis zur Straße von Malakka“ erstreckt. So ergab es sich, daß die Mongolen regelmäßig kostbare Tierfelle von der Eismeerküste in die ostasiatischen Residenzen überführten. Solche Felle, von schwarzen Füchsen und weißen Bären stammend, wird Marco Polo bei den Würdenträgern des Großkhans gesehen haben – ein Anblick, der sofort, wie bei diesem klugen und scharfsinnigen Mann nicht anders zu erwarten, sein erdkundliches und tiergeographisches Interesse wachrief.

Es ist schlechterdings unmöglich, eine Liste der vielen Tierarten aufzuführen, deren Kenntnis die Naturwissenschaft dem Messer Millioni, dem vielverspotteten, als Erzlügner geschmähten Manne, dem größten und bewundernswertesten Entdeckungsreisenden des Frühmittelalters verdankt. Als erster Europäer sah Marco Polo den Kolsum, den wolfsähnlichen indischen Rothund, dessen Meuten selbst dem Tiger gefährlich werden können. Er beschrieb die Kamele, Büffel und Zebu-Rinder der asiatischen Bauern, die chinesischen Seidenhühner mit ihrem auffälligen haarartigen Federkleid,

Vage Gerüchte, die aus Asien nach Europa drangen, ließen manches Legendentier in die Naturgeschichtsbücher der Frühzeit wandern, so auch diesen Skythischen Wolf, von dem Gesner erzählt. Welches Raubtier Modell zu dem Ungeheuer gestanden hat, wissen wir nicht.

die bunten Fasanen Ostasiens, die großen gemusterten Teppichschlangen, „die in der Nacht aus ihren Höhlen kriechen, um Fraß zu suchen, und sogar den Löwen anfallen sollen." In seinen Berichten kommen Riesenechsen vor, entweder Bindenwarane oder festländische Verwandte des gigantischen Komodo-Warans, die heute ausgestorben und der Wissenschaft noch unbekannt sind. Er erzählt von indischen und tibetanischen Antilopen, vom Sumatra-Nashorn, von kriegerischen Auseinandersetzungen des Großkhans mit den Elefanten-Armeen der Herrscher von Burma und Bengalen.

Auf eine seiner Tierentdeckungen aber müssen wir doch etwas näher eingehen, denn sie ist auch kulturhistorisch von Bedeutung. Es handelt sich um den Parfümspender des Mittelalters, den Material-Lieferanten aller frühen Vorläufer des François Coty, um ein Lebewesen, dessen kostbares, mit Gold aufgewogenes Produkt jede Dame kennt, von dessen Aussehen aber kaum eine unter den Entleiherinnen seines Duftes auch nur eine vage Vorstellung hat – um das Moschustier.

Das Moschustier ist eine stammesgeschichtlich sehr primitive Hirschart, deren Männchen an Stelle eines Geweihs zwei große, hauerartig hervortretende Eckzähne im Oberkiefer trägt. Es wirkt, wenn es den Leib krümmt und die kurzen Vorderläufe zwischen die langen eingeknickten Hinterläufe setzt, eigentlich gar nicht wie ein Hirsch, sondern wie ein Mittelding zwischen Antilope und Känguruh. Mehrere Unterarten gibt es; sie waren zu Marco Polos Zeiten in ganz Innerasien, vor allem im Himalaja-Gebiet, verbreitet. Außerdem kennen wir noch eine fossile Form aus dem Spättertiär Indiens. Die Moschustiere sind ausgesprochene Hochgebirgswesen, scheu und schnell, genauso meisterhafte Kletterer wie Gemse und Steinbock. Wenn sie springend, schleichend und sich drehend über die höchsten und steilsten Felsen steigen, dann hat es den Anschein, als sei ihr Körper aus Gummi. Trotz dieser Künste, die sie eigentlich vor der Ausrottung hätten schützen müssen, existieren sie heute lediglich in wenigen entlegenen Tälern des Himalaja und Nordasiens. Und daran ist eine salbenartige, stark riechende Masse schuld, die das Männchen zur Geschlechtszeit absondert – der Moschus.

Die Chinesen, Tibetaner und Tungusen hatten schon in frühen Zeiten erkannt, daß dieser Stoff in entsprechender Verdünnung zum Parfümieren taugte und außerdem als Heilmittel gegen Fieber, Starrkrampf, Keuchhusten, Hysterie und Mannesschwäche verwendet werden konnte. Hinzu kam noch, daß sich aus dem weichen Moschusfell und dem zarten Moschusleder schöne Kappen und Winterkostüme herstellen ließen. So fing man das Moschustier in Schlingen, schoß es mit Pfeilen und lockte es im Winter mit Moosen und Flechten in aufgestellte Fallen, bis es immer seltener wurde. Chinesische Händler exportierten den begehrten Moschus nach Arabien; arabische Händler verkauften ihn weiter ins Abendland. Dort mußten die

Parfümfabrikanten je Gramm einen guten Taler zahlen und noch froh sein, wenn die bräunlichroten oder kohlschwarzen Krümel auch wirklich echt waren. Schon seit Jahrtausenden haben die Chinesen es nämlich ausgezeichnet verstanden, den Moschus zu fälschen und geradezu eine Industrie aus diesem Erwerbszweig zu machen. Man kannte also in Europa zu Marco Polos Zeit schon seit langem den Begriff „Moschus". Arabische Gelehrte hatten auch bereits etwas von einem Moschustier gehört. Was das aber für ein Tier war und auf welche Weise es das wohlriechende Sekret produzierte, davon hatte außerhalb der Grenzen des Mongolenreiches niemand eine Ahnung.

Nun jedoch reiste Marco Polo im Jahre 1250 im Auftrag des Kublai-Khan „durch ein trostlos verwüstetes Land, wo man weder Herberge noch Lebensmittel findet, dessen Burgen oder feste Plätze auf felsigen Hügeln oder auf Berggipfeln erbaut sind und dessen Bewohner sich schlecht und recht in Leder, Tierfelle und Hanfstoffe kleiden, als Schwarzkünstler berüchtigt sind und eine unverständliche Sprache reden". Es war das Land Tibet. Hier sah er neben „Löwen, Bären, Rehen, Hirschen, Antilopen und den verschiedensten Vögeln auch Moschustiere, die in großer Anzahl gefangen werden". Er schildert sie wie folgt: „Das Moschustier lebt in dieser Landschaft in solchen Mengen, daß sein Geruch über die ganze Gegend verbreitet ist. Bei den männlichen Moschustieren bildet sich in der Nähe des Nabels eine Blutblase, die sich einmal im Monat öffnet und den Moschus liefert. Man fängt diese Tiere mit Hunden."

Wir können aus Marco Polos Worten schließen, daß er das Land Tibet zur Winterszeit bereist hat. Denn im Winter setzt die Brunstzeit der Moschustiere ein. Die Böcke kämpfen miteinander, versuchen sich mit den Eckzähnen zu verletzen und riechen so stark nach Moschus, daß man ihre Anwesenheit schon auf mehrere hundert Meter Entfernung wahrnimmt. Nur in den Brunstwochen öffnet sich die „Blase" und nicht, wie Marco Polo irrtümlich annahm, jeden Monat einmal. Der Moschus ist also eine Absonderung von Drüsen, die mit der Geschlechtstätigkeit in Zusammenhang stehen. Und die vermeintliche „Blutblase in der Nähe des Nabels" stellte sich bei späteren Untersuchungen als ein mit zwei Öffnungen versehener Beutel heraus, in dessen haarigem Innern die Moschusdrüsen sitzen. Eine der beiden Öffnungen mündet in einen Kanal, in dem auf innersekretorischem Wege die Bildung des Moschus angeregt wird; die andere dient zur Entleerung des Beutels während der Paarungsspiele. Der Geruch regt die Geschlechtslust der Tiere an, lockt die Weibchen herbei und warnt die Rivalen, nur ja nicht auch in dieser Gegend herumstinken zu wollen.

Verschiedene andere Tiere besitzen übrigens gleichfalls Moschusdrüsen und benutzen sie zu ähnlichen Zwecken – das südamerikanische Nabelschwein zum Beispiel, die Bisamratte, die Türkenente und einige Käfer-,

Tintenfisch- und Schneckenarten. Doch an den echten Moschus aus dem Beutel des tibetanischen Felsenspringers, den *Moschus ex vesicis*, kommt keines dieser Produkte heran. Erst die moderne Chemie hat das Monopol des Moschustieres gebrochen. Da war es aber schon so selten geworden, daß die Regierung Tibets besondere Erlaubnisscheine zur Moschusjagd ausgeben mußte und keinen Beutel über die Grenze ließ, der nicht ein Staatssiegel trug.

Heute, im Parfüm-Zeitalter des François Coty und der synthetischen Düfte, mutet die Existenz des stark riechenden Wundertieres, an dem Marco Polo sich einst begeistert hat, fast wie eine Sage an. Nur ganz wenige Reisende haben in den letzten Jahrzehnten noch Gelegenheit gehabt, ein Rudel von Moschustieren in Innerasien mit Auge und Nase zu erleben. Dafür gelangten um 1920 einige Moschustiere in den großen Wildpark von Woburn Abbey, den der tierfreundliche Herzog von Bedford zur Erhaltung und Züchtung aussterbender Arten hat anlegen lassen. Ihre Nachkommen tummeln sich hier unter britischen Parkbäumen oder in anderen Tiergärten; sie haben die innerasiatische Bergheimat längst vergessen.

Der Vogel Rock

Wenn in einem rechten arabischen Märchen jemand eine Luftreise anzutreten hat, so kann er unter zwei Vehikeln die Auswahl treffen: Entweder benutzt er einen fliegenden Teppich, oder aber – was noch viel aufregender ist – er läßt sich vom Vogel Rock in den Äther entführen. Der Vogel Rock oder Rukh ist ein Super-Fabelwesen wie das Einhorn. So groß soll er sein, so stark und kühn, daß er sogar Elefanten vom Boden aufzuheben und in die Wolken zu verschleppen vermag. Kein Wunder, daß sich die Kreuzritter im Morgenland sofort der Sage bemächtigt haben. Vogel-Rock-Geschichten geistern seitdem durch die gesamte mittelalterliche Poesie.

Der erste Forscher, der das Herkunftsland des Vogels beziehungsweise der Legende genauer lokalisieren konnte, war kein Geringerer als Marco Polo. Als er auf seiner Heimreise um 1294 n. Chr. eine „Insel Magastar" berührte, erzählten ihm die Einwohner einiges von einem Riesenvogel. Seine Schwingen, so sagten sie, verdunkle die Sonne. Er brüte auf einem gigantischen Baum, so hoch und breitkronig, daß ewige Dämmerung unter dem Laubdach herrsche. Sein Fußtritt, so fügten sie hinzu, könne einen Ochsen töten. Marco Polo erhielt sogar eine Feder des sagenhaften Vogels; leider entpuppte sie sich später als getrockneter Palmwedel.

Nehmen wir an, der venezianisch-dalmatinische Ostasienfahrer habe mit

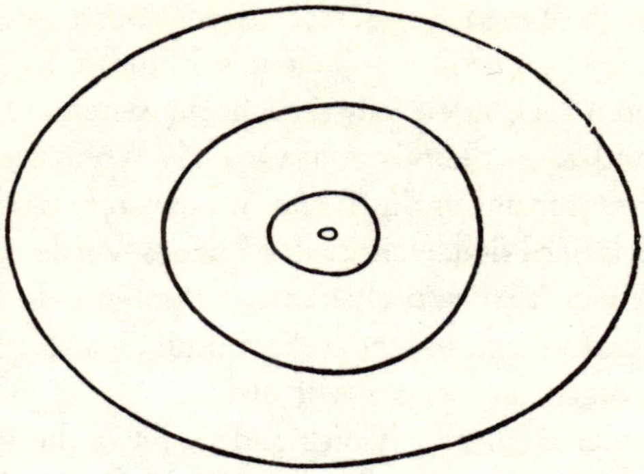

Der Vouron-Patra legte das größte aller Vogeleier. Im Vergleich dazu die Eier von Strauß, Huhn und Kolibri.

seinem „Magastar" tatsächlich die Insel Madagaskar gemeint (was keineswegs feststeht, da Marco Polo von Elefanten spricht, die es auf Madagaskar nie gegeben hat), dann könnte sein Vogel Rock möglicherweise identisch mit einem heute ausgestorbenen Riesenstrauß sein, den die Paläontologen *Aepyornis maximus* nennen und der vor dreihundert Jahren bei den Madagassen den Namen Vouron-Patra geführt hat. Zwar konnte der Aepyornis nicht fliegen und demzufolge auch keine Elefanten und Menschen in die Lüfte tragen; aber er war bis zu fünf Meter hoch, hatte säulenartige Beine und legte Eier, deren Schalen rund neun Liter Wasser fassen. Der größte Vogel also, der je auf unserer Erde gelebt hat. Die arabischen Entdeckungsreisenden kannten Madagaskar schon seit dem frühen Mittelalter, in ihren Schriften wird die Insel immer wieder als „Mondinsel", als Dschesira el Komr, aufgeführt. Sicher haben sie dort verschiedentlich Knochen und Eier des Vouron-Patra oder gar den Vogel selbst zu Gesicht bekommen. So hat die Annahme, daß sie sich aus dem Aepyornis und vielleicht noch aus anderen Vögeln wie der Dronte ihren Tausend-und-eine-Nacht-Vogel zusammengebraut haben, durchaus etwas für sich.

Der Sagenvogel nahm festere Umrisse an, als der Kardinal Richelieu am 24. Juni 1642 aufgrund eines von ihm selbst konstruierten Rechtstitels Madagaskar zum französischen Besitz erklärte. Es war, wenn man so sagen darf, ein platonischer Besitz, denn außer einigen Hafenforts besaß Frankreich buchstäblich nichts auf der ganzen Insel. Immerhin hatte Richelieu einen Gouverneur ernannt. Dieser Mann, der schon erwähnte Admiral Gaston Etienne de Flacourt, führte Tabak, Reis und Zuckerrohr auf der Insel ein, ließ Eisen aus örtlichem Erz schmelzen und schrieb schließlich alles auf, was ihm an der Natur der Insel auffiel.

In seinem Buch stehen die Sätze: „Der Vouron-Patra ist ein riesiger Vogel, der Eier legt, so groß wie die eines Straußes. Er ist auch eine Straußenart. In unseren Gegenden hält er sich nur selten auf, denn er ist scheu und ängstlich und zieht die düsteren Orte als Wohnsitz vor. In den Eiern des Vouron-Patra bewahren die Leute Wasser auf, wie ich selbst gesehen habe.“ Kurz nach der Niederschrift des Buches wurde Admiral de Flacourt auf einer Frankreichfahrt von algerischen Piraten getötet. Er konnte sich also über den Vouron-Patra nicht mehr mündlich äußern. Ob er den Vogel je mit eigenen Augen sah, wissen wir nicht.

Zwei Jahrhunderte später, als niemand mehr an die Notiz des einstigen Statthalters dachte, trafen einige Nachrichten über unwahrscheinlich riesige Vogeleier aus Madagaskar in Frankreich ein. Die Insel hatte inzwischen die ersten Naturforscher gesehen: zunächst die Gewürzhändler Pierre Poivre und Pierre Sonnerat, dann den Marinearzt Bernier und den tapferen „naturaliste voyageur“ Goudot, der dort als Vogelsammler den Tod fand, und schließlich den Offizier der französischen Marineartillerie Victor Sganzin. Und Sganzin hörte endlich wieder vom Vouron-Patra. Frankreichs Besit-

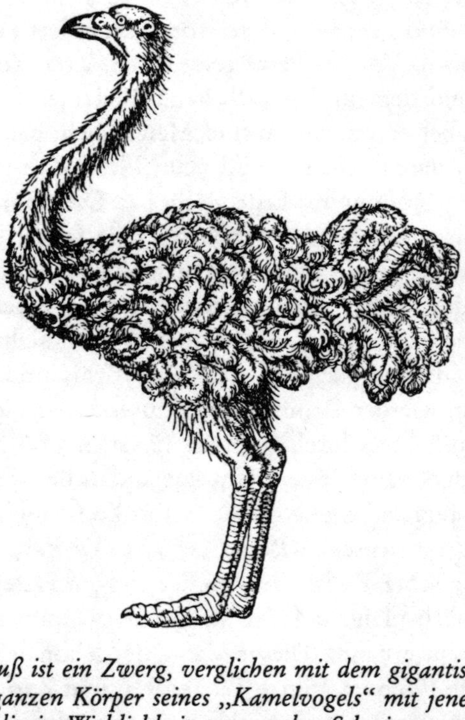

Der afrikanische Strauß ist ein Zwerg, verglichen mit dem gigantischen Aepyornis. Gesner stattete den ganzen Körper seines „Kamelvogels“ mit jenen vielbegehrten Straußenfedern aus, die in Wirklichkeit nur an den Schwingen und am Schwanz sitzen.

zungen auf Madagaskar hatten sich damals, im Jahre 1831, immer noch nicht viel über das Fort Dauphin hinaus erweitert. Wenn einmal ein Franzose tiefer ins Innere oder gar bis zur Hauptstadt Tananarive vordrang wie der Ornithologe Goudot, so war das eine bessere Form von Selbstmord. Dennoch gelang es dem Marineartilleristen Sganzin, an der Ostküste allerlei Tiere zu sammeln und bei den Eingeborenen sogar ein dreißig Zentimeter langes Ei aufzustöbern, das – wie der Admiral de Flacourt schon erwähnt hatte – als Wasserbehälter diente. Sganzin fragte die Madagassen über den Vogel, von dem es stammte, aus, konnte aber nicht mehr erfahren, als daß solche Eier „in gewissen Gegenden ziemlich häufig wären."

Die Sammlung Sganzins wurde kurz danach von den Brüdern Verreaux zu Paris, den führenden Naturalienhändlern der Welt, aufgekauft. Die beiden Verreaux', Jules und Edouard, befanden sich zu dieser Zeit in Kapstadt, um dort afrikanische Tiere zu erwerben. Deshalb schickte Sganzin seine madagassische Ausbeute mitsamt dem Ei nach Kapstadt. Jules Verreaux, ein abgebrühter Kenner allen Getiers, das da kreucht und fleucht, war nicht schlecht erstaunt über ein Vogelei, das den Inhalt von hundertfünfzig Hühnereiern faßte. Zu seinem größten Bedauern konnte er es nicht in seine Pariser Tierhandlung überführen; denn das Schiff, das ihn mitsamt den in Afrika erstandenen Schätzen heimbrachte, geriet in die Klippen von La Rochelle und ging unter. Bis zum heutigen Tage ruht das erste Aepyornis-Ei, das je ein Wissenschaftler sah, in den Wassertiefen des Pertuis Breton.

Die eigentliche Sensation aber lieferte erst der französische Handelsmann Dumarele, ein guter Kenner der madagassischen Küsten. Was er im Jahre 1848 der Öffentlichkeit bekanntgab, das ließ sich auf die lapidare Formel bringen: Der Vogel Rock lebt noch! Auch Dumarele hatte in verschiedenen Gegenden Madagaskars von den Rieseneiern gehört, aber trotz aller Bemühungen keines zu Gesicht bekommen und von den Eingeborenen nur unklare Auskünfte erhalten. Das wurde erst anders, als er in Port Leven Station machte. Port Leven liegt im Nordwesten der Insel, an einer fjordähnlichen Küste, hinter der sich tropischer Urwald bis zu den Sockeln gewaltiger Granitberge erstreckt. Eine unwegsame, damals kaum bekannte und auch heute noch nicht ganz durchforschte Gegend also. Hier zeigten ihm die Madagassen die Schale eines Vogeleies, die „so dick war wie ein spanischer Dollar und den Inhalt von dreizehn Weinflaschen faßte". Der Häuptling, dem die Schale gehörte, wollte sie nicht hergeben – aus zwingendem Grund, weil sie das einzige Trinkgefäß war, das er besaß. Doch er konnte dem Kaufmann Dumarele immerhin berichten, daß ihm der Vogel, der solche Eier lege, wohlbekannt sei. Es sei zwar ein sehr seltener Vogel – aber er existiere irgendwo in den Urwäldern. Und sein Fußtritt, so erfuhr Dumarele noch und dachte gleich an den Vogel Rock, könne einen Ochsen fällen.

Auch die Gelehrtenwelt dachte bei Dumareles Nachricht sofort an den Vogel Rock und gab sich der verwegenen Hoffnung hin, das Fabelgeschöpf aus Tausendundeiner Nacht lebend zu erbeuten. Daß der alte Admiral de Flacourt es als einen Strauß bezeichnet hatte, war inzwischen längst in Vergessenheit geraten. Zwei Jahre darauf kam die Elite der französischen Naturforscher in Paris zusammen und grübelte über drei Eier und einige Knochenreste nach, die der Handelskapitän Abadie aus Madagaskar mitgebracht hatte. Jedes der Eier faßte den Inhalt von sechs Straußen-, vierzig Gänse-, hundertfünfzig Hühner- oder vierhundert Taubeneiern. Was war das für ein Tier? Eine riesige Ralle, meinte Isidore Geoffroy de Saint-Hilaire, der Leiter des Pariser Akklimatisations-Tiergartens. Nein, ein Pinguin, widersprach der Zoologe Valenciennes. Sein Kollege Bianconi lächelte und wies darauf hin, daß der Vogel Rock den Angaben der Legende zufolge ein Raubvogel gewesen sein müsse. Ein Geier, sagte er klar und bestimmt. Nur Museumsdirektor Alphonse Milne-Edwards, der engagierteste Evolutionist in diesem Kreise, kam der Sache schon etwas näher. Bescheiden machte er die Herren darauf aufmerksam, daß die riesigen Eier in ihrem Bau am meisten denen des Emu, eines australischen Kasuars, glichen. Aber er setzte sich nicht durch; die Frage blieb vorerst ungeklärt.

Das Jahr 1868 rückte heran, jenes Jahr, in dem die europäerfreundliche Madagassenkönigin Ranavalona Majonka sich taufen ließ und ihr Land – für fünfzehn Jahre wenigstens – den Franzosen öffnete. Jetzt konnte man darangehen, das Innere Madagaskars zu erforschen. Ein Mann, der sich schon in Südamerika, Indien und Ostafrika seine Sporen als Weltreisender und Naturforscher verdient hatte, Alfred Grandidier aus Paris, machte sich an diese Aufgabe. Er durchstreifte das ganze südliche Madagaskar, lernte die Insel besser kennen als irgend jemand vor ihm und schrieb später ein achtundzwanzigbändiges Werk über seine Entdeckungen. Auch er hörte von den Eingeborenen, es gebe in den Dschungeln gigantische Vögel. Doch er sah sie nicht lebend. Dafür hob er im Sumpfland an der Westküste, bei Ambulitsate, ein ganzes Lager von Knochen straußenähnlicher Geschöpfe aus. Und da war es ihm klar, daß Vogel Rock, Vouron-Patra und Riesenstrauß ein und dasselbe Tier sein mußten.

Die Knochen waren in subfossilem Zustand; die Vögel stammten demnach nicht aus prähistorischen Zeiten, sondern konnten durchaus noch in der jüngsten Vergangenheit gelebt haben. Grandidier und Milne-Edwards untersuchten sie genau und stellten fest, daß der *Aepyornis maximus,* der „Große Vogelriese", ein Verwandter der afrikanischen Strauße gewesen sein mußte. Immer noch hoffte man, das Tier lebend anzutreffen, obwohl seit Grandidiers Entdeckung kein Eingeborener mehr davon sprach. Ein Schüler des deutschen Naturforschers Ernst Haeckel, Christian Rutenberg aus Bremen, reiste kreuz und quer durch die Insel, bestieg die höchsten Berge und drang in die dichtesten Urwälder ein; er fand schließlich im unbekannten Südwesten den Tod, ohne etwas vom Vogel Rock gesehen zu haben. Um Rutenbergs Schicksal zu klären, machte sich sein Landsmann, der Afrikaforscher Johann Maria Hildebrandt, auf die Reise. Auch er starb in Madagaskar, hatte aber wenigstens das Glück, zuvor noch Knochen einer weiteren Aepyornis-Art zu finden. Dieser *Aepyornis hildebrandti* erinnert an den Moa, den neuseeländischen Riesenstrauß; bei beiden sind die Flügel zu kaum sichtbaren Stummeln verkümmert.

Seitdem sind noch viele Knochen- und Eierreste des Riesenstraußes entdeckt worden, die meisten im Schlamm heißer Quellen auf einer Hochebene in der Landschaft Betsileo. Der ungarische Paläontologe Lambrechts hat in einer interessanten Studie eine Fülle von Material zusammengetragen, um die alte Theorie, derzufolge die Vogel-Rock-Sage auf den Aepyornis zurückzuführen sei, zu beweisen. An die Möglichkeit einer Begegnung mit lebenden madagassischen Vogelriesen aber glaubt heute niemand mehr. Der Aepyornis ist tot und erloschen wie der zweite Rätselvogel der madagassischen Region, die Dronte, der Dodo von Mauritius.

Die Insel Mauritius hat ihren Namen von jenem Grafen Moritz, in dessen Auftrag der Admiral Jaacob van Neck sie in Besitz nahm. Sie hieß übrigens nicht immer so. In den Jahren 1505 bis 1507, als die Portugiesen gerade den Seeweg nach Indien entdeckt hatten, trieben sich mehrere portugiesische

Rekonstruktion des Riesenstraußes Aepyornis nach einer Vorlage des Entdeckers Grandidier.

Schiffe in den Gewässern von Madagaskar herum und fahndeten nach Stützpunkten für die neue Route. Der Kapitän Pedro Mascarenhas fand gleich drei solcher Stützpunkte: schöne fruchtbare Inseln östlich von Madagaskar, insgesamt über fünftausend Quadratkilometer groß und nur von harmlosen Tieren, hauptsächlich von fetten truthahnartigen Vögeln bewohnt. „Maskarenen" nannte der Kapitän, um sich zu verewigen, die ganze Inselgruppe; Ilha de Cerné taufte er die größte, Mascarenhas die zweitgrößte und Rodriguez die dritte Insel. Heute heißen die drei Maskarenen-Inseln in der gleichen Reihenfolge Mauritius, Réunion und Rodriguez. Und jede, so wissen wir, besaß ihren speziellen Dodo.

Als erster wurde der Dodo von Mauritius, die eigentliche Dronte, bekannt. Admiral van Neck sah nämlich mit leisem Schmunzeln, daß sein Freund und Kollege, der Admiral Pieter Willem Verhoeven, von einem der dicken Vögel, die dort in großen Scharen brüteten, „gewaltig hart" gebissen wurde, und fand es amüsant, ein so rauhbeiniges Geschöpf lebend nach Holland zu überführen. Im Juli 1599 traf daraufhin der erste Dodo in Europa ein, sechs Jahre darauf ein zweiter, den Kaiser Rudolf II. von Habsburg für seine Menagerie erwarb. Beide Exemplare hielten sich ausgezeichnet in Gefangenschaft. Und nicht nur das: Sie wurden schnell beliebte Objekte der holländischen und deutschen Tiermaler.

Diese Beliebtheit ist verständlich, wenn man sich vorstellt, wie die Dronte ausgesehen hat. Sie war größer als ein Truthahn, rund wie ein prall gefüllter Sack, besaß einen gewaltigen Hakenschnabel und sehr kurze Bei-

Das berühmte Drontenbild des Roeland Savery.

ne, trug auf dem Kopf eine Art Kapuze und auf dem Schwanz eine lustige weiße Pleureuse, sie brütete auf dem Boden wie ein Pinguin, konnte nicht fliegen und war auf der Flucht so unbeholfen, daß sie mit dem dicken Bauch den Boden berührte. Allein achtmal malte sie der berühmte Schüler Jan Breughels, Roeland Savery. Sie erschien auf Radierungen, auf religiösen Gemälden, auf Hauswappen; Kaiser Rudolfs Leibmaler Jacob Hoefnagel hielt sie in Öl für die Wiener Hofbibliothek fest. Die Naturhistoriker Pieter Pauw und Carolus Clusius sammelten alle Fakten über den „albernen Dodo", bezeichneten ihn als ein Mittelding zwischen Strauß, Schwan und Geier und bestätigten van Necks Beschreibung, in der es hieß: „Sie sind größer als Schwäne, haben dicke, nur halb mit Fell bedeckte Köpfe, so als trügen sie eine Haube, und an Stelle der Schwingen lediglich ein paar schwarze Federn. Wir nannten sie Ekelvögel, weil ihr Fleisch bei längerem Kochen immer ungenießbarer wird."

Diesen letzteren Eindruck hatten anscheinend die Schiffsbesatzungen, die sich auf Mauritius zu verproviantieren pflegten, ganz und gar nicht. „Wie immer, wenn der Europäer eine einsame Insel betritt", so schildert der Paläontologe Othenio Abel das Schicksal der Dronte, „so verfielen auch hier die ursprünglichen Bewohner dem Aussterben. Zunächst war es nur der Unverstand der ersten Entdecker, später das Bedürfnis der Seefahrer nach frischer Fleischnahrung, dann der manchen Menschen innewohnende Blutdurst, schließlich die Gewinnsucht der Raritätensammler, die die Vernichtung dieser Inselvögel herbeiführten". Nicht nur der Mensch hatte unter den Dronten gründlich aufgeräumt, auch das vom Menschen eingeführte Vieh. Die Hunde und Schweine der Ansiedler fraßen die Dodo-Gelege, Ratten von den Liegeplätzen der Schiffe töteten die Jungen. Hundert Jahre nach ihrer Entdeckung gab es keine einzige Dronte mehr auf Mauritius.

In dieser Zeit starb auch der Dodo auf der Nachbarinsel Réunion aus den gleichen Gründen aus. Er wurde ebenfalls gefangen, gemalt und von insgesamt fünf Naturforschern beschrieben. Im Gegensatz zum schwärzlichen Dodo von Mauritius war er gelblichweiß mit schwarzen Flügelspitzen. Bilder von solchen „weißen Dronten" gehören zu den größten naturhistorischen Raritäten; Knochenreste kennt man nicht. Ein Beschreiber des weißen Dodo, der Holländer Bontekoe, hat uns wenigstens die eine Angabe hinterlassen, daß der Vogel vor lauter Fett kaum habe laufen können. Das wird auch wohl der Grund für seine Ausrottung gewesen sein.

Ein schöner Schreck fuhr den Wissenschaftlern in die Glieder, als die Nachricht vom Verschwinden der beiden Dodo-Arten bekannt wurde. Denn man besaß außer den rund hundertfünfundzwanzig Gemälden und Radierungen nur eine einzige ausgestopfte Dronte und sonst nichts. Doch der Schreck währte nicht lange. In den Jahren 1691 bis 1693 fahndete ein französischer Kolonist, François Leguat, auf den drei Inseln nach Dodo-

Resten – vergeblich, was Mauritius und Réunion betraf, aber erfolgreich, was das kleine Eiland Rodriguez anbelangte. „Der merkwürdigste Vogel dieser Insel", schreibt er in seinem Bericht, „ist der Einsiedler oder Solitär, der so heißt, weil man ihn selten in Gesellschaft, sondern meist allein findet, obwohl er häufig vorkommt. Das Männchen ist grau und braun, fast metergroß und wiegt bis zu 45 Pfund, es hat Füße wie ein Truthahn und ebenso einen ähnlichen Schnabel, wenn auch etwas stärker gekrümmt. Der Schwanz ist ganz verkümmert, die hintere Körpergegend abschüssig wie die Kruppe eines Pferdes. Der Vogel kann seine Flügel zum Flug nicht verwenden, wohl aber zum Kampfe, denn er besitzt dort einen Knochen von der Größe einer Musketenkugel, mit dem er den Gegner zu schlagen pflegt. Vom März bis zum September sind die Vögel sehr fett und außerordentlich wohlschmeckend." Alles in allem – auch dieser Vogel mußte ein Dodo sein.

Außer Leguat hat kein Naturforscher den Solitär je gesehen; nicht einer ist nach Europa gebracht oder gar gemalt worden. Wann der Vogel ausstarb, wissen wir nicht – vermutlich gegen Ende des achtzehnten Jahrhunderts. Dennoch ist gerade er heute noch relativ häufig in den Museen und wissenschaftlichen Sammlungen vertreten; denn spätere Grabungen auf Rodriguez haben eine ganze Anzahl von Einsiedler-Knochen und auch einige vollständige Skelette ans Licht befördert. Es zeigte sich, daß der Solitär sich in vielen Punkten von den eigentlichen Dodos unterschied und demnach eine besondere Gattung darstellte. Sein Schnabel war kürzer und ähnelte dem eines Kasuars, er hatte einen längeren Hals und größere Beine und an seinen Flügeln befand sich auch jene knopfartige Knochenanschwellung „von der Größe einer Musketenkugel", die schon Leguat aufgefallen war. Seine Magensteine, die man häufig am Strand von Rodriguez findet, benutzen die Siedler angeblich zum Messerschärfen.

Nach den Resten der Mauritius-Dronte haben die Zoologen gleichfalls gesucht, sie haben aber nicht viele gefunden. Hätten sich die Maler im siebzehnten Jahrhundert nicht für den Dodo interessiert, so fiele es uns heute schwer, das Tier zu rekonstruieren. Ein Kopf und ein einziger Fuß ist alles, was vom Dronte-Import zwischen 1599 und 1666 übriggeblieben ist. Kopf und Fuß stammen von einer um 1638 in London zur Schau gestellten Dronte, die natürlich auch gemalt und von einem Sir Hamon Lestrange als „großes Geflügel, größer als der größte Truthahn, auf der Unterseite wie ein junger Fasan gefärbt, auf dem Rücken dunkler" beschrieben wurde. Nach ihrem Tod erwarb sie der englische Gärtner und Privatsammler John Tradescant, ließ sie ausstopfen und schaffte sie in sein Museum nach South Lambeth. Seine Sammlung wurde später vom Oxforder Museum übernommen. Dort entdeckte der Aufsichtsrat im Januar 1775 die einzige erhalten gebliebene Dronte auf unserer Erde, ärgerte sich über den verstaubten, miserabel aussehenden Balg und faßte den Beschluß, ihn wegzuwerfen. Da der Kopf und der eine Fuß aber noch ganz manierlich wirkten, rettete der zuständige Kustos beides vor der Vernichtung. Hätte er das nicht getan, so besäßen wir außer einigen halbfossilen Skelettresten nichts mehr vom „albernen Dodo".

Es war nicht ganz einfach für die Zoologen des neunzehnten Jahrhunderts, an Hand dieser kümmerlichen Überbleibsel, der hundertfünfundzwanzig Bilder und der dürftigen Beschreibungen aus der Zeit des Admirals van Neck festzustellen, was für ein Tier die Dronte eigentlich gewesen ist. Anfangs dachte man an einen kurzbeinigen Strauß. Der Erforscher des Solitärs, Leguat, hatte etwas von Riesenvögeln dahergeredet, die neben den Dodos auf den Maskarenen existieren sollten, und sie als zweimetergroße Strauße beschrieben. Was er damit gemeint hat, ahnen wir nicht. Vielleicht hat Leguat etwas vom Aepyornis gehört, vielleicht hat er irgendwelche Stelzvögel gesehen. Wie es auch sei – der alte englische Vogelsystematiker Francis Willughby hatte schon zu Lebzeiten der Dronte das Stichwort „Strauß" aufgegriffen. „Strauß" hatte dann der erste Ordner der Natur, John Ray, geurteilt, „Strauß" hieß es bei Linné, „Strauß" sagte auch der Sekretär der Londoner Zoologischen Gesellschaft, Nicholas Aylward Vigors, und alle Welt stimmte ihm zu.

Dann fiel um 1835 ein neues Stichwort. „Geier" behauptete der französische Zoologe Ducrotay de Blainville. Englands namhaftester Paläontologe, Richard Owen, untersuchte den Drontenkopf in Oxford und nickte. „Geier" erklärte auch er. Andere Forscher protestierten heftig und wiesen darauf hin, daß die Dronte ganz ohne Zweifel kein Raubvogel, sondern ein Pflanzenfresser gewesen sei. Sie stellten den Vogel zu den Hokkohühnern, zu den Kranichen, Schnepfen, Ibissen, Rallen, ja sogar zu den Pinguinen. Und nur langsam verschaffte sich ein Mann Gehör, der um 1848 das dritte Stichwort in die Debatte warf – das Stichwort „Taube".

Hugh E. Strickland hieß dieser Mann. Er war Ornithologe und Geologe in Oxford und hatte seine Hochzeitsreise eigens zu dem Zweck nach Holland unternommen, um in Den Haag das schönste und besterhaltene Drontengemälde, eines der acht Bilder von Roeland Savery, studieren zu können. Der Dodo, so fällte er nach gründlicher Prüfung der Angelegenheit sein Urteil, ist eine durch das Inselleben flugunfähig gewordene Riesentaube, die, ähnlich wie viele fluglose Vögel auf Neuseeland, bereits in grauer Vorzeit eine Sonderentwicklung durchgemacht hat. Als lebendig gebliebene Reliquie aus der Vergangenheit hat sie sich dann auf den einsamen Maskarenen bis in die Epoche der großen Entdeckungsfahrten hinein gehalten. Daß die Isolierung dieser Ur-Tauben auf den einzelnen Inseln schon sehr früh erfolgt sein muß, erkennt man an den augenfälligen Unterschieden zwischen der Mauritius-Dronte, dem weißen Dodo und dem Solitär. – Soweit Hugh Strickland.

Seine Kollegen, die es mehr mit dem Strauß, dem Geier oder dem Pinguin hielten, schimpften gewaltig und meinten, man mache aus den zarten Tauben „einen charakterlosen, irrationalen Haufen“, wenn man ihnen die halbzentnerschwere Dronte beigeselle. Strickland erlebte seine Rehabilitierung nicht mehr. Als er am 13. September 1853 auf einem Eisenbahndamm mit geologischen Studien beschäftigt war, überhörte er das Herannahen des Zuges und wurde überfahren. Kurz darauf aber kamen die ersten Zahntauben aus Samoa nach England, plumpe kräftige Vögel mit dicken, hakenartigen Schnäbeln – haargenau die Verbindungsglieder zwischen Taube und Dronte, deren Existenz Strickland vorausgeahnt hat.

Ob nun die Drontevögel tatsächlich zu den Tauben gehören, ist in jüngster Zeit wieder in Frage gestellt worden. Eine andere Vogelfamilie, die der Rallen, zu denen Bleßhuhn und Teichhühner zählen, weist nämlich besonders viele flugunfähig gewordene Arten auf. Meist haben sich diese Inselrallen auf charakteristische Weise ihrem begrenzten Lebensraum angepaßt. Die meisten von ihnen sind vom Aussterben bedroht oder schon gänzlich verschwunden. Ob die Dronten aber nun Tauben oder Rallen gewesen sind, ist heute nur noch ein Diskussionsstoff für Systematiker. Denn im Bewußtsein der Menschen blieb von den Drontevögeln nichts übrig als das Sprichwort „Dead as a Dodo“ (Tot wie eine Dronte).

Drachen, Lindwürmer, Basilisken

Es begann mit einem Gesteinsstück von aschgrauer Farbe, aus dem acht schwarze, stark glänzende Wirbel herausragten. Zwei Studenten aus der Schweiz hatten es ausgerechnet auf dem Galgenberg der kleinen Universitätsstadt Altdorf bei Nürnberg gefunden, in unmittelbarer Nähe des Stadtgalgens also. In Anbetracht dieses Fundortes ist es begreiflich, daß die beiden Studenten die Wirbel für Menschenknochen hielten.

Aber was für Menschenknochen? Einer der Studenten, Langhans mit Namen, war überzeugt, es könne sich nur um Reste der Wirbelsäule eines Gehenkten handeln, und warf das Fundstück angeekelt in die Tiefe. Der andere Student aber, Johann Jacob Scheuchzer aus Zürich, rettete noch einige Wirbel und bezeichnete sie dreist und bibelgläubig als „Überreste eines alten Sünders aus der Sintflut, um dessen Sünde willen das Unglück über die Welt hereingebrochen ist“.

Der Vorfall spielte sich um 1709 ab, als man in England gerade über ähnliche Wirbel spekulierte, die am Strand der Lyme-Bucht gefunden worden waren. Erst ein Jahrhundert später stellte sich heraus, daß es sich in

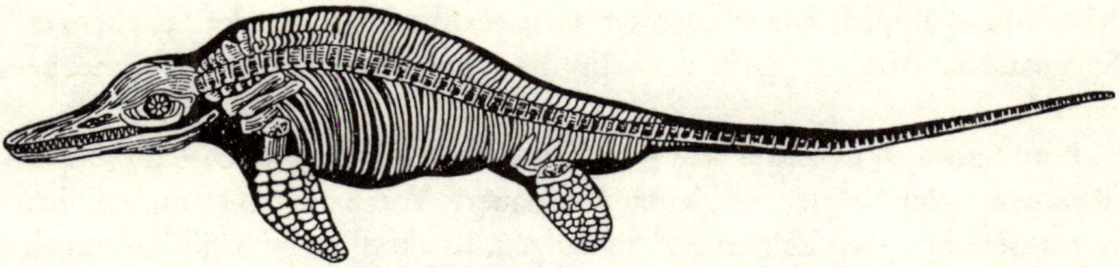

Falsche Darstellung des Ichthyosaurus aus dem Anfang des neunzehnten Jahrhunderts.

beiden Fällen um versteinerte Reste eines Ichthyosaurus, eines Fischsauriers aus dem Erdmittelalter, handelte.

Den Johann Jacob Scheuchzer aber hatte die Sintfluttheorie nicht losgelassen. Er führte in der Folge weitere Grabungen durch, an den verschiedensten Plätzen und in den verschiedensten Erdschichten, um konkrete Beweise für das biblische Ereignis liefern zu können. Im Jahre 1726 stieß er endlich in den tertiären Steinbrüchen von Öhningen am Bodensee auf jene Steinplatte, die ihn unsterblich machen sollte – auf eine Weise freilich, die ihm sicherlich nicht recht gewesen wäre. Es war, wie wir heute wissen, das versteinerte Vorderteil eines Riesensalamanders aus der Tertiärzeit.

Als *Homo diluvii testis*, als „Sintflutmensch" ging die Versteinerung in die Literatur ein. Der französische Paläontologe Georges Cuvier entlarvte sie schließlich zu Anfang des neunzehnten Jahrhunderts als Amphibium; und der deutsche Arzt Philipp Franz von Siebold, der als Santitätsoffizier bei der holländischen Gesandtschaft in Japan arbeitete, entdeckte dort um 1830 ein lebendes Gegenstück zu diesem Tier – den Japanischen Riesensalamander. Eine zweite, etwas kleinere Art, fand der französische Missionar und Tierforscher Armand David Ende des neunzehnten Jahrhunderts in China. Beide stehen Scheuchzers „Sintflutmenschen" verwandtschaftlich so nahe, daß sie heute zur gleichen Gattung gerechnet werden.

Als die Erforschung früherer Erdzeitalter einsetzte, hielt man die meisten Fossilfunde, die damals zutage traten, entweder für Naturspiele oder für Überreste fabulöser Lebewesen. Vor allem die Reptilien des Erdmittelalters, die Saurier, die vor etwa zweihundertvierzig bis achtzig Millionen Jahren die Erde bewohnt haben, galten lange Zeit als die eigentlichen Drachen und Lindwürmer der alten Sagen. Ihre fossilen Reste, die in allen Erdteilen ans Licht traten, schienen die Drachensagen der Antike und des Mittelalters zu bestätigen. Da man anfangs noch nicht in der Lage war, eine einigermaßen hieb- und stichfeste Chronologie der Vorzeit aufzustellen, erhob sich bei Laien, Phantasten und sogar bei Fachleuten immer wieder die Frage, ob nicht vielleicht die eine oder andere Saurier-Art bis in die Gegenwart überlebt habe – ähnlich wie ja auch ein tertiäres Amphibium, der Scheuchzer-Salamander, fröhlich nach wie vor die ostasiatischen Gebirgsbäche bewohnt.

Nun haben in der Tat – entwicklungsgeschichtlich gesehen – die Nachkommen vieler Saurier die Zeiten überdauert. Von Sauriern stammen nicht nur unsere heutigen Echsen und Schlangen, Krokodile und Schildkröten ab, sondern indirekt auch die Vögel und die Säugetiere. Aber diese Erkenntnisse der Evolutionsforschung waren noch nicht in das Bewußtsein der Allgemeinheit gedrungen, als man sich in verschiedenen Gegenden der Erde auf die Suche nach „letzten Sauriern" begab.

Der Flugsaurier, ein erdmittelalterliches Reptil, das sich die Lüfte erobert hat.

Im Alten Testament werden gleich zwei Tiere erwähnt, die in Verdacht gerieten, nach dem Vorbild „überlebender Saurier" entworfen zu sein: Basilisk und Leviathan. Luther gebrauchte den Begriff „Basilisk" bei der Übersetzung zweier Stellen des Jesaias und des Jeremias, wo von besonders giftigen Schlangen die Rede ist, und stützte sich dabei auf altorientalische Überlieferungen. Im Orient war der Basilisk eine der vielen dort seit alten Zeiten in den Legenden erwähnten mythologischen Gestalten – ein aus Hahn, Kröte und Schlange zusammengesetztes Wesen. Es kriecht im Lehm aus einem dotterlosen Ei, hält sich zischend und giftsprühend als Schatzwächter in finsteren Verliesen auf und kann nur überwunden werden, wenn man ihm einen Spiegel vors Gesicht hält, da es über den eigenen Anblick zu Tode erschrickt.

Das meiste in dieser Geschichte besteht aus dem üblichen fabulösen Rankwerk wie bei ähnlichen Sagenfiguren; einiges jedoch deutet darauf hin, daß der Original-Basilisk vielleicht ein Reptil war: die „dotterlosen“ Eier im Lehm, das Höhlenleben, das Zischen, das Gift und der „schreckenerregende Anblick“, den das Untier selbst nicht ertragen kann. Wahrscheinlich haben deshalb diejenigen Zoologen völlig recht, die hinter der Basiliskensage wie hinter vielen anderen Drachensagen ganz einfach Giftschlangen vermuten. „Die Tatsache, daß ein so verhältnismäßig kleines und unbedeutend aussehendes Lebewesen wie eine Schlange“, schreibt der amerikanische Zoologe Willy Ley, „mit einem schnellen Biß töten kann, war den Menschen schon immer unheimlich. Schlangenkulte gibt es deshalb überall auf unserer Erde, wo Giftschlangen leben.“

Nun halten aber die Menschen in vielen Landstrichen die Angehörigen der dortigen Eidechsen-Familien, ganz zu Unrecht übrigens, fast durchweg gleichfalls für giftig. Hinzu kommt noch, daß viele Echsen, so die neuweltlichen Leguane und die altweltlichen Agamen und Chamäleons, geradezu abenteuerlich aussehende Kopfhelme, Rückenkämme, Kehlwammen und andere auffällige Signalorgane besitzen, die sie bei ihrem Drohverhalten zur Schau stellen. Einige Arten beherrschen sogar den Gleitflug; andere, wie der australische Moloch, eine Agamen-Art, sind vom Kopf bis zur Schwanzspitze mit großen dornigen Stacheln bedeckt, so daß sie fast wie wandelnde Kakteen aussehen. Kein Wunder, daß sich selbst um das Imponiergehabe solcher heutzeitlichen Miniaturdrachen die vielfältigsten Geschichten ranken, obwohl die meisten dieser Tiere völlig harmlos sind.

Auf zwei Arten, die man unter dem Namen „Krustenechsen“ zusammenfaßt, trifft das allerdings nicht zu. Die beiden, das Gilatier und die Skorpions-Echse, die in Mexiko und in den angrenzenden südlichen USA leben, sind die einzigen giftigen Echsen. Wahrscheinlich haben bereits die spanischen Eroberer der Neuen Welt etwas von der Wirkung ihres Bisses erfahren; und das könnte zur Verfemung sämtlicher exotischer Echsen beigetragen haben.

Als Basilisken bezeichnen die Zoologen heute drei Gattungen baumbewohnender Leguane aus Mittelamerika und dem nördlichen Südamerika. Sie sehen mit ihrem schmalen Kopfhelm, ihrem hohen Rückenkamm und dem großen Kehlsack wie „Westentaschensaurier“ aus; denn sie werden nur dreißig bis achtzig Zentimeter lang und sind gänzlich ungiftig. Dafür beherrschen sie andere Künste, die man sonst bei Eidechsen nicht gewohnt ist: Sie laufen auf den Hinterbeinen auf der Wasseroberfläche, ohne einzusinken; außerdem springen sie vom Gezweig der Urwaldbäume tief hinab in das Wasser und tauchen dort bis auf den Grund. Wie der Wiener Arzt und Reptilienforscher Joseph Nikolaus Laurenti Ende des achtzehnten Jahrhunderts darauf kam, diesen hübschen Spring- und Tauchakrobaten den Namen der giftsprühenden Basilisken der Legende anzuhängen, bleibt sein Geheimnis.

Eine ähnliche Verwirrung verursachte der Leviathan aus dem biblischen Buche Hiob. Von ihm heißt es: „Schrecklich stehen seine Zähne umher. Seine stolzen Schuppen liegen wie feste Schilde eng ineinander. Eine rühret an die andere, so daß nicht ein Lüftchen dazwischen gehet. Sein Niesen glänzet wie ein Licht; seine Augen sind wie die Augenlider der Morgenröte. Aus seinem Munde fahren Fackeln, und feurige Funken schießen heraus." Dieser biblische Leviathan muß ein recht gefährliches Geschöpf gewesen sein, denn das Buch Hiob sagt von ihm: „Meinest du, daß er einen Bund mit dir machen werde, daß du ihn immer zum Knechte habest? Wenn du deine Hand an ihn legst, so gedenke, daß es ein Streit sei, den du nicht ausführen wirst."

Wahrscheinlich ist hier das Krokodil gemeint, das im Orient zur Zeit der Antike kultische Verehrung genoß. Bei den alten Ägyptern gehörten die Krokodile zu den heiligen Tieren. „Sie zähmen ein Krokodil in einem so hohen Grade", wie der griechische Historiker Herodot berichtet, „daß es sich betasten läßt, und bemühen sich, ihm ein prächtiges Leben zu verschaffen. Sie hängen ihm goldene Ringe mit geschliffenen Steinen in die Ohröffnungen, zieren seine Vorderfüße mit goldenen Armbändern und füttern es mit Mehlspeisen und Opferfleisch. Nach seinem Tode balsamieren sie es ein und setzen es in ein geweihtes Grab."

Man darf mit hoher Wahrscheinlichkeit annehmen, daß viele der Drachensagen des Altertums nicht nur auf Riesenschlangen, sondern auch auf heilige Krokodile zurückzuführen sind. Man fürchtete sie, wollte sie besänftigen und vergötterte sie deshalb. Ganz anders aber verhält es sich mit dem chinesischen Drachen. Er gilt im Fernen Osten als freundliches und

Der Leviathan der Bibel, Gesners „Wasser-Crocodyl".

wohltätiges Lebewesen, ja, als ein Glückssymbol. Mit dem Krokodil hat er nicht das geringste zu tun.

Zu biblischen Zeiten und auch zu Zeiten Herodots kannte man neben dem Krokodil auch noch ganz andere Riesenechsen, die der Mensch kaum zu fürchten braucht: die Warane, die „Landkrokodile" der alten Naturhistoriker. Mit ihrer gespaltenen Zunge, dem gewaltigen, manchmal peitschenartig ausgezogenen Schwanz und dem mit scharfen Zähnen ausgerüsteten Rachen wirken sie tatsächlich, als seien sie Vorbilder der Drachen und Lindwürmer unserer Märchen. Zur stammesgeschichtlichen Verwandtschaft der Warane im weiteren Sinne gehören übrigens die Schlangen und vor allem die Mosasaurier, die riesigen Meeresechsen aus der Oberen Kreidezeit.

Der Bindenwaran, ein naher Verwandter des Riesenwarans von Komodo, wurde bereits vor dreieinhalb Jahrhunderten in den Naturgeschichtsbüchern abgebildet.

Eine besonders große Waran-Art, der bis zu drei Meter lange Bindenwaran, kommt in Südostasien vor. In einigen Gegenden gilt er als Widersacher des Bösen und hat seinen Platz in den kultischen und magischen Vorstellungen der dortigen Völker. Als im Jahre 1840 die ersten Meldungen von riesenhaften Drachen, die auf der kleinen Insel Komodo östlich von Java leben sollten, eintrafen, bezog man sie zunächst auf den Bindenwaran. Dann aber nahmen die Gerüchte um 1910 derartig zu, daß sich der holländische Direktor des damaligen Botanischen Gartens von Buitenzorg (Java), Major P. A. Ouwens, mit dem Gouverneur der für Komodo zuständigen großen Insel Flores in Verbindung setzte und ihn bat, auf Komodo eine Drachensuche in die Wege zu leiten.

Im Jahre 1912 traf Gouverneur van Steyn van Hensbroek auf Komodo ein. Er hatte Glück. An der Küste befanden sich die Baracken eines Perlenfischerei-Unternehmens, und zwei Angestellte des Unternehmens, die Holländer Aldegon und Kock, erzählten ihm sofort von der Riesenechse. Sie hatten mit malaiischen Begleitern im Innern der Insel Jagd auf die Tiere gemacht, schilderten allerlei phantastisch klingende Zusammenstöße mit den Drachen und schätzten die Länge der größten Exemplare auf sechs bis sieben Meter. Das alles klang dem Gouverneur sehr aufregend, ziemlich unwahrscheinlich und im Kern doch nicht ganz abwegig. Aldegon konnte Zeugen beibringen, die dabeigewesen waren, wie er mehrere Drachen erlegt hatte. Irgendwo in den Baracken faulten auch noch einige Reste der Drachenhaut. Es war in der Tat die Haut einer sehr großen waranartigen Echse, wie van Steyn sah. So ließ der Gouverneur sich von Aldegon genau die Plätze beschreiben, auf denen die Drachen hausen sollten, nahm die Büchse und zog mit seinem Malaiendiener ins Innere der Insel.

Die Exkursion verlief recht aufregend. Einige Einheimische zeigten dem Gouverneur die Fußspuren einer großen Echse und führten ihn auch zu der Felshöhle, in die sich das Tier zurückgezogen hatte. Alle Versuche aber, den Drachen zu erlegen oder lebend zu erbeuten, scheiterten daran, daß die Malaien Hals über Kopf Reißaus nahmen, sobald auch nur das geringste Geräusch aus der Höhle kam. Dafür schoß van Steyn ein kleineres Exemplar von zweieinviertel Meter Länge, fotografierte den Kadaver und schickte die abgezogene Haut nebst dem Bild an Ouwens. Für Ouwens, der sofort erkannte, daß es sich um eine neue Waran-Art handelte, war das Anlaß genug, einen malaiischen Tierfänger aus dem Buitenzorger Institut nach Komodo zu entsenden. Dem Malaien gelang es, mit Hilfe eingeborener Jäger vier Komodo-Warane in Schlingen zu fangen und lebendig nach Buitenzorg zu schicken. Zwei waren Jungtiere, die beiden anderen aber waren zwischen zweieinviertel und drei Meter lang. Damit hatte sich der Komodo-Waran zwar nicht als ein sieben Meter langer Schauerdrache, jedoch immerhin als die größte lebende Echse auf unserer Erde entpuppt.

Als Ouwens gerade dabei war, für das Bulletin des Buitenzorger Instituts einen Bericht „Über eine große Waran-Art von der Insel Komodo" zu schreiben, traf bei ihm die Haut eines weiteren Riesenwarans ein, den ein Sergeant Beker erlegt hatte. Das Tier hatte eine Länge von vier Meter. Aldegons Bericht rückte nun wieder in den Bereich des Möglichen. Ob der Riesenwaran aber bis zu sieben Meter messen konnte, ob er Hirsche und Schweine oder gar Menschen verzehrte, wie einige Malaien schworen, das blieb vorerst ungeklärt. Der Erste Weltkrieg kam, die Menschheit hatte andere Sorgen, als auf Drachenjagd zu gehen, und man vergaß den Komodo-Waran schon wieder so halb und halb.

Der Vergessenheit entrissen wurde die Riesenechse dann im Jahre 1923 durch einen ehemaligen deutschen Landesfürsten, den Herzog Adolf Friedrich von Mecklenburg. Herzog Adolf Friedrich, ein leidenschaftlicher Forschungsreisender, hatte bereits in den Jahren 1907 bis 1910 zwei große Expeditionen ins Innere Afrikas geleitet. Er machte im Verlauf seiner dritten, nach Indonesien und in die Südsee führenden Reise auf Komodo Station und erlegte dort vier Riesenwarane.

Waran mit Jungem auf einer Felszeichnung in der Sahara.

Drei Warane kamen nach Buitenzorg; den vierten schenkte der Herzog dem Zoologischen Museum in Berlin. Es war abermals ein stattliches Exemplar von nicht ganz vier Meter Länge. Dieser Berliner Waran gab den Anlaß zu einer neuen, großangelegten Drachenjagd, die das echsenartige Geschöpf auf Komodo mit einem Schlage in aller Welt populär machen sollte. Douglas Burden, der Kurator des New Yorker Naturhistorischen Museums, sah den ausgestopften Koloß in Berlin, war hellauf begeistert und rüstete sofort eine Forschungs- und Fangexpedition nach Komodo aus. Die Presse begleitete Burdens Unternehmen mit sensationell aufgebauschten Berichten, so daß die Öffentlichkeit glauben mußte, Burden sei wirklich hinter überlebenden menschenfressenden Drachen und nicht hinter großen Eidechsen her. Diesen Presseberichten ist es zu verdanken, daß viele Leute den im Grunde recht harmlosen Komodo-Waran bis heute für ein wildes, grausiges Untier halten.

Auch Burden selbst trug ein bißchen stark auf, wenn er in seinem Buch „Dragon Lizards of Komodo“ die Wohngegend des Riesenwarans eine „Schrecknis, in der überall der Tod lauert“, nannte. Er stellte fest, daß die Echse in der Tat mit den Kadavern von Schweinen und Zwerghirschen zu ködern war und sich demzufolge von größeren Tieren ernähren mußte. Den ersten Waran, den er sah, versuchte er mit Hilfe einer an einem Baum befestigten Schlinge zu erbeuten. „Der Drache“, schrieb er, „trat durch die Schlinge und griff den Köder. Ich riß an der Zugleine, der heruntergebogene Baum schnellte hoch, und im nächsten Augenblick wurde das überraschte Tier mitgerissen. Aber da ertönte ein lautes Krachen: Der Drache fiel zur

Erde zurück. Das Seil spannte sich scharf an, und der Baum bog sich fast zum Zersplittern. Unsere Beute war, anstatt in der Luft, am Boden und zerrte und riß wie rasend an den Fesseln." Dieses Tier sprengte schon in der folgenden Nacht seinen Käfig und entfloh wieder. Im weiteren Verlauf seiner Aktion aber schoß und fing Burden etwa ein Dutzend Riesenwarane, deren größter nicht ganz drei Meter lang war. Er mußte zugeben, daß alle Schauergeschichten über das Tier erfunden waren und daß es dem Menschen nicht gefährlich werden konnte.

Holländische und deutsche Expeditionen besorgten dann bis 1927 noch mehrere Riesenwarane für die europäischen Zoos. Zwei der Tiere hatten eine Länge von über dreieinhalb Meter. Ein vier Meter langer Riesenwaran scheint demnach schon eine außerordentliche Seltenheit zu sein. Die Zahmheit und Zutraulichkeit der gefangenen Komodo-Warane widerlegte drastisch die früheren Legenden über ihr wildes, bösartiges Wesen; die Riesentiere waren im Gegenteil gutmütiger als andere Warane. Mit ihrem Drachenkopf, der gelben gespaltenen Zunge, dem dicken Schuppenpanzer und den kräftigen Klauen wirkten sie wie überlebende Zeugen aus grauen Vorzeittagen; sie gehörten bald zu den meistbestaunten Zoo-Attraktionen.

Die geschilderten Fangunternehmen veranlaßten die Malaien, nun auch ihrerseits eifrig auf Riesenwarane Jagd zu machen. Deshalb stellten die Behörden in Indonesien das Tier eilig unter Naturschutz. Der Riesenwaran lebt übrigens, wie sich ergab, nicht nur auf Komodo, sondern auch auf den kleinen Nachbareilanden Rindja und Padar und sogar im Westen der dicht besiedelten Insel Flores. Nach Ansicht einiger Zoologen ist der Komodo-Waran die Inselform einer ausgestorbenen, noch größeren Festlandart, die in Ost- oder Südostasien gelebt haben könnte – im Bereich der altchinesischen Kultur. Von der Existenz eines solchen festländischen Riesenwarans

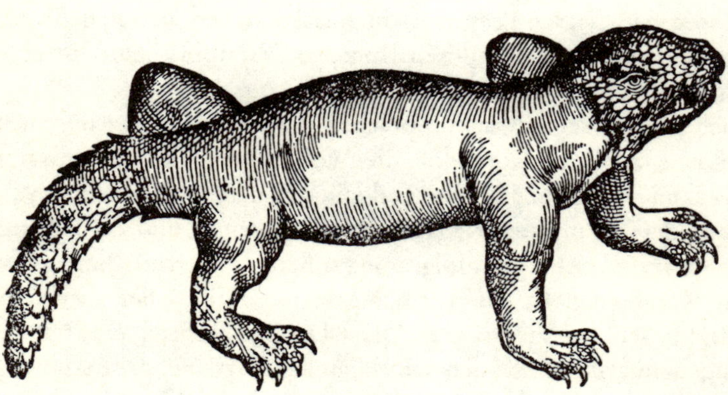

Gesners „Irdisches Crocodyl", der Waran.

liegt allerdings bisher noch keine greifbare Spur vor, sondern lediglich eine Bemerkung Marco Polos, nach der in China „kurzbeinige Riesenechsen mit drei Klauen an jedem Fuß und einem großen, mit scharfen Zähnen bewehrten Rachen" gehaust haben sollen. Wenn das wirklich stimmt, dann steht nichts der Annahme im Wege, daß der freundliche, wohltätige und glückbringende Legendendrache der Chinesen zurückzuführen ist auf einen besonders kolossalen Riesenwaran.

Eine weitere Echse aus einer ganz anderen Weltgegend geriet ebenfalls in den Verdacht, ein „letzter Saurier" zu sein, obwohl dieses Tier recht unscheinbar aussieht, wie eine kräftige, plump gebaute Eidechse mit hohem Kopf und einem Kamm auf Nacken und Rücken. Aber sie ist in der Tat ein „lebendes Fossil", die einzige überlebende Art aus der Reptilien-Ordnung der Schnabelköpfe, die einst zur Saurierzeit weltweit verbreitet waren. Seit dem Erdmittelalter hat sie sich nahezu unverändert erhalten, mit doppelt gehöhlten Wirbeln wie ein Fisch, mit Bauchrippen wie ein Panzerlurch und einem angedeuteten Scheitelauge wie ein Saurier der Trias-Zeit. Bereits vor zweihundert Millionen Jahren war sie in ihrer heutigen Form „fertig" und hat seitdem kaum eine Evolution durchgemacht. Es ist die Tuatara, die neuseeländische Brückenechse.

Als James Cook im Jahre 1769 an der Küste von Neuseeland landete, kannte noch kein Mensch den Begriff „Saurier". Das Wort wurde erst elf Jahre später nach dem Fund eines großen Mosasauriers im Petersberg bei Maastricht geprägt. Cook ahnte auch noch nichts von der Tatsache, daß einst vor sechzig bis zweihundert Millionen Jahren Reptilien auf unserer Erde geherrscht haben. Wie in jedem Land, das er besuchte, so erkundigte er sich auch hier an dieser wilden, felsigen Küste nach Namen und Art der eingeborenen Tiere. Er fragte einen Maori-Häuptling namens Tawaihura gründlich aus. Aber dieser Häuptling Tawaihura scheint zoologisch nicht sonderlich interessiert gewesen zu sein. Er wußte so gut wie nichts. Die einzigen neuseeländischen Tiere, die er schließlich aus seinem Gedächtnis hervorkramte, waren der „Kiore" (eine wahrscheinlich eingeschleppte Ratte) und der „Kararehe" (der heute ausgestorbene Haushund der Maori). Außerdem erwähnte Tawaihura noch eine große menschenfressende Echse. Vielleicht wollte er Cook rechtzeitig darüber informieren, daß es auf Neuseeland auch bei den Tieren Sitte war, Menschen zu verspeisen, und daß ein eventuell abhanden gekommener Matrose durchaus nicht ein Opfer kannibalischer Maoris zu sein brauche.

Cook glaubte nicht recht an die Existenz des Untiers. „Abgesehen von Hunden und Ratten", notierte er in sein Tagebuch, „gibt es keine Vierfüßler in diesem Land, wir haben wenigstens keine gesehen." Aber er schrieb dennoch auf, was Tawaihura ihm von der Echse erzählt hatte: „Angeblich sollen hier noch Eidechsen von ungeheurer Größe existieren, mehr als zweieinhalb Meter lang und ebenso dickleibig wie ein Mann, die gelegentlich Menschen angreifen und verzehren. Sie sollen in unterirdischen Höhlen wohnen und dadurch getötet werden, daß man vor dem Höhleneingang ein Feuer anzündet." Selbstverständlich kümmerte sich kein einziger Wissenschaftler um diesen mehr als phantastischen Bericht.

Man horchte auch nicht auf, als im Jahre 1838 ein jüdischer Handelsmann, J. S. Polack mit Namen, als Frucht einer sechsjährigen Reise ein zweibändiges Werk über Neuseeland veröffentlichte und darin eine „riesige Eidechse oder Guana" erwähnte. „Sie lebt vorzugsweise auf der Insel Victoria", schrieb Polack, „einige wenige kommen auch auf den Inseln im Plenty-Busen vor. Die Eingeborenen erzählen Menschenfresser-Geschichten von ihr; sie ist aber ohne Zweifel ein harmloses Geschöpf." Interessant ist es, daß Polack die legendäre Echse als „Guana", als Waran also, bezeichnet hat. Er kannte vermutlich die australischen Buntwarane und mußte annehmen, daß es sich bei der „neuseeländischen Guana" um ein ähnliches Tier handle.

Der nächste Beobachter machte dann aus dem Geschöpf eine Agame. Agamen sind gleichfalls tropische Eidechsen. Zu den australischen Angehörigen dieser Familie zählen die Wasseragamen und die Bart- und Kragenechsen. Die Bartechse kann ihren Kehlsack so spreizen, daß er wie ein Vollbart absteht. Die Kragenechse trägt einen regelrechten „Stuart-Kragen" und eine bunte Turnierrüstung wie ein mittelalterlicher Ritter; sie läuft außerdem häufig auf zwei Beinen, was die imposante, mit einem Schuppenkamm ausgerüstete Wasseragame auch gern tut. Es ist darum nicht zu verwundern, daß der Expeditionsleiter und Angehörige der Neuseeland-Kompagnie, Ernst Dieffenbach aus Gießen, diesen eigenartigen drachenhaften Echsengestalten auch die neuseeländische „Tuatara" hinzugesellen wollte.

Dieffenbach erforschte zehn Jahre lang die Doppelinsel Neuseeland. Im Jahre 1839 erhielt er „Nachricht von dem Vorhandensein einer großen Eidechse, welche die Eingeborenen Tuatara oder Nagarara nennen." Er suchte eingehend alle Plätze ab, die die Maori als Aufenthaltsorte der Tuatara bezeichneten, und setzte hohe Belohnungen auf ihren Fang aus. Doch erst wenige Tage vor seiner Heimreise erhielt er das erste Exemplar – und zwar von dem winzigen Felseneiland Te Karewa in der Plenty-Bucht, zwei Meilen von der Küste der Nordinsel entfernt. „Aus allem, was ich erfuhr", berichtete Dieffenbach später der wissenschaftlichen Welt, „scheint hervorzugehen, daß die Echse früher auf sämtlichen Inseln häufig war. Sie lebte in Höhlen, oft auch auf sandigen Hügeln an der Küste und wurde von den Eingeborenen ihres Fleisches halber verfolgt und getötet. Infolge dieser Nachstellungen und auch infolge der Einführung von Schweinen, die die Gelege fraßen, ist das Tier so selten geworden, daß sogar viele ältere Bewohner des Landes es noch nie gesehen haben."

Damit hatte Dieffenbach schon in großen Zügen das ganze Schicksal der Tuatara umrissen. Schuld an der Dezimierung der Echsen hatten nicht so sehr die Maori (die nicht, wie Häuptling Tawaihura einst behauptet hatte, von Tuataras verspeist wurden, sondern genau umgekehrt, die Tuataras verspeisten) als vielmehr die importierten Schweine und Hunde der weißen Ansiedler. Die unbewohnten Inselchen in der Plenty-Bucht wurden die letzten Zufluchtsorte der Tiere und sind es bis heute geblieben.

Aber wie sah nun das Geschöpf aus, das Dieffenbach in den Felshöhlen von Te Karewa erbeutet hatte? Eigentlich wirkte es gar nicht so außergewöhnlich. Es war nicht zweieinhalb, sondern nur einen halben Meter lang, düster olivgrün gefärbt und auf Nacken, Rücken und Schwanz mit einem stachligen Kamm geschmückt. Die Beschuppung ähnelte mehr dem schuppigen Überzug eines Schildkrötenschwanzes als dem Schuppenkleid einer Eidechse; die ganze Oberseite des Tieres fühlte sich körnig an wie Sandpapier. Mitten auf dem Scheitel befand sich eine durchsichtige Schuppe, von einem Ring kleiner Schuppen umgeben – sie erinnerte an ein Guckfenster, war aber so unscheinbar, daß sie kaum auffiel. Dieffenbach jedenfalls äußerte sich nicht über dieses Merkmal seiner Tuatara. Er nahm die scheinbare „Agame", die „sehr gutartig" war, lebend mit nach Europa, stellte fest, daß sie quakte wie ein junges Krokodil, und übergab sie, als sie das Zeitliche gesegnet hatte, dem Britischen Museum zu London.

Dort geriet der Leichnam dem Kustos der zoologischen Abteilung, John Edward Gray, in die Hände. Gray wunderte sich zunächst über die großen keilförmigen Vorderzähne; ihretwegen erhielt das Tier dann auch den Namen *Sphenodon punctatus* (Punktierte Keilzahn-Echse). Dann aber entdeckte Gray die durchsichtige Schuppe auf dem Scheitel der Tuatara und veröffentlichte sofort einen Bericht unter dem Titel „Bemerkung über die sonderbare Struktur eines Agamen-Kopfes". Nach Gray befand sich unter dem „Guckfenster" ein augenähnliches Organ! Grays Bericht wirkte sensationell, denn ein Reptil mit drei Augen war bis dahin noch keinem Zoologen unterlaufen. Der Zufall wollte es, daß gerade zu dieser Zeit der englische Naturforscher George Bennett bei einem vorübergehenden Aufenthalt in Neuseeland in den Höhlen der (gleichfalls in der Plenty-Bucht gelegenen) Inseln Rurima und Montoki weitere Tuatara-Echsen fing. Er hielt sie für Leguane. Eine Gruppe britischer Offiziere erbeutete auf den gleichen Inseln innerhalb einer halben Stunde sogar vierzig Exemplare, junge und alte in allen Größen. So hatte Albert Günther, der Fischfachmann des Britischen Museums, eine ausreichende Menge von toten und lebenden Tuataras zur Hand und konnte darangehen, das Rätsel des „Scheitelauges" zu lösen.

Das eigentümliche Scheitelorgan hat in der Tat eine durchsichtige Linse, eine netzhautähnliche Schicht und eine Art Sehnerv, der zum Gehirn führt. Außerdem ist es lichtempfindlich. Günther und der Erforscher der australischen Amphibien, Baldwin Spencer, widmeten sich jahrelang dem Studium dieses Zyklopenauges und fanden heraus, daß es einmal eine Zeit gegeben hat, in der bei der Mehrzahl der Wirbeltiere ein solcher, „dritter Blick nach oben" üblich gewesen ist. Gewisse Urfische, die Hauptmasse der Panzerlurche in der Steinkohlenzeit, verschiedene Fischechsen und vor allem die Saurier der Trias-Epoche – sie alle haben zwischen den Augen ein Loch im Schädel besessen. Und in dem Loch muß ein „Parietal-Auge" gesteckt haben, mit dem die Ur-Lurche und Trias-Saurier wahrscheinlich aus ihren Schlammverstecken nach oben zu lugen pflegten und so die Situation beherrschen konnten. Reste des Scheitelauges finden sich übrigens, wie man später herausbekam, noch im Schädel der meisten Reptilien. Auch die Zirbeldrüse des Menschen sitzt genau dort, wo das einstige Scheitelauge seinen Platz gehabt hat; sie ist, wie die Anatomen sagen, im Grunde nichts als „eine aus dem ehemaligen dritten Auge gebildete Hormondrüse, die vom riesig angewachsenen Großhirn in die Tiefe gedrängt wurde". Ausgerechnet dieses letzte Überbleibsel aus einer Zeit, in der die Vorfahren des Menschen als Saurier in den Morästen gelebt haben, wurde kurioserweise einst von dem Philosophen René Descartes als Sitz der Seele bezeichnet.

Darf man den lebenden Besitzer des Scheitelauges, die Tuatara, demnach noch zu den Echsen rechnen – zu den Leguanen vielleicht? Bei zwei sehr abweichenden Leguanen, die Charles Darwin auf den Galapagos-Inseln entdeckt hatte, bei der seebewohnenden Meerechse und beim landbewohnenden Drusenkopf, stellte man gleichfalls ein noch funktionierendes, wenn auch erheblich verkleinertes Parietal-Organ fest. Die Leguane aber, große amerikanische Eidechsen, hatten sonst nichts mit der Tuatara gemein. Ihnen fehlten die Keilzähne, der schnabelartige Kopf, die Bauchrippen und die vorn und hinten trichterförmig ausgehöhlten Wirbel. Vor allem fehlte ihnen ein Merkmal im Skelett, dem die Brückenechse ihren deutschen Namen verdankt: die doppelte Knochenbrücke, die den Gesichtsteil des Tuatara-Schädels mit der Schläfengegend verbindet. Bei welcher Tiergruppe, fragten sich die Zoologen verzweifelt, kommen alle diese Eigentümlichkeiten vor? Bei den Eidechsen nicht. Bei den Krokodilen auch nicht. Man ging sämtliche lebenden Reptilien durch – nichts! Man untersuchte dann die ausgestorbenen Reptilien, die Saurier. Und da stieß man gleich auf eine ganze Reihe von Arten, die der Brückenechse so ähnelten, daß man sie mit ihr hätte verwechseln können. Rhynchocephalen waren es, archaische Trias- und Jura-Echsen – ein Geschlecht von Schnabelköpfen, das, wie man geglaubt hatte, seit hundertfünfzig Millionen Jahren ausgestorben war.

Die Brückenechse war ein überlebender Saurier, der letzte Saurier auf unserer Erde – und ein besonders alter Saurier zu alledem! Auch sie war – Hans Gadow von der Universität Cambridge drückte es so aus – „ein lebendes Fossil wie Lungenfisch und Schnabeltier, der einzige Angehörige eines uralten Reptiliengeschlechts, der im säugetierlosen Neuseeland die Zeitläufe überdauern konnte." Mit dieser Feststellung ist die Geschichte des letzten Sauriers eigentlich abgeschlossen. Es erhob sich nur noch die Frage, wie das Privatleben der Ur-Echse aussieht. Schließlich bot die Brückenechse den Saurier-Experten ja die einzigartige Gelegenheit, endlich einmal (es klingt paradox) an Ort und Stelle zu beobachten, wie sich ein Trias-Saurier benimmt, was er frißt und auf welche Weise er sich sein Dasein einzurichten pflegt.

Diese Chance ließ man sich natürlich nicht entgehen. Die Inselchen in der Plenty-Bucht wurden unter strengen Schutz gestellt; nur Zoologen durften sie betreten, wenn sie sich verpflichteten, keine Tuatara mitzunehmen oder gar zu töten und in Spiritus zu legen. Die Regierung setzte besondere Brückenechsen-Wächter ein. Und einer dieser Männer, Henaghan mit Namen, lieferte eine ganz vortreffliche Beschreibung von der Lebensweise und Brutpflege der Tuataras auf Stephens Island. Nach Henaghan ernähren sich die Echsen von Insekten, Schnecken und Würmern, teilen ihre Höhlen friedlich mit Sturmvögeln und bringen ihre Eier mit Maul und Pfoten in besondere Brutkammern, die mit Erde, Laub und Gras verstopft werden. Erst zwölf Monate nach der Ablage schlüpfen die Jungen aus den Eiern, sie schleppen für kurze Zeit noch den Rest eines Dottersackes mit sich herum und besitzen einen Eizahn wie Vogel und Schnabeltier. Die Brückenechsen können nicht züngeln wie Eidechsen und Schlangen, da ihre Zunge der ganzen Länge nach angewachsen ist; sie lecken demzufolge ihr Trinkwasser auch nicht auf, sondern schöpfen es mit dem Maul. Wie sie auf die kleinen Eilande gekommen sind, bewiesen sie ihrem Hüter Henaghan fast täglich – mit wahrer Leidenschaft stürzten sie sich ins Meer und schwammen in den Wellen herum.

Über ihre seltsame Wohngemeinschaft mit den Sturmvögeln haben schon viele Forscher Berichte abgefaßt. Der erste Mann, dem diese Symbiose auffiel, war der deutsche Geologe Julius von Haast. „Die Echsen", schrieb von Haast um 1860, „graben die Löcher und teilen sie dann mit den Sturmvögeln. Ein meterlanger Gang führt zu den Wohnkammern. Jede Kammer hat gewöhnlich eine Länge von einem halben Meter, ist dreißig Zentimeter breit und fünfzehn Zentimeter hoch. Auf der linken Seite wohnt der Vogel, rechts die Tuatara. Die Echse benimmt sich dem Vogel, seinen Eiern und Jungen gegenüber vollkommen friedlich. Sonst aber duldet sie kein Tier in der Wohnung; sie beißt und kratzt wütend, sobald ein Eindringling den Gang betritt."

Im Prinzip stimmen diese Beobachtungen – nur mit der einen Einschränkung, daß nicht der Saurier, sondern der Vogel die unterirdischen Katakomben baut und daß die Brückenechse nichts als ein geduldeter Untermieter ist. Vielleicht ist das der Grund dafür, daß sie sich in der gemeinsamen

Wohnung so manierlich benimmt. Käme sie auf den Gedanken, das Gelege des Hauseigentümers anzurühren, so wäre es sofort mit der Wohngemeinschaft zu Ende, und sie müßte sich ihre eigene Höhle graben. Gegen eine Kolonie transpeiender Sturmtaucher könnte sich eine halbmeterlange plumpe Echse im Ernstfall kaum verteidigen.

Seeschlangen, Kraken und Sirenen

Zum Seemannsberuf gehört seit je auch das Seemannsgarn. Je unbekannter das Meer, das durchfahren wird, je weiter es von der Heimat entfernt ist, desto größer sind die Gefahren, die dort drohen, desto grausamer die Ungeheuer, die dort hausen, desto hübscher und zutraulicher die Mädchen an den Küsten, die man schließlich und trotz alledem ansteuert. Untrennbar verbunden mit der Seefahrt ist die Seeschlange nebst ihren zahllosen Abarten und Variationen.

Im fünfzehnten und sechzehnten Jahrhundert hatte sich der abenteuernde Mensch bereits auf nahezu alle Ozeane gewagt. Bretonische Fischer warfen ihre Kabeljaunetze vor Neufundland aus, Entdeckungsfahrer aus sieben Ländern suchten im hohen eisigen Norden nach der Nordwest- und nach der Nordostpassage, hansische Kaufleute versorgten die christliche Menschheit zur Fastenzeit mit Heringen und anderen Seefischen. Da konnte es nicht ausbleiben, daß sich ein ganzer Hades von Monstren und Ungeheuern des Meeres vor den daheimgebliebenen Landratten ausbreitete. Gewiß, die Seeleute hatten allerlei gesehen zwischen Mitternachtswache und Morgengrauen; sie hatten große Tintenfische im Kampf mit gigantischen Pottwalen beobachtet, hatten Schulen hintereinanderschwimmender Delphine, gewaltige Haie, ungeschlachte Walrosse und Inseln voll brüllender Seelöwen erblickt. Ihre Phantasie aber funktionierte besser als ihr Gesichtssinn; ihre Fabulierfreude deckte die authentischen Tatsachen zu. Und so logen sie nach geglückter Rückkehr aus den Wasserwüsten, Münchhausen übertrumpfend, ihren leichtgläubigen Zeitgenossen ganz gehörig die Hucke voll.

Da waren die „Seejungfern", die „Sirenen", die nach Aussagen der Matrosen im Tang herumseufzen, harmlose Schiffer anlocken und dann in einer grausigen Umarmung erwürgen. Da waren die „Kraken", groß wie Inseln, so daß man versucht war, sie anzusteuern und den Anker in ihren Leib zu senken. Diese tückischen Bestien gingen dann – vor allem, wenn man auf ihnen noch ein Lagerfeuer entzündet hatte – mit gräßlichem Getöse in die Tiefe und rissen den Anker mitsamt dem Schiff und seiner braven

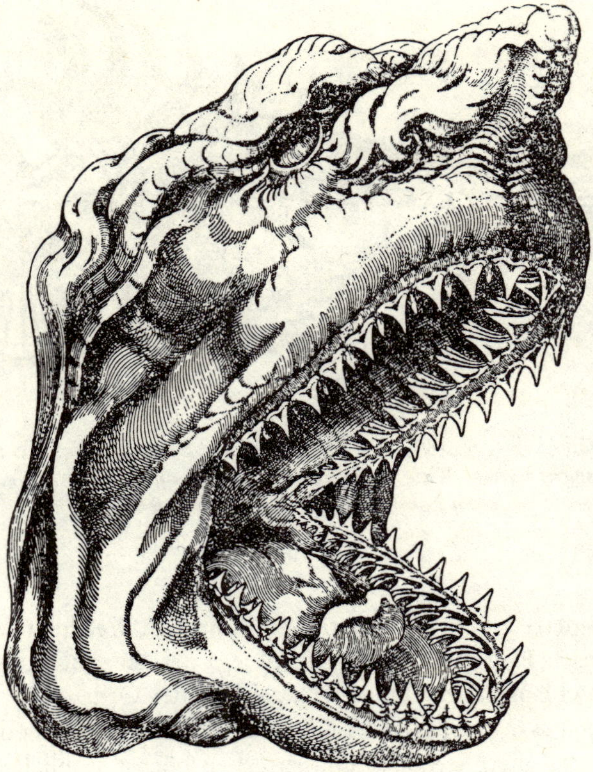

Das Seeungeheuer des Nikolaus Steno um 1660 – ein großer Hai.

Mannschaft hinab auf den Meeresgrund. Und da war die Seeschlange persönlich, zwischen dreißig Meter und anderthalb Meilen lang, braun von Farbe, mit einer Mähne auf dem Rücken und roten Augen im Natternhaupt – stets voll Begierde, sich um die Brigg, die Bark, die Fregatte zu wickeln und die Insassen wie Eidotter aus der Schale zu lutschen.

Nun ist es mit der menschlichen Phantasie eine ganz eigene Sache. Ohne reale Vorbilder kann sie nichts erfinden; imaginäre Lebewesen, die völlig aus der Luft gegriffen sind, entdeckt man im Tierpark der Mythologie nirgendwo. Genauso, wie das Einhorn aus Ur-Stier, Nashorn, Onager, Mammut und Narwal zusammengebraut wurde, liehen dem Lindwurm das Krokodil, die Riesenschlange und allerhand Fossilfunde seine verschiedenen Charakterzüge. Modell zum Vogel Rock hat wahrscheinlich, wie wir schon erfahren haben, der madagassische Riesenstrauß gestanden. Und aus dem goldglitzernden, ständig neugeborenen Vogel Phönix, von dem Herodot als erster erzählte, lugen noch der Nashornvogel, der Goldfasan und

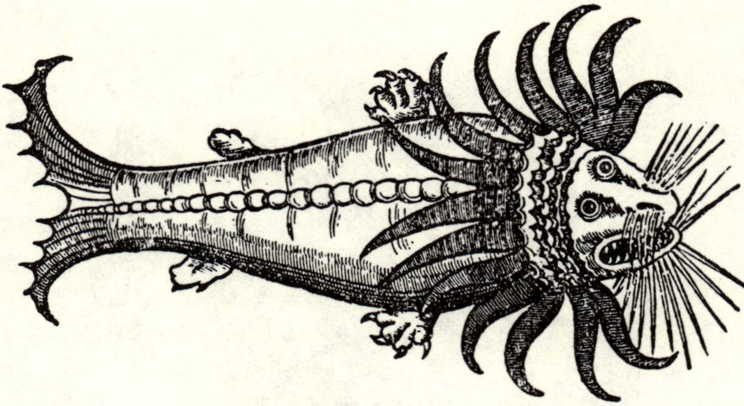

Aus Bartenwalen, die an Stelle von Zähnen Hornblätter im Kiefer tragen, machte das Seemannsgarn bärtige Wale, denen die Gelehrten am Schreibtisch ein ausgesprochen koboldhaftes Aussehen verliehen.

andere Gefiederte von wunderbarer Gestalt hervor. Welche irdischen Tiere haben demnach Pate gestanden an der Wiege der Meermenschen, Sirenen, Kraken, Seeschlangen und anderer Ungeheuer der Ozeane?

Wir glauben es heute zu wissen. Verzeihend lächeln wir über die Schauergeschichten der alten Seefahrer und sprechen höchst sachlich von Walen, Robben und Seekühen, Tümmlern und Dephinen, von Tintenfischen, von großen Haien, Riesenaalen und grotesken Flügelrochen. Dennoch ist die Seeschlange nicht tot. Alljährlich taucht sie in der Presse auf; noch in unseren Tagen wird ihre Existenz von namhaften Tier- und Meereskennern ernsthaft diskutiert. Die Akten über den Fall Seeschlange sind all unseren naturkundlichen Kenntnissen zum Trotz auch heute noch nicht geschlossen.

Das Jahr, in dem die Meeresungeheuer aktuell wurden und feste Gestalt anzunehmen begannen, ist bekannt. Der Erzbischof von Uppsala, Olaf Storr, mußte nach erfolgter Reformation im Jahre 1526 als Katholik aus Schweden auswandern. Er siedelte nach Rom über, ließ sich dort Olaus Magnus nennen und brachte alles, was er über die Natur und die Geschichte der nordischen Länder und Meere wußte, in die neue Heimat mit. Olaus Magnus besaß jene gehörige Portion Phantasie, die für einen Chronisten der Seeungeheuer nötig ist. Im Jahre 1555 veröffentlichte er in Rom eine „Historia de gentibus septentrionalibus“, die später aus dem Lateinischen in alle Kultursprachen, unter dem Titel „Zusammengefaßte Geschichte der Goten, Schweden und Wenden sowie anderer nördlicher Völker“ auch ins Deutsche übertragen wurde. Diese Völkergeschichte, vor allem der Band über

Norwegen, behandelt nun keineswegs, wie der Titel vermuten ließe, ausschließlich menschliches Volk, sondern auch Jagdwild, Vögel und Fische, Kraken und Seeschlangen.

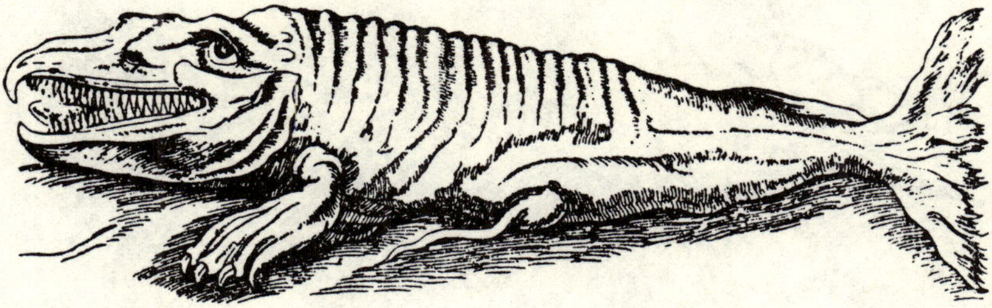

Gesners Britannischer Wal – ein furchterregendes Mitternachtswunder.

Schon die Bilder sind höchst eindrucksvoll. Ein gestrandeter Wal ist zu sehen, den eifrige Männer auf einer Leiter erklettern, um ihn mit Äxten zu zerhacken, er hat einen Krokodilkopf, furchterregende Messerzähne, schnabelartige Kieferspitzen und streckt eine Raubtiertatze mit großen Krallen weit von sich, so daß man meinen könnte, bereits der gute Olaus habe die Wale für Säugetiere gehalten. Ein Krake, hoch wie ein Berg, erhebt sich aus dem Meer; einige ahnungslose Matrosen beschäftigen sich damit, Feuer auf seinem Rücken anzuzünden. Eine Seeschlange, drachenköpfig, mit dem gegliederten Leib eines Bandwurmes, ringelt sich um ein Segelschiff und schluckt schockweise Menschen in sich hinein. Ähnlich wie die Illustration ist auch der Text, der von „monströsen Fischen, grausamen und schreckeinflößenden Walen", Kraken mit „feurigen ellengroßen Augäpfeln" und Seeschlangen, die „viele große und starkbemannte Schiffe auf einmal versenken können", spricht.

Bilder und Text wurden von der Mit- und Nachwelt brav übernommen. In Gesners Geschichte der Tiere findet sich die zweihundert Meter lange Seeschlange wieder, neben einer „siebenköpfigen Wasserschlange" mit Löwenpranken, Löwengesichtern und Kronen auf den Häuptern, und neben anderen „Tracken und Lindwürm". In Athanasius Kirchers Werk „Mundus subterraneus" tauchen die Monstren erneut auf, dann in Sebastian Münsters „Cosmographia", wo ein prachtvoller bulldoggenköpfiger Wal mit riesigen Hauern und beschupptem Leib aus den Wellen schießt und einen nackten Mann verschlingt, und schließlich in dem Werk „Försög til Norges naturlige Historie", das der dänische Autor, Universitätskanzler und Bischof von

Der schreckliche Riesenkrake, wie ihn die Ostasiaten sahen.

Bergen, Erik Pontoppidan, in den Jahren 1752 bis 1754 verfaßt hat. Unter all diesen Männern war Gesner wohl der einzige, der nicht so recht an die „Mitternachtswunder“ des Olaf Storr aus Uppsala glaubte. Er distanzierte sich nämlich mit der gebührenden Vorsicht von den monströsen Abbildungen schiffeschluckender Wale und menschenschlürfender Seeschlangen und meinte in der Unterschrift, die Wahrheit und Richtigkeit dieser Darstellungen müsse Olaus selbst verantworten.

Manche Angabe in seinen Büchern hätte Olaus mit besserem Gewissen verantworten können als Gesner – zumindest, wenn es landbewohnende Tiere betraf, die er mit eigenen Augen gesehen hatte. Da gab es zum Beispiel den Elch: „Wie die Hirsche schwärmen die Elche herdenweise in den großen Wildnissen umher, kämpfen mit den Wölfen und schlagen sie oft mit den Hufen tot, besonders auf dem Eise, wo sie fester stehen als die Wölfe.“ Da war das Ren, „das man in Herden hält und das sich zur Nahrung Bergmoos aus dem Schnee hervorscharrt“. Da war der Vielfraß, ein Tier mit einem so fabelhaften Appetit, daß es sich, wie behauptet, nach jeder Mahlzeit zwischen zwei Bäumen hindurchquetschen mußte, um den vollen Leib wieder zu entleeren. Diese Tiere des Olaus Magnus – daran bestand kein Zweifel – existierten tatsächlich. Weshalb sollte es mit den Meeresgeschöpfen anders sein?

Ja, weshalb? Man brauchte lediglich von jedem Monstrum das Fabelwerk, das der Autor aus Uppsala so kunstvoll gesponnen hatte, herabzureißen und den Tatsachenkern herauszuschälen, dann kamen ganz manierliche Tiere zum Vorschein – ungeheuerliche Tiere freilich, aber Wesen von Fleisch und Blut. Allerdings war das ein mühevolles Unterfangen. Es dauerte in verschiedenen Fällen mehr als drei Jahrhunderte, bis die Zoologen herausfanden, was Olaus eigentlich gemeint hatte.

Den Kraken entlarvte man erst Ende des vorigen Jahrhunderts. Man entdeckte riesige Tintenfische aus der Gruppe der Kalmare, die an den skandinavischen Küsten, bei Neufundland, Alaska, Japan und auf verschiedenen Südseeinseln angetrieben und gestrandet waren, und untersuchte sie genauer. Ihre größten Formen, die vier Arten der Gattung *Architeuthis* zum Beispiel, haben zehn Meter lange Fangarme, eine Körperlänge bis zu viereinhalb Meter und ein Gewicht von nahezu zwanzig Zentner. Ihre tellergroßen Augen, die größten im gesamten Tierreich, sind von leuchtendem Grün und Rot wie die des Fabeltieres in der „Historia de gentibus septentrionalibus“.

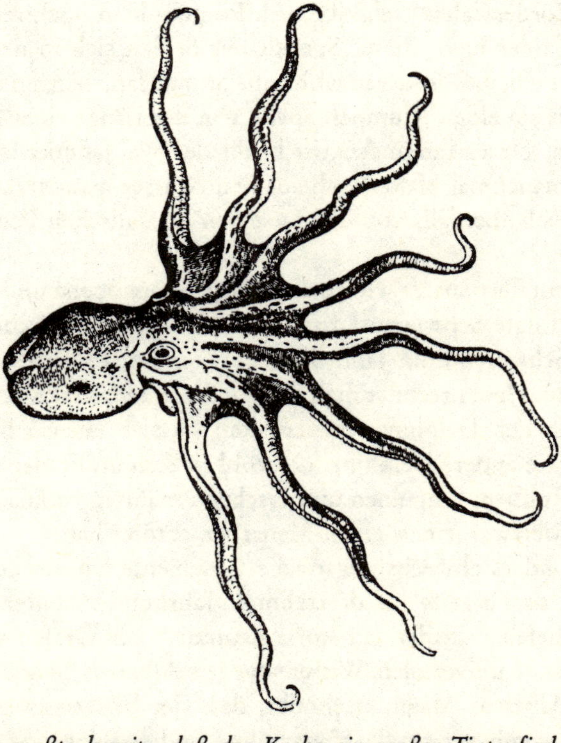

Gesner wußte bereits, daß der Krake ein großer Tintenfisch sein mußte, und gab ihm die Gestalt des Oktopus.

Speckhauer beim Angriff auf einen Wal. Der sagenumwobene Schwertwal wurde erst 1841 genau beschrieben.

Die zahnbewehrten, mit Kraken und Schiffsbesatzungen kämpfenden Riesenwale, die Pottwale, sind seit Melvilles „Moby Dick" und seit Frank Bullens „The Cruise of the Cachelot" in die Weltliteratur eingegangen. Von anderen „Mörderwalen" schreibt Erik Pontoppidan noch recht phantasievoll: „Zehn oder mehr dieser Speckhauer beißen sich in den Seiten eines Wales so fest ein, daß sie daran wohl eine Stunde lang hängen und nicht eher loslassen, bis sie einen Klumpen Speck von der Länge einer Elle herausgerissen haben. Unter ihrem Angriff brüllt der Wal jämmerlich und springt auch wohl manchmal klafterhoch aus dem Wasser heraus; dann sieht man, daß sein Bauch ebenfalls von diesen seinen tyrannischen Peinigern besetzt ist."

Ein Jahrhundert später wurde dieser sagenumwobene und vom Haß der Seeleute verfolgte Schwertwal zum erstenmal genauer beschrieben, als ein weiblicher Schwertwal im Jahre 1841 bei dem holländischen Dorf Wijkop Zee strandete. Heute rechnet man ihn zur Verwandtschaft der Delphine. In den neuzeitlichen Delphinarien verhalten sie sich ebenso freundlich und anhänglich wie andere Delphine. Obwohl sie sich im Freileben von Walen, ferner von Robben, Pinguinen und Fischen ernähren, ist kein Fall bekannt, daß ein Schwertwal jemals einen Menschen getötet hat.

Eine besonders abwechslungsreiche Geschichte hat ein hochnordisches Lebewesen, das bereits im dreizehnten Jahrhundert unter dem Namen „Walfisch-Elefant" in der „Historia naturalis" des Grafen von Bollstädt, den man seines universalen Wissens wegen Albertus Magnus nannte, erwähnt ist. Albertus Magnus schreibt, das Tier besitze zwei bis drei Fuß lange, nach unten gerichtete Hauerzähne und stemme sich damit an den Klippen hoch, um auf dem Lande auszuruhen. „Die Fischer nähern sich dann dem schlafenden Tier", fährt er fort, „lösen ihm am Schwanz das Fell vom Speck ab, stecken ein Seil durch, binden dieses an einen Felsblock und werfen nun mit Steinen nach dem Tier. Wenn es entfliehen will, zieht es sich das Fell über Schnauze und Kopf, läßt es liegen und stürzt ins Meer, wo es jedoch bald schwach und halb leblos gefunden wird. Aus seinem Leder verfertigt man Riemen, die auf dem Markt zu Köln beständig zu verkaufen sind."

Es ist nicht schwer zu erraten, daß Albertus Magnus mit seinem „Walfisch-Elefanten" das Walroß gemeint hat. Bei Gesner wurde diese größte Robbe der Arktis dann unter den Namen „Seeroß" und „Seekuh" geführt. Olaus Magnus schließlich bezeichnete das Walroß als „ungeheuerliches Schwein des deutschen Meeres, das mittels seiner Zähne auf die Gipfel der Felsen wie auf einer Leiter emporsteigt und sich von der Höhe wieder ins Meer wälzt, falls es nicht, vom Schlaf überrascht, an den Felsen hängenbleibt". Das Tier war ihm übrigens nicht ganz unbekannt: Er hatte in Rom verschiedene Male Gelegenheit gehabt, einen eingesalzenen Walroßkopf zu bewundern, den der Bischof von Drontheim dem Papst Leo X. geschenkt hatte.

Als Waleber oder Walfisch-Elefant hielt das Walroß seinen Einzug in die wissenschaftliche Literatur.

Russische Pelzhändler, englische und deutsche Robbenschläger und der Gesandte des deutschen Kaisers in Moskau, Freiherr von Herberstein, vervollständigten dann im sechzehnten Jahrhundert das Bild, das die beiden Magnus', Albertus und Olaus, von der arktischen Riesenrobbe geliefert hatten. Nach einigen schlechten Zeichnungen, denen getrocknete und zusammengeschrumpfte Walroßhäute als Vorlagen gedient hatten, erschien schon im Jahre 1613 ein gutes Walroß-Porträt von der Hand eines gewissen Hessel. Bereits sechs Jahre vorher war es einem Engländer namens Welden gelungen, zwei junge Walrosse lebend zu fangen und eines davon nach England zu überführen. Es lebte dort noch zehn Wochen, wurde vom König und von der gesamten High Society bestaunt, erwies sich als auffallend gelehrig, siechte aber schnell dahin und starb, vermutlich, weil man nicht wußte, daß es von Muscheln und nicht von Fischen lebt. Ein zweites lebendes Walroß landete im Jahre 1612 in Holland und ging auf ähnliche Weise rasch zugrunde.

Bei Olaus Magnus wurde das Walroß zum „ungeheuerlichen Schwein der deutschen Meere".

Sechzig Jahre darauf erwuchs dem Walroß der erste Chronist von Rang. Er hieß Friedrich Martens und war Schiffsbarbier auf einem Hamburger Grönlandfahrer. „Sie liegen auf dem Eise", sagte er treffend von den großen Robben, „wie Seehunde in großer Menge und brüllen erschröcklich. Sie seynd beherzte Thiere, stehen einander bei biß im Tode; und wenn einer verwundet wird, tauchen sie unter Wasser bei den Slupen und schlagen mit den langen Zähnen Löcher darein ... So sie brüllen und die Menschen es ihnen also wieder nachmachen, will einer vor dem anderen der erste unter Wasser sein; sie können der Menge halber einander nicht weichen, deßwegen sie sich untereinander beißen, daß sie bluten, und klappern mit den Zähnen." Nach dieser klaren Kennzeichnung des Walrosses aber herrschte zweihundert Jahre lang wieder Schweigen über das „ungeheuerliche Meerschwein", und die Mythen und Fabeln gewannen erneut Raum.

250 De Aquatilibus.

Pictura quæ Argentinæ in caldario Curiæ uiſitur, in panno expreſſa.

Ruſoꝛ in Noꝛweg nent man mich/
Cetus dentatus bin doch ich.
Meyn weybe †balena iſt genant/
Im Oꝛientiſchen meer bekannt:
Macht vngewitter groß im meer/
Schreckt Alexandꝛum vnd ſin heer.
Dem kaltē meer dem ſtreych ich nach/
Zů ſtreyt vnd fechten iſt mir gach.
Man findt vil tauſent mint genoßen/
Die ſo lang zān hand auß der maſſen.
Die ſind ij.iij.iiij.elen lang/
Vnd ſo dick wie ein zilig ſpann.
Da iſt ein fechten vnd ein reyſſen/
Mitt den walfiſchen wir vns beyſſen.
Vnd all fiſch die wir kummen an/
Die mögen voꝛ vns nitt beſtan.
Doch hand mich ettlich ſo getriben/
†Das ich im voꝛteil nitt mocht bleybē.
Sunder můßt weychen an den ſtadē/
Da nam ich meyn tödtlichen ſchaden.
Auß maß wiewol ein klein rußoꝛ/
Deeſt hic uerſus.
Solt ich mein zeyt auß mögen låben/
Ich bett nichts vm̄ all wallfiſch gåben.
Von Nidꝛoſia der Biſchoff batt
Mich ſtechen laſſen an dem gſtad.
Bapſt Leo meynen kopff geſchickt
Gen Rom/ da mich manch menſch anblickt.

Audio hanc belluam binis dentibus è ſcopulis tanquam clauo ſe ſuſpendentem, à Germanis Oceani litora colentibus Roſtinger appellari. In extrema Moſcouia, uel Hungaria Scythica, non longè à Tanais ortu, Morſz dicitur. A Germanico Ruſôt, (quod nomen factū uidetur ab impetu & ſonitu quo per mare fertur, von dem rauſchen vñ grüſch, ἀπὸ τῆς ὁρμῆς καὶ ῥύμης,) quidam Roſmarū Latina terminatione dicere uoluerunt. Vel Ruſôꝛ dictus eſt, quaſi Ruſôꝛ, (nā Ris lingua noſtra gigantem ſignificat,) à magnitudine & robore quo cæteris cū piſcibus tum cetis pleriſq; pręſtat. Alium eſſe puto qui Rußwal nominatur, quinquaginta paſſuum longitudine: deuorās homines & cymbas, & inuertens naues.

In Iuhra & Corela Scythicis regionibus ad Septentriones remotiſsimis, ſunt aliqui mõtes mediocris tumoris, qui Oceano per totum Septentrionē adiacent. Super hos ſcandūt ex mari piſces Morſz nuncupati, dente ſeſe ſupra montē continendo, fricando, & aſcenſum promouendo: cumq; ad ſummitatē montis peruenerint, ad ulteriora greſſum promouendo, ad alteram partem montium uolutando decidunt. Hos illæ gentes colligendo, dentes eorum ſatis magnos, latos & albos, pondere grauiſsimos capiunt, & Moſcouitis pendunt atq; uendunt. Moſcouitæ uerò his utuntur. ad Tartariam quoq; & Turciam mittunt, ad parandum manubria gladiorum, framearum & cultrorum: quoniam grauitate ſui maiorem ac fortiorem impreſsionem impingunt, & præbent impellentibus in laboribus, pugnis, prælijs, Matthias à Michou.

Ceti quidam habent rictū oris dentatum pręgrandibus & longis dentibus: ita ut plerunq; inueniantur cubitales: aliquando duorum aut trium aut quatuor cubitorū. Inter cæteros longiùs prominent

Eine Seite aus Gesners „Historia animalium“ mit der Abbildung des Walrosses.

Eine dieser Mythen stammt von der asiatischen Eismeerküste; sie hielt sich hartnäckig bis ins achtzehnte Jahrhundert hinein. Es handelte sich um die schon erwähnte Verwechslung des Mammuts mit dem Walroß. So richtig klar sah man hier eigentlich erst, als in der Petersburger Akademie der Wissenschaften ein Mammut-Kadaver vom Lena-Strom ausgestellt war und sich gleichzeitig nahebei in der Menagerie ein im Jahre 1829 erbeutetes Walroß tummelte. Seitdem fällt das Mammut in das Ressort der Paläontologen und das Walroß in das Arbeitsgebiet der Zoologen.

Ein interessantes Dokument: Bereits anderthalb Jahrhunderte vor John Ray wußte Gesner, daß Wale nicht Fische, sondern Säugetiere sind.

Weitere Ungeheuer aus dem Schreckenskabinett des Olaus Magnus hatten inzwischen gleichfalls Farbe bekennen müssen. Um 1670 begann der holländische, um 1690 der englisch-nordamerikanische Walfang aufzublühen. Man erbeutete pro Jahr rund tausend Wale und konnte die verschiedenen Arten von Meeresgiganten studieren: den Grindwal, den Weißwal, den „einhörnigen" Narwal, den Dögling, den sagenumwobenen Pottwal und die Kolosse mit den Barten im Riesenmaul, Finn-, Blau-, Buckel- und Grönlandwal. Das Jahr 1693 brachte dann den historischen Augenblick, in dem der englische Wanderprediger und Naturforscher John Ray, der Vorläufer Linnés und erste Systematiker der Neuzeit, zu der Erkenntnis kam, daß „Walfische" keine Fische, sondern Säugetiere sind – eine Erkenntnis, die seinen Zeitgenossen wenig gefiel, da Jonas der Schrift nach ja eindeutig von einem großen Fisch verschluckt worden war, und die sich in Laienkreisen heute noch nicht ganz herumgesprochen hat, obwohl bereits der alte Gesner davon wußte.

Die zweite große Erkenntnis auf dem Gebiet der maritimen Tierkunde, nämlich die, daß Seesterne keine Sterne, Seerosen keine Rosen und Korallen keine Kräuter sind, ließ sich noch schwerer durchsetzen: Bereits vor 1600 hatten der Engländer Wotton und der Apotheker Ferrante Imperato aus Neapel energisch auf die Tiernatur all dieser Meereswunder hingewiesen; aber anderthalb Jahrhunderte danach reihte Linné die Korallen immer noch als „Sporenpflanzen" den Farnen und Moosen an. Die ersten exakten Darstellungen der Korallenwelt lieferten um 1775 Vater und Sohn Forster, die Begleiter des Weltumseglers Cook, um 1817 der Dichter Adelbert von Chamisso, der Begleiter des Weltumseglers Kotzebue, und um 1836 Charles Darwin, der Begleiter des Weltumseglers Fitzroy. Womit die „Blumentiere“ der Ozeane endgültig in den wohlgeordneten Schubfächern der zoologischen Systematik ihren Platz fanden.

Auch die Sage von den Sirenen wurde nach und nach entlarvt. Als Christoph Kolumbus Amerika entdeckte, schrieb er mit sichtlicher Enttäuschung: „In einer Bucht an der Küste von Hispaniola sah ich drei Sirenen; aber sie waren längst nicht so schön wie die des alten Horaz.“ Er hatte völlig recht. Denn was er da vor Haiti gesehen hatte, das waren Manatis, also Seekühe; und man fragt sich unwillkürlich, wie jemand darauf kommen konnte, derart plumpe und unförmige Tiere zu berückenden Meermädchen zu verklären.

Mit „Kühen“ allerdings haben die Angehörigen der Säugetierordnung Sirenia ebenfalls nichts zu tun. Sie sind entfernte Verwandte der Elefanten, die sich in hohem Maße dem Wasserleben angepaßt haben. Sicher blieb es den Seefahrern der Antike nicht verborgen, daß es sich bei den Dugongs oder Gabelschwanz-Seekühen (denn nur die kannten sie von ihren Fahrten zu den Küsten des Roten Meeres und zu den Gestaden der Levante) um träge, schwerfällige Wassergeschöpfe handelte, um harmlose Pflanzenfresser. Doch etwas war bei den Dugongs ganz anders als bei Walen, Robben und Fischen: Vorn sahen sie wie Landtiere aus, hinten wie Meerestiere. Außerdem wirkten die beiden halbkugligen Brüste der Weibchen auffallend menschenartig; wenn eine Dugong-Mutter ihren Säugling in den Arm nahm

Seekühe und Robben befruchteten in der Antike und im Mittelalter nicht nur die Sirenensage, sie gaben auch Veranlassung zur Konstruktion der verschiedenartigsten Tritionen und Meeres-Satyrn.

und an die Brust drückte, dann drängten sich den Entdeckungsfahrern bis in die neuere Zeit hinein Vergleiche mit Menschenfrauen auf.

Hinzu kommt, daß Dugong und Manati regelrecht „weinen" können; bei Erregung sondern ihre Augendrüsen einen tränenähnlichen Sekretstrom ab. Und durch den Umstand, daß gerade bei ihnen die Partner in rührender Weise aneinander hängen, verstärkte sich die Legendenbildung noch.

Die mythologische Sirene singt, wie schon in der Odyssee nachzulesen ist; die zoologische Sirene gibt nur beim Ausatmen einen weithallenden Laut von sich. Vermutlich haben die alten Fahrensleute den Seekühen die Sangeskunst lediglich deshalb angedichtet, um sie für ihre Zuhörer noch berückender zu machen.

Selbst noch im zwanzigsten Jahrhundert ist es vorgekommen, daß Seekühe mit Menschen verwechselt wurden. „Im Juli 1905 kam ein Frachtdampfer bei der Insel Haramil im Roten Meer vorbei«, so berichtet die deutsche Zoologin Erna Mohr. »Dort glaubte zunächst der Kapitän, drei Menschen bis zur Brust im Wasser stehen zu sehen. Er hielt sie für Schiffbrüchige, signalisierte sie an und steuerte auf sie zu. Es war aber eine Dugongfamilie, die sich für etwaige Hilfeleistung bedankte und wegtauchte.«

Der Dugong besaß am Rande des Nördlichen Eismeeres, im Beringmeer, eine riesenhafte Verwandte, die Stellersche Seekuh, eines jener Großtiere,

Als Steller den großen Seelöwen des Beringmeeres zum ersten Male sah, fiel ihm dieses Bild eines „Dänischen Meeraffen" in Gesners Naturgeschichte ein. In Wirklichkeit aber war der „Meeraffe" ein getrockneter und präparierter Fisch.

Die Seeschlange aber ist nicht tot und durchgeistert noch heute die Gazetten, wie sie in den Tagen des Olaus Magnus die Historienbücher durchgeistert hat.

die der Mensch schon kurz nach ihrer Entdeckung ausgerottet hat. Ihren Namen trägt diese bis zu acht Meter lange und bis zu viertausend Kilogramm schwere Kaltwasserform des Dugong nach ihrem Entdecker, dem deutschen Naturforscher Georg Wilhelm Steller, der die Expedition des Dänen Vitus Bering Ende des achtzehnten Jahrhunderts als Schiffsarzt begleitete.

Das Riesentier, das Steller im Küstentang der Bering-Insel sah, verglich er sofort mit einem für die damalige Zeit ungewöhnlichen zoologischen Scharfblick mit „einem See-Säugetier, das von den Spaniern in Amerika entdeckt und als Manatus bezeichnet wurde" – mit dem Manati also. Die Teilnehmer der Expedition waren als Schiffbrüchige gezwungen, viele Monate lang vom Fleisch der Riesenseekühe zu leben; aber sie vernichteten diesen offenbar letzten Bestand nicht. Das besorgten bald darauf Pelzjäger und Robbenschläger, die vom Tierreichtum des Beringmeeres angelockt waren und dort alles abschlachteten, was sich irgendwie verwerten ließ.

Der amerikanische Steller-Biograph Leonard Stejneger schätzte den Gesamtbestand der Stellerschen Seekuh in ihrem letzten Rückzugsgebiet vor den Inseln des Beringmeeres auf etwa zweitausend Tiere. Doch schon dreißig Jahre nach Stellers Aufenthalt auf der Bering-Insel gab es keine einzige Riesenseekuh mehr. Die letzte Überlebende sah ein Pelzjäger, der die Insel etwa siebenundzwanzig Jahre nach Stellers Aufenthalt besucht hatte, und schlug sie sofort tot. Sämtliche Suchaktionen, die daraufhin unternommen wurden, blieben erfolglos. Die Riesenseekuh schien endgültig von der Erde getilgt zu sein, bis im Jahre 1979 in der sowjetischen Fachpresse eine Meldung erschien, nach der sowjetische Forscher dieses Tier wieder gesichtet haben sollen. Auf weitere Nachrichten über dieses Riesentier darf man nun jedenfalls gespannt sein.

Über die Seeschlange haben aber auch die Expeditionen und ozeanographischen Untersuchungen der Neuzeit keine Aufklärung bringen können. Die Seeschlange wurde allerdings nicht ausgerottet; sie hat bis heute die Zeiten überdauert – zumindest in der Phantasie der Menschen. Sind die zahllosen Beobachter des Fabeltieres durch Schulen hintereinander schwimmender Wale oder Delphine getäuscht worden? Haben sie riesige Aale mit einer mähnenartigen Rückenflosse gesehen? Existieren noch unbekannte Riesenhaie oder Riesenrobben, überlebende Plesio- oder Mosasaurier in irgendwelchen fernen Meereswinkeln? Oder hat es sich in allen überlieferten Fällen lediglich um gewaltige Massen treibenden, von den Wellen bewegten Seetangs gehandelt? Wir wissen es nicht; wir sind in der Beantwortung dieser Frage heute noch nicht weiter als in den Tagen des Olaus Magnus.

ZWEITER TEIL

DIE GROSSEN REISEN

Schatzkammern der Natur

Ein weiter Weg führt von dem fleißigen, säuberlich ordnenden und registrierenden Zürcher Stubengelehrten und Stadtarzt Konrad Gesner, der als erster die Fülle in der Natur zu bändigen und streng zu gliedern versuchte, zu dem ebenso fleißigen, scharf und kühn nachdenkenden englischen Weltreisenden und Privatgelehrten Charles Darwin, der dann wirklich die Zusammenhänge in der Natur erfaßte und die großen Fragen nach dem Woher, Wie und Warum beantworten konnte. Markiert ist dieser Weg durch zahllose Reisende, die in exotischen Ländern gründlich Umschau hielten, durch zahllose Sammler, die ihr Geld für die Errichtung von Museen und Naturalienkabinetten ausgaben, durch zahllose Autoren, die die gesammelten Schätze beschrieben und abbildeten, und durch einige Systematiker, die ihnen Rang und Namen verliehen.

Die ersten Tiersammlungen und Herbarien im heutigen Sinne legte bereits Gesners Zeitgenosse, der große Renaissance-Naturalist Ulisse Aldrovandi aus Bologna, an. Kaiser Rudolf II. von Habsburg folgte seinem Beispiel; neuentdeckte Papageien aus Amerika, Afrika und Indonesien, Bälge der geheimnisvollen Paradiesvögel und eine Dronte befanden sich in seinem Besitz. Ein Ereignis war es, als holländische Gewürzhändler im Jahre 1597

Der Kasuar in Kaiser Rudolfs Menagerie.

von den Molukken einen lebenden Kasuar mitbrachten, einen straußenähnlichen Vogel mit einem Helm auf dem Kopf und roten Klunkern am Hals – die erste Botschaft aus der noch unbekannten australischen Tierregion. Der Kasuar hatte schon mehrere Menagerien passiert, ehe Kaiser Rudolf ihn als Geschenk erhielt. Und ein kluger belgischer Naturforscher, Charles de l'Escluse mit Namen, der als Carolus Clusius in die Geschichte der Biologie eingegangen ist und vierzehn Jahre am Hof zu Wien verbracht hatte, konnte den Kasuar (und auch die Dronte, die Papageien und Paradiesvögel, die ersten Pinguine und Polartaucher) dort studieren und der Weltöffentlichkeit vorstellen.

Clusius hatte noch eine weitere Sensation parat: Ein holländischer Seefahrer erzählte ihm, es gebe in Afrika an der Guineaküste gigantische Lehmhügel, in denen es von weißlichen ameisenähnlichen Tieren wimmle. Damit waren die Termiten entdeckt. Im Jahre 1781 lieferte dann der Forschungsreisende Henry Smeathman in einem Brief an die Royal Society in London nähere Einzelheiten über die Riesenbauten der „Weißen Ameisen", wie er sie nannte. Erstaunlicherweise aber vergingen nach Clusius' Tod noch dreihundert Jahre, bis das erste gründliche und sachlich zutreffende Buch über diese interessantesten aller staatenbildenden Insekten herauskam. Der Verfasser sei genannt: Er hieß Karl Escherich und war Forstmann.

Um die Mitte des siebzehnten Jahrhunderts stieß dann ein Abenteurer und Glücksritter, dem die Zoologen unzählige „Amboinsche Raritäten" verdanken, das Tor zu einer neuen Welt auf. Dieser Georg Eberhard Rumpf (oder Rumphius, wie er sich später schrieb) war als Gymnasiast von einem obskuren Grafen Solms-Greiffenstein regelrecht gekidnappt und an die holländischen Truppen in Brasilien verkauft worden. Er geriet in portugiesische Gefangenschaft, kehrte drei Jahre darauf in die Heimat zurück, hatte aber schon so viel vom Abenteuer geschmeckt, daß er als Fähnrich in die Dienste der Holländisch-Ostindischen Kompanie trat. Auf der Molukkeninsel Amboina kämpfte er gegen eingeborene Rebellen, wurde vom Generalgouverneur gefördert und konnte sich schließlich zum Wirtschaftsdirektor der Halbinsel Hitoe aufschwingen. Von diesem Augenblick an verwandelte er sich von einem Konquistador in einen Naturforscher.

Vier Jahre lang beobachtete er die Tier- und Pflanzenwelt der Kleinen Sundainseln, jener hochinteressanten Erdregion, die die Brücke zwischen Asien und Australien schlägt. Er legte Herbarien und zoologische Sammlungen an, zeichnete Pagoden-, Kreisel- und Porzellanschnecken, Riesenmuscheln und Posthorn-Tintenfische und notierte sich, was die Malaien auf ihren Bootsfahrten mitbrachten: die Wassertiere, die „eßbaren Schwalbennester", die Vögel. Dann aber sah er nichts mehr; der Schwarze Star hatte ihn mit Blindheit geschlagen. Doch er fand noch die innere Kraft, seinem

Sohn das Gesehene zu diktieren und fünf umfangreiche Bände über Amboinas Naturgeschichte und Naturprodukte abzuschließen. Diese Bände sind bis heute eine wahre Fundgrube für den Naturhistoriker. Drei Tiere vor allem kommen in ihnen zum ersten Male vor, die von ganz außerordentlicher Bedeutung sind: der Salangan, der Nautilus und der Molukkenkrebs.

Der Salangan ist jener südasiatische Segler, dessen aus Speichel erbaute Nester „von den Klippen abgerissen, in China und Indien für teures Geld gekauft, in Hühner- und Hammelbrühe gekocht und von Feinschmeckern allen übrigen Gaumenreizen vorgezogen werden". Der Nautilus, das Perlboot, ist ein in einer Art Schneckenschale steckender Tintenfisch, der letzte überlebende Vertreter eines Geschlechtes schalentragender Kopffüßer, das zur Saurierzeit in hoher Blüte stand. Rumpf konnte beobachten, daß die hinteren Kammern der Nautilus-Schale mit Gas gefüllt sind und daß die Tiere, „auf solche Weise in der Schwebe gehalten, mit ausgebreiteten Tentakeln auf- und abtauchen, rückwärts schwimmen und sich, sobald nach einem Sturm die Wogen ruhiger werden, truppweise zusammenscharen". Heute nehmen wir an, daß auch die gewaltigen Ammoniten des Erdmittelalters Gaskammern besessen und sich mit ähnlicher Technik im Wasser bewegt haben.

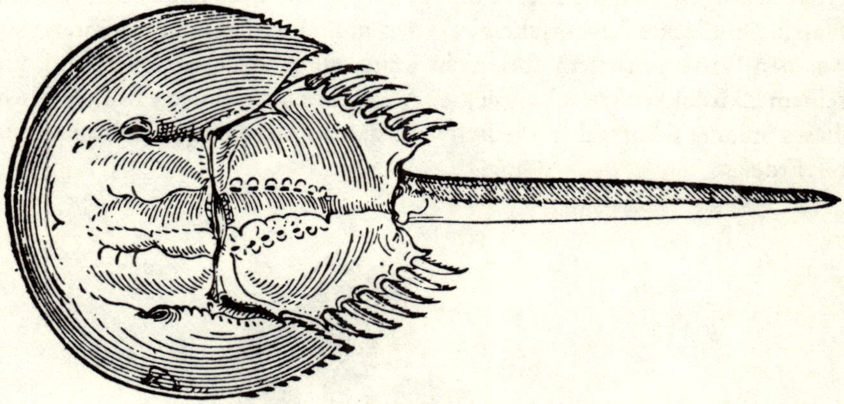

Die große Entdeckung des Georg Eberhard Rumpf – der archaische Molukkenkrebs, von Clusius gezeichnet.

Der Molukkenkrebs schließlich verdient als ein Paradetier der Evolutionslehre eine besondere Herausstellung: Einst im Erdaltertum, vor fünf- bis sechshundert Millionen Jahren, existierten in allen Meeren gepanzerte, mit einem Schwanzstachel ausgestattete Lebewesen, die bei oberflächlicher

Betrachtung wie Mitteldinge zwischen Krebsen und Muscheln aussahen. Man ordnete diese Schwertschwänze, Hüftmünder oder Seeskorpione bei den verschiedensten Tiergruppen ein – bei Krebsen, Raupen, Asseln und Insekten –, bis man schließlich herausbekam, daß sie schon zu einer Zeit gelebt haben, als es die meisten dieser Tiere noch gar nicht gab. Heute wissen wir, daß sie altehrwürdige Verwandte der Spinnentiere sind, obwohl sie gar nicht so aussehen. Im Erdmittelalter waren die meisten dieser Panzertiere bereits ausgestorben. Aber nicht alle. Denn in der Jurazeit, in der Epoche der Ammoniten, der Riesensaurier und der ersten Ur-Vögel, lebte ein gepanzertes und mit einem Pfeilschwanz versehenes Tier, schlammwühlend und auf dem Rücken schwimmend, nicht Krebs und nicht Spinne, am Meeresstrand – der „Seraphim", wie er von den Steinhauern seiner flügelartigen Scheren wegen, der *Limulus,* wie er von den Wissenschaftlern seiner schielenden Augen wegen genannt wurde.

Um es kurz zu machen: Auch der Molukkenkrebs des Georg Eberhard Rumpf ist ein *Limulus,* ein Pfeilschwanzkrebs, ein unmittelbarer Abkömmling der archaischen Schwertschwänze. Er ist einen halben Meter lang, gleicht ansonsten seinen oben beschriebenen Verwandten aus der Jurazeit, ernährt sich von Würmern, die er mit den Zangen seiner vielen Beine aus dem Schlamm holt, und hat, was bei so einem alten Geschlecht Ehrensache ist, buchstäblich blaues Blut. Es gibt übrigens noch eine zweite und ungleich häufigere Art, die bereits im Jahre 1590 von dem Engländer Thomas Harriot entdeckte „Königskrabbe" der nordamerikanischen Küsten. Sie war den Wissenschaftlern aber nicht weiter aufgefallen, bis Rumphius mit seinem „Molukkenkrebs" anrückte. Abgesehen von einigen Muscheln ist dieses Spinnentier mit dem Pfeilschwanz das älteste lebende Fossil auf unserer Erde.

Zu diesem von Gesner abgebildeten Untier stand ein getrockneter und kunstvoll präparierter Rochen Modell.

Als seine Entdeckung an die Öffentlichkeit gelangte, hatte der englische Methodiker John Ray schon längst den ersten Versuch einer Klassifizierung der Tierwelt beendet. In den holländischen Schatzkammern der Natur, die Männer wie Albertus Seba und Frederik Ruysch eingerichtet hatten, häuften sich Knochen, Tierfelle, Vogelbälge, getrocknete Fische, Schlangen und Frösche in Malzwein. In den Menagerien des Prinzen von Oranien und des englischen Gesandten George Clifford flatterten exotische Vögel, brüllten Tiger und stolzierten Gazellen auf dem Rasen herum. All das war freilich zunächst nur, nach den Worten des alten Gesner, „zur Augen- und Gemüths-Ergötzung" bestimmt, aber es diente dennoch der Forschung. Und in diesem holländischen Paradies der Naturforscher veröffentlichte Carolus Linnäus aus der schwedischen Kleinstadt Råshult, der spätere Archiater (königl. Leibarzt) und Vater der Pflanzen- und Tierkunde Carl von Linné, im Jahre 1735 sein „Systema naturae", das alle bekannten Lebewesen nach ihren Verwandtschaftsverhältnissen ordnete und jedes mit einem zweifachen wissenschaftlichen Namen versah. Damit hatten Zoologie wie Botanik endlich eine Basis erhalten, auf der sich weiterarbeiten ließ.

Im gleichen Holland erfanden kunstfertige Glasschleifer das Mikroskop. Der Pietist Jan Swammerdam sah unter der Linse „bloedeloose diertjens", winzige Lebensformen von unbekannter Art. Der Tuchhändler und Optiker Antony van Leeuwenhoek stellte fest, daß es Infusorien, Rädertierchen und Bakterien waren. Sein Assistent van Ham untersuchte menschliche Spermatozoen und hielt sie für Tiere, für „Samentierchen". Und sein Freund Regnier de Graaf tat als erster einen Blick durch das Vergrößerungsglas in den menschlichen Eierstock. Es wurde Modesache, mit Hilfe des Mikroskops in Regenwasser, Heubrühe, Fleischextrakt, Blut, Speichel und Essig nach „Aufgußtierchen" zu fahnden. Und achtzig Jahre nach Leeuwenhoeks Glücksfund erklärte in Paris der Graf Buffon, Intendant der Königlichen Gärten und Erster Naturforscher Frankreichs: „Ich vermute, daß man bei genauer Betrachtung der Natur Mittelwesen zwischen Tier und Pflanze entdecken wird, die zur Zusammensetzung beider etwas beigetragen haben, ferner andere Wesen, die sich noch nicht in Pflanzen- und Tierart fortpflanzen können, aber doch schon eine Art von Leben und Bewegung haben, und endlich noch einfachere Wesen, die lediglich erste Ansammlungen organischer Moleküle sind."

Damit trat die Evolutionstheorie auf den Plan, die Lehre von einer kontinuierlichen Entwicklung der Lebewesen über die Erdepochen hinweg, und mit ihr die paläontologische Forschung, die Suche nach Urtieren und Urpflanzen. Buffon war einer der ersten großen Paläontologen. Sein Nachfolger Georges Cuvier übertraf ihn darin noch. Aber ausgerechnet Cuvier war es, der die frühen Entwicklungstheorien seiner Landsleute Buffon, Lamarck und Geoffroy de Saint-Hilaire bereits im Keim erstickte. Er trat

Auch in der Blütezeit der großen Naturalienkabinette glaubte man noch an die hübsche Geschichte vom gierigen Vielfraß, der sich zwischen zwei Bäumen hindurchquetschen muß, um den Körper zu entleeren.

mit einer ganz anderen Vorstellung vom Werden der Erde und ihrer Geschöpfe an die Öffentlichkeit. Seiner Meinung nach war die Erde zwar uralt (in seinem Werk „Recherches sur les Ossements fossiles" stürzte er alle bisherigen Zeitbegriffe um), aber es hatte mehrere Schöpfungen, mehrere Lebewelten, mehrere in sich abgeschlossene Perioden auf ihr gegeben. Jede Periode hatte durch ein Kataklysma, durch eine alles Leben auslöschende Katastrophe, ihr Ende gefunden, worauf es wieder von neuem losgegangen war mit der Erschaffung einer anderen Formenwelt. Die Arten waren nach Cuvier unveränderlich. Und die Fossilien, die versteinerten Tier- und Pflanzenreste in den verschiedenen Erdschichten, repräsentierten nicht etwa Vorläufer oder frühe Verwandte der heutigen Sorten, sondern waren Dokumente versunkener Welten.

Durch Cuvier, so folgenschwer auch seine irrige Kataklysmentheorie war, erhielt das Gebäude der Zoologie sein Gerüst, seine Stützmauern. Er gliederte die Tiere nach ihrem anatomischen Bau, er öffnete den Weg in die Urzeit, er beschrieb packend die Ammoniten, Panzerfische, Saurier, Dinotherien, Riesenfaultiere und andere Ungeheuer aus grauer, nebelhafter Erdvergangenheit. Von der Suche nach noch lebenden unbekannten Tieren hielt er allerdings weit weniger als von der Suche nach Fossilien. Er meinte, auf

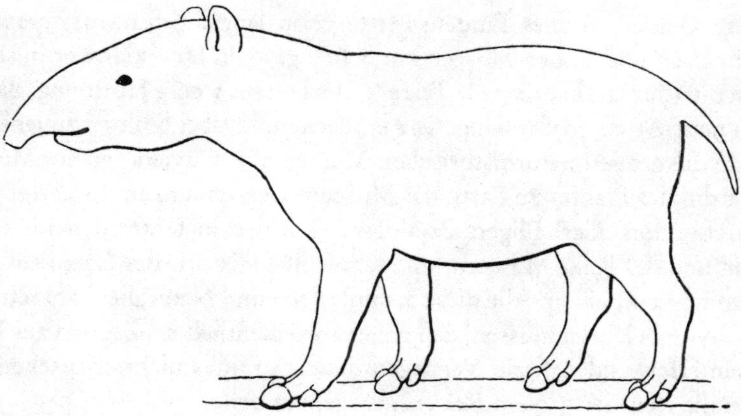

Auch dieses tapirähnliche Palaeotherium, das Cuvier aus den Tertiärschichten bei Paris zutage beförderte, änderte nichts an seiner Ansicht, daß es altweltliche Tapire unmöglich geben könne. (Originalzeichnung von Cuvier.)

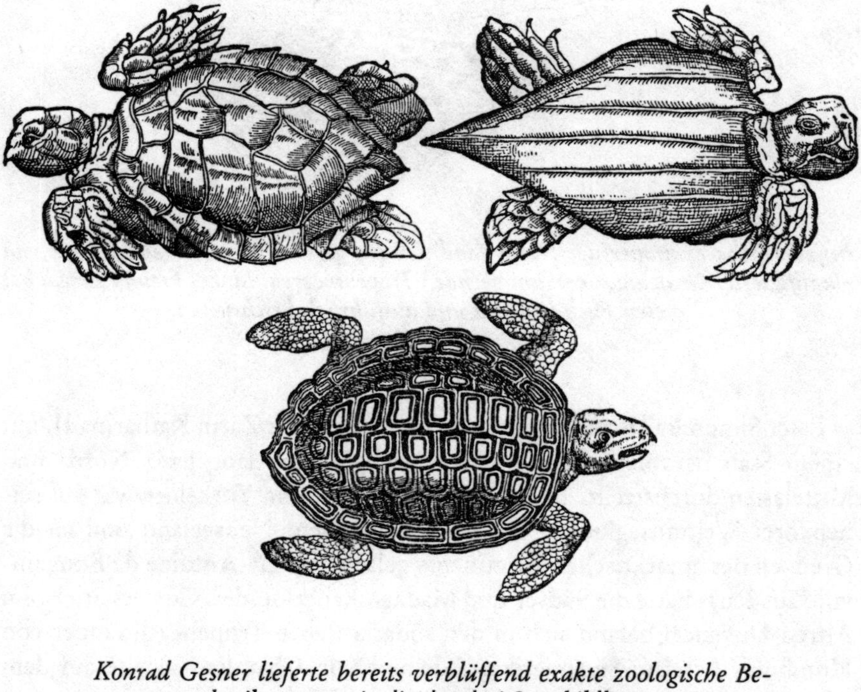

Konrad Gesner lieferte bereits verblüffend exakte zoologische Beschreibungen, wie die der drei Seeschildkröten.

diesem Gebiet sei alles Findenswerte schon längst gefunden, gesammelt, beschrieben und in den Museen zur Schau gestellt. So erklärte er in seinem „Discours sur la Théorie de la Terre“: „Es besteht wenig Hoffnung, daß wir noch neue Arten großer Säugetiere entdecken.“ Dabei blühten zu jener Zeit gerade die großen naturhistorischen Museen auf: Cuviers eigenes Museum im Jardin des Plantes zu Paris, das Museum Leverianum am Leicester Square zu London, Carl Illigers Zoologisches Museum Unter den Linden zu Berlin und das Rijks Museum van Natuurlijke Historie des Coenraad Jacob Temminck zu Leiden. Alle diese Sammlungen und Naturalienkabinette hätten Cuvier belehren müssen, daß nahezu wöchentlich neue Arten aus Übersee eintrafen und daß ein Versiegen dieses Stromes nicht abzusehen war. Denn die Zeit der großen Reisen war gekommen.

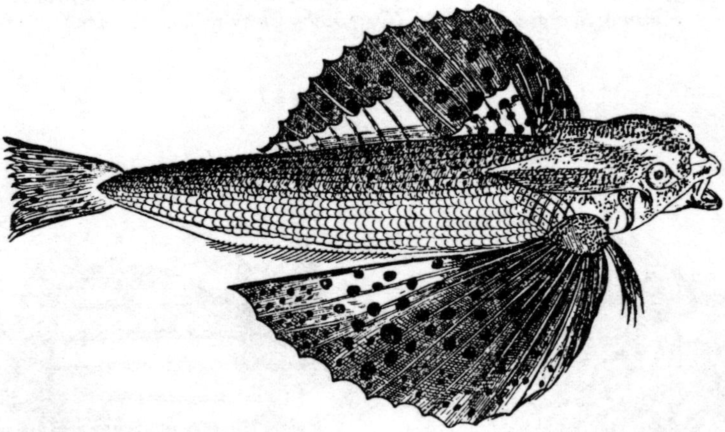

In jeder Schatzkammer der Natur fand sich ein getrockneter Fliegender Fisch, ein mumifizierter Gruß aus sonneflimmernden Tropenmeeren. Linnès Freund Artedi hat diesen Fisch benannt und ausführlich beschrieben.

Peter Simon Pallas aus Berlin hatte im Auftrag der Zarin Katharina II. mit einem Stab hervorragender Forscher sieben Jahre lang ganz Nord- und Mittelasien durchstreift. James Cook aus Marton in Yorkshire war auf seinen drei Weltumseglungen bis nach Australien, Neuseeland und an die Grenzen des antarktischen Kontinents gelangt. Louis-Antoine de Bougainville aus Paris hatte die Südsee und Madagaskar erkundet. Cuviers Stiefsohn Alfred Duvaucel befand sich in den südasiatischen Tropen. Alexander von Humboldt bereiste Südamerika. Adelbert von Chamisso segelte auf dem Schiff des russischen Naturforschers Otto von Kotzebue durch den Pazifik.

Überall drangen Wissenschaftler vor in die Eis- und Wasserwüsten, Urwälder, Steppen und Gebirge. Cuvier selbst mußte bis zu seinem Tode die Entdeckung von mindestens drei Dutzend Arten auffälliger Tiere erleben, darunter die der Brückenechse, des Schnabeltieres, des Ameisenigels, des australischen Koala, des Schwimmbeutlers, der Gürtelmaus, des Schabrakentapirs, des Breitmaulnashorns und mehrerer Affenarten. Kein Wunder, daß als erste der Thesen, die Cuvier aufgestellt hatte, die von der Unwahrscheinlichkeit neuer Tierfunde zu Fall kam.

Die zweite These, die von den diversen Schöpfungen und Erdkatastrophen, löschte der englische Geologe Charles Lyell aus. Er stellte im Jahre 1833 fest, daß es solche welterschütternden Katastrophen zu keiner Zeit in der Geschichte der Erde gegeben haben kann und daß unser Planet sein heutiges Gesicht in langsamem Werden unter der Einwirkung normaler Naturkräfte erhalten hat. Und die dritte These, die besagte, daß die Arten unveränderlich seien, eliminierte im Jahre 1859 der Verfasser des Buches „The origin of species", Charles Darwin. Auch die Tier- und Pflanzenwelt, so zeigte Darwin, hat ihr heutiges Gesicht in langsamem Werden erhalten, unter der Einwirkung normaler Umwelt- und Auslesekräfte. Dadurch gewann die Zoologie, die vordem nichts als Sammlung und Registrierung von Fakten gewesen war, erst ihr eigentliches historisches Fundament und ihren sinnvollen Zusammenhang mit den anderen Naturwissenschaften. Und von da ab konnte man auch darangehen, ausgestorbene und lebende Tiere zueinander in Beziehung zu bringen und eine Gruppe aus der anderen herzuleiten.

Ein Mann, der zur gleichen Zeit wie Darwin die gleiche Theorie entworfen hatte, der Landmesser, Schullehrer, Ingenieur und Tiersammler Alfred Russel Wallace aus Ush in Monmouthshire, ergänzte dieses moderne Entwicklungsbild noch durch eine sehr naheliegende Idee: Wenn das Tierreich sich allmählich aus Niederem zu Höherem heraufgebildet hat, dann kann auch die Verbreitung der Tiere auf der Oberfläche des Planeten Erde nicht immer die gleiche gewesen sein. Geologische Veränderungen, Hebung und Senkung von Land, Entstehung und Untergang von Kontinenten, Eiszeiten und Wüstenperioden, haben Tiere wandern lassen, haben ganze Gruppen isoliert, zu einer Sonderentwicklung gezwungen oder auf einer primitiven Stufe festgehalten. Die heutigen Verbreitungsbezirke der Tiere, ihre Verschiedenheiten und Übereinstimmungen, der stammesgeschichtliche Rang ihrer Bewohner, die Änderungen, die sich hier in den einzelnen Erdperioden vollzogen haben – dies alles gibt Aufschluß über die frühere Beschaffenheit der Erdrinde, über abgerissene Landbrücken, versunkene Festlandsblöcke, klimatische Verschiebungen und die jeweilige Verteilung von Wasser und Land.

Cuvier begründete die Paläontologie, Darwin die Abstammungslehre,

Wallace die Tiergeographie. Auf paläontologische, stammesgeschichtliche und tiergeographische Probleme werden wir im Verlauf unserer Untersuchungen ständig stoßen. Das Jahr 1859 hatte keineswegs alle Rätsel gelöst, alle Beziehungen festgelegt und alle Fragen beantwortet. Im Gegenteil – von nun an kamen die Dinge in Fluß.

Wundervögel aus dem Paradies

Am 8. September 1522 lief ein längst verloren geglaubtes Totenschiff den Hafen von Sevilla an, bemannt mit ausgemergelten, von Skorbut und übermenschlichen Strapazen gezeichneten Gestalten. Es trug seinen anspruchsvollen Namen „Victoria" zu Recht; denn es war das einzige noch übriggebliebene Schiff aus Magellans Flotte, das erste, das die Welt umsegelt hatte. An Bord hatte das Weltumseglerschiff „Victoria" neben einer wertvollen Gewürzladung, die allein die Kosten des ganzen Unternehmens wieder einbrachte, auch einige sehr bunte, prächtige federleichte Vogelbälge. Das Geheimnis dieser Vogelbälge erregte in der Folge die wissensdurstigen Gemüter mindestens ebenso wie die vollzogene Erdumrundung und wie das daraus resultierende Gewürzgeschäft mit den Fabelländern Insulindes.

Der Kapitän der „Victoria", Sebastian Delcano, hatte die zoologischen Raritäten vom Sultan von Batjan, einem Despoten auf den Molukken, zum Geschenk erhalten. Freilich stammten die Vögel nicht direkt von den Molukken, sondern von einer der vielen unbekannten Inseln in der Nähe der „Terra australis incognita", des geheimnisvollen und noch von keinem Menschenauge je gesehenen Südkontinents. Womöglich, so meinten einige phantasiebegabte Träumer, stammten sie sogar geradewegs aus dem Paradies. Seidig waren die Federn, lang und wie zerschlissene Fahnen; sie glühten in den unglaublichsten Farben. Und das größte aller Wunder war, daß die „Paradiesvögel", wie man sie nannte, kein Fleisch und keine Knochen zu haben schienen und noch nicht einmal Füße besaßen. Fortan war es einer der heißesten Wünsche aller Naturforscher und Naturfreunde, eine solche Sylphe in Händen zu halten oder gar an einer Reise in die Heimat dieser Luftgeschöpfe teilzunehmen.

Wir nüchternen Menschen des zwanzigsten Jahrhunderts führen die Präsente des Sultans von Batjan heute unter dem wissenschaftlichen Etikett *Paradisaea minor*. Wir wissen, daß diese Vögel in der Hauptsache goldgelb, hochorange, metallgrün, schneeweiß und kastanienbraun gefärbt sind. Papua-Paradiesvögel lautet ihre vulgäre Bezeichnung, Tsiankar heißt das seidenfedrige Geschöpf bei den Papuas. Es wohnt im Westen Neuguineas und ist noch nicht einmal der schönste und prachtvollste Paradiesvogel. Dennoch nimmt *Paradisaea minor* eine Sonderstellung unter seinen Familienangehörigen ein: Er wurde als erster entdeckt, ihm hängte man die Fabel vom fuß- und knochenlosen „Göttervogel" an, er gab den Anstoß zu einem zoologischen Fahndungsunternehmen ohne Beispiel, er rief einen hitzigen kolonialen Wettstreit ins Leben, und er hat, ahnungslos und unschuldig, den Tod mehrerer Forscher auf dem Gewissen.

Der Erfinder der Paradiesvogellegende scheint der spanische Naturhistoriker Francisco Lopez de Gomara gewesen zu sein. Als er die von Delcano mitgebrachten Bälge untersuchte, ahnte er nicht, daß die Eingeborenen sie auf geschickte Weise präpariert hatten; verblüfft stellte er das Fehlen der Füße und Knochen fest und urteilte dann kurz und bündig: „Wir sind der Ansicht, daß diese Vögel sich vom Tau und vom Nektar der Gewürzbäume ernähren. Aber wie dem auch sei, soviel steht jedenfalls fest, daß sie niemals verwesen." Andere Forscher meinten, die Fußlosigkeit der Paradiesvögel deute darauf hin, daß sie „alle Geschäfte fliegend vornehmen". Wieder andere vermuteten, die Wunderwesen hätten zumindest hie und da die Möglichkeit, sich an den fadenförmigen Schwanzfedern im Geäst aufzuhängen und so ein Ruhestündchen zu halten. Die poetischen Naturen unter den Zoologen schließlich bezeichneten die Sylphen schlicht und einfach als schwerelos, ätherisch in den Lüften lebende Geschöpfe, als „höhere Wesen, frei vom Zwang aller anderen Kreaturen, die Erde zu berühren".

Da half es nichts, daß Leute, die es wissen mußten, die Köpfe schüttelten und energisch widersprachen. Als Antonio Pigafetta, der Naturforscher der Magellan-Expedition und damit der kompetenteste Mann in allen Paradiesvogelfragen, ausdrücklich erklärte, es sei auf den Molukken üblich, solche Bälge zu verstümmeln und von allen Knochen zu befreien, erntete er nur ein nachsichtiges Lächeln. Die gelehrte Welt blieb bei ihrer Meinung, die

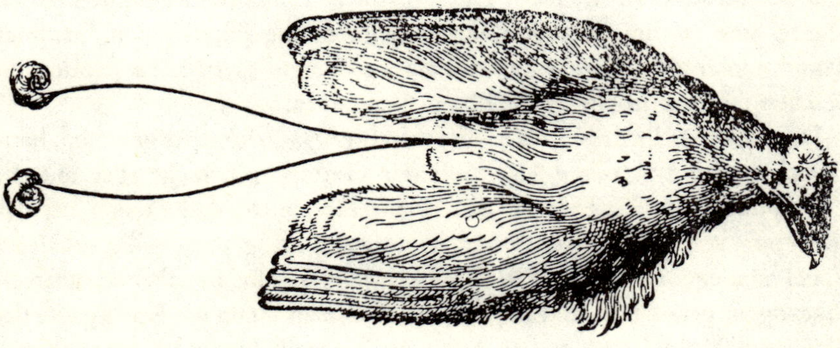

Die ätherische Sylphe des Francisco Lopez de Gomara.

Legende vervollkommnete sich, der Paradiesvogel wurde zur „Manucodiata", zum „Vogel Gottes, der den Krieger in der Schlacht vor Verwundung schützt", und sein Mythos ging ein in Gesners „Historia animalium" und in die anderen zoologischen Standardwerke jener Zeit. „Die Leut in den Inseln Molukkis", so lautet die Gesnerscher Version, „bezeugen, daß dis sehr schön vögelein, so nimmer weder auff die Erden noch ander Ding sitze, im Paradiß geboren seye."

Inzwischen hatten auch die Holländer und Portugiesen fuß- und knochenlose Göttervögelbälge aus Insulinde heimgebracht. Und schon begann sich die Haute Couture dafür zu interessieren. Verwegene Damen von Welt träumten davon, mit Paradiesvogelleichen auf dem Kopf spazierenzugehen, und die Modisten taten deshalb alles, um den Mythos vom schwerelosen Äthergeschöpf aufrechtzuerhalten. Aber gerade zu dieser Zeit erlitt die Legende ihren ersten Stoß. Carolus Clusius, Naturforscher am Hofe des Habsburgers Rudolf II., der Schilderer unzähliger neuer Vogelarten aus beiden Indien, übernahm im Jahre 1593 eine Professur an der kurz zuvor gegründeten Universität Leiden, die später weltberühmt werden sollte, und widmete sich dort der Aufgabe, „zu besorgen, einzuheimsen und aufzuschreiben, was die Schiffahrten der Holländer in fernen Gegenden des Südens an exotischen Dingen beachteten und mitbrachten". Und die interessantesten exotischen Dinge waren für ihn die Paradiesvögel, die er somit „passender und vollkommener" beschreiben konnte als alle seine Vorgänger.

Clusius hatte in Kaiser Rudolfs Tiersammlung bereits eine neue Art entdeckt: den zimtbraunen, goldübergossenen und grünkehligen Großen Paradiesvogel *(Paradisaea apoda)*. In Leiden fand er unter den Mitbringseln der holländischen Handelsschiffer eine weitere noch unbekannte Spezies: den feuerroten, goldgrün verzierten Königsparadiesvogel *(Cicinnurus regius)*. Er konnte auch in Erfahrung bringen, woher ein Großteil der Wundervögel stammte. Eingeborene Kaufleute von den Molukken erwarben die Bälge und Schmuckfedern in einem Lande namens Tanna-Besar, stellten daraus Mäntel und Waffenzierat her und belieferten die Fürsten von Insulinde damit. Unter dem Lande Tanna-Besar, so zeigte es sich, verstanden die Malaien die Aru-Inseln westlich von Neuguinea.

Der Leidener Professor wäre ein schlechter Naturforscher gewesen, hätte er sich nur mit Art und Herkunft der Göttervögel, nicht aber mit der Entlarvung ihrer Legende befaßt. Er merkte sofort, daß es sich bei den Souvenirs von den Gewürzinseln keineswegs um ganze, völlig erhaltene Vögel handelte. Es waren in Wirklichkeit nur Vogelhäute, aber so raffiniert abgezogen, geräuchert und zugerichtet, daß man ihnen die Kunstgriffe der Aru- und Molukken-Händler kaum noch ansah. Natürlich waren sie in lebendem Zustand von Fleisch und Blut, natürlich hatten sie Füße und

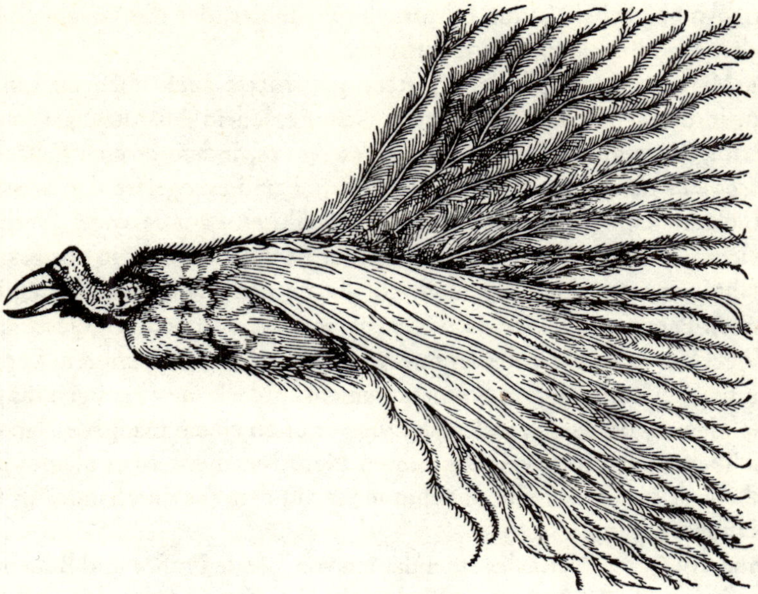

„Er behilft sich keiner andern Speiß dann des Himmelstaus“, erzählt Gesner vom Paradiesvogel, den er nach diesem präparierten Balg beschrieben hat.

Knochen besessen wie jeder andere Vogel auch. So meinte Clusius. Die Öffentlichkeit jedoch war anderer Meinung. Wir kennen ja die Geschichte: Je größer der Nimbus um eine Ware ist, desto mehr steigt sie im Preis. Die Schiffer, Händler und Modisten, denen die Sylphen von Tanna-Besar die Taschen füllten, waren ganz und gar nicht damit einverstanden, daß ihre „höheren Wesen“ zu normalen Vögeln, ja – o Graus! – zu Verwandten der Raben und Krähen degradiert werden sollten. Und da sie das Ohr der Öffentlichkeit besaßen, vergaß die Welt bald, was der geistvoll-skeptische Professor Clusius herausgefunden hatte.

Noch kein Naturforscher hatte bis dahin einen lebenden Paradiesvogel oder auch nur einen unverstümmelten Kadaver zu Gesicht bekommen. Es war schon, wie es in einem zeitgenössischen Bericht heißt, „ein gewaltiges Ereignis“, wenn einmal eine Handvoll Schmuckfedern oder eine abgezogene Haut der „Sylphe von Tanna-Besar“ in ein Kuriositätenkabinett gelangte. Denn neunundneunzig von hundert Paradiesvogelbälgen wanderten in die Modeindustrie. Der einzige Zoologe, der um 1700 mitten im Zentrum des Paradiesvogel-Exports lebte, der Entdecker des Molukkenkrebses, Georg Eberhard Rumpf, war erblindet und konnte somit über die Sylphen nur vom Hörensagen berichten. Obendrein ging ausgerechnet der fünfte Band seiner „Amboinsche Natuur-Historie“, gerade der, der die Vogelwelt behandelte, schon im Manuskript verloren.

Das Märchen vom fußlosen Göttervogel trotzte auch noch zu Linnés Zeiten, in der Hochblüte der Naturforschung, jedem Ausrottungsversuch mit Erfolg. Der große Linné selbst verewigte es, indem er eine Gattung *Manucodiata* nannte und der bekanntesten Paradiesvogelart den wissenschaftlichen Namen *Paradisaea apoda* (Fußloser Paradiesvogel) verlieh. Sein nicht minder bedeutender Widersacher Buffon tat noch ein übriges: Er übernahm um 1775 einen neuen, gleichfalls mit der Wahrheit auf Kriegsfuß stehenden Paradiesvogelbericht ungeprüft in seine vielbändige „Geschichte der Vögel“. Dieser Bericht stammte von dem schon im Lemuren-Kapitel genannten Reisenden Pierre Sonnerat, einem entdeckungsfreudigen jungen Manne, dem es bei seinen vielen Vorzügen nur an einem mangelte – an der Sachlichkeit und Ehrlichkeit des echten Naturforschers. Man mag es ihm verzeihen; er sympathisierte ohnehin mehr mit dem Gewürzhandel als mit der Naturforschung.

Sonnerat war der Neffe des Intendanten von Isle de France und Bourbon, zweier Inseln in der Nähe von Madagaskar, die heute Mauritius und Réunion heißen. Onkel Pierre Poivre, der Intendant, ein ehemaliger Missionar, Abenteurer und Muskatnußhändler, wollte auf seinen Inseln gern die gewinnbringenden Gewürzpflanzen des Molukken-Gebietes anbauen. Das war nicht ganz einfach, denn die Holländer wachten eifersüchtig über ihrem Gewürzmonopol und ließen kein Samenkorn aus dem Lande. Aber Poivre versuchte es. Er beorderte von 1769 bis 1772 heimlich mehrere Schiffe ins Paradiesvogelland, schickte den Neffen Sonnerat mit und gab ihm den Auftrag, Setzlinge der begehrten Pflanzen zu beschaffen. Sonnerat erfüllte den Auftrag zur Zufriedenheit des Onkels und sammelte nebenher auf den Gewürzinseln allerlei zoologische und botanische Kostbarkeiten für den Pflanzengarten des Grafen Buffon in Paris.

Im Verlauf seiner Fahndung nach Gewürznelken und Muskatnüssen nahm er Kontakt zu zwei malaiischen Fürsten auf: zu den Radschas von Salawati und Patani. Und da erging es ihm wie dem Weltumsegler Delcano. Die beiden Herren beluden seine Korvette mit Paradiesvogelbälgen von größtenteils noch unbekannter Art. Kostbarkeiten, wie der in Kupfer und Stahlblau schillernde Kragenparadiesvogel *(Lophorina superba)* und der in unbeschreiblichen Metalltönen gleißende Strahlenparadiesvogel *(Parotia sefilata)* befanden sich darunter. Sämtliche Bälge waren knochenlos, verstümmelt, ohne Füße. Wohl war Sonnerat Naturforscher genug, um nicht mehr an die Existenz eines fußlosen Gefiederten zu glauben, der im Himmel wohnt; der mittlerweile zweihundertfünfzig Jahre alten Sage vom nektartrinkenden Wundervogel Manucodiata aber verfiel auch er und gab ihr nur eine etwas rationalistischere Fassung.

Das neunzehnte Jahrhundert brach an, und noch immer wußten die Zoologen so gut wie nichts von den Göttervögeln. Zwar war die Heimat der Sylphen, die papuanische Inselwelt, längst auf jedem Atlas eingezeichnet, die Kolonialmächte traten in eifrigen Wettstreit, um sie zu okkupieren, aber die Vögel selbst entzogen sich erfolgreich den Blicken weißer Forscher. Da trat im Jahre 1820 ein Mann in Erscheinung, der alle Voraussetzungen mitbrachte, das Paradiesvogelgeheimnis endgültig zu entschleiern. Es war der reiche Amsterdamer Patriziersohn Coenraad Jacob Temminck, ein begeisterter Naturfreund, der unter Tieren aufgewachsen war und sich in den vorbildlich geleiteten holländischen Menagerien zu Hause fühlte. In jener Universitätsstadt Leiden, in der einst der Professor Clusius über die Mär vom Vogel Manucodiata gelächelt hatte, gründete Temminck ein Reichsmuseum für Naturgeschichte und faßte den Plan, die Elite des Zoologen-Nachwuchses in den indomalaiisch-papuanischen Raum zu entsenden und alles zu entdecken, was es dort zu entdecken gab.

Ein Großunternehmen war das, wie es die zoologische Forschung bis dahin noch nicht gekannt hatte. Temmincks junge Tiersammlergarde beschrieb den gespenstischen Koboldmaki mit den riesigen Nachtaugen; sie entdeckte die baumbewohnenden Beuteltiere Neuguineas, das mit einem kecken Rüssel versehene Nasenhörnchen, das schöne indonesische Banteng-Rind. Der holländische Museumsdirektor konnte in Leiden über die Tannenzapfengestalt der Schuppentiere nachgrübeln, über die Variabilität der Elefantenschädel und die Artenzahl der südasiatischen Hirsche. Ein höchst merkwürdiges Raubtier schickten ihm seine Dschungelwanderer: den Binturong, ein Tier, scheinbar halb Bär und halb Marder, mit einem Wickelschwanz ausgestattet. Temminck hielt den Binturong für einen Verwandten der Pandas und Wickelbären; heute wissen wir, daß der vermeintliche „Bärenmarder" in Wirklichkeit zu den Schleichkatzen gehört.

Alle diese Schätze hütete Coenraad Jakob Temminck eifersüchtig in den vielen Schränken und Glaskästen seines Museums. Er versiegelte jede Rarität in ihrem Schubfach, damit nur ja kein anderer Wissenschaftler sie ausspionieren und ihm mit der Beschreibung zuvorkommen konnte. Einsam, ein autokratischer Schatzmeister der Zoologie, lebte er sein Leben unter ausgestopften Tieren. Begierig wartete er auf Nachrichten aus dem Paradiesvogelland. Doch sie trafen nicht ein; seine jungen Zoologen von der „Naturkundlichen Kommission von Niederländisch-Indien" büßten ihren Wissensdurst noch vor Erreichung des Zieles fast ausnahmslos mit dem Tode.

Das erste Opfer, der Deutsche Heinrich Kuhl, war ein – nach Goethes Worten – „trefflicher Kenner der Fledermäuse". Zusammen mit den Holländern van Hasselt, Keultjes und van Raalten gründete Kuhl Ende 1820 die naturwissenschaftliche Station von Buitenzorg auf Java, die später das bedeutendste biologische Institut in Indonesien wurde. Allein im javanischen Dschungel sammelten Kuhl und seine drei Freunde rund achthundert neue Tierarten – ein seitdem wohl nie wieder erreichter Rekord! „Es vergeht kaum ein Tag", schrieb Kuhl bald nach Ankunft der Expedition an Temminck, „an dem wir keine neue Art entdecken; jede Gegend, jedes Gebirge bringt uns wieder neue Gebilde, und fast alles ist unbekannt in Europa." Doch ehe er sich noch aufmachen konnte nach Tanna-Besar, in die Heimat der Paradiesvögel, lag er, von einer Leberentzündung befallen, auf dem Totenbett. Kurze Zeit später erlagen auch Keultjes und van Hasselt dem Tropenklima.

Der Präparator Gerrit van Raalten blieb nicht lange allein in Buitenzorg. Temminck schickte neuen wissenschaftlichen Nachschub nach Java. Drei verschworene Freunde waren es: Heinrich Boie, Heinrich Christian Macklot und Salomon Müller. So sehr diese drei abenteuerlustigen Jünglinge aneinander hingen, so verschieden waren ihre Charaktere. Boie, Sohn eines Hainbunddichters und Zögling des Homer-Übersetzers Johann Heinrich Voß, war ein schwärmerischer Idealist. Macklot, Anatom und Physiker von Beruf, hatte die Statur und die Tollkühnheit eines Herkules. Der dritte im Bunde, der Heidelberger Sattlersohn und Tierausstopfer Salomon Müller, den Boie und Macklot zufällig in einer Kneipe kennengelernt und für die Expedition verpflichtet hatten, verkörperte den gesunden Menschenverstand. Mit van Raalten und zwei weiteren Hilfskräften namens Zippelius und van Oort wartete das Terzett auf eine Order der holländischen Regierung, die es ihm erlaubte, nun endlich Neuguinea und die papuanische Region zu betreten.

Diese Order traf am Silvestertag des Jahres 1827 ein, und zwar in Form eines Geheimerlasses. Holland hatte erfahren, daß sowohl die Engländer als auch die Franzosen im Paradiesvogelland Fuß fassen wollten. Französische Schiffe trieben sich in den papuanischen Gewässern herum – angeblich, um nach dem vor vierzig Jahren verschollenen Schiff des Entdeckers Jean François de La Pérouse zu suchen. Englische Schiffe taten das gleiche – angeblich, um Vermessungsarbeiten durchzuführen. Da konnten die Holländer nicht zurückstehen und rüsteten ebenfalls ein Schiff aus – angeblich, um Paradiesvögel zu erforschen. Boie erlebte diesen großen Augenblick nicht mehr; mitten aus dem Studium von Blumenpickern, Raupenfressern und anderen „allerliebsten Singvögeln" heraus hatte ihn der Tropentod geholt.

Vier Monate dauerte das papuanische Abenteuer der fünf Paradiesvogeljäger. Es brachte weder der holländischen Regierung noch dem Museumsdirektor Temminck den erhofften Erfolg. Fast die gesamte Schiffsbesatzung erkrankte, die Forscher Zippelius und van Raalten starben an Malaria, das im westlichen Neuguinea errichtete holländische Fort Du Bus mußte aufgegeben werden, und an Vogelsuche war unter diesen Umständen kaum zu denken. Gedrückt kehrten die Überlebenden nach Java zurück. Dort erfüllte sich das Schicksal ihres Oberhauptes: Als chinesische Aufrührer die Station Purwakarta überfielen und die dort aufbewahrten Sammlungen und Manuskripte der Kommission niederbrannten, warf sich ihnen Macklot ohne Waffen entgegen und wurde von Lanzenstichen buchstäblich durchlöchert.

Bis zu Temmincks Tode im Jahre 1858 arbeitete die Kommission, durch neue Männer aufgefrischt, noch in Indonesien. Es ist fast unnötig zu erwähnen, daß dabei vier weitere Forscher den Tod fanden. Übrig blieb allein der Sattlersohn Salomon Müller aus Heidelberg, der Entdecker der Baumkänguruhs und Kletterbeutler und der erste korrekte Beschreiber des Koboldmakis. Müller hatte schließlich auch das Glück, unverstümmelte Paradiesvögel zu erbeuten. Aber da war die Sache längst nicht mehr aktuell. Ein anderer Mann, ein Außenseiter, hatte die Paradiesvogelfrage inzwischen ohne viel Aufhebens geklärt.

Dieser Mann, der Schiffsapotheker René Primevère Lesson, gehörte zur Besatzung der französischen Fregatte „La Coquille“, die nach dem verschollenen Weltumsegler La Pérouse fahndete. Schon drei Jahre vor Müller und Macklot betrat Lesson neuguineischen Boden. Nach seiner Rückkehr veröffentlichte er ein amüsantes Buch unter dem Titel „Journal d'un voyage pittoresque autour du monde“. In diesem Buch konnten die Zoologen alles lesen, was sie über die Göttervögel wissen wollten. Nur dreizehn Tage hatte Lesson sich auf Neuguinea aufgehalten, aber er hatte die kurze Zeit gut genutzt. Als er den ersten Paradiesvogel durch die Bäume rauschen sah, war er von seiner Schönheit so beeindruckt, daß er es nicht übers Herz brachte, die Flinte anzulegen und zu schießen. Dafür studierte er die Rufe und Balztänze der Sylphen, die Fangmethoden, mit deren Hilfe die Papuas sie erbeuteten, und die Geheimnisse der Präparierung.

Ein ganz einfacher Trick war es, durch den die Eingeborenen einen bunten, rabenähnlichen Vogel in ein scheinbar schwereloses ätherisches Wesen verwandelten: Sie kerbten die dicke Haut an verschiedenen Stellen ein, streiften sie so ab, daß alle Federn in ihr haftenblieben, rieben sie mit Holzasche ein und spannten sie sofort auf ein rundes Stäbchen, damit der Vogel, fleisch- und knochenlos geworden, dennoch seine Form behielt. Dann trockneten sie den Balg über einem rauchenden Feuer, bis er hart und fest wurde und die Stäbchenspannung nicht mehr benötigte. Und fertig war die Sylphe.

Bei den großen Kult- und Tanzfesten der Papuas haben Bälge und Schmuckfedern von Paradiesvögeln (es gibt zwanzig Gattungen und vierzig Arten, von denen sich einige sogar kreuzen) schon immer eine hervorragende Rolle gespielt. Man trug sie nicht nur als Kopfputz bei festlichen Anlässen, sondern benutzte sie auch als Währung beim Kauf von Waren. Der

Besitzer besonders prächtiger Schmuckfedern genoß hohes Ansehen bei seinem Stamm und hatte auch die besten Aussichten, das Interesse heiratsfähiger Mädchen zu wecken.

Zur Balzzeit suchen die männlichen Paradiesvögel stets die gleichen Plätze auf, um dort ihr Prunkgefieder zu entfalten, Tänze aufzuführen und Weibchen anzulocken. Bei einigen Arten tanzen die Männchen auf dem Boden, bei anderen in Baumwipfeln, wo sie durch ständige Berührung die Zweige entblättern und regelrecht blankscheuern. Die papuanischen Paradiesvogeljäger merken sich diese Plätze und bauen sich in unmittelbarer Nachbarschaft ein Versteck, von dem aus sie die balzenden Vögel mit Pfeilen erlegen.

Die Wissenschaft verdankt diese Einzelheiten aus dem Leben der Paradiesvögel dem Engländer Alfred Russel Wallace, dem Gesinnungsfreund und Mitstreiter Charles Darwins. Von 1858 bis 1862 reiste Wallace kreuz und quer durch das nordwestliche Neuguinea, er erforschte die Aru-Inseln, beschrieb mehrere neue Göttervogelarten und kaufte schließlich in Singapur zwei junge, von Malaien gefangengehaltene Männchen des Papua-Paradiesvogels, die er zur Freude aller tierfreundlichen Engländer als erste ihrer Art glücklich in den Londoner Zoo überführte. „Die Empfindungen eines Naturforschers", schrieb Wallace nach seiner Heimkehr in einem klassisch gewordenen Buch über die australasiatische Welt, „der ein so lange ersehntes Lebewesen von so außerordentlicher Schönheit und Seltenheit endlich mit eigenen Augen sieht, bedürfen einer poetischen Ader, wenn sie vollkommen zum Ausdruck gelangen sollen. Ich befand mich auf einer fernen Insel, weitab von den Wegen der Handelsflotten; ich wanderte durch wilde üppige Tropenwälder, die sich weit nach allen Seiten hin ausbreiteten. Und hier, in dieser Welt, schaute ich den Paradiesvogel, den Inbegriff der Schönheit. Ich dachte an die langen vergangenen Zeiten, in denen Generation um Generation dieses Geschöpfs seine Entwicklung durchlaufen hat, in denen Jahr auf Jahr junge Paradiesvögel zur Welt gebracht wurden, aufwuchsen, lebten und starben – in dunklen, düsteren Wäldern, in denen kein intelligentes Auge ihre Lieblichkeit bemerkte. Und ich wunderte mich über diese üppige Verschwendung von Schönheit."

Diese Schönheit, so folgerte Wallace, kann nicht um des Menschen willen entstanden sein, sie muß ihren Selbstzweck haben. Aber welchen? Was nutzen dem Vogelmännchen seine Schillerfarben, seine Strahlenkronen, seine Hauben, Schleppen, Fächer und Diademe – alle diese „auserlesenen Schönheiten und Luxusbildungen", wie Wallace schreibt? Darwin fand die Erklärung: Auch Tiere haben ein „ästhetisches Empfinden". Das Vogelweibchen erwählt sich unter seinen vielen Bewerbern den jeweils schönsten, buntesten Mann, der seine Pracht auf diese Weise weiter fortpflanzen kann. Die männlichen Nachkommen werden noch schöner, noch bunter. Auch unter ihnen hält die nächste Weibchengeneration Schönheitsauslese. Und so hat sich, durch „geschlechtliche Zuchtwahl“, aus einem ursprünglich einfach braun gefärbten krähenähnlichen Vogel im Tierasyl Neuguinea der Göttervogel entwickelt, die Sylphe, der schönste Gefiederte auf unserer Erde. Kann es – so fragte Darwin sich – mit der Entwicklung des Menschen, der Menschenschönheit, nicht ähnlich gewesen sein? Er beantwortete diese Frage positiv; die Paradiesvogelforschungen des Alfred Russel Wallace gaben ihm den entscheidenden Impuls zu seinem berühmten Werk „Die Abstammung des Menschen und die geschlechtliche Zuchtwahl“.

Als die Heimat der Paradiesvögel nun endlich näher erforscht wurde, setzte – wie nicht anders zu erwarten – eine hemmungslose Ausplünderung der Bestände durch alle drei europäischen Nationen ein, die in Neuguinea Fuß gefaßt hatten. Im Westen jagten die Holländer, im Südosten die Engländer und im Nordosten die Deutschen. Allein in den ersten fünf Jahren der deutschen Kolonisation im nordöstlichen Neuguinea wurden dort rund fünfzigtausend Paradiesvögel abgeschossen und der Modeindustrie zugeführt. Nicht anders war es im holländischen und im englischen Teil der Insel.

Die nächsten Verwandten der Paradiesvögel, die Laubenvögel, besitzen zu ihrem Glück ein recht unscheinbares Gefieder. Sie tragen ihren Namen, weil einige Arten regelrechte „Liebeslauben“ bauen und sie sogar bemalen. Ein Verhalten ist dies, das „an Vielseitigkeit und Erlesenheit im gesamten Tierreich nicht seinesgleichen hat“, wie eine Erforscherin dieser Vögel, Evelyn Hutchinson, einmal gesagt hat. Die Laubenvögel leben gleichfalls in Neuguinea und außerdem in einigen Waldgebieten Australiens; da sie aber bei ihrer Balz nicht besondere Prachtfedern, sondern nur ihre Bauwerke zur Schau stellen, interessierten sich nicht die Modeschöpfer, sondern lediglich die Vogelkundler und die Verhaltensforscher für sie.

Der erste Forscher, der eine solche „Liebeslaube“ sah, war im Jahre 1893 John Gould, der Klassiker der australischen Zoologie. Vor allem hatte es ihm der Seidenlaubenvogel angetan. „Beim Durchstreifen des Zederngebüschs fand ich mehrere Lauben oder Spielplätze dieses Vogels“, erzählt Gould. „Dicht durchflochtenes Reisig bildet den Grund; von allen Seiten errichtet dann das Männchen aus dünnen, biegsamen Zweigen die eigentliche Laube. Die Spitzen und Gabeln der Zweige vereinigen sich oben zu einem regelrechten Dach; auf jeder Seite bleibt ein Eingang offen. Ihren besonderen Schmuck erhalten die Lauben dadurch, daß sie mit grellfarbenen Dingen aller Art verziert werden: mit Papageienfedern, Muschelschalen, Schneckenhäusern, bunten Steinchen und gebleichten Knochen.“

Gould konnte schon feststellen, daß es unter den Laubenvögeln die verschiedensten „Künstlergruppen“ gibt: Gärtner, Hüttenbauer, Schauspieler, Maler und „Tänzer um den Maibaum“. Viele legen nicht nur den Boden ihrer Liebeslaube mit farbigem Moos und hübschen Kieseln aus, sondern tapezieren auch die Wände mit Grashalmen oder Laub. Zwei Arten bemalen ihre Bauwerke sogar. Zu diesem Zweck tunkt das Männchen des Atlas-Laubenvogels einige Rindenstücke oder Teile von Blättern in eine rote oder tiefgrüne Speichelflüssigkeit, die es nach dem Verzehr bestimmter Beeren abgesondert und mit Holzkohle vermischt hat. Es verstreicht den Saft dann auf der Hüttentapete.

Sinn und Zweck eines solchen in der Vogelwelt einzigartigen „Kunstschaffens“ blieben bis in die neuere Zeit hinein dunkel. Der australische Vogelkundler A. J. Marshall kam als erster auf den Gedanken, das Malen könne vielleicht eine Abwandlung des bei Vögeln weit verbreiteten „Liebesfüttern“ sein. Das Männchen überträgt den ihm angeborenen Fütterungstrieb sozusagen symbolisch auf die Laube; es füttert anstelle des Weibchens den Liebesplatz, indem es ihn mit Farbe kennzeichnet und mit zerquetschten Früchten beschmiert. Tatsächlich finden sich an der bemalten Laubenwand stets klebrige Massen aus verspeicheltem Fruchtfleisch.

„Sobald das Männchen ein Weibchen erblickt“, berichtet der neuseeländische Verhaltensforscher John Warham von einer anderen Art, dem Kragenlaubenvogel, „pickt es mit einer blitzschnellen Bewegung ein Knöchelchen auf, hüpft steifbeinig zur Laube und gibt eine Balzvorstellung. Dabei hebt und senkt es den Kopf ruckweise und stößt kurze scharfe Schreie aus.“ Das Weibchen schaut fasziniert, aber doch etwas bänglich zu. Wütend schleudert das Männchen das Knöchelchen fort, packt statt dessen eine grüne Glasscherbe oder irgendeinen anderen Gegenstand, um das Weibchen endlich in die Laube zu locken. Nach vollzogener Paarung jedoch wird die bisher so Umworbene rücksichtslos an die frische Luft befördert.

Eine besondere Variante dieser Bau- und Schmuckkünste ist der „Tanz um den Maibaum“, den man bei den Gärtnervögeln Neuguineas bewundern kann. Der Gelbhaubengärtner entfernt sämtliche Pflanzen von seinem Tanzplatz; dann errichtet er in der Mitte dieses Platzes aus dürren Ästen ein kleines kunstfertiges Bäumchen. Das Gebilde ähnelt einem winzigen abgestorbenen Nadelholzbaum. Einige Arten von Gärtnervögeln erbauen sogar mehrere „Maibäume“ nebeneinander, vereinigen sie zu einer Art Turm, der bis zu einem Meter Höhe erreichen kann, und schmücken das Ganze mit Blüten, Beeren, bunten Blättern und schillernden Käferflügeln. Als der englische Vogelforscher Derek Goodwin einen solchen Super-Maibaum zum erstenmal sah, nannte er ihn „das schönste Bauwerk, das je von einem Vogel errichtet wurde“.

Die Evolutionsforscher von heute leiten die Laubenvögel von Paradiesvögeln ab, mit denen sie als „Arenavögel“ zu einer Vogelfamilie zusammengeschlossen wurden. Bei beiden, Paradiesvögeln und Laubenvögeln, richten die Männchen die Paarungsstätte her, locken die Weibchen in ihre „Arena“, haben aber sonst mit Nestbau und Kinderpflege nichts zu tun. Die Paradiesvögel stellen in der „Arena-Balz" ihr Prachtgefieder zur Schau, während die Laubenvögel statt dessen ihre Kunstwerke vorweisen. Infolge der ständigen „Damenwahl", die bei solchen Balzspielen stattfindet, konnte sich auf begrenztem Raum eine Artenfülle entwickeln wie kaum sonst in der Vogelwelt.

Um das Überleben der schlicht aussehenden, aber so vielseitig künstlerisch tätigen Laubenvögel hat man sich niemals Sorgen machen müssen. Dafür aber standen mehrere Arten von Paradiesvögeln infolge der hemmungslosen Gefiederjagd, die einem Goldrausch glich, zu Anfang des zwanzigsten Jahrhunderts dicht vor dem Aussterben. Deshalb stellte man im Jahre 1924 in allen drei Landesteilen Neuguineas die Paradiesvögel unter strengen Schutz. Sogar der Besitz lebender Paradiesvögel ist verboten; nur wissenschaftliche Institute und Tiergärten erhalten Ausnahmegenehmigungen. Paradiesvogelbälge sind dadurch völlig außer Mode gekommen und werden auf dem Hutmarkt nicht mehr notiert.

Die Irrtümer der Konqistadoren

Am 20. Oktober 1493 prägte der italienische Schriftsteller Pietro Martyr die Bezeichnung *Neue Welt* für jene „Indischen Lande", die Kolumbus zwei Jahre zuvor entdeckt hatte. Und da Martyr und seine Zeitgenossen in dieser Neuen Welt ein transozeanisches Gegenstück zur Alten Welt sahen und in den Indianern „Menschen, die in Aussehen, Farbe und Haarwuchs dem zu entsprechen scheinen, was man von den Bewohnern Indiens weiß", machten sich die Naturforscher über die Tierwelt Amerikas anfangs nicht viele Gedanken.

Die amerikanischen Vierfüßler und Vögel, so drückte es der englische Entdeckungsreisende Sir Walter Raleigh aus, seien wie die amerikanischen Menschen nichts als klimatische Abänderungen der ursprünglichen altweltlichen Formen. Eine simple und einleuchtende Erklärung war das; sie enthob die Kirchenschriftsteller obendrein der Sorge, den gewaltigen Zuwachs neuentdeckter Tierformen mit der schönen Legende von Noahs Arche in Einklang zu bringen. Vater Noah hatte eben lediglich die altweltlichen Tiere über die Sintflut gerettet; einige unter ihnen wanderten später in den neuen Erdteil aus und paßten sich den dortigen Verhältnissen an. Der Löwe wurde zum Puma, der Panther zum Jaguar, das Reh zum Pampashirsch und das Krokodil zum Kaiman. Und wo alt- und neuweltliche Formen sich nicht recht zusammenfügen wollten, da wandte man die Methode des Prokrustes an, um sie etwas gewaltsam in Übereinstimmung zu bringen. Der Tapir geisterte lange Zeit hindurch als „amerikanisches Nilpferd" durch die Reiseliteratur. Der große südamerikanische Ameisenfresser trägt noch heute den populären Namen „Ameisenbär". Den Sumpfbiber, ein Nagetier, bezeichnen die Kürschner nach wie vor hartnäckig als „Nutria", als Fischotter. Und den Bison haben die Indianerbücher wohl für alle Ewigkeit zum „Büffel" gestempelt.

Diese Degradierung der neuweltlichen Fauna, die altweltlicher Hochmut einst vornahm, muß nicht nur der Zoologe, sondern auch der Historiker als höchst ungerecht empfinden. Amerikanische Charaktertiere haben nämlich immer wieder entscheidende Rollen im großen Welt- und Naturgeschehen gespielt. Amerika ist die Urheimat des Pferdegeschlechts. Aus Amerika stammen Nutztiere wie Lama, Alpaka, Chinchilla, Meerschweinchen, Truthahn und Moschusente. Der Vogel Quetzal, das heilige Tier des Maya-Gottes Quetzalcoatl, der „Gefiederten Schlange", ging in die Religionsgeschichte ein. Amerikas Pelz- und Jagdtiere wie der Bison und der Kanadabiber waren Anlaß zu großen Kolonialkriegen und haben damit entscheidend in die amerikanische Politik eingegriffen. Amerikas Erde hat der Wissenschaft unzählige Saurier, Urvögel und Ursäuger geschenkt. Aus alten indianischen Chroniken geht hervor, daß die Inkas erst durch prächtige Papageienfedern verlockt wurden, die großen peruanischen Wälder aufzusuchen, urbar zu machen und zu besiedeln. Und schließlich – sogar die Entdeckung Amerikas wurde durch einen Vogelschwarm maßgeblich beeinflußt.

In der Nacht vom 6. zum 7. Oktober 1492, so wissen wir aus dem Bericht des Las Casas, gab es eine Auseinandersetzung zwischen Kolumbus und seinem Begleiter Martin Alonso Pinzón über den einzuschlagenden Kurs. Kolumbus wollte weiter nach Westen segeln – hätte er es getan, so wäre er in Nordamerika gelandet. Pinzón dagegen schlug „aus einer Eingebung heraus" vor, nach Südwesten zu drehen – in Richtung auf die Karibischen Inseln. Nun war Kolumbus zeitlebens kein Freund besserwisserischer Untergebener; er hätte sich zweifellos nicht im geringsten um Pinzóns „Eingebungen" gekümmert, wären nicht, wie Las Casas erzählt, „die ganze Nacht hindurch Schwärme von Papageien nach Südwesten geflogen". Das gab den Ausschlag.

Am 7. Oktober befahl Kolumbus die Kursänderung. „Niemals", so schreibt Alexander von Humboldt, „hat der Flug der Vögel gewichtigere Folgen gehabt. Er hat entschieden über die ersten Ansiedlungen im neuen Kontinent, über die ursprüngliche Verteilung romanischer und germanischer Menschenrassen."

Kolumbus hielt den Papageien die Treue. Schon von der ersten Entdeckungsfahrt brachte er Amazonenpapageien in großer Zahl nach Spanien

Papageienland Amerika. Als erste fanden Aras und Amazonenpapageien Eingang in die Werke der alten Naturhistoriker.

heim und veranstaltete in Barcelona sogar eine Prozession, um sie der staunenden Menge vorzuführen. Er wußte warum. „Wo es Papageien gibt“, erklärte er in entwaffnender Naivität dem Volk, „da gibt es auch Gold.“ Immer wieder tauchen deshalb die Papageien in seinen Briefen und Tagebüchern auf. So stellte er auf seiner zweiten Reise „mit großer Freude fest“, daß solche Vögel auch auf Trinidad existieren, „so groß wie Hähne, fast alle von roter Farbe, manche mit blauen Schwanzfedern, manche mit schwarzen“. Las Casas, entschieden skeptischer in bezug auf die Zusammenhänge zwischen Papageien und Gold, fügt an dieser Stelle übrigens hinzu: „Diese Papageien können noch nicht einmal sprechen; das einzige, woran man bei ihnen sein Vergnügen hat, ist ihr Anblick, ansonsten sind sie kümmerliche Tiere.“

Mit dieser Meinung freilich stand Las Casas ziemlich allein da. Die Entdeckung Amerikas rief eine regelrechte Hausse in Papageien ins Leben. Altweltliche Papageienvögel, Sittiche und Graupapageien vor allem, kannte man zwar schon seit der Antike; Alexander der Große hatte sie von Indien nach Griechenland gebracht, Plinius berichtet von ihrem Sprechvermögen, Ovid besang sie, zur Zeit der Kreuzzüge bevölkerten sie die Käfige der Fürsten, Ritter und Edeldamen. Aber alles, was Europa bisher an Papageien gesehen und erlebt hatte, verblaßte im Vergleich mit den grellbunten, prächtigen Aras und Amazonenpapageien, die jetzt aus der Neuen Welt eintrafen. Die Maler des sechzehnten Jahrhunderts belebten mit ihnen die paradiesischen Gefilde, die Medici und Fugger richteten luxuriöse Volieren für lebende Papageien ein, die Damen schmückten sich mit Papageienfedern, und auf den Speisekarten der Renaissance erschienen Papageienzungen und Papageienköpfe als besonders auserlesene Leckerbissen.

Der Papageien-Import bereitete den Konquistadoren keinerlei Schwierigkeiten; gezähmte Papageien trieben sich zu Hunderten in jeder Indianersiedlung herum „wie Hühner auf einem Bauernhof." Für jene Leute, die nach dem Vorbild des Kolumbus die Anwesenheit von Papageien mit dem Vorhandensein von Gold gleichsetzten, war das nicht immer angenehm. So mußte der Konquistador Alonso de Hojeda einmal in Panama, als er ein Karibendorf überrumpeln wollte, eine böse Schlappe einstecken: Die zahmen Papageien in den Baumwipfeln rund um das Dorf meldeten den Eingeborenen rechtzeitig das Herannahen der Spanier und gaben ihnen Gelegenheit, sich in den Hinterhalt zu legen und die bärtigen, Blitz und Donner speienden Fremdlinge mit einem Pfeilregen zu empfangen. Den bunten Aras von Panama gebührte also eigentlich der gleiche Ruhm wie den kapitolinischen Gänsen.

Gegenüber der Papageienliebhaberei geriet die Erforschung der übrigen südamerikanischen Tiere stark ins Hintertreffen. Schuld daran trug das Mißtrauen der spanischen Könige. Berichte über die Naturprodukte der „Indischen Lande", geschrieben von klugen Ärzten, Priestern und Offizieren, lagen oft generationenlang unausgewertet in der Bibliothek des Escorial, da man nicht wünschte, daß sie an die Öffentlichkeit gelangten und das Interesse der Konkurrenz wachriefen. Es war ein kleiner Trost für die Naturwissenschaft, daß es zumindest einige wenige Männer fertigbrachten, sich heimlich im Escorial Auszüge aus den vielen Manuskripten über die „Historia natural de las Indias" zu machen, sie geschickt zu verstecken und ins Ausland zu schmuggeln. Zu diesen Männern zählt neben dem Jesuiten Johann Eusebius Nieremberg und dem Dominikaner Francisco Ximenez auch ein ärztlicher Berater Philipps II. von Spanien, Antonio Recchi.

Einer der ersten Berichte stammt von einem Begleiter des Eroberers Cortez namens Bernal Diaz del Castillo. Die Tiere, die Castillo sah und beschrieb, lebten allerdings nicht in freier Wildbahn, sondern in einem der größten Zoologischen Gärten, die je bestanden haben: im Tierpark des Aztekenherrschers Montezuma. Dieser Tierpark war mit einer ausgedehnten Tempelanlage verbunden und scheint nahezu die gesamte mittelamerikanische Fauna beherbergt zu haben. Dreihundert Wärter waren allein mit der Pflege der Wasservögel, die auf zehn Teichen gehalten wurden, beschäftigt; ebenso viele mußten sich den Raubtieren widmen. Es gab im Tierpark des Montezuma „ein großartiges Vogelhaus, das jede Art von Schmuckvögeln enthält, die dieser Kontinent aufweist". Es gab lange Reihen von Wasserbehältern und mit Federn gefüllte Terrarien, wo „wilde Vipern und Giftschlangen mit ihrem Schwanz wie mit Kastagnetten klappern". Es gab ein „großes tempelartiges Gebäude, das die Tiere beherbergt, die man die tapferen Tiger nennt, und außerdem zwei Arten von Löwen". Fünfhundert Truthähne täglich ließ Montezuma allein für seine Raubvögel schlachten. Den

Katzen und Schlangen diente, wenn man Castillo glauben darf, außerdem noch Menschen- und Hundefleisch als Nahrung.

Für den spanischen Konquistador und Offizier des Hernando Cortez muß der recht modern eingerichtete Azteken-Zoo ein Ort des Grauens gewesen sein. Denn für Naturforschung und Tierhaltung hatte man im damaligen Spanien nicht das geringste Verständnis. „Diese Bestien und schrecklichen Reptilien", schreibt Castillo in sichtlicher Entrüstung, „wurden dort gefangengehalten, um ihren teuflischen Gottheiten Gesellschaft zu leisten. Wenn die Tiere brüllten und zischten, dann war der Palast wie die Hölle selbst!"

Interessant sind neben dem „seltsamen mexikanischen Bullen mit löwenartigem Haar, einem Kamelhöcker und gekrümmten Schultern" – dem Bison also – und den vielen Ziervögeln in Montezumas Volieren vor allem die Raubkatzen, von denen Castillo spricht. Die beiden Arten von „Löwen" lassen sich deuten; Puma und Jaguar werden damit gemeint sein. Aber es ist außerdem noch von einer dritten Großkatze die Rede – nicht nur bei Castillo, sondern auch bei anderen Konquistadoren, sogar bei Kolumbus selbst, der in einem Brief an den König von Spanien von einer „großen Katze mit einem Menschengesicht" spricht. Zu welcher Tierart sie zählt – wir wissen es nicht. Wir wissen noch nicht einmal, ob die Schilderungen des Christoph Kolumbus in allen Einzelheiten auf authentischen Tatsachen fußen; denn die Konquistadoren waren alles andere als korrekte Zoologen und Naturbeobachter.

Herzenfressender mythischer Jaguar auf einem Wandgemälde in Teotihuacan, einer Hochburg frühaztekischer Kultur in Mexiko.

Das gleiche Zwielicht herrscht auch in den fragmentarischen Tierberichten, die dann im Laufe des sechzehnten und siebzehnten Jahrhunderts die literarische Blockade durchbrachen und in römischen, deutschen und niederländischen Akademien zur Veröffentlichung gelangten. Ein spanischer Soldat in Peru, Pedro de Cieza, scheint um 1541 als erster Weißer die beiden südamerikanischen Wildkamele, Guanako und Vicuña, klar von ihren gezähmten Nachkommen, dem Lama und dem Alpaka, unterschieden zu haben. Der Historiker José d'Acosta, Provinzial des Jesuitenordens von Peru, bezeichnet die Lamas aber dreißig Jahre danach immer noch als „Schafe" und erzählt, daß die Inkas sie in Herden bis zu tausend Stück als Saumtiere übers Gebirge führen. In Acostas „Moral- und Naturgeschichte der Indischen Lande" taucht außerdem das Chinchilla, das Pelztier der Inkas, zum ersten Male auf – allerdings als „Hase". Pietro Martyr, der Propagandist der „Neuen Welt", scheint vom Manati, der karibischen Seekuh, etwas gehört zu haben, denn in seinen Schriften findet sich eine nette Geschichte von einem Indianerhäuptling auf Haiti, der zur Empörung der spanischen Priester eine „Seejungfer" besessen und in einem Teiche gepflegt haben soll. Mittelamerikanische Baumratten, vermutlich Angehörige der Gattung *Capromys*, sind wahrscheinlich schon um 1525 von einem Manne mit dem wohlklingenden Namen Gonzalo Fernandez de Oviedo y Valdez beobachtet worden; Oviedo nennt sie „Kaninchen". Diesem Oviedo gebührt schließlich auch der Ruhm, den *Perico ligero* entdeckt zu haben, das „flinke Peterchen", wie er spöttisch schreibt – das Faultier. „Es lebt von der Luft", heißt es in Oviedos Geschichtsbuch, „trägt ein Menschengesicht und ist das dümmste und unnützeste Tier, das ich bis zu dieser Stunde gesehen habe."

Einen einzigen Lichtblick nur gab es in diesem Nebel von Fabeln und Halbwahrheiten; ein einziger Mann brachte es fertig, die Tiere der Neuen Welt gewissenhaft zu schildern und abzubilden. Aber gerade sein siebzehnteiliges Manuskript über die Fauna Mexikos lagerte am längsten, streng behütet, im spanischen Königsschloß und wurde obendrein hundert Jahre nach der Niederschrift durch einen Brand vernichtet. Was wir von diesem Francisco Hernandez, dem Ersten Leibarzt Philipps II., kennen, das sind Auszüge, ungenaue Abschriften, Kompilationen. Aber schon diese Torsi erheben sich turmhoch über alles, was in den Tagen der Konquista sonst über Amerikas Tierwelt zusammengeschrieben wurde. Hernandez, der sich sieben Jahre, von 1570 bis 1577, in Mexiko aufgehalten hat, war bis gegen Ende des achtzehnten Jahrhunderts die einzige Autorität in allen Fragen des Tierlebens von Spanisch-Amerika, auf die Europas Wissenschaftler sich stützen konnten.

Wir finden bei ihm keine unklaren Löwen- und Tigerfabeln, sondern exakte Beschreibungen des Pumas und des Ozelots. Wir erfahren das Wichtigste über den Axolotl, den mexikanischen Wassermolch, über die stachlige Krötenechse und das giftige Gilatier. Waschbär und Katzenfrett, die Kleinbären Mittelamerikas, schildert er nach ihren auffälligen Merkmalen. Und aus dem Reich der Gefiederten entdeckte Hernandez so viele neue Arten – Tukane, Pauxi- und Hokkohühner, Quetzale, Hoatzins, Motmots –, daß ihre Aufzählung viele Seiten füllen würde. Noch im Jahre 1825 nannte Cuvier die erhaltengebliebenen Auszüge aus dem Manuskript des Hernandez „so ziemlich das einzige Werk über die mexikanische Naturgeschichte, das bis zum heutigen Tage erschienen ist".

Etwas besser war die Naturforschung daran, was die portugiesischen und holländischen Besitzungen in Südamerika betraf. Schon im Jahre 1636 hatte der Statthalter der Holländisch-Westindischen Kompagnie in Nordbrasilien, Graf Johann Moritz von Nassau, einen großen Stab von Wissenschaftlern ins Land gerufen. Er ließ sogar eine Anzahl brasilianischer Tiere einfangen, um den Forschern Gelegenheit zu geben, sie aus der Nähe zu beobachten. Einer seiner Zoologen, der blutjunge Georg Marcgraf aus Liebstadt bei Pirna, konnte so die erste Naturgeschichte Brasiliens schreiben. Marcgraf starb zwar schon im Alter von vierunddreißig Jahren an Gelbfieber, aber seine Notizen (übrigens in einer Geheimschrift abgefaßt) blieben erhalten und machten Europa mit dem Tapir, dem Nandu, dem Schlangenhalsvogel, dem Wehrvogel, dem Jabiru-Storch und den farbenglühenden Morpho-Schmetterlingen bekannt.

Der alte Gesner hatte diese einzigartige Quelle noch nicht zur Verfügung, denn Marcgraf wurde erst fünfzig Jahre nach dem Tode des fleißigen Zür-

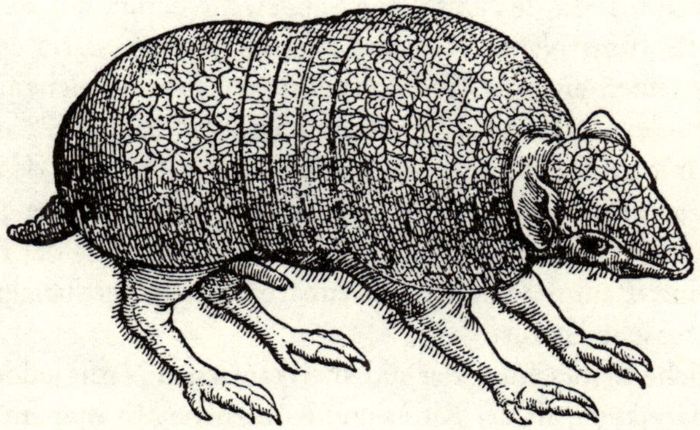

Gesners „wunder seltzam abentheurig frömbd thier auss der Insel Presilia": das Gürteltier. Die früheste Darstellung findet sich bei Carolus Clusius, der jedoch das Riesengürteltier – einen Koloß aus Südamerikas Urzeit – mit anderen Gürteltierarten zusammenwirft.

cher Stadtarztes geboren. Es ist darum nicht weiter verwunderlich, daß Gesners Naturgeschichte nur höchst lückenhafte Angaben über die amerikanische Fauna enthält, amüsante und ergötzliche Anekdoten zumeist, geschöpft aus den „schönen Jagdstückchen" der Konquistadorenzeit. Das Gürteltier, dieses „wunder seltzam abentheurig frömbd thier auss der Insel Presilia", trägt bei Gesner die Bezeichnung „Schaligel" und wird wie folgt beschrieben: „Es ist gantz bedeckt und bewaret mit einer harten Schalen wie ein Schildkrot, in welche es sich zücht wie der Igel in seine dörn. Es ist an der größe wie ein mittelmässiges kleins jungs Säulein, sol auch weyssen wie eine Sau." Das Meerschweinchen nennt er „Indianisch Kaninchen oder Säulein auss dem neuerfundnen land" und sagt von ihm lakonisch, es sei „ein überaus fruchtbar thier, dieweyl es acht oder neun Junge in einer geburt harfür gebiert" (in Wirklichkeit wirft das Meerschweinchen jeweils nur zwei Junge). Auch die Vampirsage findet bei Gesner zum ersten Male Erwähnung: „In Darienen, der landschaft des newen lands, worden die Hispanier in der nacht von den Flädermäussen geplaget. So sie in einen schlaffenden unversehens gebissen hatten, blutete er sich zu todt, dann man hat etliche von diesem schaden todt gefunden."

Man kann sich heute kaum mehr vorstellen, daß diese Angaben bis gegen Ende des achtzehnten Jahrhunderts der Weisheit letzter Schluß waren. Erst um 1780 untersuchte der italienische Jesuit Molina die Fauna Chiles; doch da er ganz im Banne der herrschenden Anschauung stand, derzufolge die amerikanischen Tiere nichts als Varietäten altweltlicher Arten waren, wurden bei ihm chilenische Vögel mit europäischen Vögeln und chilenische Chinchillas und Vizcachas mit europäischen Hasen in einen Topf geworfen. Zur gleichen Zeit aber beschäftigte sich ein Offizier der spanischen Armee in Paraguay, Don Felix de Azara, aus Langeweile damit, auf seinem öden Grenzposten Buffons Naturgeschichte zu lesen und die darin enthaltenen Angaben mit seinen eigenen Tierbeobachtungen zu vergleichen. Zwanzig Jahre lang studierte der Autodidakt Azara so die Säugetiere und Vögel Paraguays – mit größerem Erfolg als alle seine Vorgänger, denn für die Wissenschaft sprang dabei die Entdeckung der Agutis, Riesengürteltiere, Eyra-Katzen und Azara-Füchse und die genaue Schilderung der Brüllaffen, Wasserschweine, Baumstachler, Ameisenbären, Klapperschlangen, Kaimane und Hornfrösche heraus.

Die eigentliche Erforschung der südamerikanischen Natur jedoch begann erst am 15. März 1799, als der Ritter und Königliche Minister am Hofe von Aranjuez, d'Urquijo, beim spanischen König eine Bittschrift einreichte, des Inhalts, „daß dem Herrn Alexander von Humboldt erlaubt werde, sich nach Amerika zu begeben, um dort Untersuchungen und nützliche Entdekkungen, an denen ihm gelegen ist, vorzunehmen". Der König erteilte die Erlaubnis, und so brachen der deutsche Naturforscher Alexander von

Humboldt und der französische Botaniker Aimé Bonpland am 5. Juni 1799 zu einer fünfjährigen „Reise in die Äquinoktialgegenden" auf, die die beiden Forscher nach Mexiko, Venezuela, Kolumbien und Ekuador, ins Urwaldgebiet am Orinoko und auf den Gipfel des Chimborasso führen sollte.

Wie gering die Kenntnis der neuweltlichen Fauna zu Humboldts Zeit noch war, geht aus einem Brief hervor, den Humboldt von Amerika aus an seinen Bruder schrieb: „Wir sind hier von Tigern und Krokodilen umgeben, die sich gar nicht genieren und einen weißen oder schwarzen Mann für einen gleich guten Bissen halten." War nun der amerikanische „Tiger", der Jaguar, identisch mit dem afrikanischen Panther? Zählte das amerikanische „Krokodil", der Kaiman, zur gleichen Art wie das Nilkrokodil? „Ich kann es nicht entscheiden", schrieb Humboldt, „da in Europa die Charakteristika dieser Tiere noch nicht vollständig entworfen sind. Bisher hat noch kein Naturforscher die hiesigen Tierarten hinreichend bestimmt; und gleichwohl gehören sie zu den merkwürdigsten Tieren der Tropen."

Humboldt gelang es, unzählige Lebewesen der Anden und der großen Stromwälder richtig zu bestimmen und packend zu schildern: die Krallen- und Klammeraffen in den Baumkronen, unter denen er viele neue Arten entdeckte, die Faultiere im Laubwerk, die bis dahin immer noch als Kobolde mit grotesken Menschengesichtern die Naturgeschichtsbücher geziert hatten, die bunten Ara-Papageien, die riesigen amerikanischen Nachtschwalben, die Pfefferfresser, Königsgeier und Kondore. Er untersuchte die Kaimane und stellte drei Arten von ihnen auf. Er beobachtete das Leben der „Seejungfern", wie Pietro Martyr sie genannt hatte – der Manatis. Als erster Forscher sah er im Orinoko ein seltsames walähnliches Säugetier mit langer Schnauze – den Amazonas-Flußdelphin.

Damit war der Bann gebrochen. Nach der Befreiung Südamerikas von der Kolonialherrschaft erlebten die Dschungel, Stromufer und Gebirge der Neuen Welt eine wahre Invasion europäischer Naturforscher. Prinz Maximilian zu Wied-Neuwied, Besitzer einer der größten zoologischen Privatsammlungen im damaligen Deutschland, bereiste mit mehreren Wissenschaftlern drei Jahre lang das Innere von Brasilien und wurde der eigentliche Begründer der südamerikanischen Vogelkunde. Er erforschte das nächtliche Dasein der gewaltigen, urzeithaft wirkenden Riesengürteltiere und lauschte in der Tiefe der Wälder dem Geheul der Brüllaffen. Der Schweizer Johann Rudolf Rengger wandelte in Paraguay auf Azaras Spuren; sein Landsmann E. A. Goeldi widmete sich ein halbes Jahrhundert später am Amazonas dem Studium der Zigeunerhühner, Opossums und Krallenäffchen. Und der Engländer Charles Darwin, damals erst Mitte der Zwanziger und frisch der Universität entronnen, grub in Patagonien Knochen urzeitlicher Huf- und Faultiere aus, nahm die Tierwelt Feuerlands und der Galapagos-Inseln auf und notierte in sein Tagebuch, daß „die wunderbare Verwandtschaft zwischen den toten und lebendigen Tieren auf diesem Kontinent" mehr Licht auf das Erscheinen und Verschwinden der Geschöpfe werfe „als irgendeine andere Klasse von Tatsachen".

Jetzt erst, mehr als vierhundert Jahre nach der Entdeckung Amerikas, stellte es sich heraus, daß der südamerikanische Erdteil ein wahres Wunderland für den Zoologen war, ein Kontinent, der viele Jahrmillionen lang während des größten Teils der Tertiärzeit völlig isoliert im Ozean gelegen hatte und dessen Fauna keineswegs nur altweltliche Formen variierte. Im Gegenteil: Urtümliche und anderswo längst erloschene Tiergruppen schlugen hier, wie Wilhelm Bölsche es formulierte, „zu den verwunderlichsten Sprossen aus, und so entstand eine Welt, riesenhaft in Form wie Konsequenz, die uns heute wie eine Karikatur der Entwicklung anmutet".

Eine Welt, in der Lungenfische, Beutelratten und Ur-Insektenfresser leben, in der ein chinchillaartiges Nagetier noch in geologisch junger Zeit die Größe eines Ochsen erreicht hat, in der der Tapir, eines der ältesten und primitivsten Huftiere, in einer seit dem Mitteltertiär unveränderten Gestalt existiert und in der die Affen Krallen wie Eichhörnchen oder Wickelschwänze wie Chamäleons besitzen. Sehr extravagante Säugetiergestalten, wie sie sonst nirgendwo auf der Erde vorkommen, hat es in dieser Urwelt gegeben: nashorn- und elefantengroße Toxodonten, Pyrotherien, Macrauchenien, Megatherien und Glyptodonten. Wir wissen nicht, woher sie gekommen und welchen Weg sie gegangen sind. Aber einige Verwandte des ungeheuerlichen Megatheriums leben heute noch im gleichen Erdteil: die Ameisenbären und Faultiere.

Dieses merkwürdige Land hat also nicht nur – wie Australien oder Madagaskar – allerlei altertümliche Tiergestalten in unsere Gegenwart hineingerettet, es hat sich daneben auch eine eigene Tierschöpfung gegeben. Aber bei dieser Schöpfung ist es nicht geblieben. Gegen Ende des Tertiärs brachen von Nordamerika aus Wellen um Wellen moderner Tierformen in das Robinsondasein des isolierten Kontinents ein. Hunde und Katzen, Waschbären und Stinktiere, Hirsche, Lamas und Nabelschweine eroberten sich ihren Platz unter den von der Zeit vergessenen Opossums, Faultieren, Gürteltieren und Klammeraffen. Sie konnten sich behaupten; übrig blieben von der archaischen Eigenschöpfung zum Schluß nur noch letzte Trümmer. So ist Südamerikas Fauna heute wohl das kurioseste Gemisch uralter, extravaganter und neuzeitlicher Lebewesen, das sich denken läßt.

Eine andere Merkwürdigkeit – so zeigten die Forschungsergebnisse der letzten Jahrzehnte – teilt Südamerika mit Innerafrika: Die Geschichte der Tierentdeckungen ist noch längst nicht zum Abschluß gelangt. Tiere, von deren Existenz Humboldt, Darwin und der Prinz zu Wied nie etwas geahnt haben, von denen einige aber vielleicht schon in Montezumas Tierpark gehegt worden sind, tauchten in junger und jüngster Zeit aus dem Dunkel:

Riesentapire, seltsame Nagetiere, urtümliche Opossummäuse. Andere Tierarten kennt man nur aus Museen und zoologischen Gärten; man weiß nicht, wo sie beheimatet sind, und hat sie noch nie in Freiheit beobachtet. Südamerika kann also noch mit mancherlei Überraschungen aufwarten.

Mit der prähistorischen Tierwanderung aus Nordamerika kamen auch die schönen Seiden- und Cocoi-Reiher nach Südamerika.

Die erste dieser Überraschungen erlebte im Jahre 1824 der Amerikaner Richard Harlan, Zoologieprofessor an der Universität von Philadelphia, als er bei Mendoza im westlichen Argentinien ein winziges Gürteltier von verblüffender Maulwurfgestalt aus der Erde grub. Kein Eingeborener hatte diese Gürtelmaus je gesehen; niemand auf der Welt ahnte, daß die gepanzerten Verwandten der Faultiere und Ameisenbären nicht nur einen anderthalb Meter langen Riesen, sondern auch einen kaum handgroßen Zwerg in ihren Reihen hatten. Harlan verlieh dem Tierchen den Namen Gürtelmull *(Chlamydophorus truncatus)*. Aber damit noch nicht genug: Fünfunddreißig Jahre später zog der Zoologe Hermann Burmeister, der spätere Begründer des Naturhistorischen Museums in Buenos Aires, auf einer von Europäern noch nie betretenen Route über die Anden und fand in Bolivien eine zweite Gürtelmull-Art, die *Burmeisteria retusa* – freilich als Mumie in der Hand eines Indios. Auch in Bolivien wußte außer dem stolzen Besitzer der Mumie kein Mensch, daß es ein solches Tier gab. Erst die Nachfrage der Naturforscher veranlaßte die Bewohner, genauer nach dem Gürtelmäuschen Ausschau zu halten und ihm einen Namen zu geben. Und da Burmeister als Hauptkennzeichen des gesuchten Geschöpfes den spitzenartig geränderten Panzer angegeben hatte, heißt das Tier im Andengebiet noch heute „Juan calado", Hänschen mit dem Spitzenbesatz".

Mindestens ebenso überrascht wie sein Landsmann Harlan war der Leiter des Smithsonian-Instituts zu Washington, Spencer Fullerton Baird, als er um 1860 von der Existenz eines riesigen dunkelbraunen Tapirs in den mittelamerikanischen Bergwäldern erfuhr. Baird hatte den gigantischen Plan gefaßt, eine Generalbestandsaufnahme aller nordamerikanischen Säugetiere und Vögel vorzunehmen, um festzustellen, inwieweit Umweltfaktoren einen Einfluß auf die Arten- und Varietätenbildung ausüben. Und so sandte er gutausgerüstete Expeditionen bis hinauf nach Alaska und bis hinunter zur Landenge von Panama. Eine dieser Expeditionen brachte aus Costa Rica einen sehr großen dunklen Tapir mit weißer Kehle heim, ein unbekanntes Tier, das sich auch im Bau des Rüssels und der Nasenknochen auffällig sowohl vom Urwaldtapir Brasiliens als auch vom Bergtapir des Andengebietes unterschied. Ein Mr. Dow schickte bald darauf eine zweite Riesentapir-Art aus Panama. Beide, der Baird-Tapir und der Dow-Tapir, gelten heute als geographische Rassen einer Art, des Baird-Tapirs. Von seinem Freileben weiß man noch so gut wie nichts; in einem europäischen Zoo ist ein Riesentapir nie angelangt.

Die Geschichte der dritten Neuentdeckung beginnt in Polen, auf den Gütern des reichen, naturkundlich sehr interessierten Grafen Branicki. Der Graf, ein Förderer und Mäzen des Warschauer Museums, schulte dort eine Reihe von Sammelreisenden und entsandte sie nach Übersee, um die zoologischen Schätze Polens zu ergänzen. Einer der Sammler, Constantin Jelski mit Namen, sah eines Tages im Jahre 1873 auf dem Hofe der Hazienda Amablo Maria bei Vitoc in Peru ein eigenartiges foxterriergroßes Tier, düster schwarzbraun mit weißen Fleckenreihen und einem gewaltigen Schnurrbart, das ohne Scheu bei hellem Morgenlicht mitten zwischen den Menschen herumlief. Niemand kannte das Rätselwesen. Jelski näherte sich ihm, zog den Säbel und tötete es durch zwei Hiebe auf den Kopf. Dann schickte er Fell und Schädel an den Konservator Taczanowski vom Warschauer Museum, mit dem Bemerken, es handle sich um eine noch unbekannte geschwänzte Paka, eine „falsche Paka" gleichsam – eine „Pakarana", wie es auf spanisch heißt.

Nun ist die Paka – das wußte man in Warschau ebensogut wie in Peru – ein dreiviertelmeterlanges und bis zu neun Kilogramm schweres Nagetier, das über fast ganz Südamerika verbreitet ist und in die Verwandtschaft der Meerschweinchen und Agutis gehört. Gerade der Konservator Taczanowski war für Pakas besonders zuständig, denn ein zweiter Sammelreisender des Grafen Branicki hatte soeben festgestellt, daß es neben der gewöhnlichen Paka auch eine Hochgebirgsform gab. Aber beide Pakas haben nur einen Stummelschwanz, ihre Füße tragen je fünf Zehen, ihr Fell ist dünn und borstig, und ihre Schnurrhaare reichen höchstens bis zu den Backentaschen. Die „falsche Paka" des Constantin Jelski dagegen besaß einen großen, dichtbehaarten Schwanz, vier Zehen an jedem Fuß, ein rauhes langes Fell und mächtige weiße Schnurrhaare, die bis zu den Schultern reichten. Außerdem schien sie – was kein Angehöriger der Aguti-Familie tut – mit ihrer nackten Sohle der ganzen Länge nach aufzutreten.

Jahrzehnte vergingen. Jelskis Pakarana blieb die einzige, die in die Hände der Wissenschaft geriet. Schon hielt man das Tier für ausgestorben, schon glaubte man, der polnische Sammler habe mit seinen Säbelhieben womöglich den letzten Überlebenden einer längst vergangenen Tierform erschlagen, da traf im Jahre 1904 bei dem schweizerischen Zoologen Goeldi, dem Leiter des Museums von Pará in Brasilien, eine Kiste mit zwei lebenden Tieren ein. Goeldi traute seinen Augen nicht – es war eine Pakarana-Mutter mit einem halberwachsenen Jungen! Aufgeregt las er den Begleitbrief. Die Sendung stammte von einem Freund, der am Purús, einem Quellfluß des Amazonas, lebte – über tausend Kilometer von der Hazienda Amablo Maria, dem ersten Fundort der Pakarana, entfernt.

Jahrzehntelang konnte Goeldi die beiden Pakaranas pflegen und lebend studieren. Er stellte fest, daß die *Dinomys branickii*, die Schreckensmaus des Grafen Branicki, wie das Tier genannt wurde, der echten Paka nur „bis auf die Haut" ähnelt, daß sie anatomisch aber eine ganz neue Nagetierfamilie repräsentiert. Fossile Vertreter der Pakarana, deren Überreste man auf einigen Karibischen Inseln fand, waren so groß wie ein nordamerikanischer Schwarzbär.

Wieder verschwand die „Schreckensmaus" aus dem Blickfeld der Zoologen; wieder wurde sie auf die Liste der ausgestorbenen Tiere gesetzt. Doch gerade zu dem Zeitpunkt, als man sich endgültig entschlossen hatte, die Art als erloschen zu bezeichnen, fanden Eingeborene an den verschiedensten Orten – in den peruanischen Waldbergen, am oberen Amazonas, im Gebiet der Flüsse Acre und Juruá – eine ganze Anzahl von Pakaranas, insgesamt etwa vierzig Stück, die zum größten Teil in den zoologischen Garten von Pará wanderten. Drei Pakaranas trafen sogar in New York ein, je eine reiste nach London und Hamburg. Man löschte das seltenste Nagetier der Welt erneut von der Aussterbeliste, man freute sich, daß es anscheinend weit häufiger war, als man angenommen hatte, dann aber, vom Jahre 1930 ab, herrschte abermals Schweigen. Und im Jahre 1942 setzte man wiederum – nunmehr zum dritten Male – hinter den Namen *Dinomys branickii* das Sterbekreuz. Auch diesmal war es nicht für immer. Nach dem Zweiten Weltkrieg gelangten abermals mehrere Pakaranas in amerikanische und europäische Zoos. Wie viele Pakaranas allerdings noch in Freiheit leben, wird die Zukunft erweisen.

Ein entfernter Verwandter der Paka ist die Mara, der „Pampashase", wie die Tiergärtner fälschlich sagen – ein hochbeiniges großohriges Nagetier, das im Laufen von fern fast an eine kleine Antilope erinnert. Als um 1875 die zentralargentinische Bahn die Salzsteppen im Innern des Landes erschloß, begab sich der Naturforscher Hermann Burmeister auf die Reise und schaute nach, was es dort etwa an neuen Tieren gäbe. In den Dornbüschen entdeckte er Scharen von kleinen braungrauen Maras mit besonders großen Ohren, „Salzwüsten-Maras", wie er sie nannte. Aber die Wissenschaft war sich nicht ganz klar darüber, ob Burmeister eine neue Tierart gesehen hatte oder lediglich junge Maras von der einfarbigen nordargentinischen Rasse, und bewahrte kühle Reserve.

Man hatte Burmeisters Bericht schon wieder so halb und halb vergessen, da gerieten bei einer Tierversteigerung einige kleine Maras – Jungtiere, wie man annahm – aus der argentinischen Salina in die Zoos von Antwerpen und Berlin. Merkwürdigerweise wollten sie nicht wachsen. Sie unterschieden sich auch sonst recht erheblich von der gewöhnlichen Mara. Als sie nach einigen Jahren Zooaufenthalt immer noch so klein waren wie zu Anfang, war es klar, daß Burmeister recht gehabt hatte und daß im Norden Argentiniens eine Zwergmara existierte – übrigens noch nicht einmal als Seltenheit, sondern als häufigstes Säugetier der Salinen. Den Argentiniern war das Geschöpf nicht weiter aufgefallen; bei ihnen lief jedes Nagetier, ob klein oder groß, unter der Bezeichnung „Kaninchen".

Den umgekehrten Fall erlebte im Jahre 1944 Hagenbecks Tierpark in Hamburg mit einer Herde von Vicuñas aus Nordargentinien. Das Vicuña ist das kleinste amerikanische Wildkamel, schlank wie eine Gazelle, von gelblich-brauner Farbe, mit fahnenartigem weißem Schulterhaar. Seit den Tagen der Inkas liefert es die feinste Wolle der Welt und hat sich deshalb, um Verfolgungen zu entgehen, in das Hochland der Anden zurückgezogen. Die jungen Vicuñas bei Hagenbeck aber hielten sich nicht an diesen Steckbrief. Sie stammten nicht nur aus dem Tiefland, sondern wuchsen auch zur Größe eines Hirsches heran, wurden leuchtend rotbraun und entwickelten nur eine dünne, kurze Schulterfahne. Sie waren zwar keine neue Art, aber doch immerhin eine neue auffällige Tieflandform, bei der sich die Gelehrten nach wie vor streiten, ob es sich um Kreuzungen mit Guanakos, der zweiten Wildlama-Art Südamerikas, handelt.

Große Tapire, Tiefland-Vicuñas, winzige Gürtelmulle und riesenhafte Pakaranas sind gewiß schon interessante Erscheinungen. Verwunderlich ist es auch, daß erst um die Jahrhundertwende ein Amerikaner auf dem bekannten und vielbestiegenen Popocatepetl eine neue Hasen-Gattung, das Vulkankaninchen, entdeckte und daß vor dem Jahre 1939 noch nichts über eines der schönsten Waldhühner Venezuelas, das mit einem helmartigen Horn geschmückte Einhorn-Pauxi, bekannt war. Die eigentliche Sensation jedoch, die Südamerika der Zoologie in neuerer Zeit lieferte und die tief in die Urzeit, zum Ursprung der Säugetiere, hinabführte, war ein unscheinbares rattengroßes Geschöpf, das bei den Eingeborenen Ekuadors den Namen

Selca führte. Diese Selca ist das älteste Beuteltier, das heute auf unserer Erde lebt.

Um 1800 hatte Cuvier im Seinebecken bei Paris sehr altertümliche Beuteltiere aus dem Mitteltertiär ausgegraben. Er hielt sie für Angehörige der südamerikanischen Beutelratten-Familie, der Opossums. Eine verwandte, aber noch ältere Beuteltiergruppe, die Familie der Epanorthiden, entdeckte dann achtzig Jahre später der argentinische Paläontologe Florentino Ameghino in den Oligozän- und Miozänschichten seines Heimatlandes. Es stellte sich heraus, daß diese Epanorthiden schon zur Kreidezeit und bis weit ins Mitteltertiär hinein in Südamerika gelebt haben, also vor achtzig bis fünfunddreißig Millionen Jahren. Ameghino erkannte, daß sie ganz unten an der Wurzel des Beuteltierstammes gestanden haben. Beutelmarder und Opossums, Flugbeutler und Känguruhs, alle die vielen Beuteltiergestalten Australiens, Neuguineas und Südamerikas haben vermutlich einmal so ausgesehen wie die kleinen rattenartigen Pampas-Beutler der Urzeit.

Man kann sich vorstellen, wie überrascht der Säugetierforscher am Britischen Museum zu London, Oldfield Thomas, war, als er im Jahre 1895 aus Ekuador ein unbekanntes Tierchen erhielt, das beim ersten Hinschauen wie eine Spitzmaus aussah, das sich aber unter dem Seziermesser als ein über die Zeiten geretteter Vertreter der archaischen Epanorthiden entpuppte. *Caenolestes fuliginosus,* Ekuador-Opossummaus, nannte Oldfield Thomas das lebende Fossil. Seine Veröffentlichung in den Mitteilungen der Londoner Zoologischen Gesellschaft „Über einen noch existierenden Überlebenden aus der Familie der Epanorthiden“ rief einen wahren Wirbel unter den Zoologen und Museumsleitern in aller Welt hervor. Die Leidtragenden waren die „Ratten“ Südamerikas oder das, was man dort unter Ratten verstand: die Opossums. Unzählige wurden erschlagen und in die wissenschaftlichen Institute verschickt; aber trotz aller aufgewendeten Mühen und Unkosten fand sich kein einziger *Caenolestes* darunter. Endlich, als man schon überlegte, ob die große „Ratten-Aktion“ nicht besser abzublasen sei, entdeckte ein amerikanischer Museumsleiter unter einem Berg von Ratten- und Opossumkadavern doch noch ein zweites Exemplar der gesuchten Opossummaus. Einige Zeit später erwischte ein Tiersammler viertausend Meter hoch in den Anden von Peru noch eine weitere Urbeutler-Form, den *Lestoros inca*, die Inka-Opossummaus. Eine dritte Art, die Chile-Opossummaus *(Rhyncholestes raphanurus)*, fand sich erst 1924 im Süden der chilenischen Kordilleren.

Bis heute kennen wir von den Opossummäusen, diesen frühen Rohskizzen der Säugetiergestalt, die achtzigmal älter sind als der älteste Urmensch, nicht mehr als ein Dutzend Museumsexemplare.

Von einem anderen lange gesuchten Lebewesen aus Südamerika dagegen kennen wir außer ein paar lebhaft umstrittenen Knochen-, Fell- und Dungresten überhaupt nichts, obwohl es unter dem anspruchsvollen Namen Haus-Riesenfaultier *(Mylodon domesticum)* in den meisten zoologischen Sammelwerken aufgeführt ist. Die Suche nach ihm ist eng verbunden mit dem Namen einer fjordartigen Bucht im äußersten Süden von Patagonien: Ultima Esperanza. Übersetzt bedeutet das: „Letzte Hoffnung". Und eine letzte Hoffnung war es in der Tat, die am Ufer von Ultima Esperanza entfacht und wieder zu Grabe getragen wurde, die Hoffnung, einen späten Sproß aus dem Geschlecht der gewaltigen Riesenfaultiere noch unter den Lebenden anzutreffen.

Diese Hoffnung war gar nicht so unbegründet. Das Indizienmaterial, das für das Überleben eines Riesenfaultiers sprach, schien erdrückender als in allen ähnlich gelagerten Fällen. Noch heute spricht nichts gegen die in Ultima Esperanza gesammelten Fakten und Beweise. Dennoch ist der Fall Riesenfaultier eine Detektivgeschichte ohne Pointe geblieben – eben aus dem einen simplen Grunde, weil man trotz aller Indizien kein Riesenfaultier erwischt hat.

Das „flinke Peterchen" des Don Gonzalo Fernandez.

Beginnen wir mit dem Geschöpf, von dem das Riesenfaultier sich seinen populären Namen entliehen hat: mit dem „flinken Peterchen" des Don Gonzalo Fernandez de Oviedo y Valdez, dem Faultier. Dieses Tier war auch in den Augen der forschungsfremden Konquistadoren mit Abstand der wunder- und sonderbarste Bewohner der Neuen Welt; und noch im siebzehnten Jahrhundert glaubte man fest, „daß es niemals etwas fresse und nur den Kopf in die Richtung wende, von der der Wind weht, um sich von ihm zu ernähren". In einer französischen Reisebeschreibung aus dem Jahre 1555, die den stolzen Titel „Einzelheiten über das antarktische Frankreich, anderwärts auch Amerika genannt" führt, hat ein Père André Thevet ein solches Faultier abgebildet. Thevet war Schatzmeister der Katharina von Medici, Historiograph und Kosmograph Karls IX. von Frankreich und Südamerikaforscher. Unter dem „antarktischen Frankreich" verstand er das damals von den Franzosen besetzte Rio de Janeiro. Und sein Faultier sieht wie ein Bär aus, trägt lange Krallen und einen lustigen Menschenkopf; aus vergnügten Augen lugt es freundlich in die Welt. Eine solche Wundergestalt erforschen zu wollen, meint Thevet dazu, sei „impertinent", denn einzig und allein der Schöpfer selbst wisse, warum er das Faultier so und nicht anders geschaffen habe.

Die Zoologen waren impertinent genug, sich nicht an Thevets Mahnung zu halten. Aber das Menschengesicht des Faultiers blieb. Es wurde von Gesner übernommen, und Linné reihte das „flinke Peterchen" demzufolge unter die Herrentiere ein, als Nachbarn der Affen und Menschen. So faul sei das Tier, hieß es noch gegen Ende des achtzehnten Jahrhunderts, so „elend, gebrechlich, fehlerhaft, beengt, blöde und zugeschnürt", daß es „acht bis neun Minuten braucht, um einen Fuß vorzusetzen, und mager wird, wenn es die lange Reise von einem Baum zum anderen durchführen muß". Da dies doch nicht so ganz dem Bilde entsprach, das man sich von einem „Herrentier" machte, entfernte man den faulen Gesellen bald wieder aus der Nachbarschaft des Menschen und schuf eine besondere Ordnung für ihn: die Ordnung der *Bruta*, der „Schwerfälligen".

Inzwischen hatte man nicht nur zwei Faultiergattungen entdeckt, den zweizehigen Unau und den dreizehigen Aï, man hatte auch herausgefunden, daß die Ameisenbären und Gürteltiere trotz ihres abweichenden Aussehens in die gleiche Gruppe gehören mußten, in die Gruppe der „Zahnlücker", wie Cuvier sie nannte. Und da man diese Gruppe nun einmal auf dem Papier ins Leben gerufen hatte, nahm man in sie auch gleich eine Reihe von verschiedenartigen Lebewesen auf, die leider ganz und gar nichts mit dem „flinken Peterchen" zu tun hatten: die Ameisenigel, Schnabeltiere, Schuppentiere und Erdferkel. So wurden die *Bruta* oder *Edentata*, die schwerfälligen Zahnlücker, eine zoologische Rumpelkammer.

Als erster kam Cuvier darauf, daß die Faultiere, Ameisenbären und Gürteltiere nicht Mißgestalten und Tierkarikaturen waren, sondern „Überbleibsel einer anderen Ordnung der Dinge, die lebenden Reste eines vorhergegangenen Naturzustandes, dessen Ruinen wir im Innern der Erde suchen müssen, Geschöpfe, die durch irgendein Wunder den Katastrophen entgingen, die ihre Zeitgenossen zerstörten". Cuvier konnte auch gleich auf eine wichtige Tatsache hinweisen, die diese Ansicht unterstrich: Im Jahre 1795 legte er der Pariser Akademie die Korrekturabzüge eines Bildes vor, auf

Den ersten Beschreibern des Faultiers lagen lediglich einige schlecht erhaltene Felle vor. Die Darstellungen des „Unbekannten Tiers", wie Clusius das Geschöpf nannte, waren demzufolge völlig falsch.

dem das Skelett eines ausgestorbenen Riesenfaultiers zu sehen war. Das Tier muß nach der mitgegebenen Beschreibung so groß gewesen sein wie ein Elefant.

Die Korrekturabzüge hatte Cuvier auf nicht ganz rechtmäßige Weise in seinen Besitz gebracht. Das Skelett des Riesenfaultiers war schon 1789 aus dem zehn Meter hohen Steilufer des Lujanflusses in der Nähe von Buenos Aires zum Vorschein gekommen. Der spanische Vizekönig in Argentinien, der Marquis de Loretto, ließ das seltene Fundstück sofort nach Madrid schicken. Dort verbrachte der Gelehrte José Garriga sechs Jahre damit, es im Königlichen Naturalienkabinett zu präparieren und aufzustellen. Trotz aller spanischen Geheimhaltung aber war doch etwas von der Entdeckung eines gigantischen Ungeheuers zu den an Fossilien sehr interessierten Franzosen durchgesickert. Der Resident der französischen Kolonie San Domingo erfuhr von dem Gerücht, als er gerade durch Madrid reiste; er dachte sofort an Cuvier, beschaffte sich heimlich einige Abzüge der Bilder und Texte, die Garriga entworfen hatte, und schmuggelte sie im Diplomatengepäck nach Paris. So kam es, daß Cuvier mit seiner Beschreibung des Riesenfaultiers ein Jahr früher an die Öffentlichkeit trat als sein nichtsahnender spanischer Kollege.

Für die Zoologie war das kein Schaden. Denn im Gegensatz zu anderen Gelehrten, die das Megatherium, das „Groß-Tier", für irgendein ausgestorbenes Huftier hielten, war Cuvier sich sofort über die Zugehörigkeit des Kolosses zum Faultiergeschlecht im klaren. Der Anatom, Archäologe und Kupferstecher Eduard d'Alton gab dann in Weimar ein Prachtwerk über das argentinische Riesentier heraus. Und der Dichter Goethe wurde dadurch angeregt, die beiden lebenden Faultiergattungen, Unau und Aï, mit dem Megatherium zu vergleichen und in einem Essay am Beispiel dieser „seltsamen, ungeheuerlichen Wesen“ seine Gedanken über eine Metamorphose in der Natur zu entwickeln.

Goethe hielt das Megatherium übrigens für ein Geschöpf, „halb der Erde, halb dem Wasser angehörig“, also für einen Sumpfbewohner. „Jener ungeheure Koloß“, schreibt er unter skizzenhafter Vorwegnahme der Darwinschen Theorie, „der Sumpf und Kies nicht beherrschen, sich darin nicht zum Herrn machen konnte, überliefert seiner Nachkommenschaft, die sich aufs trockene Land begibt, eine gleiche Unfähigkeit ... Wenn je ein geistloses schwaches Leben sich manifestiert hat, dann geschah es hier bei den Faultieren.“ Das Riesenfaultier, meint Goethe, sei irgendwie noch vollkommen und „weit weniger ein Ungeheuer“ als der baumbewohnende Aï, bei dem die Glieder, „ungeduldig über den vorigen dumpfen Zwang“, sich grenzenlos ausdehnen, während der Kopf „klein und hirnlos“ bleibt. Der Unau schließlich überwindet nach Goethe „diese Sklaverei, das innere Unvermögen, sich den äußeren Verhältnissen gleichzustellen: In ihm hat sich der animalische Geist schon mehr zusammengenommen, sich der Erde nä-

So hat das riesige Megatherium nach moderner Auffassung ausgesehen.

Die schildkrötenhaften Glypiodonten waren gleichfalls Verwandte der Gürteltiere, Faultiere und Ameisenbären.

her gewidmet, sich nach ihr bequemt und an das bewegliche Affengeschlecht herangebildet; wie man denn unter den Affen gar wohl einige findet, welche nach ihm hinweisen mögen".

Goethes Ansicht mußte im Laufe des neunzehnten Jahrhunderts einige Korrekturen erfahren. Das Megatherium war kein Sumpftier, sondern ein Bewohner trockener Waldsteppen, der von Blättern, Gräsern und krautigen Wermutgewächsen lebte und sich, wenn es nötig war, wie ein Bär auf die Hinterbeine erheben konnte, um mit den krallenbewehrten Händen Laub und Zweige von den Bäumen zu reißen. Mit den Affen haben weder die ausgestorbenen Riesenfaultiere noch die lebenden Baumfaultiere etwas zu tun. Man grub noch zahlreiche Vettern des Megatheriums aus, Tiere von Elefanten-, Nashorn-, Bären- und Hundegröße: Angehörige der Gattungen *Mylodon, Nothrotherium, Megalonyx* und *Hapalops.* Forscher wie Darwin, Burmeister und der Argentinier Ameghino beschäftigten sich eingehend mit ihnen. Später vereinigte man die ausgestorbenen „Bodenfaultiere" mit den so abweichend aussehenden Baumfaultieren, den rüsselschnauzigen Ameisenbären, den gepanzerten Gürteltieren und ihren riesenhaften eiszeitlichen Verwandten, den *Glyptodonten*, zur Säugetierordnung der *Xenarthren* oder „Nebengelenker"; denn sie alle haben besondere Nebengelenke an den letzten Brustwirbeln und an den Lendenwirbeln ausgebildet – ein sicheres Indiz für echte Stammesverwandtschaft.

Zusammen mit besonders spezialisierten Huftieren und anderen charakteristischen Säugetieren der Neuen Welt gingen die Nebengelenker unter, als von Nordamerika aus hochorganisierte modernere Huftiere den Wettstreit mit ihnen aufnahmen, als Wildhunde, Wildkatzen und Bären einwanderten. Die Bodenfaultiere und *Glyptodonten* – bisher konkurrenzlos – wurden dadurch einem scharfen Daseinskampf ausgesetzt, dem sie nicht gewachsen waren. Aus der südamerikanischen Säugetier-Fauna konnten sich nur die fruchtbaren Nagetiere und die intelligenten Breitnasenaffen in die erdgeschichtliche Neuzeit retten, und mit ihnen einige fragmentarische Reste der einstmals so großen und blühenden *Xenarthren*-Ordnung: die letzten Ameisenbären, Faultiere und Gürteltiere.

Zunächst sah es nach diesem Kataklysma nicht aus. Als Süd- und Nordamerika im Spättertiär Landverbindung miteinander aufnahmen, da wanderte nicht nur eine moderne, aufs beste ausgerüstete Tierwelt nach Süden, auch die Riesenfaultiere und *Glyptodon*-Panzertiere gerieten in Bewegung und zogen ihrerseits nach Norden, bis nach Arizona und Texas, Kalifornien und Nevada. Sie erlebten hier sogar noch die Eiszeit und machten auf ihrem Wanderweg genau an den Grenzen der Inlandvereisung halt. Man hat in zwischeneiszeitlichen Ablagerungen Nordamerikas zahllose Knochenreste von Bodenfaultieren und *Glyptodonten* gefunden; man hat – zum Beispiel bei Carson City in Nevada – versteinerte Fußspuren des Riesenfaultiers *Mylodon* entdeckt, die man zunächst für Bären-, dann für Urmenschenfährten hielt; man hat aus einem Pechsee auf der Ranch La Brea im Stadtgebiet von Los Angeles sogar verschiedene Skelette des *Mylodon* zusammen mit Skeletten von eiszeitlichen Säbelzahntigern geholt – eindrucksvolle Zeugnisse eines urzeitlichen Kolossaldramas, dem Jäger und Gejagte zum Opfer gefallen waren.

Da drängte sich – es war in der zweiten Hälfte des vorigen Jahrhunderts – plötzlich die Frage auf, ob die südamerikanischen Urwelttiere am Ende nicht sogar die Eiszeit überlebt und noch die Epoche des Menschen kennengelernt haben. Doch wie bei allen Mutmaßungen von solch abenteuerlicher Art, so fand sich auch hier ein kühler, nüchterner Skeptiker, der mit Nachdruck jahrzehntelang ein entschiedenes Veto einlegte, sobald jemand etwas von einer Koexistenz des Riesenfaultiers mit dem Menschen fabelte. Hermann Burmeister war dieser Skeptiker; er hatte sich zu einem hervorragenden Spezialisten der Riesenfaultier-Forschung entwickelt und in Argentinien einen ganzen Gelehrtenstab herangebildet, um dem *Mylodon* und seinen Verwandten ihre letzten Geheimnisse zu entreißen. Der Mensch, so betonte Burmeister mit Cuvierscher Entschiedenheit, sei erst nach dem Abklingen der Eiszeit über die Beringstraße in den amerikanischen Kontinent gewandert, das Riesenfaultier aber habe zu diesem Zeitpunkt längst schon die Bühne des Lebens verlassen.

Burmeisters eigene Schüler, die Argentinier Ameghino, Branca und Moreno, waren genau der entgegengesetzten Meinung. Sie wiesen auf die Sagen der patagonischen Eingeborenen hin, denen zufolge ein ochsengroßes Tier mit einer Art Knochenpanzer unterm Fell wie ein riesiger Maulwurf in den

Höhlen der Pampas gelebt habe oder noch lebe. Nun – das war eine Sage, über die ein seriöser Gelehrter nur lächeln konnte. Aber diese „Sage" tauchte auch noch an anderer Stelle auf, nämlich in alten europäischen Berichten über Südamerikas Tierwelt. Und das war ausgesprochen verdächtig.

So findet man beim Durchblättern des Gesnerischen Werkes eine Notiz über ein „reubig allerschutzlichstes thier in dem neuerfundnen land, mit dessen beltzwerck sich die Patagones bekleiden", ein Ungeheuer mit einer menschlichen Fratze, wie die begegebene Zeichnung ausweist. „So es von den Jegern gejagt, nimpt es seine jungen auf den rucken, deckt sie mit einem langen schwantz, fleucht also darvon, wird mit grüben gefangen und mit pfeilen erschossen." Gesner hatte diese Angaben von dem französischen Kosmographen André Thevet. Aber auch andere Historiker weisen auf dieses Tier hin: Sie berichten, es ähnle dem Ameisenbären, sei aber nicht mit ihm identisch und werde seines Felles wegen eifrig von den Eingeborenen gejagt.

Professor Burmeister lächelte skeptisch. Doch da erhielt seine Theorie um 1870 von einer Seite, von der er es nicht erwartet hätte, den ersten Schlag – von den Anthropologen und Prähistorikern nämlich. Traulich vereint lagen in den Gräbern frühzeitlicher Amerikaner – in den Mississippi-Terrassen, am Delaware-Fluß, in brasilianischen Höhlen und argentinischen Lehmschichten – Menschenknochen und Riesenfaultierknochen. Man fand ein *Mylodon*, das offensichtlich in eine von Menschen angelegte

Dieses Bild eines mysteriösen Tieres Su oder Succarath in Theveis und Gesners Werken galt als wichtiges Indiz bei der Fahndung nach überlebenden Riesenfaultieren.

Fallgrube geraten und in ihr getötet und gebraten worden war. Man fand geschwärzte und mit Hilfe von Steinwerkzeugen bearbeitete Riesenfaultierschenkel. Man fand indianische Felszeichnungen, auf denen *Mylodon* und *Glyptodon* dargestellt waren. Endlich, als Pointe der ganzen Geschichte, stieß man sogar auf den gewaltigen Rückenpanzer eines *Glyptodons*, unter dem ein Mensch saß – allerdings nicht lebendig, sondern begraben, als Skelett. „Der amerikanische Urmensch", behauptete daraufhin der Finder, Florentino Ameghino, „hat diese festen, hochgewölbten Panzer ganz ohne Zweifel als Dächer für seine Wohn- und Feuerstätten verwendet; er hauste darin nicht enger als mancher primitive Wilde von heute in seiner Hütte."

Schön, gab Burmeister unter der Last dieser Indizien zu, dann habe er sich eben geirrt. Der Mensch mochte vor einigen zwanzigtausend Jahren vielleicht gerade eben noch mit *Mylodon* und *Glyptodon* zusammengetroffen sein. Unmöglich aber sei es, so beharrte er, daß Riesenfaultier und Riesenpanzertier bis in die geschichtliche Zeit hinein ausgedauert hätten. Leider gab es in jenen Tagen den C-14-Test noch nicht. Diese Methode, eine Untersuchung von organischen Resten auf ihre Bestandteile an radioaktiven Kohlenstoff-Isotopen, ermöglicht heute eine genaue Datierung aller Funde, die jünger sind als fünfzigtausend Jahre. Nach dem C-14-Test hat der Mensch frühestens vor zwanzig- bis dreißigtausend Jahren zum ersten Male amerikanischen Boden betreten. Getestete Riesenfaultierreste aber erwiesen sich als viel jünger; sie stammen aus Epochen, in denen schon die Sumerer und Altinder ihre Städte und Tempel erbaut haben, also zweifellos aus „geschichtlicher Zeit".

Ameghino und seine Anhänger konnten auch ohne Kenntnis der modernen mikrochemischen Untersuchungsmethoden zum Gegenschlag ausholen; sie hatten andere Argumente parat. Ihr Paradebeweis war eine alte zähe Tierhaut, mit bohnengroßen Knochenstückchen gepanzert und mit braunroten Haaren bedeckt, die auf dem Zaun einer Ranch in Südpatagonien baumelte. An den Rändern war diese Haut stark verkohlt. Und die Ranch, in der sie hing, gehörte einem deutschen Kapitän namens Eberhard und lag am Ufer der Bucht von Ultima Esperanza.

Die Haut stammte – daran bestand gar kein Zweifel – von einem Riesenfaultier, und zwar von einem Angehörigen der Gattung *Mylodon*. Sie konnte sehr alt sein (man hat auch in nordamerikanischen Höhlen luftgetrocknete und guterhaltene Fellstücke von Riesenfaultieren gefunden), sie konnte aber auch von einem erst in allerneuester Zeit getöteten Tier herrühren. Ameghino entschied sich, sehr zu Burmeisters Ärger, für die letztere These. Und er ging nun ans Werk, um systematisch nach der Herkunft des Felles und des „Mamifero misterioso", des mysteriösen Säugetiers, zu fahnden.

Er hatte unwahrscheinliches Glück. Im Jahre 1890 stieß sein Freund und Gesinnungsgenosse Sebastiano Roth in der Nähe der Eberhard-Ranch auf

War das Mylodon Jagdwild oder Haustier der Patagonier? Eine Frage, die einen jahrzehntelangen wissenschaftlichen Streit hervorgerufen hat.

eine Höhle, die so aussah, als sei sie von Menschen zu einer Art Stall umgebaut worden. Große unbehauene Steinblöcke bildeten einen Wall am Höhleneingang, Heuballen, abgeschnittene Zweige und dürres Laub schienen zu verraten, daß die in der Höhle gehaltenen Tiere wie Haustiere gefüttert worden waren. Und als Roth und Ameghino in den oberen Schichten des Höhlenbodens nachgraben ließen, fanden sie neben zerspaltenen, angebrannten und (vielleicht auch) ausgelutschten Röhrenknochen des Riesenfaultiers eine dicke Lage von Riesenfaultierdung.

Gelehrte aus aller Welt pilgerten nun nach Ultima Esperanza, um die Stätte, an der alte Patagonier anscheinend einen mylodonähnlichen Faultierriesen als Haustier gehalten hatten, in Augenschein zu nehmen. Neben den Brüdern Ameghino und den Argentiniern Sebastiano Roth, Moreno und Branca waren Koryphäen wie die Brüder Otto und Erland Nordenskjjöld, der Paläontologe Rudolf Hauthal und der schweizerische Geologe Studer darunter. Aus England reiste sogar einer der größten Kenner fossiler Wirbeltiere, Sir Arthur Smith-Woodward vom Britischen Museum, nach Patagonien und bestaunte das mysteriöse Fell und den rätselhaften Höhlenstall. Sämtliche Besucher waren sich einig, daß hier vor noch gar nicht so langer Zeit Menschen ein Riesenfaultier in Gefangenschaft gehalten und gemästet hatten. Roth verewigte diese Ansicht, indem er dem *Mylodon* von Ultima Esperanza spontan den Namen *Mylodon domesticum*, „Haus-Riesenfaultier" gab.

Einen vollkommeneren Triumph hätte Professor Ameghino sich nicht wünschen können. Sein Lehrmeister und Widersacher Burmeister starb 1892, ohne zu erfahren, wie es nun weiterging. Es ging zunächst noch so weiter, wie Ameghino es erträumte: Er stieß bei seinen Nachforschungen auf einen alten, seinerzeit vielumstrittenen und lebhaft verspotteten Jagdbericht, der von einem Manne namens Ramon Lista stammte. Dieser Ramon Lista war argentinischer Staatssekretär gewesen und hatte in der südpatagonischen Stadt Vera Cruz gelebt, also ganz in der Nähe von Ultima Esperanza. In den Augen seiner Zeitgenossen galt er als ein Münchhausen von besonders unverfrorener Art, denn er hatte die Dreistigkeit besessen, der Mitwelt eine Begegnung mit einem lebenden Riesenfaultier vorzugaukeln.

Ameghino runzelte die Stirn bei der Lektüre des Berichts. Dann machte er die Presse mobil und bemühte sich, eine nachträgliche Ehrenrettung des Señor Lista zu veranlassen. Denn was Lista erzählt hatte, das fügte sich wie ein Mosaikstein in das Bild der bisherigen Indizien. Er hatte mit mehreren Begleitern ein Wesen gesehen, wie ein Gürteltier gebaut, aber sehr groß und langbehaart, und ein wahres Schnellfeuer auf dieses Tier eröffnet, ohne es jedoch zu verletzen. Das Tier war geflüchtet und hatte sich nicht wieder blicken lassen. Eine ganz hervorragende Beschreibung, dachte Ameghino. Natürlich, dachte er weiter, hat Lista das Riesenfaultier nicht erlegen können; denn es war ja durch Knocheneinlagen in der Haut geschützt. Er regte sofort Suchexpeditionen an, um ein lebendes *Mylodon* zu erbeuten.

Die Expeditionen wurden mit großen Mitteln ausgerüstet, sie starteten mit großen Hoffnungen, aber ihre Teilnehmer kehrten mit großer Niedergeschlagenheit aus Südpatagonien zurück. Vom Riesenfaultier hatte sich auch nicht die geringste Spur gefunden. Sogar die Theorie, daß solche Geschöpfe einmal als Haustiere gehalten worden seien, brach in sich zusammen. Eine genaue Untersuchung der Höhle von Ultima Esperanza förderte zwar aus tieferen Bodenschichten weitere Riesenfaultierknochen zutage; doch das Rätsel des scheinbaren Stalles schien sich auf weit einfachere Weise zu lösen. Die Höhle, so behauptete man jetzt, sei eine raffinierte Tierfalle gewesen.

„Patagonische Indianer haben", nach den Worten des österreichischen Urzeitforschers Othenio Abel, „einige Bodenfaultiere in der Höhle überrascht, durch einen schnell errichteten Wall von Blöcken in ihrem Schlupfwinkel eingemauert und dann durch Rauch getötet. Sie mögen auch in der Folge noch weitere Tiere in die Höhle gelockt oder getrieben haben; dafür sprechen die Heuballen und die dicke Mistlage. Zwingende Beweise aber für die Auffassung, daß die Tiere einen längeren Zeitraum hindurch als lebendige Fleischvorräte, ja, als Haustiere in Gefangenschaft gehalten und gefüttert worden seien, gibt es nicht."

Doch es gibt umgekehrt auch keine zwingenden Beweise für das Gegenteil. Vor allem gibt es keine Beweise, die gegen eine Weiterexistenz letzter überlebender Bodenfaultiere bis in die Nacheiszeit hinein sprechen. Listas Bericht blieb nicht der einzige. Einmal gab ein Forschungsreisender an, er habe „zwei aufrecht gehende Bären mit menschenähnlichen Gesichtern" gesehen; ein anderes Mal fanden sich Kotballen von Riesenfaultieren, die so frisch schienen, daß man in ihnen noch die Reste halbverdauter Korbblütler, Kreuzblütler, Malven und Riesengräser erkennen konnte. Nach alledem besteht eigentlich kein Grund, über die Träume und Spekulationen des Professors Ameghino die Achseln zu zucken. Kein Grund außer dem einen, daß sich das Tier, wie schon zu Beginn unserer Geschichte gesagt, trotz aller Indizien noch niemals von Wissenschaftlern hat erwischen lassen. So bleiben uns vom patagonischen „Haus-Riesenfaultier" lediglich die Fellreste, die Knochenstücke und der halbfossile Dung, aufbewahrt im argentinischen Museum von La Plata – die einzigen Zeugnisse eines wohl nicht mehr aufzuklärenden Vorfalles, der sich einst in unbekannter Zeit ereignet hat, in einer Höhle an einer Bucht, die „Ultima Esperanza" heißt.

Juwele im Schwirrflug

„Unter allen Lebewesen", schwärmte der Groß- und Altmeister der französischen Naturhistoriker Georges-Louis Leclerc, Comte de Buffon, Ende des achtzehnten Jahrhunderts, „ist der Kolibri das schönste an Gestalt und das prächtigste in der Färbung. Die herrlichsten Edelsteine und Metalle lassen sich mit diesem Kleinod der Natur nicht vergleichen; ihr Meisterstück ist dieser kleine Vogel. Ihn hat sie mit allen Gaben, die den übrigen Vögeln nur vereinzelt beschieden sind, reich überschüttet; sie hat ihn mit Anmut, Gewandtheit und Leichtigkeit ausgestattet. Smaragde, Rubine und Topase schimmern durch sein Federkleid ... Er hält sich stets in der Luft auf, von Blume zu Blume gaukelnd, deren Glanz und Frische er besitzt und deren Nektar er trinkt."

Als Buffon dies schrieb, kannte er allenfalls ein halbes Dutzend der über vierhundert Kolibri-Arten, die sich auf hundertvierzig Gattungen verteilen; und er hatte diese wenigen Formen nicht etwa lebend studiert, sondern nur kunstvoll präpariert in diversen Sammlungen und Privatmuseen gesehen. Demzufolge wußte er auch nicht, daß diese metallisch schimmernden Vogelzwerge, deren kleinster nur zwei Gramm wiegt, zu den Charaktervögeln der Neuen Welt gehören und mit den altweltlichen Honigfressern, Blütenpickern und Nektarvögeln, die man damals mit ihnen immer wieder zusammenwarf, nichts zu tun haben. Während die drei altweltlichen Gruppen von „Blumenvögeln" zu den Singvögeln zählen, stellen die so ähnlich erscheinenden Kolibris eine eigene Vogelordnung dar, die entfernt mit den Seglervögeln verwandt sind, mit den perfektesten Flugkünstlern der Vogelwelt.

Die ersten verstaubten Kolibripräparate, wie dieser Balg im Besitz des belgischen Sammlers Jacob Plateau, verrieten den Europäern noch nichts von der Schönheit der fliegenden Edelsteine.

Sie alle jedoch, besonders die Nektarvögel in den Tropen Afrikas, Asiens und der Südsee einerseits und die Kolibris Amerikas andererseits, spielen die gleiche Rolle im Naturhaushalt: Sie besitzen lange, zum Eintunken in die Blütenkelche geeignete Schnäbel und röhrenförmige Zungen; sie können in der Luft vor den Blüten rütteln, und ihre Männchen zeichnen sich durch ein herrlich metallisch schillerndes Gefieder aus. Außerdem sind sie alle von großer Bedeutung für die Befruchtung der Blüten.

Die Nektarvögel der Alten Welt und Ozeaniens allerdings trinken nicht nur aus den Blüten, sondern bohren besonders lange Blütenkelche listigerweise auch seitwärts an, um an den süßen Inhalt zu gelangen. Zur Befruchtung der Blüten kommt es in solchen Fällen freilich nicht. Die Kolibris der Neuen Welt dagegen schädigen zwar die Blüten nicht, nehmen aber aus den Kelchen außer dem Nektar auch Taufliegen, kleine Spinnen und andere Kleintiere auf, deren Eiweiß für sie unentbehrlich ist. Sie können Insekten sogar im raschen Schwirrflug in der Luft fangen. Dies alles jedoch erkannte man erst rund ein Jahrhundert später.

Um festzustellen, ob es sich um einen altweltlichen Nektarvogel oder um einen neuweltlichen Kolibri handelt, muß man sich nur ein paar Faustregeln merken. Wenn ein solches „fliegendes Juwel" auf kräftigen Füßen herumhüpft, sich mit deutlich sichtbarem Flügelschlag vor der Blüte in der Luft hält und ein zwitscherndes Lied vorträgt, dann handelt es sich um einen Nektarvogel. Sind seine Füße jedoch so schwach, daß sie nicht mehr zum Hüpfen taugen, und sieht man bei seinem blitzschnellen Schwirr- und Zickzackflug die Schwingen nicht mehr, stößt er außerdem in dauernder Streitlust sirrende, schrille Laute aus, dann haben wir einen Kolibri vor uns.

Der erste Beobachter, der einen lebenden Kolibri schilderte, war ein

Kolonist in Nordamerika namens Thomas Morton. „Es gibt hier einen Vogel, der gar seltsam anzusehen ist und Summvogel heißt", schrieb er im Jahre 1637 aus Cliffords Inn in Neu-Kanaan. „Er ist nicht größer als ein großer Käfer. Ohne Zweifel ernährt er sich von Bienen, die er zwischen den Blumen fängt, denn dort pflegt er sich aufzuhalten. Von Blumen kann er sich nicht ernähren, weil er einen Schnabel hat, so scharf wie die Spitze einer spanischen Nadel, aber kurz. Seine Federn glänzen wie Glas, und wenn er sich bewegt, sieht man, wie sehr ihre Farbe wechseln kann. Man hat ihn hier in Neu-Kanaan schon immer wegen seiner Gestalt, Farbe und Winzigkeit bewundert."

Das ist eine ganz ausgezeichnete Beschreibung, um deretwillen es Morton verdient hätte, ins Pantheon der Naturforscher aufgenommen zu werden. Wer über Kolibris nicht näher informiert ist, dem fällt vor allem der Fundort auf. Neu-Kanaan liegt im Nordosten der Vereinigten Staaten; die winzigen Wundervögel aber, die die karibischen Indianer „Colibri" getauft haben, vermutet man im allgemeinen nur in den amerikanischen Tropen und Subtropen. Nun – das ist ein weitverbreiteter Irrtum, einer der vielen Irrtümer, die die Geschichte der summenden Schwirrvögel kennzeichnen. Kolibris hat es in ganz Amerika gegeben, von Alaska und Labrador bis hinunter nach Kap Horn, überall dort, wo Blumen existieren konnten. Daß sie heute in den Parks von New York und Chicago nicht mehr vorkommen, hat keine tiergeographischen Gründe, sondern hängt mit der Erfindung des Schießpulvers, der Fabriken und anderer zivilisatorischer Errungenschaften zusammen.

Der Ordnung halber müssen wir, ohne deshalb Mr. Mortons Verdienste schmälern zu wollen, noch erwähnen, daß er nicht der erste Beschreiber eines Kolibris gewesen ist. Der früheste, klassisch gewordene Kolibri-Bericht stammt von dem holländischen Arzt und Surinam-Forscher Fermin. Morton war aber – und das wiegt weit schwerer – der erste Weiße, der einen „lebenden" Kolibri korrekt geschildert hat. In Europa kannte man bis dahin nur einige verstaubte, glanzlos gewordene Bälge. Einer befand sich im Besitz des belgischen Sammlers und Präparators Jacob Plateau. Und in den alten Vogelwerken geisterten Geschichten herum, in denen allen Ernstes behauptet wurde, daß die Kolibris „gefiederte Schmetterlinge" seien. Wenn eine Raupe sich in einen Schmetterling verwandeln könne, so meinte man, dann könne sich der Schmetterling in der Folge auch recht gut in einen Vogel weiterverwandeln. Das Märchen ging selbst in gebildeten südamerikanischen Kreisen noch bis zur Mitte des vorigen Jahrhunderts um.

Ein gewisser Ligon, der die Antillen-Insel Barbados bereist hatte, lieferte um 1660 einen weiteren Kolibri-Bericht. „Der sogenannte Summvogel", verkündete er, „ist noch viel kleiner als ein Zaunkönig und kaum größer als eine Hummel. Er bleibt nie sitzen, sondern schwirrt mit den Flügeln und schwebt die ganze Zeit vor den Blüten in der Luft." Damit war dem Steckbrief der Kolibris ein weiteres Merkmal hinzugefügt. Die Bezeichnungen „Fliegenvogel", „Honigsauger" und „Blütenvogel", die die Kolibris dann später erhielten, lassen erkennen, daß den ersten Beobachtern neben der Kleinheit vor allem der Blütenbesuch der „fliegenden Edelsteine" aufgefallen war. Der Kolibri schien sich in diesem Punkt wie ein Insekt zu benehmen. So wurde Maria Sibylla Merian, die klassische Chronistin der Insekten von Surinam, im Jahre 1699 zu der Behauptung verleitet, die Miniaturvögel seien ständig in Gefahr, nicht nur von großen Vogelspinnen gefangen und ausgesogen zu werden, sondern auch in die Netze normaler Spinnenarten zu geraten und dort ihr Leben auszuhauchen. Dies war eine Aussage, die neuzeitliche Kolibri-Forscher mit allem Nachdruck ins Reich der Fabel verwiesen haben.

Ein Jahrhundert später saß Linné über einigen kolorierten Kolibrizeichnungen, wunderte sich über die Tatsache, daß es Vögel von Käfer- und Hornissengröße gab, und suchte in der antiken Mythologie nach einem passenden Namen für die kleinen Summvögel. Nun kommen Kolibris in der antiken Mythologie leider nicht vor. Der winzigste Vogel, den die Griechen und Römer gekannt haben, war der *Trochilus*, der Zaunkönig. Gut, dachte Linné, dann werden die Kolibris, von denen ihm ja nur Berichte vorlagen, eben nichts anderes sein als amerikanische Zaunkönige. Und er reihte sie frisch und unbekümmert der Gattung *Trochilus* an. Da die Kolibris in Linnés System vor dem Zaunkönig rangieren, mußte der Name nach dem Prioritätsgesetz bestehen bleiben. Noch heute heißt die bekannteste nordamerikanische Kolibri-Art *Trochilus colubris*. Und für den Zaunkönig, den eigentlichen *Trochilus*, mußte sich der französische Professor Vieillot, der den Irrtum entdeckte, eine andere Bezeichnung ausdenken. Er nannte ihn *Troglodytes*, Höhlenbewohner.

Als dies geschah, hatte gerade ein Mann zum ersten Male versucht, Kolibris in Gefangenschaft zu halten, freifliegend im Zimmer, als „Blumen in Vogelgestalt". Dieser Mann, der spanische Statthalter von Paraguay, Don Pedro Melo, war somit der Vorläufer einer langen Reihe von Tiergärtnern und Vogelfreunden, die sehnsüchtig von der Kolibripflege und Kolibrizüchtung träumten, wie der holländische Blumenfreund sehnsüchtig von schwarzen und blauen Tulpen träumt. Ein Traum war das, der sich erst in unserem Jahrhundert verwirklicht hat. „Alle meine Hoffnungen wurden zerstört", klagte zum Beispiel der englische Naturforscher Philip Henry Gosse, nachdem er unzählige Kolibris der verschiedensten Arten mit dem Schmetterlingsnetz gefangen, in sein Arbeitszimmer gebracht und an Sirupnahrung gewöhnt hatte. „Schon nach einer Woche starben mir sämtliche Kolibris dahin. Alle, die starben, waren ausnehmend mager; ihr Magen war so zusammengeschrumpft, daß man ihn kaum erkennen konnte."

Dem Don Pedro Melo erging es um 1790 nicht anders. Sein Offizier Don Felix de Azara hat uns die Geschichte überliefert: „Die Vögel flogen frei in Don Pedros Zimmer herum. Sie lernten ihren Gebieter sehr gut kennen, sie küßten ihn und umflogen ihn, wenn sie Futter verlangten. Dann brachte Don Pedro ein Gefäß mit Sirup, und in dieses steckten sie ihre Zunge. Von Zeit zu Zeit reichte er ihnen auch einige Blumen. Unter diesen Vorsichtsmaßregeln waren die lieblichen Vögel fast ebenso munter wie im Freien. Nur durch die Nachlässigkeit der Bedienten gingen sie zugrunde."

Hier irrte Don Felix. Hätte er die toten Kolibris aufschneiden lassen, wie es später Philip Henry Gosse tat, so wären auch ihm die verschrumpelten Mägen aufgefallen. Kolibris leben nämlich entgegen der damaligen Annahme (die auch heute noch in Laienkreisen vorherrscht) nicht nur von Honig und Nektar. Zwar stillen sie in den Blütenkelchen gern ihren Durst; würde man ihnen aber nichts als Sirup oder Zuckerwasser zur Nahrung anbieten, so käme der gleiche Effekt heraus wie bei einem Menschen, den man lediglich mit Bier und Limonade zu ernähren versuchte. Und diesen Effekt erzielten sämtliche Kolibrifänger der Frühzeit. Bis endlich ein Mann auftrat, der den Zoologen einen klaren Speisezettel der Vogelzwerge vorlegen konnte. Er hieß John James Audubon.

Was Audubon herausbekam, das war im Grunde die gleiche Erkenntnis, die schon der alte Thomas Morton aus Neu-Kanaan gewonnen und in den knappen Satz gefaßt hatte: „Ohne Zweifel ernährt er sich von Bienen, die er zwischen den Blumen fängt." Aber anscheinend war kaum je ein Mensch auf die Idee gekommen, anzunehmen, daß ein neu-kanaanitischer Kolonist bessere Augen haben könne als eine hochgelehrte altweltliche Forschergarde. Ein Franzose namens Badier sprach einmal vage von „kleinen Käferchen", die er im Magen einiger Kolibris gefunden habe; der Jesuit und Chileforscher Molina fand es beunruhigend, daß Zucker von den Kolibris nicht verdaut werde, sondern „in den Därmen kristallisiere"; und Audubons großer Konkurrent, Alexander Wilson, hatte mehrmals das Innere von Kolibris mit dem Vergrößerungsglas untersucht und „zertrümmerte Bruchstücke von Insekten" darin gefunden. Aber man nahm derartige Behauptungen nicht ernst. „Vergleichen wir den langen dünnen Schnabel des Kolibris und seine enge Mundöffnung mit dem kurzen Schnabel und dem weiten Maul der Schwalbe", judizierte der Riesenfaultierforscher Hermann Burmeister, „dann sehen wir sofort, warum der Kolibri keine Insekten fangen kann!"

„Die europäischen Gelehrten", meinte Audubon dazu, „haben noch gar keine rechte Gelegenheit gehabt, Kolibris exakt zu untersuchen." Er setzte den am Schreibtisch erdachten Theorien die Beobachtungen des Waldläufers und Praktikers entgegen: „Ich hielt viele dieser Vögel in Gefangenschaft und stellte fest, daß Honig und Zucker als Nahrung völlig ungenügend sind und sie nicht am Leben erhalten können. Brachte ich ihnen aber täglich zweimal frische Blumen, auf denen sich Insekten ansammelten, aus den Wäldern, so lebten meine Gefangenen zwölf Monate bei mir und konnten danach noch freigelassen werden. Insekten, hauptsächlich Käfer und kleine Fliegen, bilden also die Nahrung der Kolibris. Die Vögelchen könnten sogar als ausgezeichnete Fliegenfänger gute Dienste leisten." Es dauerte dann allerdings noch gut ein Jahrhundert, bis die Tiergärten in der Lage waren, diese Erkenntnis praktisch zu verwerten und ihre Kolibris mit Fleischextrakt und kleinen Tau- und Essigfliegen am Leben zu erhalten.

Der Mann John James Audubon, der solcherart mit einer alten Legende aufräumte, ist nicht nur durch seine Kolibri-Forschungen in die Naturgeschichte eingegangen. Er war wohl eine der abenteuerlichsten und geheimnisvollsten Gestalten, die je auf Entdeckungsfahrten gezogen und den Spuren der Tiere gefolgt sind. Schon seine Herkunft ist in romanhaftes Dunkel gehüllt. Wir wissen nur, daß er ursprünglich in Frankreich lebte und sich dort schon als Kind eifrig als Natur- und Tierzeichner betätigte. Im Frühjahr 1803 wanderte Audubon als achtzehnjähriger Jüngling von Frankreich nach Pennsylvania aus und ließ sich auf einer Farm am Ufer des Schuylkill nieder. Diese Farm gehörte seinem Adoptivvater, dem französischen Flottenkapitän Audubon; der Kapitän hatte sie, wie man sagte, einst als Gegenleistung für seine Hilfe im amerikanischen Befreiungskrieg zum Geschenk erhalten. Der junge Jean-Jacques Laforêt oder Jean Rabin, wie er ursprünglich hieß (sein wirklicher Geburtsname ist nie festgestellt worden, einige Chronisten geben an, er sei der uneheliche Sohn einer Kreolin gewesen), sollte nach dem Wunsch des Kapitäns den pennsylvanischen Besitz erben und sich im Land der unbegrenzten Möglichkeiten zum Farmer heranbilden.

Schon bald aber nach Jean-Jacques' Ankunft gingen Gerüchte unter den in Amerika lebenden französischen Emigranten um; man tuschelte, der junge Mann sei ein Revolutionsflüchtling, Sproß einer alten Adelsfamilie. Als man herausbekam, daß Jean-Jaques im gleichen Jahr geboren war wie der Dauphin, daß er in seiner äußeren Erscheinung einem Bourbonen ähnelte und daß er sogar eine enge Freundschaft zu Madame Berthoud unterhielt, zu Maria Antoinettes alter, gleichfalls nach Amerika geflüchteter Kammerfrau, nahm die Dauphin-Legende feste Gestalt an und hat Audubon zeitlebens nicht mehr aus ihrem Bann gelassen.

Der Jüngling äußerte sich nicht zu alledem. „Mein Leben", erklärte er schroff auf alle Fragen nach seiner Herkunft, „beginnt in der Neuen Welt." Einmal nur streifte er später in seinem Tagebuch das „Rätsel meiner Geburt", ohne freilich konkret zu sagen, was er damit meinte. Er wurde unter dem Namen John James Audubon amerikanischer Staatsbürger, heiratete eine amerikanische Lehrerin englischer Abstammung und bemühte sich –

wie sein Adoptivvater es gewünscht hatte –, die Farm zu erhalten und den Besitz zu mehren. Doch es gelang ihm nicht. Er war wohl einer der geschäftsuntüchtigsten Einwanderer, die Amerika je erlebt hatte; ständig wurde er von allen Seiten betrogen und mußte die Farm schließlich verschleudern. Eine Zeitlang versuchte er noch, als Gemischtwarenhändler, Porträtzeichner, Tanzlehrer und Geschäftsreisender sein Brot zu verdienen; dann gab er es auf und verschrieb sich ganz dem freien, ungebundenen Grenzerleben.

Auch hierfür war er eigentlich recht wenig geeignet. Er besaß einige Gaben – gute Manieren zum Beispiel, gesellschaftliche Fähigkeiten und ein an dem französischen Revolutionsmaler Jacques Louis David geschultes hervorragendes Zeichentalent. Aber solche Künste galten im Wilden Westen nicht viel. Nur eine Mitgift kam ihm in der Wildnis zustatten: seine Naturliebe, sein Interesse vor allem an der Vogelwelt. Aus Spaß und Neigung streifte er in den Wäldern herum, zeichnete Vögel und füllte sein Tagebuch mit Notizen über sie. Er wanderte bis nach Arkansas, er hauste in den Sumpfwäldern von Louisiana, in Gegenden, die vordem kaum je ein Weißer betreten hatte; er lebte unter Indianern, lernte von ihnen und erhielt Einblicke in ihre Welt, in eine fremde, faszinierende und im wirklichen Sinne des Wortes naturverbundene Welt. Und immer wieder waren es die Vögel, die ihn begeisterten. Er ahnte nicht, daß dieses Steckenpferd einmal sein Leben bestimmen würde.

Nordamerika war damals noch ein Paradies für jeden Ornithologen. Sittiche, Kolibris und grellbunte Tangaren flogen durch die Wälder und Auen. Der Tyrann, der Königswürger, folgte lärmend und aufdringlich jedem Fremden, der es wagte, in sein Reich einzudringen. Nachtschwalben schrien ihr „Whip-poor-Will" zu den Sternen, Präriehühner schwirrten vor den Füßen des Wanderers auf, und an den Baumstämmen pochte der Elfenbeinschnabel, der schöne Langhaubenspecht, „ein äußerst anmutiger Vogel, dessen Anblick jeden Beschauer mit Vergnügen erfüllt". Aber alle diese Vögel waren der Wissenschaft kaum bekannt. Die rauhen Grenzer hatten keinen Sinn für Ornithologie und legten höchstens die Flinte an, wenn sie eines dieser (wie Audubon sagt) „heiteren, fröhlichen und liebenswerten Prachtgeschöpfe" antrafen. So kam es, daß Audubon in zoologisches Neuland vorstoßen und sich nach und nach zum größten Vogelkenner Nordamerikas entwickeln konnte.

Da seine Frau als Lehrerin die Familie ernährte, war er finanziell unabhängig; er lebte das wilde, schweifende Leben seiner geliebten Vögel nach. In Kentucky nahm er Kontakt zu einem sagenumwobenen Manne auf – zu Daniel Boone, dem „Lederstrumpf", dem Ur- und Vorbild der amerikanischen Waldläufer. Mit Boone zog er nun endlich ins Unbekannte, in die verstecktesten Winkel des Wilden Westens. Aus dem zivilisierten Franzosen, der es zeitlebens nicht fertigbrachte, die englische Sprache richtig zu beherrschen, wurde ein echter Vagant. In dieser Zeit schon entdeckte Audubon, ohne daß ein einziger Forscher davon erfuhr, zahllose noch nie beschriebene Tierarten. Er kam als erster Mensch hinter einige Rätsel des Vogelzuges und faßte bereits damals den Gedanken, den verwickelten Wanderwegen der Vögel durch Beringung nachzuspüren. Ein Gedanke, den heute jede Vogelwarte realisiert hat und der uns so selbstverständlich erscheint, daß wir uns wundern, wieso erst ein Grenzer und Waldläufer kommen und ihn den Ornithologen ans Herz legen mußte.

In den Prärien am Ohio beobachtete Audubon die Riesenschwärme der Wandertauben, die damals zu den häufigsten Vögeln Nordamerikas gehörten. Er sah, wie diese Tiere zu Tausenden und Abertausenden abgeschossen oder totgeschlagen wurden, bis sie immer seltener zu finden waren. Ihren völligen Untergang erlebte er allerdings nicht mehr.

Um 1897 ergab eine Bestandsaufnahme dieser „allergewöhnlichsten Vögel Nordamerikas" nur noch ganze vierhundert Stück; drei Jahre später waren lediglich fünfzig übriggeblieben, und im Jahre 1907 schoß jemand in Kanada die letzte freilebende Wandertaube. Ein ähnliches Schicksal hatte der hübsche Karolina-Sittich. Auch er bewohnte Nordamerika in ungeheuren Scharen und hatte, wie Audubon berichtet, keinerlei Angst vor den Menschen. Diese Furchtlosigkeit wurde ihm zum Verhängnis. Man bekämpfte ihn als „Schädling", schoß seine Schwärme ab, wo man nur konnte, und rottete ihn so innerhalb weniger Jahrzehnte bis zum letzten Exemplar aus.

Audubons besondere Lieblinge unter allen Vögeln Amerikas aber wurden die Kolibris. Er prägte für sie eine Bezeichnung, die spätere Tierschilderer bis heute noch gern benutzen: „Fliegende Edelsteine". Bei seinen Kolibri-Beschreibungen wurde er geradezu zum Dichter. So schrieb er einmal: „Wen gäbe es wohl, der nicht beim Anblick eines dieser lieblichen kleinen Geschöpfe bewundernd stillstände, wenn es schwirrend durch die Luft schießt, sich in ihr wie durch Zauber festhält und von Blume zu Blume gleitet, als wäre es ein Stück Regenbogen, so lieblich wie das Licht selbst."

Ein anderes Mal besang er den nordamerikanischen Rubinkehl-Kolibri mit den Worten: „Er hat den Charakter einer Hornisse und ist außerordentlich heftig und ungestüm in seinen Bewegungen. Oft hält er sich einige Augenblicke auf dem gleichen Fleck, schwebend, als sei er in der Luft befestigt. Dann schießt er plötzlich mit der Geschwindigkeit eines Pfeiles zur Seite und schwenkt sich gleich einem Schlittschuhläufer rasch um alle Hindernisse herum. Er steigt zu den höchsten Wipfeln der Bäume; aber er will noch höher hinaus – kühn schnellt er sich empor in die Wolken, als würde er zum Himmel hinaufgeschleudert."

Bei diesen Schilderungen fällt zunächst einmal auf, daß Audubon seine

Kolibris in Nordamerika erforscht hat. Im allgemeinen galten diese kleinsten aller Vögel für Bewohner der mittel- und südamerikanischen Tropen. Aber das trifft nicht ganz zu. Einige Kolibri-Arten Nordamerikas sind Zugvögel, die vor Einbruch der kalten Jahreszeit in wärmere Klimazonen wandern und zur Brutzeit an ihre Geburtsstätten zurückkehren. Wieder andere, die in den Anden bis viertausend Meter Höhe leben, verfallen bei starkem Absinken der Temperatur in eine regelrechte Kältestarre; dabei geht ihre Körperwärme, die sonst über vierzig Grad beträgt, bis auf fünfzehn Grad zurück. Sobald sie aber die wärmenden Sonnenstrahlen spüren, erwachen sie aus diesem winterschlafähnlichen Zustand und werden rasch wieder lebhaft wie zuvor. Abgesehen von den jahreszeitlichen Wanderungen und dem Kälteschlaf gilt im Grunde genommen alles, was auf die nördlichen Arten zutrifft, auch für die Mehrzahl der tropischen Kolibris.

Der berühmte Physiker Sir Isaac Newton, der vor zweieinhalb Jahrhunderten gelebt hat, beschäftigte sich bereits mit dem Phänomen des Schillerns der Kolibrifedern. Er schrieb eine ganze Abhandlung darüber, in der er darlegte, wie es zustande kommt. Die Schillerfarben, so meinte er, gleichen denjenigen Farben, die das einfallende Licht auf dünnen Plättchen hervorruft; sie wurden durch das Licht in alle Farben des Regenbogens zerlegt und erscheinen dem Auge aus verschiedenen Blickwinkeln an denselben Federstellen immer anders. Man nennt diese Erscheinung „Interferenz"; sie ist die gleiche, wie man sie auch bei Seifenblasen, Glasprismen oder schillernden Ölpfützen beobachten kann.

Lange Zeit hindurch glaubte man nicht an Newtons Deutung, sondern war überzeugt davon, daß die Farben aus sich heraus leuchten. Heute wissen wir längst, daß Newton recht hatte, obwohl er nie einen lebenden Kolibri sah. Überhaupt gab es bis zu Audubons Zeit kaum korrekte Kolibri-Beobachtungen aus dem Freileben. Es gehört nämlich viel Geduld und Aufmerksamkeit dazu, diese blitzschnell umherjagenden Körperchen genau zu studieren, ja, ihnen überhaupt nur mit den Augen zu folgen. Ohnehin waren die Kolibri-Sammler meistens nur an der Erbeutung der schimmernden Juwele interessiert und beschwerten sich sogar, wie es in einem Reisebericht hieß, daß „diese winzigen Vögel wegen der vielen Hakenschläge und Bögen, die sie beim Fliegen machen, so schwer abzuschießen" seien.

Auch Audubon schoß Kolibris und viele andere Tiere, die er abbildete und in seinen Werken schilderte. Man kann diesen leidenschaftlichen Trapper und Weidmann schwerlich als einen Vorkämpfer des Tierschutzgedankens bezeichnen. Aber er vereinte den geübten Blick des Waldläufers mit den Fähigkeiten des geborenen Naturforschers. Er erkannte, daß die Kolibris senkrecht auf- und abwärts, ja sogar rückwärts zu fliegen vermögen. Als einzige Vögel nutzen sie nicht nur den Flügelschlag nach unten, sondern auch den Flügelschlag nach oben. Deshalb kann ein Kolibri, der nur wenige

Zentimeter von einem Menschen entfernt vor einer Blüte schwirrt, in Sekundenbruchteilen reagieren und davonsausen, wenn er auch nur die leiseste Gefahr ahnt. Dazu benötigen diese winzigen Vögel besonders kräftige Muskeln und ein außergewöhnlich leistungsfähiges Herz. Die Flugmuskulatur eines Kolibris macht etwa ein Viertel des Gesamtgewichts seines Körpers aus. Beim Rubinkehl-Kolibri schätzte Audubon die Zahl der Flügelschläge auf etwa fünfzig in der Sekunde. Heute kennen wir einige Arten, die es auf fünfundsiebzig, ja beim Hochfliegen und beim Absturz in die Tiefe auf bis zu zweihundert Flügelschläge pro Sekunde bringen. Ein Sperling zum Beispiel schlägt dagegen in der Sekunde höchstens dreizehnmal mit den Flügeln.

Ein amerikanischer Vogel, den man heute in der ganzen Welt kennt: der Truthahn, hier in einer Darstellung aus der Konquistadorenzeit. Audubon erforschte die wilde Stammform.

Im Jahre 1836 traf Audubon zu einem längeren Besuch in Europa ein, das Gepäck voller Manuskripte, Bildermappen und Sammlungen. Und hier, in den Salons und Forschungsinstituten von England, Schottland und Frankreich wurde der Mann aus dem Wilden Westen zur Attraktion des Tages. Man stellte seine Bilder aus, er fand Graveure und druckte hier seine Werke. Der deutsche Dichter Ferdinand Freiligrath besang ihn als „Mann der Wälder und Savannen"; kurz – die naturberauschten Europäer der Biedermeierzeit und des Vormärz erhoben den Waldläufer, den Mann von dunkler, geheimnisvoller Herkunft, zum Typus des weißen Pioniers in Amerikas Weiten.

Nur seine Erfahrungen in der Kolibri-Pflege nahm man ihm auch in den

Naturforscherkreisen Europas nicht ab. Es dauerte noch viele Jahrzehnte, bis die Zoologen und Zoodirektoren sich bequemten, ihren Kolibris neben Nektar die notwendige Insektennahrung vorzusetzen.

Audubon starb im Jahre 1851 auf Manhattan Island. Als Amerikas größter Ornithologe ist er in die Unsterblichkeit eingegangen. Viele Zoologen haben sich seitdem den Kolibris verschrieben und Audubons Schilderungen bestätigt und auch ergänzt. Heute führt uns jeder Kolibri im Zoo vor, wie er mit seinem dünnen Schnabel aus kleinen Puppenfläschchen ein Gemisch aus Honig, Fett und tierischem Eiweiß saugt und daneben Taufliegen, die sich vor den Fläschchen ansammeln, in raschem Zugriff mit größter Sicherheit packt.

Vögel auf Eis

Es begann mit einem Mißverständnis, mit einem jener falschen Zungenschläge, die für die Geschichte der Tierentdeckungen so charakteristisch sind. Wir kennen ja schon verschiedene solcher Fälle: den madagassischen Staunensruf „Aye-aye!“, der zur Bezeichnung des Fingertiers wurde, den römischen Namen des Zaunkönigs, den Linné den Kolibris anhängte, das Wort „Re'em“, mit dem die alten Hebräer den Urstier benannten und das die Legende dann später auf das Nashorn bezog. Einem solchen Irrtum ist es auch zuzuschreiben, daß die antarktischen Pinguine heute allgemein Pinguine heißen. Der eigentliche, der etymologische Pinguin nämlich, ist ein ganz anderes Tier. Aber das hatte man längst vergessen, als im Jahre 1841 ein norwegischer Naturforscher auf Neufundland von dem Vorhandensein unzähliger Pinguine hörte. Neufundland liegt im nordöstlichen Amerika, Pinguine aber – oder das, was man heute darunter versteht – kommen lediglich auf der südlichen Erdhalbkugel vor. So lächelte man über die Angaben des Norwegers Peter Struvitz und schenkte ihnen keinen Glauben.

Struvitz aber, der eigentlich den neufundländischen Kabeljaufang hätte studieren sollen, ärgerte sich über diese Zweifel an seiner Aufrichtigkeit und ging der Sache nach. Seine Gewährsleute, die einheimischen Fischer, führten ihn zu einer Gruppe von kleinen Schären vor der neufundländischen Küste; sie bezeichneten eine von ihnen, die Funks-Insel, als „Isle des pingouins“. Dort entdeckte Struvitz zwar keine lebenden Pinguine mehr, dafür aber zahlreiche Steingehege, in denen die Tiere nach Aussagen der Fischer seit Urzeiten zusammengetrieben und abgeschlachtet worden waren. In diesen steinernen Korrals lagen haufenweise Knochen von „Pinguinen“.

Also, dachte Struvitz hocherfreut, haben die Pinguine – mögen sie auch heute in dieser Gegend ausgerottet sein – immerhin vor noch gar nicht so langer Zeit auf Neufundland existiert.

Norwegische Zoologen untersuchten die Knochen und schüttelten die Köpfe. Nein, um Pinguine konnte es sich hier ganz gewiß nicht handeln; die Schnäbel, Flügel und Füße sahen völlig anders aus. Plötzlich aber kam den Experten eine Erleuchtung: Was Struvitz da gefunden hatte, das waren Überreste eines schon fast sagenhaften arktischen Vogels, von dem man nicht wußte, ob er noch lebte oder ob er schon ausgestorben war. Es waren Knochen des flugunfähigen Riesenalks, eines Tieres, dessen Skelette, Bälge und Eier man seit Jahren mit Gold aufwog. Und dieser Riesenalk hatte mit den Pinguinen sehr viel zu tun, freilich nicht vom zoologischen, sondern vom historischen Standpunkt aus. Er war der ursprüngliche Träger des Namens „Pinguin", mit dem heute die ihm gänzlich fernstehenden Flossentauchvögel der Antarktis benannt werden. Somit hatte Peter Struvitz auf Neufundland in der Tat Pinguine festgestellt – etymologische Pinguine.

Wie es zu dieser Namenübertragung kam, das hat vor rund fünfzig Jahren der Ornithologe Hans Gadow, der Kurator der Vogelsammlungen in Cambridge, herausbekommen. Das französische Wort „pingouin" stammt nach Gadow nicht von dem lateinischen Adjektiv „pinguis" (fett), sondern von der alten keltischen Bezeichnung „Pen-gwyn". Bretonische Fischer, die vor Neufundland ihre Netze auswarfen, pflegten sich schon vor vierhundert Jahren mit Riesenalken zu verproviantieren; sie nannten die großen fluglosen Vögel der leuchtendweißen Augenflecke wegen, die auffällig von dem Dunkelbraun des Kopfes abstachen, „Pen-gwyn", Weißköpfe. Den Gelehrten, die dann die ersten Riesenalke untersuchten, fiel weniger die weiße Kopfzeichnung als das fette Fleisch der Vögel auf, und so wurde aus dem „Weißkopf" ein Pinguin, ein „Fettvogel". Als nun einige Zeit später eine antarktische Vogelgruppe entdeckt wurde, deren Angehörige gleichfalls fluglos und sehr fett waren, erhielt sie dasselbe Etikett. Dieses Etikett verblieb dann allein den südlichen Tauchvögeln; der ursprüngliche Pinguin dagegen, der Riesenalk, büßte im Laufe der Jahrhunderte sowohl seinen Namen als auch seine leibliche Existenz ein. Nur noch in den Erinnerungen der Neufundlandfischer geistert er weiter als Namenspatron der „Isle des pingouins" herum. Und auch die Zoologiebücher führen ihn weiterhin unter dem wissenschaftlichen Namen *Pinguinus impennis.*

Mit dem Riesenalk haben die Bewohner der nordatlantischen Küsten schon seit der Steinzeit auf vertrautem Fuß gestanden. Knochen des Vogels finden sich in den großen Abfallhaufen, die die prähistorischen Skandinavier einst aufgetürmt haben – ein Zeichen, daß der fette Vogel bereits damals dem Menschen gut geschmeckt haben muß. Ausgrabungen haben ergeben, daß der Riesenalk in jener Zeit die europäische Küste vom Nordkap bis nach Spanien und die amerikanische Küste von Grönland bis nach Florida bewohnt hat. Als „Geirfugl“, als Speervogel, wird er in der Edda erwähnt. Er taucht in unzähligen alten Reiseberichten auf. Der italienische Seefahrer Giovanni Caboto begegnete ihm um 1497 an der Küste von Labrador. Sein Sohn Sebastiano sah ihn zwanzig Jahre später an der Hudsonstraße. Der französische Entdecker Jacques Cartier konnte 1534 in Neufundland an einem Tage über tausend erlegte „Pingouins“ in sein Schiff laden. Und der Grönlandforscher und Apostel der Eskimos, Hans Egede, war noch um 1730 tief erstaunt über die Unmengen grönländischer Riesenalke, nannte sie die Charaktervögel der großen Insel und erzählte, daß ihre Schlüsselbeine treffliche Angelhaken abgäben.

Leider hatten die bedauernswerten Vögel nicht nur den Namen, sondern auch die Flugunfähigkeit und die Vertrauensseligkeit mit den Pinguinen gemeinsam. In Scharen watschelten sie herbei, wenn sich ein Schiff sehen ließ. Sie umringten die Ankömmlinge wie neugierige frackbekleidete Liliputaner, schwatzten auf sie ein, untersuchten ihre Ausrüstungsgegenstände und endeten rasch durch wohlgezielte Hiebe auf den Kopf. Man suchte ihre Brutplätze auf und verzehrte die großen gutschmeckenden Eier, man benutzte die Leiber der erschlagenen Vögel, sofern man sich nicht an den tranigen Geschmack gewöhnen konnte, als Fackeln und Heizmaterial, und um 1750 gab es Riesenalke nur noch auf einigen vereinzelten Schären vor Neufundland, Grönland und Island, ferner in ganz wenigen Exemplaren auf den Färöern und auf der Hebrideninsel St. Kilda.

Diese letzten Zufluchtsorte wurden regelmäßig von Eiersammlern besucht – ein recht gefährliches Handwerk übrigens, denn es existieren einige Aktennotizen, denen zufolge eine große Zahl von Männern in der Schärenbrandung ums Leben gekommen ist. Trotzdem scheint die Sache ein gutes Geschäft gewesen zu sein. Denn die Verfolgung des Riesenalks wurde fortgesetzt, bis das letzte Exemplar von der Erde verschwunden war. Wie das im einzelnen vor sich ging, konnte ein dänischer Zoologe und Prähistoriker, Johann Japetus Steenstrup aus Kopenhagen, nach mühseligen Quellenstudien klären – allerdings erst um 1850, als es keinen einzigen Riesenalk mehr gab.

Fällt heute der Name Steenstrup, so pflegen standesbewußte Paläontologen die Stirn zu runzeln und das Wort „Mammut“ hinter der vorgehaltenen Hand zu flüstern. Denn der selige Johann Japetus war einst der entschiedenste Verfechter der These, daß Mensch und Mammut niemals zusammengelebt haben könnten. Nun – wenn Steenstrup sich auch in diesem Punkte gründlich geirrt hat, so war er ansonsten doch ein recht rühriger und verdienstvoller Naturforscher. Er stellte fest, auf welche Weise das Auge der Flundern von einer Kopfseite auf die andere wandert, er schrieb grundlegende Arbeiten über Tintenfische und Schmarotzerkrebse, er untersuchte dänische Torfmoore und Muschelhaufen auf Spuren vorzeitlicher Kulturen, und er rekonstruierte schließlich auch den Todesweg des „nordischen Pinguins", des Riesen unter den Alken.

Da ist zunächst der Fall der amerikanischen Riesenalke. Nach Steenstrup ernährten sich die Neufundlandfischer bis zum Ende des sechzehnten Jahrhunderts fast ausschließlich vom Fleisch der vertrauensseligen Vögel; man trieb sie einfach über eine Planke hinweg in die Boote, bis keiner mehr hineinging, und schlachtete sie dann nach und nach ab. „Auf der Pinguin-Insel", heißt es in einem Brief, den ein Anthony Parkhurst am 13. November 1578 an den englischen Kosmographen Richard Hakluyt schrieb, „gibt es einen Vogel, der nicht fliegen kann, da die Flügel nicht imstande sind, den Körper zu heben. Er brütet dort in fast unglaublichen Mengen. Sehr groß ist er, nicht kleiner als eine Gans, und außerordentlich fett. Die Franzosen fangen diesen Vogel ohne Schwierigkeit und salzen ihn ein. Wenn wir Zeit genug gehabt hätten, würden wir uns dort dieselben Nahrungsvorräte beschafft haben." Andere Leute hatten mehr Zeit als Mr. Parkhurst; und so kommt es, daß der Kabeljauforscher Peter Struvitz zweieinhalb Jahrhunderte später auf der „Isle des pingouins" nur noch Knochenreste vorfand.

Es ist anzunehmen, daß der Vogel schon vor 1800 von der Funks-Insel und den anderen Schären vor Neufundland verschwand. Der vorletzte grönländische Riesenalk wurde im Jahre 1815 bei Fiskernaes, der letzte sechs Jahre darauf an der Disko-Insel erbeutet. Auf einigen winzigen Eilanden vor der Küste von Labrador soll es nach den Erkundigungen Audubons noch um 1838 brütende Riesenalke gegeben haben; niemand aber hat sie bei späteren Nachforschungen gesehen. Zu dieser Zeit existierten auch in Europa, von einer einzigen Schäre abgesehen, keine Riesenalke mehr.

Der Bestand auf den Färöern war bereits gegen Ende des siebzehnten Jahrhunderts auf ein Minimum reduziert; fünfzig Jahre später registrierte man dort nur noch vereinzelte Alke, die anscheinend nicht mehr zur Brut schritten. Auf der Hebrideninsel St. Kilda war es ähnlich: Ab 1758 hörten die regelmäßigen Bruten auf, im Jahre 1822 sah der Naturforscher John Flemming aus Edinburgh nur noch einen einzigen Riesenalk (allerdings nicht in Freiheit, sondern mit einer Schnur ums Bein als Gefangenen eines Inselpächters), und in den Jahren 1829 und 1834 wurden dann die beiden letzten Riesenalke auf St. Kilda in halbverhungertem Zustand gefangen und lebend nach Schottland gebracht. Einer von ihnen wanderte durch verschiedene Hände, er wurde unter anderem von einem Mr. Davis erworben, war dann vier Monate lang im Besitz eines Mr. Grugh aus Horetown und wurde mit Forellen und in Milch eingeweichten Kartoffeln gefüttert. Er blieb der einzige Riesenalk, den man längere Zeit in Gefangenschaft beobachten konnte, und benahm sich hier, nach Grugh, „ziemlich wild und gierig".

Die ständige Beunruhigung und Verfolgung trieb einige Vögel in Gegenden, in denen man sie nicht vermutet hätte. So tauchte im Jahre 1790 ein Riesenalk im Kieler Hafen auf, zwanzig Jahre später wurden zwei Riesenalke auf den Orkneys von Fischern mit Rudern erschlagen, und 1830 trieb ein toter Riesenalk an die Küste der Normandie. Der Tod dieses Vogels steht möglicherweise in Zusammenhang mit einer Naturkatastrophe, die im gleichen Jahr den einzigen damals noch bestehenden Brutplatz der Riesenalke vernichtet hat – die Felsinsel Geirfuglasker in der Nähe von Island.

Die isländischen „Nordpinguine" hatten einst hauptsächlich auf einigen als Alkklippen bezeichneten Vogelinseln in der Nähe von Reykjanes, also an der Südwestspitze der Insel, gebrütet. Sie galten als Gemeindebesitz; ihr Fang wurde so hoch besteuert, daß den Alkjägern nur ein Viertel des Erlöses blieb. Dennoch unternahmen die Dörfler von Reykjanes regelmäßige Beutezüge, mit dem Ergebnis, daß die Alke sich auf eine einzige Schäre zurückzogen, auf Geirfuglasker, die „Insel der Speervögel". Ein Mann von den Färöern namens Peter Hansen muß mit seiner Schonerbesatzung im Jahre 1813 verheerend unter den brütenden Vögeln gehaust haben; er habe, so heißt es, die Paare auf den Nestern erschlagen, sämtliche Eier eingesammelt und eine wahre Totenstätte zurückgelassen. Weitere Überfälle von Fischern und Bauern folgten. Dann versank Geirfuglasker im Jahre 1830 nach einem vulkanischen Seebeben im Meer.

Erschrocken sichteten die Leiter der Museen ihre Sammlungen, als sie das hörten. Sie stellten fest, daß man nicht daran gedacht hatte, rechtzeitig für eine genügende Zahl an ausgestopften und präparierten Riesenalken zu sorgen. Nur in ganz wenigen alten Kollektionen war der „Nordpinguin" zu finden – so hatten der Belgier Jacob Plateau und der Engländer John Tradescant im siebzehnten Jahrhundert je einen Balg besessen. Es gab auch kaum brauchbare Beschreibungen des Tieres; die zoologisch ergiebigste war in einem Brief enthalten, den ein norwegischer Arzt aus Bergen namens Henrik Hojer bereits im Jahre 1604 von den Färöern aus an den Naturforscher Carolus Clusius geschickt hatte. – Was tun? Man mußte Sammler losschicken und in einer detektivischen Großfahndung feststellen, ob sich nicht doch noch einige Riesenalke aus der Katastrophe von Geirfuglasker gerettet hatten.

In der Tat waren rund fünfzig Riesenalke übriggeblieben. Sie hatten das versinkende Eiland verlassen und sich auf einer viel kleineren Schäre, die den Namen Eldey führt und von Vogelfängern aus unbekanntem Grunde „Mehlsack" genannt wurde, angesiedelt. Ein Agent aus der isländischen Hauptstadt Reykjavik, Carl Siemsen, hörte davon und versprach den Museen die Beschaffung der ersehnten Bälge, Skelette und Eier – für gutes Geld, versteht sich. Schon in den Jahren 1830 und 1831 schickte er einen gewissen Gudmundsson los, der tabula rasa machte und mit rund fünfundvierzig Riesenalken zurückkehrte. Einige der Vögel lebten noch, hielten sich aber nicht lange in Gefangenschaft. Damit besaßen die europäischen Museen insgesamt etwa sechzig ausgestopfte Riesenalke und ebenso viele Eier.

Doch das genügte noch nicht. Die Preise für Riesenalkreste stiegen unaufhörlich. So versuchte Siemsen es im Jahre 1840 noch einmal. Vier Vögel und fünf Eier waren die Ausbeute. So wenig? dachten die Museumsleiter

Das Bild des Riesenalks, das Henrik Jojer an Carolus Clusius schickte.

und boten jetzt tausend Kronen für einen Balg und hundert Kronen für ein Ei. Also schickte Siemsen im Juni 1844 den isländischen Fischer Vilhjalmar Hakonarsson abermals mit dreizehn Begleitern in einem Boot nach Eldey. Hakonarssons Hoffnung, durch diese Fahrt Reichtümer zu erwerben, trog jedoch. Erstens war die Brandung von Eldey so stark, daß man kaum landen konnte, und zweitens sahen die Männer zunächst keinen einzigen Vogel. Ärgerlich kletterten drei der Bootsleute über die Klippen. Plötzlich standen sie zwei großen Alken im dunklen Federkleid gegenüber, die hilflos davonzulaufen versuchten – den beiden Letzten ihres Geschlechts. Ein Sigurd Islefsson erschlug den einen, ein Jon Brandsson tötete den anderen, und ein Ketil Kentilsson stieß auf das Ei des Paares, sah, daß es angebrochen war, und schleuderte es mürrisch in die Felsen. Zwanzig Jahre später wäre dieses Ei sechstausend, heute mehr als zwanzigtausend Kronen wert gewesen.

Die ganze Aktion auf Eldey hatte zwar den Bestand an ausgestopften Riesenalken um einundfünfzig Stück erhöht, dafür aber war der Vogel selbst ausgerottet – ein entschieden zu hoher Preis, wie man mit einiger Verlegenheit zugeben mußte. Dabei wäre, so ergab sich bald, die ganze Sache nicht nötig gewesen. Im Jahre 1863 beschaffte sich nämlich ein Amerikaner eine Konzession auf den Guano der „Isle des pingouins“, der neufundländischen Funks-Insel. Er ließ die halbgefrorene Erde ausheben und nach Boston schaffen. Da kamen in der Tiefe plötzlich zahlreiche Knochen und einige Mumien des Riesenalks, die sich im vereisten Torf gut erhalten hatten, zum Vorschein. Spätere Ausgrabungen auf der Funks-Insel erbrachten noch die Reste von über hundert „Nordpinguinen“. Zwei dieser Mumien – und seltsamerweise nicht zwei Bälge aus Eldey – lagen der ersten wissenschaftlichen Abhandlung über den Riesenalk, die je geschrieben wurde, zugrunde. Verfasser der Studie war der englische Paläontologe Richard Owen; er hatte die im Eis konservierten Häute vom neufundländischen Bischof zum Geschenk erhalten. Als Owen die Mumien untersuchte und den Zoologen schlüssig bewies, daß der Pinguin des Nordens kein Pinguin war, sondern ein großer Verwandter der Alke und Lummen, lag die Insel Eldey seit einundzwanzig Jahren verödet da.

Der Preis für *Pinguinus impennis* erreichte bald schwindelnde Höhen. Riesenalkeier erbrachten schon vor dem Ersten Weltkrieg, obwohl sie zum Teil beschmutzt, ausgeblichen und voller Sprünge waren, auf Auktionen Summen von viertausend, sechstausend und zehntausend Kronen; inzwischen dürften sie das Doppelte wert sein. Bälge werden gegenwärtig nicht mehr gehandelt, weil sie unbezahlbar sind. Und in den wenigen Arbeiten, die es über den Riesenalk gibt, werden die Männer Siemsen, Gudmundsson und Hakonarsson heute als zoologische Herostraten gebrandmarkt. Aber kann man den Stab brechen über diese Handlanger des Schicksals? So lange das Tier Handelsobjekt ist, wird sich immer jemand finden, der den Knüppel in die Hand nimmt und zuschlägt, ohne erst sein Gewissen zu befragen. Der Riesenalk wurde in Wirklichkeit nicht durch Carl Siemsen und seine Helfer ausgerottet, sondern durch die raritätensüchtige Wissenschaft.

Drei Jahrhunderte vor dem Massaker von Eldey, als die Riesenalke noch zu Tausenden zusammengetrieben und in die Boote geschaufelt werden konnten, trafen die ersten Nachrichten über „Südpinguine“ in Europa ein. André Thevet, der alte französische Kosmograph, der uns in seinem Buch über das „antarktische Frankreich, anderwärts auch Amerika genannt“, mit Faultier, Gürteltier und Manati, Aguti und Tukan bekannt gemacht hat, erwähnt im Jahre 1558 aus Patagonien auch einen schwarzweißen aufrecht gehenden Vogel, der nicht fliegen kann. Er nennt ihn *Aponar* – es ist der heutige Magellan-Pinguin. Um 1599 brachten dann holländische Seefahrer von der Magellanstraße genauere Berichte über dieses Tier mit. Ihre Schilderungen gaben dem greisen Paradiesvogel- und Termitenforscher Carolus Clusius Veranlassung, in seinem „Buch der Exotika“ den Südpinguin streng vom Nordpinguin zu trennen und beide Formen als typische Polargeschöpfe zu bezeichnen. Doch diese Trennungslinie wurde bald verwischt, als andere Holländer auf der südafrikanischen Dachsinsel, vierzig Kilometer nordwestlich von Kapstadt, ganze Höhlenkolonien von Pinguinen entdeckten. Es handelt sich um die heute unter Naturschutz stehenden und in zoologischen Gärten besonders häufigen Brillenpinguine. Da man damals von exakter zoologischer Forschung noch um gut zweieinhalb Jahrhunderte entfernt war, gingen diese kleinen furchtlosen Höhlenbrüter der Dachsinsel in die wissenschaftliche Literatur ein als südliche Gegenstücke zum Pen-gwyn, zum „Pingouin" der Nordatlantikfahrer.

Wie wir schon gehört haben, heftete sich der Name „Pinguin" in der Folge an sämtliche südliche Arten. Hätte die Erde selbst uns nicht den Gefallen getan, den Riesenalken die Arktis, und den Pinguinen die Antarktis einzuräumen, so ließe sich heute kaum mehr feststellen, was die verschiedenen alten Seefahrer unter ihren „Pingouins" verstanden haben. Südliche Pinguine kamen nicht nur an der Magellanstraße und auf der Dachsinsel zum Vorschein, sondern auch in anderen entlegenen Gegenden des Südmeeres: auf den Galapagos unterm Äquator, auf den Falklands südöstlich von Patagonien, auf den Kerguelen im Südindischen Meer und an der Küste des südlichen Neuseelands. Diese weit verstreuten Verbreitungsgebiete in Afrika und Südamerika, im Indischen und im Pazifischen Ozean konnten aber – so nahm man an – nichts als vorgeschobene Posten sein; irgendwo auf der südlichen Erdhalbkugel mußte es einen unbekannten Kontinent geben, eine „Terra australis incognita", ein geheimnisvolles Südland, ein Pinguinland, dem die komisch-gravitätischen Vögel entstammten.

Auf alten Karten aus jener Zeit, so zum Beispiel auf einer ORBIS TERRAEUM DESCRIPTIO DUOBIS PLANIS HEMISPHAERIIS COMPREHENSA, die der Amsterdamer Geograph Nicolas Geilekerck im Jahre 1617 entworfen hat, finden wir dieses hypothetische Land eingezeichnet. Es umfaßt Australien, Neuguinea, den größten Teil der Südsee und des südlichen Indischen Ozeans, ferner Feuerland und die heutigen Südpolgebiete. War es ein tropisches oder ein antarktisches Land? Man wußte es nicht so recht. Aber man fahndete eifrig danach. Die Suche nach der Herkunft der Pinguine wurde zugleich zur Suche nach dem rätselhaften Südkontinent.

Und die Entdeckung der Millionenscharen von Kaiser-, Königs-, Schopf-, Esels-, Zwerg-, Brillen- und Adeliepinguinen ist unzertrennlich verbunden mit den geographischen Leistungen von James Cook, James Weddell, James Clarke Ross, Robert Falcon Scott, Roald Amundsen und Richard Evelyn Byrd.

Bevor es aber so weit war, brachte ein junger, mit allzu üppiger Phantasie ausgestatteter Tiersammler eine große Verwirrung in die Pinguinfrage. Er erklärte nämlich, es gebe nicht nur nördliche und südliche, sondern auch – tropische Pinguine! Wir kennen diesen Mann schon, es war kein anderer als der Gewürzhändler, Paradiesvogelsucher und Lemuren-Entdecker Pierre Sonnerat. Als Sonnerat im Jahre 1772 auf den Molukken nach Gewürznelken fahndete, streifte er auch die große Tropeninsel Neuguinea. Nach seiner Rückkehr schrieb er eine „Voyage à la Nouvelle Guinée“, bildete darin den feuerländischen Eselspinguin und zwei weitere antarktische Pinguinarten ab und behauptete steif und fest, er habe diese Vögel in den neuguineischen Tropen mit eigenen Augen gesehen. Die Wissenschaft glaubte ihm und verlieh dem Eselspinguin den Namen *Pygoscelis papua*, Papua-Pinguin, der unglücklicherweise auch heute noch Gültigkeit hat. Erst viel später zeigte es sich, daß Sonnerat seine Pinguinbälge von irgendwelchen Seefahrern erworben hatte, ohne zu wissen, woher sie stammten, und daß er die Neuguinea-Geschichte erfand, um seine Unkenntnis nicht zugeben zu müssen.

Zur gleichen Zeit aber unternahm der große englische Seefahrer James Cook seine Vorstöße in die antarktischen Gewässer. Cook stieß zwar auf gewaltige Eisberge und Eisfelder, fand aber das sagenumwobene Südland nicht und erkannte nur, daß sich jenseits der Eismauer ein größerer Landblock rings um den Südpol herumzog – die heutige Antarktis. Er entdeckte die ersten Inselposten vor diesem antarktischen Block: Südgeorgien und die Süd-Sandwichs. Und die beiden Naturforscher, die ihn auf dieser seiner zweiten Weltumseglung begleiteten, der Pfarrer und Ornithologe Johann Reinhold Forster aus Nassenhuben bei Danzig und sein genialer, temperamentvoller Sohn Georg Forster, fanden die Inseln und die Eisregionen rund um das südpolare Festland über und über bedeckt mit zutraulichen „Vögeln im Frack“. Teils von Metergröße waren diese Pinguine, teils nur fünfzig Zentimeter hoch; es gab beschopfte und glattköpfige, mit weißen und mit gelben Zeichnungen versehen, in Höhlen und auf flacher Erde brütende Arten unter ihnen. Die beiden Forster waren auf einen Kontinent voll gefiederter Liliputaner gestoßen, auf einen Erdteil, in dem fluglose Vögel von verblüffend menschenartigem Benehmen herrschten – auf das lange gesuchte eigentliche Pinguinland.

In seiner 1781 von der Göttinger Akademie herausgegebenen Monographie über „ein Geschlecht flugloser Vögel, das in der Nähe des südlichen Erdkreises wohnt”, beschrieb Johann Reinhold Forster zahlreiche neue Arten: unter anderem den schwarzgrauen, mit weißer Hemdbrust und schwarzem Kinnriemen versehenen Südpolpinguin, den rotäugigen, mit kecken gelben Federschöpfen geschmückten Felsenpinguin und den Riesen der Gruppe, den stolzen metergroßen Königspinguin, dessen leuchtend orangegelber Brustlatz schon von weitem in der Schneewüste zu sehen ist. Eine noch größere Art, den Kaiserpinguin, taufte der Ornithologe des Britischen Museums zu London, George Robert Gray, später zu Ehren des Pfarrers von Nassenhuben auf den Namen *Aptenodytes forsteri*. Mit den Entdeckungen der beiden Forster betrat eine Vogelgruppe, deren Angehörige heute wohl die populärsten gefiederten Tiere auf unserer Erde sind, endgültig die Bühne der Wissenschaft.

Forsters Buch wurde in einem kahlen Pariser Turmzimmer von einem Manne, den man in Frankreich den ungekrönten König der Zoologen nannte, mit besonderer Gründlichkeit gelesen. Der Graf Buffon kannte die „Pingouins" des Nordens aus Cartiers Reisebeschreibung; sie waren Alke, zu Meerestauchern gewordene Verwandte der Möwenvögel. die ihre Flugfähigkeit eingebüßt hatten. Forsters Südpinguine aber mußten einer ganz anderen Seevogelgruppe entstammen und mit Steißfüßen, Sturmvögeln und Albatrossen entfernt verwandt sein. Die scheinbare Ähnlichkeit beider Formen, das sah Buffon sofort, war nicht stammesgeschichtlich bedingt, sondern nur auf eine ähnliche Lebensweise zurückzuführen: Riesenalk wie Südpinguin sind typische Rückwanderer ins Meer. Um das verwirrende Namendurcheinander zu steuern, nannte Buffon den Riesenalk weiterhin „Pingouin", prägte aber für die antarktischen Flossentaucher einen neuen Namen: „Manchot", Tölpel. Da dieser Name aber schon für einen pelikanartigen Seevogel der Arktis vergeben war, fand Buffons Vorschlag nur wenig Beifall. So kommt es, daß der Riesenalk nach wie vor den Gattungsnamen *Pinguinus* trägt und in den französischen Lexika sowohl der nordische Riesenalk als auch der antarktische Pinguin weiterhin unter dem Stichwort „Pingouin" zu finden ist.

Die weiteren Etappen der Pinguin-Geschichte lassen sich kurz in Stichworten aufführen: Im Jahre 1822 entdeckte der englische Walfänger James Weddell das nach ihm benannte antarktische Meer. Zwanzig Jahre später

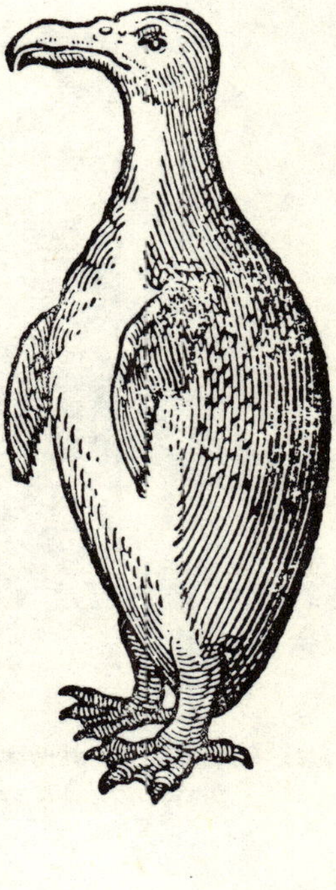

Holländische Seefahrer lieferten die ersten Nachrichten über feuerländische Pinguine. Im Text zu dieser ältesten Abbildung des Pinguins wird der Vogel noch als Magellans-Gans bezeichnet.

betrat James Clarke Ross als erster das südpolare Festland. In den Jahren 1911 und 1912 stießen Amundsen und Scott zum Südpol vor. Von 1946 bis 1947 führte der amerikanische Admiral Richard Evelyn Byrd mit zwölf Schiffen und über viertausend Begleitern die bisher größte Forschungsexpedition aller Zeiten in die Antarktis. Auf jeder dieser Fahrten und auf vielen weiteren Südpolreisen wurden neue Pinguinarten gefunden. Die letztentdeckte Art fiel den Zoologen kurioserweise erst beim Betrachten einiger Wochenschaubilder von der Byrdschen Expedition auf. Die Filme zeigten Scharen von beschopften Pinguinen, die sich deutlich von den bekannten gelbschopfigen Felsenpinguinen des Johann Reinhold Forster unterschieden. Da Byrd glücklicherweise so klug gewesen war, einige der Vögel mitzubringen und einem neuseeländischen Tierpark zu stiften, brauchten die

Der Urvogel Hesperornis aus der Kreidezeit ist nicht mit Alken oder Pinguinen verwandt, hat aber vermutlich ein ähnliches Leben geführt wie sie.

Wissenschaftler nach dem aufregenden Kinobesuch nicht eigens in die Antarktis zu reisen – sie konnten sich den Byrd-Pinguin in aller Ruhe in seinem Schwimmbecken im Zoo von Wellington ansehen.

Zunächst erging es den Pinguinen nicht anders als ihren nördlichen Namensvettern, den „Pingouins". „Je acht bis zehn Mann", so schildert um 1823 der Marineapotheker und Entlarver der Paradiesvögel, René Primevère Lesson, eine typische Pinguinjagd auf den Falklands, „wurden mit Stökken bewaffnet und losgeschickt. Sie schritten leise vorwärts, besetzten alle Wege und schlugen die Vögel zu Boden. Man mußte ihnen den Kopf zertrümmern, damit sie nicht mehr aufstanden und entflohen. Die Pinguine schrien herzzerreißend und verteidigten sich mit wütenden Schnabelhieben. In fünf bis sechs Stunden erlegten die Männer durchschnittlich sechzig bis achtzig Stück." Man fütterte mit den Kadavern die Schlittenhunde, man verbrannte die Häute und das Fett, um Heizmaterial zu sparen. Waren die Polarfahrer in Nahrungsnöten, so kosteten sie auch zuweilen selber von dem – wie Lesson schreibt – „sehr schlecht schmeckenden Pinguinfleisch".

Eines jedoch bewahrte die Pinguine davor, das Schicksal der Riesenalke zu teilen – ihre Popularität. Es gibt wohl kaum einen Reise- oder Forschungsbericht, der nicht mit heimlicher Rührung und Zärtlichkeit von den tapferen, liebenswürdigen und bewundernswerten „Vögeln im Frack" spricht. Ihr Gemeinschaftsleben mit Zank, Tratsch und lärmender Versöhnung, ihre ehelichen Sitten und Gebräuche, der Zusammenhalt der Paare und die fürsorgliche Kinderpflege, ihre geradezu beängstigende Neugier – all dies wirkt selbst auf einen abgebrühten Antarktisreisenden so menschlich-allzumenschlich, daß es ihm schwerfallen muß, den Stock zu heben und die gravitätischen Liliputaner roh ins Jenseits zu befördern.

Und seit Pinguine in Tiergärten gezeigt, in Kulturfilmen vorgeführt und in populären Büchern beschrieben werden, haben sie auch das Herz der breiten Masse im Sturm gewonnen. Heute werden sie kaum noch kommerziell genutzt, erlegt und vernichtet. So kann man hoffen, daß die Stimme des Volkes weiterhin für sie plädieren und ihnen den ungestörten Frieden in ihren kalten, öden Heimatregionen erhalten wird.

Lebende Urzeit

Heute begreifen wir kaum mehr, daß den vielen Handelsfahrern, Abenteurern, Piraten und Weltumseglern, die seit dem siebzehnten Jahrhundert die australische Küste angesteuert hatten, so gut wie nichts von den Eigenarten ihrer menschlichen und tierischen Bewohner aufgefallen war. Dabei gehören nicht nur die Ureinwohner des fünften Kontinents zu den urtümlichsten aller Menschenrassen; auch die dort lebenden Säugetiere stehen stammesgeschichtlich auf einer bemerkenswert niedrigen Stufe.

Die ersten Weißen, die einen Blick auf den noch völlig unbekannten Erdteil warfen – der Portugiese Godinho de Eredia im Jahre 1601 und der Spanier Pedro Fernandez de Quiros im Jahre 1606 –, sahen die Berge Nordaustraliens allerdings nur von weitem und kamen demzufolge weder mit Menschen noch mit Tieren in Berührung. Außerdem ahnten sie nicht, daß es sich hier um den lange gesuchten sagenhaften Südkontinent „Australia" handelte; denn sie vermuteten dieses Fabelland irgendwo in der Gegend der Neuen Hebriden, einer Inselgruppe im Pazifik.

Besser informiert waren einige Kapitäne der holländischen Ostindien-Kompanie. Schon zu Anfang des siebzehnten Jahrhunderts schickten die Niederländer von Indonesien aus regelmäßig Schiffe in die Südsee und berührten dabei häufig die australische Landmasse. Lange vor dem holländischen Seefahrer Abel Tasman, der allgemein als Entdecker Australiens gilt, ankerten Handelsfahrer aus seiner Heimat in verschiedenen Buchten des fünften Erdteils. Freilich verwechselten sie das Land mit Neuguinea, hielten es für einen trostlosen und unfruchtbaren Erdenfleck und waren glücklich, wenn sie den Bug ihrer Schiffe wieder heimwärts nach Java lenken konnten.

Einer von ihnen, Frans Pelsaert, stieß schließlich auf diejenigen Lebewesen Australiens, die uns heute am vertrautesten sind – die Känguruhs. Als sein Schiff an der australischen Westküste gestrandet war, sah er auf einem Landausflug ein Geschöpf „groß wie ein Mensch, mit einem Rehkopf und einem langen Schwanz, das auf seinen Hinterbeinen steht wie ein Vogel, aber auch hüpfen kann wie ein Frosch".

Bei näherer Nachforschung entdeckte Pelsaert sogar den Beutel, in dem die Känguruhkinder heranwachsen, und stellte fest, daß sich an den Zitzen der Mütter winzige wurmähnliche Keimlinge festgesaugt hatten. Da er sich nicht erklären konnte, wie diese „Würmchen" in den Beutel gelangt waren, meinte er, sie seien „aus den Milchdrüsen herausgewachsen".

Die holländischen Naturforscher in Java und in der Heimat hielten die zweibeinigen hüpfenden kuriosen Lebewesen des Frans Pelsaert für Fabeltiere und glaubten auch nicht an die Beutel. Ebenso belächelte man den englischen Abenteurer und Piraten William Dampier, der im Jahre 1688 an der Nordwestküste Australiens ähnliche Geschöpfe angetroffen haben wollte. Sogar über einen für die damalige Zeit sehr ausführlichen und kenntnisreichen Känguruh-Bericht, den der Holländer Corneille de Bruyn im Jahre 1717 verfaßt hatte, zuckten die Wissenschaftler nur die Achseln. „Die außerordentlichste Tatsache ist", so hieß es in diesem Bericht, „daß das Tier eine sackartige Öffnung am Bauch hat, in die sich die Jungen begeben, auch wenn sie schon ziemlich groß sind. Man sieht sie oft mit Kopf und Hals daraus hervorschauen; aber wenn die Mutter läuft, dann sind sie nicht sichtbar, sondern auf dem Boden des Sackes."

Die Teilnehmer an der ersten Weltumseglung des englischen Kapitäns James Cook, allen voran Sir Joseph Banks, hatten den charakteristischen Beutel, dem eine ganze Säugetiergruppe ihren Namen verdankt, zunächst nicht bemerkt. Immerhin konnten Cook und seine Wissenschaftler bestätigen, daß es im fünften Erdteil solche auf den Hinterbeinen hüpfenden Geschöpfe, wie sie die Holländer geschildert hatten, tatsächlich gibt.

„Meine Leute berichteten mir", schrieb Cook am 22. Juni 1770 in sein Schiffstagebuch, „sie hätten auf ihrem Ausflug ein Tier gesehen, groß wie ein Windhund und von schlankem Bau, mausgrauem Fell und äußerst schnell." Zwei Tage darauf sah Cook bei einem Landgang das erwähnte Tier mit eigenen Augen: „In Größe und Gestalt ähnelt es sehr einem Windhund, und ich würde es wohl für einen wilden Hund gehalten haben, wenn es nicht, anstatt zu laufen, gesprungen wäre wie ein Hase oder ein Hirsch."

Diese erste Begegnung der Engländer mit dem heutigen Wappentier Australiens spielte sich auf der Kap-York-Halbinsel im Norden des fünften Kontinents ab. Einen Monat später ankerte Cooks Schiff, die „Endeavour", in einer großen seichten Bucht an der Südostküste Australiens, um Frischwasser zu fassen und der Besatzung eine Ruhepause zu gönnen. Sir Joseph Banks und die anderen Wissenschaftler der Expedition hatten nun endlich Gelegenheit, sich intensiver mit Flora und Fauna Australiens zu beschäftigen. An dieser „Botany Bay" legten die Engländer übrigens später ihre erste Sträflingskolonie in Australien an. Heute gehört die „Botanische Bucht" zum Weichbild der Stadt Sydney.

Obwohl große und kleine Känguruh-Arten damals mit Sicherheit zu den häufigsten Bewohnern der Gegend um Botany Bay zählten, ist Sir Joseph Banks ihnen vermutlich nur ein einziges Mal begegnet. Was er und sein Begleiter, Leutnant Gore, sahen, das hat Cook in folgende Worte gekleidet: „Nach einem Marsch von vielen Meilen entdeckten sie vier Tiere von der gleichen Art, wie sie schon Gegenstand meiner Betrachtung waren. Zwei von ihnen wurden von Banks' Windhund gehetzt; doch sie entkamen ihm schließlich, weil sie über das hohe, dichte Gras sprangen, das den Lauf des Hundes behinderte. Nach Banks' Beobachtungen laufen diese Tiere nicht auf vier Beinen, sondern hüpfen auf den Hinterbeinen wie Springmäuse."

Auch zwei weitere Beuteltier-Arten entdeckten Cook und seine Männer in der Umgebung von Botany Bay. Diese beiden Arten, der Wollkuskus und der Fuchskusu, leben im Gegensatz zu den Känguruhs auf Bäumen, so daß der typische Brutbeutel der Weibchen zunächst niemandem auffiel.

Die eigentliche Erforschung der australischen Tierwelt begann erst so richtig, nachdem die Engländer auf dem australischen Festland und auf der benachbarten Insel Tasmanien die ersten Sträflingskolonien angelegt hatten. Nicht nur verurteilte Verbrecher befanden sich unter den Deportierten, sondern auch gebildete Personen, die sich aus politischen oder anderen Gründen in den Maschen des Gesetzes verfangen hatten. Verständlich, daß sich viele von ihnen die Zeit damit vertrieben, Tiere und Pflanzen zu sammeln und ihre Ausbeute in die Museen des Mutterlandes zu schicken.

Im Jahre 1791 traf sogar das erste lebende Känguruh in London ein, als Geschenk der Deportierten für den König von England. Die Londoner durften das Tier für einen Schilling besichtigen, und im Nu war es Gesprächsstoff in der englischen Hauptstadt. „Das wundervolle Känguruh von Botany Bay", so wurde es angepriesen, „ein erstaunliches, schönes und zahmes Tier, eineinhalb Meter hoch, das von der südlichen Erdhalbkugel herkommt und kaum glaubhaft erscheint."

Kaum glaubhaft erschien auch den Museumsdirektoren, was ihnen die Sträflinge in Australien sonst noch an ausgestopften und präparierten Tieren ins Haus schickten. Bei näherer Untersuchung stellten sie nämlich fest, daß sich all die vielen Säugetiere der australischen Region, so verschiedenartig sie auch wirkten, durch ein gemeinsames Merkmal auszeichneten: Die Weibchen besaßen allesamt den schon erwähnten Beutel, der als Kinderwiege diente. In sämtlichen anderen Punkten dagegen wichen die einzelnen Beuteltiergruppen so sehr voneinander ab, daß man eine Zeitlang kaum an verwandtschaftliche Beziehungen zwischen ihnen glauben mochte.

Es gab kleine und große, maus- und wolfsartige, nagetier- und raubtierzähnige, kletternde, grabende, hüpfende und fliegende Formen. Manche erinnerten an Spitzmäuse oder Maulwürfe, andere an Mäuse, Eichhörnchen oder Flughörnchen, wieder andere an Murmeltiere oder Dachse, noch andere an Wiesel, Marder, Katzen oder Hunde. Eine Art, der Koala, sah sogar wie ein Kinderspielzeug aus Plüsch aus. Heute vergleicht man ihn gern mit dem Teddybär, der damals freilich noch nicht erfunden war. Den verblüfften Wissenschaftlern kam es jedenfalls so vor, als habe die Natur die zahllosen Säugetierformen, die es auf unserer Erde gibt, in Australien sozusagen erst einmal ins Unreine entworfen.

Auch in geistiger Hinsicht machten die Beuteltiere einen unfertigen Eindruck. „Irgend etwas fehlt dem Beuteltier stets, wenn wir es mit unserem durch andere Tiergestalten verwöhnten Auge betrachten", so urteilte noch zu Beginn des zwanzigsten Jahrhunderts der Berliner Zoodirektor Ludwig Heck. „Jedes Beuteltier erscheint, verglichen mit einem ihm entsprechenden höheren Säuger, als ein geistloses, intelligenzmäßig wenig entwickeltes und ausgebildetes Geschöpf – kurz, als ein unvollendetes Wesen."

Die Verhaltensforscher von heute halten allerdings nicht mehr viel von solchen Pauschalurteilen. Sie meinen, daß man den Intelligenzgrad einer Tiergruppe nicht nach ihrer stammesgeschichtlichen Entwicklungshöhe beurteilen dürfe, sondern nur nach ihrer Fähigkeit, sich im Lebenskampf zu behaupten.

Waren diese australischen „Rohskizzen der Natur" nun tatsächlich echte Vorläufer der vertrauten Säugetiergestalten anderer Erdteile? Stammten die Insektenfresser von Spitzbeutlern, die Maulwürfe vom Beutelmull, die Flughörnchen von Flugbeutlern, die Raubtiere von Raubbeutlern, die Wiederkäuer von Känguruhs oder anderen Springbeutlern, die Halbaffen und Affen von Verwandten des Kuskus oder des Koala ab?

Man hat diese hübsche Theorie jahrzehntelang mit Eifer verfochten. Schließlich aber mußten die Zoologen sie fallen lassen wie so manche andere faszinierende biologische Hypothese, die der Wirklichkeit dann doch nicht standhielt. Dank zahlreicher Ausgrabungen in aller Welt und dank gründlicher stammesgeschichtlicher Forschungen kennen wir die unmittelbaren Vorfahren der meisten höheren Säugetiere und wissen, daß sie sich nicht von Beuteltieren, sondern durchweg von Lebewesen herleiten, die etwa wie Insektenfresser ausgesehen haben müssen.

Haben sich demnach Typen wie „Nagetier", „Raubtier", „Wiederkäuer" und andere zweimal in verschiedenen Erdgegenden und in verschiedenen Entwicklungshöhen herausgebildet? Auch dies konnte nicht stimmen; denn die Paläontologen haben zahllose versteinerte Knochen der verschiedensten Beuteltiere in allen möglichen Weltgegenden gefunden, so zum Beispiel in Nordamerika, Europa und Ostasien. Es muß also in ferner Erdvergangenheit überall auf der Erde Beuteltiere gegeben haben. Aus welchem Grunde blieben sie ausgerechnet in der australischen Region am Leben, während sie sonst fast durchweg ausgestorben sind?

Eine Antwort auf diese Frage fanden die Geologen. Vor hundert Millionen Jahren, gegen Ende des Erdmittelalters, löste sich – wie schon erwähnt – der große Inselkontinent Australien von den übrigen Festländern und führte seitdem ein Eigenbrötlerdasein. Die Tier- und Pflanzenwelt blieb, von einigen wenigen Neueinwanderern abgesehen, auf jener urtümlichen Stufe stehen, auf der sie einst auch in den übrigen Erdteilen gestanden hat. Es hat den Anschein, als seien Australiens Lebewesen in einen Dornröschenschlaf verfallen, aus dem sie erst in unsanfter Weise durch den Menschen aufgeweckt wurden.

Bevor die ersten Steinzeitmenschen, die Ahnen der heutigen Ur-Australier, in mehreren Wellen den Boden des fünften Kontinents betraten, gab es dort an höheren Säugetieren nur ein paar zugewanderte Fledermäuse und eine Mäusegruppe, deren Vorfahren wohl auf Treibholz angereist waren. Sonst bestand die Säugetierwelt lediglich aus den eierlegenden Ameisenigeln und Schnabeltieren, von denen wir noch hören werden, und vor allem aus einer Vielfalt von Beuteltieren.

In den übrigen Erdteilen waren die Beuteltiere durchweg längst von höherstehenden Säugetieren verdrängt und im Kampf ums Dasein überrundet worden; nur in Amerika konnten sich einige Arten von Beutelratten, zum Beispiel das Opossum, bis in die Erdgegenwart retten. Auf dem isolierten Inselkontinent Australien jedoch gab es für die Beuteltiere keine Konkurrenz; deshalb entwickelten sie sich hier in einer erstaunlichen Arten- und Formenfülle zur beherrschenden Tiergruppe. Sie besetzten sämtliche Lebensräume und übernahmen dort die Rolle, die anderswo die verschiedensten Gruppen von höheren Säugetieren spielen.

Urtümlich sind sie freilich in der Art und Weise geblieben, wie sie sich fortpflanzen und ihre Jungen aufziehen. Der englische Zoologe Beddard hat sie treffend als „larvengebärende Säugetiere" bezeichnet. Im allgemeinen stellt man sich das Hauptkennzeichen der Beuteltiere, den Brutbeutel, so vor, wie er bei den Känguruhs aussieht – als einen großen, geräumigen Sack am Bauch des Weibchens, aus dem das Kind lustig in die Welt schaut. Aber gerade der Känguruhbeutel ist ein Sonderfall. Es gibt auch Beuteltiergruppen, bei denen nur kleine Bruttaschen oder unscheinbare Hautfalten die Jungen beherbergen. Einigen Arten fehlt der Beutel sogar völlig; bei ihnen saugen sich die Jungen einfach an den Zitzen des Weibchens fest.

Für die Zoologen unterscheiden sich die Beuteltiere von den höherstehenden Säugetieren nicht nur dadurch, daß sie im Besitz einer angewachsenen Kinderwiege sind, sondern durch die erstaunliche Tatsache, daß sie ihre Jungen als Frühgeburten, als winzige nackte, hilflose Fleischklümpchen zur Welt bringen. Die Neugeborenen suchen die Milchdrüsen der Mutter auf, saugen sich an ihnen fest und verwachsen praktisch mit ihnen. Erst nach Wochen, wenn sich die Gliedmaßen und Sinnesorgane der Kleinen einigermaßen entwickelt haben, löst sich diese enge Verbindung zwischen Mutter und Kind. Nun kann das junge Beuteltier selbständig an der Zitze trinken, wie es die Jungen der höheren Säugetiere tun.

Fast zwei Jahrhunderte lang haben sich die Naturforscher über die Frage gestritten, wie das neugeborene Känguruh überhaupt in den Beutel gelangt. Der Weg von der Geburtsöffnung bis zur Bauchtasche ist ja gerade bei den Känguruhs besonders weit, viel weiter als bei den Koalas, den Wombats und anderen Arten, bei denen sich der Beutel nach hinten öffnet, also dicht bei der Stelle, wo der Keimling den mütterlichen Leib verläßt. Bei den Känguruhs jedoch, die sich auf zwei Beinen fortbewegen, hängt der Beutel wie ein nach oben geöffneter Sack am Bauch des Weibchens. Der Keimling muß folglich eine verhältnismäßig lange Strecke zurücklegen, bis er in der Bruttasche Geborgenheit findet.

Hinzu kommt noch, daß der neugeborene Embryo selbst bei den größten Känguruh-Arten nur knapp zweieinhalb Zentimeter lang ist; er besitzt keine funktionsfähigen Sinne und nur Andeutungen von einem Gehirn. Ist es denkbar, daß die Känguruhmutter dieses bohnengroße Klümpchen nach der Geburt mit Lippen und Vorderpfoten packt, dann den Beutel öffnet und den Embryo haargenau an die richtige Stelle legt, wo sich die Zitze befindet? Oder bringt es das Klümpchen am Ende gar fertig, von sich aus in den Beutel zu kriechen?

Die erste Annahme hatte zumindest eine gewisse Wahrscheinlichkeit für sich. Die zweite dagegen klang wie ein Märchen. Lediglich ein Schiffsarzt schwor im Jahre 1852 steif und fest, er selbst habe gesehen, wie ein neugeborener Känguruhkeimling aus eigener Kraft in den mütterlichen Beutel gekrabbelt sei. Niemand nahm die Aussage des Arztes ernst. Noch bis in unser Jahrhundert hinein galt die von dem deutschen Zoologen Alfred Edmund Brehm formulierte Meinung: „Die Mutter nimmt das Junge mit dem Munde ab, öffnet mit beiden Händen den Beutel und setzt das kleine, unscheinbare Wesen an einer Zitze fest."

Im Laufe der Jahre aber erblickten in den Zoologischen Gärten immer häufiger kleine Känguruhs das Licht der Welt. Mehrere Zoodirektoren und eine große Zahl von Tierpflegern konnten den Geburtsvorgang beobachten und bekundeten einhellig, daß die Keimlinge entgegen der vorherrschenden Meinung aus eigenem Antrieb in den Beutel gelangten – freilich mit Unterstützung der Mutter.

„Das Känguruhweibchen nimmt, wenn seine Zeit gekommen ist, eine sitzende Haltung ein", so schildert es der englische Zoologe Maurice Burton. „In dieser Lage säubert die Känguruhmutter zunächst das Innere des Beutels. Dann bahnt sie durch Belecken des Fells einen Weg von der Geburtsöffnung bis zum Eingang des Beutels. Wenn der Keimling zum Vorschein kommt, beugt die Mutter ihren Kopf über ihn, um ihn von den feinen Häutchen zu befreien, in die er eingehüllt ist. Nunmehr kann er der Speichelspur folgen, die die Mutter ihm in ihrem Fell gebahnt hat. Dabei hilft er sich mit seinen Vorderbeinen weiter; sie sind im Gegensatz zu denen der ausgewachsenen Känguruhs länger als die Hinterbeine."

Über die bemerkenswerten Leistungen, die der blinde, larvenähnliche Keimling dabei vollbringt, waren sich die damaligen Beobachter durchaus im klaren: „Auf seinem Wege wendet der Embryo sein Köpfchen von einer Seite zur anderen, als sei er nach irgend etwas auf der Suche. Sobald er die Öffnung des Beutels erreicht hat, schlüpft er hinein und tastet sich über die Innenwand, bis sein durstiger Mund eine der Zitzen berührt. Er nimmt die Zitze zwischen die Lippen, saugt sich an ihr fest und ernährt sich von ihrer Milch, bis er groß genug ist, auf eigenen Füßen zu stehen."

Daß die Fähigkeiten des Neugeborenen aber noch viel unglaublicher sind, entdeckten erst in den sechziger Jahren unseres Jahrhunderts die australischen Wildbiologen G. B. Sharman und H. J. Frith. Nach ihren Beobachtungen zerreißt das winzige Klümpchen von sich aus die Eihülle und findet dann allein, ohne die geringste Hilfe der Mutter, seinen Weg in den Beutel. Um den Beweis dafür anzutreten, narkotisierte Sharman verschiedentlich gebärende Känguruhmütter. Die betäubten Tiere hatten also keinerlei Möglichkeit, den Kleinen zu helfen. Dennoch kletterten die Keimlinge mit schlängelnden Bewegungen zielstrebig aufwärts, wobei sie nur die mit scharfen Krallen versehenen Vordergliedmaßen benutzten. In drei bis fünf Minuten erreichten sie den Rand des Beutels und schlüpften eilends zur Milchquelle.

Wenn die narkotisierten Mütter wieder aus ihrem Betäubungsschlaf aufgewacht waren, leckten sie lediglich die Blut- und Schleimspur, die den Weg des Embryos markierte, von ihrem Fell. Offensichtlich haben sich alle früheren Beobachter durch diese Fellreinigung, die die Känguruhmütter normalerweise während der Geburt vornehmen, täuschen lassen und sie für eine Art Hilfestellung gehalten.

Der unfehlbare Instinkt, sofort nach der Geburt auf kürzestem Wege die Bruttasche und die Nahrungsquelle aufzusuchen, ist den Jungen sämtlicher Beuteltiere eigen, wenn auch die Wege und Methoden bei den einzelnen Arten unterschiedlich sind. Nach Vollbringung dieses einzigartigen Kraftaktes können sie nun je nach Art eine mehr oder weniger lange Zeit ungestört im Beutel heranwachsen wie in einer zweiten Gebärmutter.

Ihre Ruhe wird höchstens von experimentierfreudigen Zoologen gestört, die gern wissen möchten, was geschieht, wenn man einen solchen Säugling von der mütterlichen Zitze ablöst. In der Mehrzahl der Fälle kriecht das Kleine dann so lange im Beutel herum, bis es die Milchquelle wiedergefunden hat. Hierbei handelt es sich um eine angeborene Verhaltensweise, die sozusagen automatisch abläuft. Dennoch bleibt sie erstaunlich genug; denn die Beuteljungen sind ja keine Tiersäuglinge im üblichen Sinne, sondern befinden sich noch Wochen nach ihrer Geburt im Embryonalzustand. Praktisch werden sie zweimal geboren: das erste Mal, wenn sie den mütterlichen Körper verlassen, und das zweite Mal, wenn sie groß genug geworden sind, um aus dem Beutel herausschauen zu können.

Harmlose Teufel

Im Jahre 1642 schickte Anton van Diemen, der Gouverneur von Niederländisch-Ostindien, zwei Schiffe los, um Genaueres über den sagenhaften großen Südkontinent in Erfahrung zu bringen, von dem portugiesische, spanische und holländische Seefahrer immer wieder berichtet hatten. Die Schiffe standen unter dem Befehl des bewährten Kapitäns Abel Janszon Tasman. Ohne es zu wissen, umsegelte Tasman das australische Festland, berührte sogar Neuseeland, Neuguinea und die Fidschiinseln und stieß im Verlauf der Reise südöstlich von Australien, das er freilich erst ein Jahr darauf anlief, auf eine große Insel, die, wie sich später herausstellte, fast so aussah wie ein unregelmäßiges Dreieck.

So kam es, daß diese ferne Insel – die man zunächst Vandiemensland und dann zu Ehren des Entdeckers Tasmanien nannte – weit früher erkundet wurde als das australische Festland. In der Tat war sie wesentlich leichter zugänglich als das wüstenhafte, von gewaltigen Riffen umsäumte Australien. Tasmanien stellt überhaupt einen Lebensraum von ganz eigener Art dar, dessen Umweltverhältnisse erheblich von denen im fünften Kontinent abweichen. Dichtbewaldete Gebirge schieben ihre Ausläufer nach allen Seiten. Das Klima entspricht fast dem der gemäßigten Zonen; ihm fehlen die Hitze- und Dürreperioden, unter denen die menschlichen und tierischen Bewohner so häufig zu leiden haben.

Auch die Ureinwohner Tasmaniens wiesen keine sonderliche Ähnlichkeit mit den hell- bis kaffeebraunen lockenhaarigen Ur-Australiern auf. Sie hatten eine sehr dunkle Hautfarbe, krause Negerhaare und runde Köpfe; sie kannten weder Bumerang noch Schild und Speerschleuder, benutzten einfache Steinwerkzeuge, wohnten in hohlen Bäumen und lebten hauptsächlich von den Abfällen des Meeres. Alles in allem schienen sie auf einer primitiveren Kulturstufe zu stehen als sämtliche anderen Menschenrassen der Erde. Heute wissen wir, daß solche schwarzhäutigen Steinzeitmenschen einst den gesamten australischen Raum bewohnt hatten und später von anderen Stämmen nach und nach zurückgedrängt wurden, bevor sie sozusagen am „Ende der Welt" in Tasmanien ihre letzte Zuflucht fanden.

Kapitän Tasman berichtete aber nicht nur von den scheuen, dunkelhäutigen Ureinwohnern, die er irrtümlich „schwarze Riesen" nannte; er behauptete auch, er habe am Strand der neuentdeckten Insel Fährten gesehen, „die von den Klauen eines Tigers stammen mußten". Die wissenschaftliche Welt freilich nahm vorerst kaum Notiz von dem „tasmanischen Tiger" und von den „tasmanischen Schwarzen". Nur in den Schiffstagebüchern der Holländisch-Ostindischen Kompanie finden sich an verschiedenen Stellen Hinweise auf ein großes Raubtier und auf scheue dunkle Buschleute an Tasmaniens Küsten.

Dann aber erschienen Ende des achtzehnten Jahrhunderts die Engländer auf der Bildfläche und nahmen den australischen Raum in Besitz. Im Jahre 1803 legten sie auf Tasmanien nach australischem Vorbild eine Sträflingskolonie an. Die Insel wurde aber nicht nur von Deportierten besiedelt. Tasmaniens Natur übte eine solche Anziehungskraft auf Auswanderungswillige aus allen Teilen Großbritanniens und Irlands aus, daß die Kolonisierung weit rascher voranschritt als im australischen Nachbarland.

Bereits 1824 erhielt Tasmanien eine eigene Verwaltung, die sich vor allem auf die Schicht der immer mächtiger werdenden Großgrundbesitzer stützte. Diese „Landlords“ hatten inzwischen längst begonnen, sich auf ihre Weise mit dem legendären „Tiger“ und mit den schwarzen Steinzeitmenschen zu beschäftigen. Sie wollten, wie ein zeitgenössischer Chronist schrieb, „einer entsetzlichen Reihe von Räubereien und Mordtaten ein Ende machen und die Insel von Eingeborenen und Raubtieren befreien“.

Ehe die Herren noch in Erfahrung gebracht hatten, ob der vermeintliche Tiger wirklich ein gefährliches Raubtier war, brach ihr Zorn über die Ureinwohner herein. Die arglosen Buschjäger hatten in ihrer Unkenntnis die importierten Haustiere der Siedler für leicht erjagbares Wild gehalten. Deshalb ließen sie sich so manches Huhn und manchen Hammelbraten schmekken. Für Menschen ihrer Kulturstufe war es ohnehin recht schwierig, flinke Känguruhs und versteckt lebende Kletterbeutler zu erwischen; gerade aus diesem Grunde waren die Ur-Tasmanier zu Strandläufern geworden, die an den Küsten riesige Haufen aus Muschelschalen türmten und sich rotten- und familienweise um jeden gestrandeten Wal sammelten. Mit ihren zahmen Haustieren schienen die weißen Ankömmlinge den muschelsammelnden Steinzeitmenschen geradezu ein Paradies zu bescheren; in Wirklichkeit aber brachten sie ihnen Verderben und Tod.

In mehreren großangelegten Treibjagden machten die Kolonisten die Insel innerhalb von zwei Jahrzehnten „eingeborenenfrei“. Rund zweihundert der Naturmenschen überlebten die pausenlosen Verfolgungen; sie wurden von der Inselverwaltung auf das völlig unfruchtbare Flinders-Eiland deportiert, wo sie nach und nach dahinstarben. Die letzte Angehörige dieser urtümlichsten Menschenrasse unserer Erde – eine Frau namens Lala Rookh, die man aus „wissenschaftlichen Gründen“ nach London geschafft hatte – hauchte dort im Jahre 1877 ihr Leben aus, betrauert wie ein kostbarer Gorilla im Zoo.

Der sagenhafte „Tiger“ hatte ein etwas längeres Leben, obwohl ihm genauso erbarmungslos nachgestellt wurde wie den schwarzen Ureinwohnern. Im Jahre 1808 erlegte der englische Großgrundbesitzer G. P. Harris in den Bergwäldern des Westens mehrere solcher „Tiger“, die sich aber als hundeähnliche Lebewesen entpuppten. Sie waren so groß wie Wölfe, hatten tigerähnliche Streifen auf dem Rücken, und ihre Weibchen trugen zur Überraschung der Wissenschaftler, denen Harris seine Jagdbeute zugeschickt hatte, am Bauch einen Brutbeutel, der sich nach hinten öffnete. Es handelte sich bei dieser Tierart also nicht um einen echten Tiger und auch nicht – wie Harris im ersten Augenblick angenommen hatte – um einen Wolf oder eine Hyäne, sondern wiederum um ein Beuteltier.

Die Zoologen wußten inzwischen längst, daß es neben zahllosen pflanzenfressenden Beuteltieren, zu denen Känguruh, Koala und viele andere Formen gehören, auch einige Fleischfresser gibt. Man faßte sie unter dem

Namen Raubbeutler zusammen. Die meisten sind spitzmaus- bis mardergroß und konnten sich auf dem australischen Kontinent auch nach der Kolonisierung durch die Weißen einigermaßen behaupten, obwohl die Siedler sie als Geflügeldiebe verketzerten und alles taten, um sie zum Verschwinden zu bringen. Offensichtlich zählte auch der „Beutelwolf", wie das von Harris entdeckte Tier jetzt genannt wurde, zu den Raubbeutlern; er war der weitaus größte Vertreter dieser Gruppe und kam augenscheinlich nur auf der Insel Tasmanien vor.

Harris konnte zwar so gut wie nichts über die Lebensgewohnheiten seines Beutelwolfes in Erfahrung bringen; aber da das Tier so überraschend wolfähnlich aussah und außerdem tigerähnliche Streifen auf dem Rücken trug, verteufelte er es auf Verdacht als „schrecklichen Schafräuber", als eine „wahrhafte Pest" für die Viehzüchter. Diesen schlechten Ruf wurde der Beutelwolf nie wieder los. Ein Jahrhundert lang war er der bestgehaßte Bewohner Tasmaniens, dem nun – nach der Ausrottung der Eingeborenen – die ganze Vernichtungswut der Grundbesitzer galt. Wo immer man seiner ansichtig wurde, ging man mit Schlagfallen und vergifteten Ködern gegen ihn vor. Bereits 1836, als die Ausrottung der Ur-Tasmanier mitten im Gange war, gab es auf der Insel den offiziellen Beruf „Beutelwolfjäger".

Das Gouvernement richtete für schießlustige Männer, die sich als Beutelwolfjäger betätigen wollten, eigens Schutzhütten ein und zahlte ihnen gute Prämien. Das spornte die Schützen so an, daß sie selbst die entlegensten Wälder nach Beutelwölfen durchkämmten. Als die Beutelwölfe schon seltener geworden waren, so daß es schwierig wurde, einen dieser „Teufel" zu erwischen, ritten die Prämienjäger mit jedem erlegten Tier von Farm zu Farm, um neben der staatlichen Belohnung auch noch Zusatzgelder bei den Großgrundbesitzern zu kassieren. Wenn dann aus den Beutelwolf-Leichen wirklich nichts mehr herauszuholen war, warf man sie kurzerhand in den Busch. Noch in den zwanzig Jahren von 1888 bis 1909, als der Bestand an Beutelwölfen auf Tasmanien schon sehr zusammengeschmolzen war, zahlte allein das Gouvernement Prämien für rund 2000 Beutelwolfköpfe.

Zum prominentesten Ankläger des Beutelwolfes schwang sich um die Mitte des vorigen Jahrhunderts der Zoologe und Tierpräparator John Gould auf, der sich im Verlauf einer zweijährigen Australienreise zum Klassiker der australischen Tierbeschreibung entwickelt hatte. Von seinen Ausflügen nach Tasmanien brachte er zwar die schönsten Beutelwolfzeichnungen mit, die es bis heute gibt; über das Tier selbst aber schrieb er: „Es muß als das gefährlichste aller Beuteltiere bezeichnet werden; denn es richtet schwere Verheerungen unter dem Geflügel und den Haustieren der Kolonisten an. Sogar die Schafe sind vor seinen Angriffen nicht sicher; man kann sie nur schwer vor ihm behüten, weil er sie stets in der Nacht überfällt. Daher wurde er in allen kultivierten Gegenden nahezu ausgerottet. Viele

Jahre müssen aber noch vergehen, bis er gänzlich zum Verschwinden gebracht ist."

Jahrzehntelang blieb dieses Verdammungsurteil unangefochten. Vom Verhalten des Beutelwolfes wissen wir deshalb praktisch nichts. Denn als exakte Wissenschaftler darangehen wollten, diesen größten Raubbeutler

Die Vogelwelt des fünften Kontinents begeisterte die Tiermaler nicht nur in Europa, sondern auch in Japan. Ein besonders reizvolles Sujet war der neuguineische Hornvogel, ein Verwandter der großschnäbligen Nashornvögel Asiens und Afrikas.

ernsthaft zu erforschen, gab es so gut wie keine Beutelwölfe mehr. Wahrscheinlich wurde der Beutelwolf nur deshalb so verteufelt, weil er in seinem Aussehen oberflächlich einem Wolf ähnelt. Trotz vieler Schauergeschichten, die von ihm erzählt wurden, ist nichts davon bekannt, daß er jemals einen Menschen ernstlich angegriffen hätte. Einmal, im Jahre 1900, schnappte ein halbblinder Beutelwolf nach der Hand einer Frau, die in einem Fluß ihre Wäsche wusch. Wahrscheinlich hatte das Tier die menschliche Hand für einen Vogel oder eine andere kleine Beute gehalten; jedenfalls ließ es sofort los und verdrückte sich, als es seinen Irrtum erkannte.

Außerdem ist es höchst zweifelhaft, ob Beutelwölfe wirklich Schafe reißen konnten. Den wenigen objektiven Berichten zufolge, denen man trauen kann, ernährte sich dieser große Raubbeutler hauptsächlich von Meeresabfällen, die er an den Küsten fand, und daneben von kleinen Beuteltieren. Höhere Säugetiere, wie es Schafe ja sind, gehören eigentlich überhaupt nicht in sein Beuteschema. Aber von solchen Begriffen und Erkenntnissen der Verhaltensforschung war man in Tasmanien zu Lebzeiten des Beutelwolfes noch weit entfernt.

Einige tierkundige Siedler, die nicht in den allgemeinen Haßgesang auf den Beutelwolf einstimmten, haben uns eine interessante und aufschlußreiche Beobachtung überliefert. Danach ähnelte der Beutelwolf in der Art seiner Fortbewegung weniger einem Wolf als einem Känguruh. Er galoppierte nämlich bei rascher Flucht nicht auf allen vieren davon, sondern erhob sich auf die Hinterbeine und hüpfte wie ein Känguruh. Hierbei benutzte er den Schwanz als Balancierstange.

Schon im Jahre 1850 kam der tasmanische Großgrundbesitzer Ronald Gunn auf den Gedanken, der Beutelwolf könne ein attraktives Zootier werden. Mehrere Male schickte er einige der großen Raubbeutler nach London, einmal sogar ein Weibchen mit drei Jungen im Beutel. Sein Bericht über die Beutelwolfmutter und ihren Nachwuchs ist der einzige, den es über die Kinderpflege dieses Tieres gibt. Nach Gunns Beobachtungen „leben die Jungen etwa drei Monate im Beutel, dann werden sie der Mutter aber zunehmend lästig, so daß sie die Kleinen von Zeit zu Zeit an einem geschützten Ort ablegt, um unbeschwert auf Nahrungssuche gehen zu können. Bei der geringsten Andeutung von Gefahr jedoch eilen die Jungen sofort zur Mutter und kriechen in den Beutel zurück".

Bis in die dreißiger Jahre unseres Jahrhunderts gelangten nach und nach mehr als ein Dutzend Beutelwölfe in den Londoner Zoo. Auch andere Zoologische Gärten wie die von Berlin, Antwerpen und New York konnten ihren Besuchern gelegentlich diese Rarität zeigen. Sie verdankten das dem kleinen Zoo von Hobart (Tasmanien), dessen Mitarbeiter jahrzehntelang eifrig Beutelwölfe fangen ließen, um sie gegen Giraffen, Elefanten, Eisbären und andere „Exoten" einzutauschen. Freilich hatten diese Fremdlinge in Hobart ein weit längeres Leben als die Beutelwölfe in Europa und Nordamerika.

Es stellte sich heraus, daß die großen Raubbeutler beim Publikum trotz ihrer zunehmenden Seltenheit nicht so recht ankamen. Die Tiere spielten nicht miteinander, wie es „richtige" Wölfe tun, sie trabten nicht munter durch den Käfig und sahen überhaupt mit ihren etwas zu kurzen Beinen und dem starren, nicht zum Wedeln geeigneten Schwanz wie häßliche, mißratene Haushunde aus. Als 1864 der erste Beutelwolf im Berliner Zoo eingetroffen war, hörte der bekannte Tiermaler Leutemann von einer hochgestellten Persönlichkeit die mißbilligenden Worte: „So ein Tier ist nichts fürs Publikum, das muß tot sein und gehört ins Museum!"

In der Tat segnete dieser Beutelwolf in Kürze das Zeitliche, und seinen Artgenossen in den anderen Zoos erging es ebenso. „Sie zeigten bald ein mürrisches Wesen", wie der englische Zoologe Sharland es ausdrückte, „fraßen nicht mehr, wurden rasch krank und starben." Das lag allerdings in erster Linie daran, daß man sie meistens, weil sich das Publikum ja ohnehin nicht für sie interessierte, in die dunkelsten Ecken der Tiergärten verbannte.

Obendrein hatte selbst der kundigste Zoomann von ihren Lebensbedürfnissen nicht die geringste Ahnung. Man begnügte sich damit, ihnen Hammel- oder Pferdefleisch vorzuwerfen, was ganz gewiß nicht ihrer natürlichen Nahrung entsprach.

Heute würde jeder Zoo die schönsten Gehege und Unterkünfte für diese tasmanischen Riesenbeutler bauen und alles daransetzen, um Nahrung nach ihrem Geschmack herbeizuschaffen – wenn es sie nur noch gäbe! Aber leider scheint es so zu sein, daß ein einsamer Beutelwolf, den ein Jäger im Jahre 1930 bei Marrawah im nordwestlichen Tasmanien totgeschossen hatte, das letzte freilebende Exemplar seiner Art gewesen ist. Zwar hauste noch bis 1933 ein einzelner Beutelwolf im Zoo von Hobart; aber höchstwahrscheinlich erlosch mit seinem Tode das Geschlecht der Beutelwölfe endgültig.

Wie der nashorngroße Riesenbeutler Diprotodon aussah, wissen wir aufgrund zahlreicher Funde. Ob er aber noch in historischer Zeit gelebt hat, konnten die Forscher nicht feststellen.

Ironischerweise vergingen noch fünf Jahre, bis man in Tasmanien merkte, daß die auffälligste Säugetierart der Insel plötzlich nicht mehr existierte. Eilends stellte man den Beutelwolf im Jahre 1938 unter völligen Schutz. Seitdem wurden bis in unsere Tage hinein immer wieder Expeditionen losgeschickt, um herauszubekommen, ob nicht doch noch in den dichten Wäldern des Westens der eine oder andere der ehemals so verketzerten und verfolgten Beutelwölfe existiert, dem man dann den ganzen Schutz des Gesetzes angedeihen lassen möchte.

Ein nicht ganz so schreckliches Schicksal wie dieser große Raubbeutler hatte ein schwarzes kurzbeiniges Lebewesen, das gleichfalls nur auf Tasmanien vorkam und anscheinend ein kleiner Vetter des Beutelwolfes war. Sein Entdecker war derselbe Großgrundbesitzer Harris, der die ersten Beutelwölfe erlegt und durch ihre Verteufelung den Vernichtungsfeldzug gegen sie in Gang gesetzt hatte. Wie er im Jahre 1808 behauptete, handelte es sich bei diesem Geschöpf gleichfalls um ein überaus grimmiges Tier, das den Spuren des Beutelwolfes folge, um an seiner Beute teilzuhaben und die Reste der gerissenen Schafe und Hühner ratzekahl zu vertilgen.

„Er scheint unzähmbar wild zu sein, beißt sehr und äußert dabei ein lautes, bellendes Knurren." Mit diesen Worten führte Harris den neu entdeckten „Bärenbeutler" in die Wissenschaft ein und stempelte ihn gleichfalls von vornherein als bösartigen Teufel ab, indem er ihm den Namen „Buschteufel" oder „Beutelteufel" anhängte. Da der Name „Bärenbeutler" zu Verwechslungen mit dem Koala, dem australischen „Beutelbärchen" führen konnte, wird der schwarze dachsgroße tasmanische Raubbeutler bis heute „Beutelteufel" genannt.

Obwohl Harris den Beutelteufel für „unzähmbar" und überaus bösartig hielt, brachte er immerhin den Mut auf, zwei dieser Tiere einzufangen. Er kettete sie aneinander und steckte sie in eine leere Tonne, um sie interessierten Wissenschaftlern vorzuführen. „Voll Gehässigkeit und sinnloser Wut griffen sie nicht nur ihren Pfleger an, sondern jedes Wesen, das sich ihnen zu nahen wagte", schrieb er darüber. „Außerdem kämpften die beiden ständig miteinander. Es gibt wohl kaum ein wilderes, tolleres, unsinnigeres und wütenderes Geschöpf als den Beutelteufel."

In Anbetracht der Behandlung, die Harris den beiden Tieren angedeihen ließ, war ihr gereiztes Verhalten freilich kein Wunder. Selbst die sanftesten Hauskatzen und die zahmsten Schoßhunde würden aggressiv werden, wenn man auch nur den Versuch machte, sie zusammenzuketten und in ein dunkles Faß zu stopfen. Lange Zeit jedoch bedachte das keiner der Forscher, die sich mit dem tasmanischen „Teufel" befaßten. Im Gegenteil, auf die Auslassungen des Landlords Harris gründeten sich in der Folge die meisten Charakterschilderungen dieses Tieres.

Obwohl die Kolonisten den Beutelteufel genauso mit ihrem Haß verfolgten wie seinen großen Verwandten, den Beutelwolf, konnte er sich infolge seiner nächtlichen Lebensweise und seines heimlichen Daseins auf der dichtbesiedelten Insel bis heute behaupten. Zwar war er nach den Angaben des Naturforschers John Gould aus dem Jahre 1863 in den kultivierten Gegenden Tasmaniens schon recht selten geworden; aber es gab, wie Gould schrieb, „noch große, von Menschen unbetretene Bezirke, besonders die felsigen Schluchten und die ungeheuren Wälder auf der Westseite der Insel, die diesem unangenehmen, abscheulichen Tier eine sichere Zuflucht bieten".

Man dachte in Tasmanien übrigens recht praktisch, was den Beutelteufel betraf. Denn die Siedler brachten den „scheußlichen Schädling“ nicht nur einfach um wie den Beutelwolf, sondern ließen sich die toten Teufel auch recht gut munden. Nach Harris' Angaben ernährten sich die Gründer von Hobart, der späteren Hauptstadt Tasmaniens, zu einem wesentlichen Teil von Beutelteufelfleisch, das angeblich wie Kalbfleisch schmeckte. Man ersieht daraus, wie häufig der Beutelteufel noch in der ersten Hälfte des vorigen Jahrhunderts gewesen ist.

Wie der Beutelwolf, so gelangte auch der Beutelteufel hin und wieder in europäische und überseeische Tiergärten. Hier zeigte es sich, daß das schwarze Teufelchen durchaus nicht so schlimm war wie sein Ruf, sondern im Gegenteil überaus spiellustig und leicht zähmbar. „Ich bin heute eigens in unser Kleines Raubtierhaus gegangen, um mich vom Wesen unseres neu eingetroffenen Beutelteufels zu überzeugen“, erzählt der bekannte Berliner Zoodirektor Ludwig Heck. „Er erhielt gerade sein Trinkwasser, und ich klopfte ihn, während er trank, mit der Zwinge meines Regenschirms spielerisch auf den Kopf; er ließ sich dadurch überhaupt nicht stören, sondern schlappte sein Wasser ruhig aus. Als er dann zu fressen anfangen wollte, nahm ihm der Wärter auf mein Geheiß das Fleisch wieder weg; auch das ließ er sich ohne Knurren und Beißen gefallen. Nur wenn er tagsüber aus dem Schlaf aufgestört wird, quarrt er ein bißchen.“

In Tasmanien ließen sich einige jung eingefangene Beutelteufel sogar wie Hunde abrichten. Man konnte sie an die Leine nehmen und mit ihnen ohne Schwierigkeiten durch die Straßen der Großstadt Hobart spazieren gehen. Kurzum, die Schauergeschichten, die einst über den Beutelteufel verbreitet wurden, hielten einer ernsthaften Überprüfung genauso wenig stand wie die Greuelmärchen über den Beutelwolf.

Heute sind Beutelteufel keineswegs selten auf Tasmanien; sie stehen längst unter gesetzlichem Schutz. Sogar die Farmer halten sich an diese Schutzbestimmungen. Sie haben nämlich inzwischen entdeckt, daß die schwarzen Raubbeutler vorzügliche Abfallvertilger sind, die in der Natur die Aufgaben einer Gesundheitspolizei erfüllen.

Wahrscheinlich traf das auch auf den großen Beutelwolf zu, mit dessen endgültigem Aussterben man sich in Tasmanien immer noch nicht abgefunden hat. Sogar noch während der letzten beiden Jahrzehnte sind mehrmals namhafte Forscher, unter ihnen der Neuseeländer Edmund Hillary, der Erstbesteiger des Mount Everest, aufgebrochen, um nach überlebenden Beutelwölfen zu fahnden – aber ohne jeden Erfolg.

In den sechziger Jahren erzählten Fischer aus der Gegend von Coorinna im Westen Tasmaniens, sie hätten eines Nachts beim Licht ihrer Fackeln ein merkwürdiges hundeartiges Tier gesehen, das sich mit einem Hinterlauf in einer Falle gefangen habe. Nachdem sie es befreit hatten, entfloh es sofort in den Busch. Wissenschaftler, die die Haar- und Blutspuren in der Falle untersuchten, erklärten, daß es sich unmöglich um einen Hund gehandelt haben könne. Man nahm in Tasmanien die Angelegenheit so wichtig, daß der Schriftsteller Erle Wilson sogar einen Roman mit dem Titel „Coorinna" über diesen vermeintlichen letzten Beutelwolf schrieb.

Möglicherweise streiften in den sechziger Jahren tatsächlich noch einige wenige Beutelwölfe durch den Gebirgswald des westlichen Tasmanien. Doch selbst wenn man im Laufe der vielen Suchaktionen auf einen von ihnen gestoßen wäre – für die Erhaltung der Art ist es heute längst zu spät.

Die seltsamen Eierleger

Im Jahre 1798 versammelten sich die Zoologen des Britischen Museums in London, um einen höchst sonderbaren Tierbalg zu untersuchen, den ihnen ein gewisser Dobson aus Hawkesbury in Neusüdwales (Australien) zugeschickt hatte. Einige der Zoologen waren recht ärgerlich und meinten, daß sich Dobson einen dummen Scherz mit ihnen geleistet habe. Das Geschöpf besaß nämlich einen breiten Schnabel wie eine Löffelente, trug aber ein dunkelbraunes seidiges Otterfell, hatte einen abgeplatteten Schwanz wie ein Biber, vier kurze Beine, Schwimmhäute zwischen den Zehen und einen Sporn am Hinterfuß wie ein Hahn, der zudem, wie sich später herausstellte, eine giftige Flüssigkeit absonderte. Hinten aber, wo bei einem anständigen Säugetier die Nieren-, Verdauungs- und Geschlechtsprodukte den Körper verlassen, ähnelte das Wesen einem Reptil, denn es wies dort nur eine einzige Körperöffnung auf.

Ungeachtet all dieser Ungereimtheiten hatte Dobson in seinem Begleitschreiben steif und fest behauptet, dieses Monstrum existiere leibhaftig, sei in australischen Gewässern gar nicht so selten zu finden und trage bei den Eingeborenen den Namen „Wassermaulwurf". Doch die Fachleute ließen sich davon nicht im geringsten überzeugen, sondern beharrten darauf, daß es sich hier nur um eine Fälschung handeln könne. Gerade zu jener Zeit kamen die sonderbarsten künstlichen Mumien auf den Markt, gebastelt von Seeleuten oder ostasiatischen Berufsfälschern, die mit ihren Machwerken ehrenwerte Sammler auf den Leim zu führen suchten. So trocknete man Rochen und andere Fische, setzte ihnen Flügel an und fertigte aus ihnen „fliegende Drachen"; man nähte Fischschwänze an die zusammengeschrumpften Oberkörper von Affen, um „Seejungfern" vorzutäuschen, und suchte sogar die seriöse Wissenschaft auf solche und ähnliche Weise hinters Licht zu führen.

Doch trotz sorgfältiger Untersuchung fand George Shaw, einer der bedeutendsten Kenner der australischen Säugetiere im Britischen Museum, an dem Präparat des entenschnabligen Lebewesens keinerlei Anzeichen von Betrug. Um der Sache ernsthaft auf den Grund zu gehen, schlug er vor, Mister Dobson um weitere Lieferungen solcher „entenartiger Plattfüße“ zu ersuchen.

Tatsächlich trafen bis zum Jahre 1802 noch insgesamt vier „Entenschnäbel“ bei Shaw ein, diesmal in Alkohol konserviert und somit vollständig erhalten. Das Schnabelwesen schien also wirklich echt zu sein, obwohl es allen zoologischen Erkenntnissen Hohn sprach. Um nun zu klären, ob es sich um ein Reptil, einen Vogel, ein Säugetier oder um den Vertreter einer eigenen Tierklasse handelte, beschäftigten sich in der Folge auf Shaws Bitte hin die prominentesten Naturwissenschaftler Europas mit dem australischen Schnabeltier. Der berühmte englische Anatom Sir Everard Home zerlegte mehrere Schnabeltierkörper und wollte jeden Eid darauf ablegen, daß es sich bei diesem Wesen unmöglich um ein Säugetier handeln konnte. Ein Weibchen nämlich, das unter sein Seziermesser geraten war, besaß weder Zitzen noch Milchdrüsen. Im übrigen erklärte Sir Everard seinen Fachkollegen triumphierend, so einmalig sei dieses Schnabeltier gar nicht; denn er selbst besäße längst das Präparat eines Geschöpfes, das ohne Zweifel eng verwandt mit dem „Entenschnabel“ sein müsse. Es handelte sich dabei um den Ameisenigel oder Schnabeligel, wie man das Tier später nannte.

Shaw schaute sich diesen Schnabeligel nur flüchtig an und meinte, er sei vermutlich ein Verwandter des südamerikanischen Ameisenbären. Sein röhrenförmiger Schnabel wirkte in der Tat bei oberflächlicher Betrachtung wie der Rüssel eines Ameisenbären; und genau wie der Ameisenbär hatte der Schnabeligel eine lange wurmförmige Zunge. Zudem war er über und über mit Stacheln bedeckt; in dieser Hinsicht ähnelte er dem Igel und dem Stachelschwein. Das wichtigste Kennzeichen dieses Wesens hatte Shaw freilich übersehen: die hintere Körperöffnung, die haargenau so gebaut war wie beim Schnabeltier.

Da die meisten Zoologen Shaws Meinung teilten, verschwand der Schnabeligel, das „Landschnabeltier“, für einige Jahrzehnte aus der wissenschaftlichen Diskussion. Im Blickpunkt aber blieb weiterhin das entenschnablige Geschöpf, das „Wasserschnabeltier“, dem Sir Everard die Säugetiernatur so energisch abgesprochen hatte. Es lebte nach den Berichten australischer Siedler in Flüssen und tauchte dort geschickt nach Schnecken, Würmern und anderen Wassertieren. Dabei gründelte es mit Hilfe seines platten Entenschnabels im Schlamm und speicherte alle Nahrungsteile, die es nicht sofort verzehren konnte, in seinen geräumigen Backentaschen.

Als die Nachrichten über das Schnabeltier in Frankreich eintrafen, suchten dort zwei bedeutende Forscher, die – ähnlich wie später Darwin – an eine Entwicklung der Arten glaubten, nach Übergangsformen zwischen den einzelnen Tierklassen, mit denen sie ihre Theorie beweisen wollten. Da kam ihnen das Schnabeltier gerade recht. Einer der beiden, Geoffroy de Saint-Hilaire, machte aus dem Schnabeltier eine eigene Tierklasse, die er zwischen Vögel und Säugetiere stellte. Der andere, Jean Baptiste Lamarck, meinte im Gegensatz dazu, das kuriose Lebewesen schlage die Brücke zwischen Reptil und Säugetier. Wie auch immer – beide waren sich einig, daß das Schnabeltier kein echtes Säugetier war. Australische Gerüchte, denen zufolge es nicht lebende Junge zur Welt bringe, sondern Eier lege wie Vogel oder Eidechse, hielten Geoffroy de Saint-Hilaire und Lamarck demzufolge für zutreffend.

Damit brach ein wissenschaftlicher Streit los, der sich bis zum Jahre 1884 hinzog und an Heftigkeit nichts zu wünschen übrigließ. Im Mittelpunkt der Auseinandersetzungen stand, wie der australische Zoologe Harry Burrell es später einmal ausdrückte, „die triste Sache mit den Eiern".

Lamarck und Geoffroy de Saint-Hilaire fanden nämlich bei ihren Zeitgenossen nicht den geringsten Beifall für ihre Entwicklungstheorie. Die meisten Zoologen wollten vom Entwicklungsgedanken nichts wissen und glaubten auch nicht an das angebliche Eierlegen der Schnabeltiere. Inzwischen hatte man herausgefunden, daß auch der Ameisenigel zur gleichen Sippschaft gehörte wie das Schnabeltier. Man hielt die beiden umstrittenen Geschöpfe für degenerierte, auf eine primitive Stufe herabgesunkene Beuteltiere. Auch hierfür fand sich ein scheinbarer Beweis: Weibliche Ameisenigel besitzen in der Tat einen Beutel, und weibliche Schnabeltiere erfreuen sich zumindest einer beutelähnlichen Bauchfalte.

Hinzu kam, daß im Jahre 1834 der deutsche Mediziner Johann Friedrich Meckel bei der Zergliederung eines Schnabeltierweibchens auf der Bauchseite „zahlreiche Ampullen mit langen Hälsen" fand, die eine milchähnliche Nährflüssigkeit absonderten. Damit schien die Sache klar: Wenn Schnabeltierweibchen Milch produzierten, dann säugten sie auch ihre Jungen, und wenn sie ihre Jungen säugten, dann konnten sie nicht Eier legen. Sie waren also echte Säugetiere.

Doch die Gegenpartei ließ nicht locker. Sie führte einen scheinbar unwiderleglichen Beweis ins Feld: Ein völlig unbefangener Zeuge, der hochangesehene Kolonialbeamte Sir John Jamison, hatte in einigen Höhlen am Ufer eines australischen Flusses wiederholt weibliche Schnabeltiere gesehen, die offensichtlich ihre Eiergelege betreuten. Außerdem waren inzwischen ganz junge Schnabeltiere in die Hände einiger Zoologen gefallen. Da diese Wesen gleichfalls einen Schnabel besaßen, schien es schlechterdings unmöglich, daß sie an ihrer Mutter saugen konnten.

In den Jahren 1829 bis 1832 erlitt die „Eierpartei" freilich eine vernichtende Niederlage. In einem Brief aus Australien hatte ein Mister Grant enthusiastisch die Entdeckung von vier Schnabeltiereiern geschildert und eine Zeichnung des Geleges beigefügt. Ein Reptilienfachmann sah das Bild und erkannte sofort, daß die dargestellten Eier von einer Schildkröte stammten. Lächelnd erinnerte man sich der Eier, die Sir John Jamison gefunden haben wollte; und alle Welt war nun überzeugt, daß es sich dabei gleichfalls um Schildkröteneier gehandelt hatte. Das gleiche galt vermutlich von Eierschalen, die ein australischer Leutnant drei Jahre darauf aus Schnabeltierhöhlen herausholte. Dieser Leutnant hatte übrigens ein wenig am Bauch eines weiblichen Schnabeltieres herumgedrückt und gesehen, daß aus den Bauchdrüsen tatsächlich Milch austrat. Damit schien die „Säugetierpartei" endgültig recht zu behalten.

Die beiden eierlegenden Geschöpfe, das plüschige Wasserschnabeltier und das stachlige Landschnabeltier, wurden nun von den führenden Zoologen der Welt feierlich in den Rang einer eigenen Säugetierordnung erhoben. Als man die naturwissenschaftlichen Sammlungen durchforschte, kam noch eine dritte hochbeinige Art aus Neuguinea hinzu, die sowohl Haare als auch Stacheln besitzt und entfernt an einen borstigen Liliputelefanten erinnert. Dieser sehr seltene Langschnabeligel, der wahrscheinlich eine ähnliche Lebensweise führt wie der Ameisenigel, soll hier außer Betracht bleiben, da die Biologen so gut wie nichts über ihn wissen.

Mittlerweile hatten die drei Schnabeltierarten auch einen schönen wissenschaftlichen Namen erhalten. Man nannte sie „Monotrematen", frei übersetzt: „Tiere mit einer einzigen hinteren Leibesöffnung". In Deutschland kam das etwas unappetitlich wirkende Wort „Kloakentiere" in Gebrauch, das den Eindruck erweckt, als hause die Sippschaft der Schnabeltiere in irgendwelchen übelriechenden Abtritten. Gemeint ist mit der „Kloake" aber die kennzeichnende hintere Körperöffnung, die schon den ersten Erforschern dieser Tiere aufgefallen war.

Nachdem die Systematiker vorerst zufriedengestellt waren, brachte einer der berühmtesten Urzeitforscher Englands, Sir Richard Owen, einen neuen Gedanken ins Spiel. Nach seiner Meinung produzierten die Schnabeltiere und Schnabeligel zwar Eier, brachten aber lebende Junge zur Welt und ernährten sie mit Muttermilch. Das war nur scheinbar ein Widerspruch. Es gibt zahllose Reptilien, Amphibien und sogar viele Fische, die „ovovivipar" sind; bei ihnen bilden sich im Mutterleib Eier aus, denen die Jungen aber unmittelbar vor dem eigentlichen Geburtsakt entschlüpfen, so daß diese Tiere den Anschein erwecken, als seien sie lebendgebärend. Kommt es bei ihnen zu einer Frühgeburt, dann kann es geschehen, daß sie die Eier vorzeitig ausstoßen. Die zahlreichen Nachrichten von „eierlegenden Schnabeltieren" waren nach Owens Ansicht auf solche Frühgeburten zurückzuführen.

Um zu klären, auf welche Weise die Schnabeltierjungen mit ihren Hornschnäbeln die Muttermilch zu sich nehmen, reiste im Jahre 1832 der Zoologe George Bennett nach Australien. Monatelang erforschte er die dortigen Gewässer, ließ viele Schnabeltierbaue ausgraben und widmete sich auch als erster dem Verhalten dieser sonderbaren Wesen. Er stellte fest, daß die Milch der Schnabeltierweibchen in einer schüsselförmigen Einsenkung der Bauchhaut zusammenfließt und daß die Jungen ihre Schnäbel in diese Flüssigkeit tunken und sie geschickt auflöffeln.

Ein Vierteljahrhundert später fuhr Bennett, diesmal von seinem Sohn begleitet, erneut nach Australien, um lebende Schnabeltiere zu erbeuten. Von zwei Schnabeltierkindern, die er eine Weile pflegte, erzählte er: „Sie spielten wie junge Hunde, griffen einander mit den Schnäbeln an, erhoben ihre Vorderpfoten und kletterten übereinander weg. Beim Herumlaufen waren sie außerordentlich lebendig; oft erhoben sie den Kopf, als ob sie die Gegenstände in ihrer Nähe betrachten wollten. Mitunter durfte ich sie sogar streicheln, wobei sie spielend nach meinen Fingern bissen – ganz wie junge Hunde."

Dies alles klang sehr hübsch, aber Bennett fand kein einziges Ei und konnte seine kleinen Pfleglinge nur wenige Tage am Leben erhalten. Etwas leichter hatte er es mit den „Landschnabeltieren", den stachligen Schnabeligeln. Sie fanden sich ausgesprochen häufig in Australien und bewohnten meist als Untermieter die Höhlen anderer Landlebewesen. Versuchte man einen zu erbeuten, so verschwand er hurtig in der Erde und spreizte dort die Stacheln, so daß es nahezu unmöglich war, ihn herauszuholen. Daß man diese Geschöpfe einst für Verwandte des Ameisenbären gehalten hatte, erklärte sich aus ihrer Lebensweise. Sie ernährten sich überwiegend von Ameisen, Termiten und anderen Insekten, verzehrten in Gefangenschaft aber auch, wie die beiden Bennetts feststellten, Hackfleisch, weichgekochte Eier und eingeweichtes Brot.

Als Vater und Sohn Bennett die Beutel mehrerer Schnabeligelweibchen untersuchten, entdeckten sie dort entzückende kleine Stachelkugeln, die eifrig die dicke gelbe Milch von den Drüsen der Mutter leckten. Ein Ei freilich fand sich in keinem der Beutel.

Unterdessen war bei Richard Owen in London ein völlig exakter Bericht über den Legeakt eines Schnabeltieres eingetroffen. Die Schilderung stammte von dem australischen Arzt John Nicholson. Ein Goldgräber hatte, wie Nicholson schrieb, ein Schnabeltierweibchen gefangen und in eine Schnapskiste gesperrt: „Am nächsten Morgen legte es zwei weiche weiße Eier, die schalenlos waren und sich zusammendrücken ließen." Owen blieb ungerührt und nickte nur. Typische Frühgeburt aus Angst, meinte er nach der Lektüre des Briefes.

So war der Stand der Dinge, als in der Woche vom 24. bis 29. August 1884 endlich die Bombe platzte. Zwei Forscher entdeckten nahezu gleichzeitig – mit einem Unterschied von nur wenigen Stunden –, daß der alte Lamarck recht gehabt hatte: Schnabeltiere und Schnabeligel sind nicht lebend gebärend, wie Meckel geglaubt, und auch nicht „ovovivipar", wie Owen gemeint hatte – sie sind zwar Säugetiere, legen aber dennoch Eier und brüten ihre Eier, wie es sich gehört, aus.

Der eine dieser Forscher, der Zoologieprofessor Wilhelm Haake aus Jena, arbeitete vorübergehend am Museum der australischen Stadt Adelaide; er wurde später Direktor des Frankfurter Zoos. Der andere, ein Australier namens H. W. Caldwell, untersuchte die Flüsse von Queensland, um eine Bestandsaufnahme der dort lebenden Tiere vorzunehmen. Am 2. September 1884, fast auf die Stunde genau, traf sowohl Haakes Bericht bei der Zoologischen Gesellschaft in Sydney (Australien) als auch Caldwells Telegramm bei den Mitgliedern der Britischen Zoologischen Gesellschaft ein, die gerade in Montreal (Kanada) tagte. Beide Nachrichten hatten auch praktisch den gleichen Inhalt: Die Kloakentiere legen echte Eier mit weicher Schale.

Caldwell hatte am Burnett-River ein Schnabeltierweibchen erbeutet, das gerade kurz zuvor ein Ei gelegt hatte. Als er den Körper untersuchte, fand er in der Mündung der Kloake ein zweites Ei, „dessen Keim im Stadium eines sechsunddreißig Stunden alten Hühnerembryos war". Von einer Ovoviviparität konnte also nicht die geringste Rede sein. Während Caldwell noch nach weiteren Schnabeltiereiern fahndete, erfuhr er, daß Haake in Adelaide inzwischen das gleiche beim Schnabeligel herausgefunden hatte; leider konnte er seine Forschungen nicht mehr fortsetzen, da ihn ein Fieberanfall zwang, nach Sydney zurückzukehren. Die beiden kostbaren Eier nahm er natürlich mit.

Haake hatte Anfang August 1884 ein Pärchen Schnabeligel erhalten, das von der nahegelegenen Känguruh-Insel stammte. Ihn interessierten vor allem die Milchdrüsen des Weibchens. Gerade vor kurzem hatte nämlich sein Jenaer Kollege, der Anatom Karl Gegenbauer, die Theorie aufgestellt, daß bei sämtlichen Säugetieren die Milchdrüsen aus umgewandelten Talgdrüsen entstanden seien, während es sich bei den Milchdrüsen der Schnabeltiere um umgewandelte Schweißdrüsen handle, also um eine – stammesgeschichtlich gesehen – ganz andere Einrichtung. Deshalb sei es fraglich, ob Schnabeltier und Schnabeligel wirklich zu den Säugetieren gehörten.

Um die Drüsen genauer zu untersuchen, ließ Haake seinen weiblichen Schnabeligel von einem Angestellten des Instituts an einem Hinterbein hochhalten, betastete den Bauch und befühlte den Beutel des Tieres. Was nun geschah, beschrieb er mit folgenden Worten:

„Nur ein Tierkundiger wird meine Bestürzung begreifen können, als ich aus dem Beutel ein Ei hervorzog, das erste gelegte Ei eines Säugetiers. Dieser unerwartete Fund verwirrte mich derart, daß ich die nur unter solchen Umständen erklärliche Torheit beging, das Ei heftig zwischen Daumen und Zeigefinger zu drücken und ihm so einen Riß beizubringen. Sein dünnflüssiger Inhalt war leider, wohl infolge des Einfangens und der Gefangenhaltung der Mutter, in Zersetzung übergegangen. Die Länge des elliptischen Eies betrug fünfzehn, seine Dicke dreizehn Millimeter; die Schale war derb pergamentartig wie die vieler Kriechtiere."

Das Ei wanderte in eine Weingeistflasche, und die Zoologen konnten jetzt von neuem darüber nachsinnen, in welche Tiergruppe die Schnabeltiere nun eigentlich gehörten. Die Nährdrüsen sind nämlich in der Tat keine echten Milchdrüsen, wie sie die Säugetiere besitzen. Das bewies der nächste Schnabeltierforscher, Richard Semon, ein Schüler des berühmten deutschen Zoologen Ernst Haeckel. In die Geschichte der Zoologie ist Semon vor allem durch seine Tierforschungen in Australien eingegangen. Er fahndete dort nach dem seltsamen, mit Schuppen bedeckten Lungenfisch, der wie eine Übergangsform zwischen Fisch und Amphibium wirkte; er entdeckte kleine fliegende Beuteltiere, die Flug- oder Gleitbeutler, die bei ihren Schwebeflügen sogar regelrechte Schwenkungen durchführen können; und er beschäftigte sich schließlich gründlich mit dem Leben und Treiben des Wasserschnabeltiers.

Wie Semon feststellte, hält sich das Schnabeltier bevorzugt an ruhigen Altwässern Australiens und Tasmaniens auf und legt am Ufer seine weitverzweigten unterirdischen Baue an, die durch zwei Röhren mit der Außenwelt in Verbindung stehen. Die eine Röhre beginnt noch unter dem Wasserspiegel, während die zweite für die nötige Luftzufuhr sorgt. Manche dieser Gänge können bis zu fünfzehn Meter lang sein. Infolge seiner kunstvollen Uferbauten trug das Tier, wie Semon erkannte, bei den Eingeborenen den kuriosen Namen „Wassermaulwurf".

Was den Sinn und Zweck des Schnabels betraf, so bestätigte Semon die ersten Nachrichten australischer Siedler und fügte ihnen hinzu: „Zum Zerkleinern von Schnecken und Muscheln sind Zähne natürlich schlechte Werkzeuge; sie sind viel zu spröde und brüchig und werden deshalb bald abgenutzt. Hornig verdickte Kieferränder sind ungleich bessere Hilfsmittel, um so harte Nüsse zu knacken. Und so ist wahrscheinlich der Mangel der Zähne und ihr eigentümlicher Ersatz durch einen Schnabel aus der Muschelnahrung des Schnabeltiers zu erklären."

Übrigens kostete es Semon große Mühe, von den australischen Eingeborenen Auskünfte über das Schnabeltier zu erhalten und mit ihrer Hilfe Schnabeltierbauten aufzustöbern. „Sie zeigten gegen diese Arbeit die größte Abneigung", schrieb er, „und mochten sich überhaupt nicht um das Tier kümmern." Der Grund für diese Zurückhaltung stellte sich bald heraus: Das Schnabeltier ist das einzige wirklich „giftige" Säugetier. Der hohle, gekrümmte Sporn des Männchens, den es an den Hinterfüßen trägt, steht mit einer echten Giftdrüse in Verbindung. Auf kleinere Tiere kann dieses Gift tödlich wirken. Sogar bei Menschen sind Verletzungen durch die Sporne durchaus nicht harmlos. Ein Zoodirektor berichtet, daß einer seiner Tierwärter nach dem „Stich" eines Schnabeltiers ohnmächtig wurde und starke Anschwellungen an Hand und Arm zeigte; er hatte noch monatelang unter den Folgen dieser Vergiftung zu leiden. Weibliche Schnabeltiere besitzen solche Giftsporne nur in ihrer Jugendzeit. Über die Bedeutung dieses Giftapparates weiß man bis heute nicht das geringste; einige Tierforscher vermuten, daß er zur Paarungszeit eingesetzt wird, um die Weibchen zu erregen oder Nebenbuhler zu vertreiben.

Als Semon endlich einige Schnabeltierweibchen mit Gelege gefunden hatte, sah er zu seiner Verwunderung, daß die Schnabeltiermutter ihre Eier nicht in einer Bauchtasche aufbewahrt, sondern sie in ihrem Nest nach allen Regeln der Kunst ausbrütet. Eine solche Brut dauert etwa eine bis anderthalb Wochen; die Mutter verläßt in diesen Tagen ihren Bau nur, um Kot abzusetzen, und verstopft die Gänge dabei jedesmal sorgfältig mit Erde.

Was nun die umstrittenen Nährdrüsen betraf, so sondern sie nach Semons Untersuchungen nicht etwa dünnflüssige Milch ab wie bei anderen Säugetiermüttern; sie scheiden vielmehr eine feste käseähnliche Masse aus, die durchweg aus Eiweiß besteht und der im Gegensatz zur Milch Phosphorsäure und Milchzucker völlig fehlen. Genau wie beim Vogelweibchen arbeitet nach Semons Beobachtungen auch beim Schnabeltierweibchen nur der linke Eierstock; und genau wie ein Vogelküken sprengt auch das Schnabeltierkind die Eischale mit Hilfe eines sogenannten „Eizahnes", der sich auf dem Schnabel bildet und nach dem Schlüpfen wieder abfällt.

Überraschende Ergebnisse brachten Messungen der Körpertemperatur, die Semon viele Male an Schnabeligeln und Wasserschnabeltieren vornahm. Die Schwankungen waren größer als bei allen anderen Säugetieren; Semon und weitere Forscher registrierten Unterschiede von acht bis fünfzehn Grad. „Nach alledem scheinen die Schnabeltiere Bindeglieder zwischen wechselwarmen Reptilien und dauerwarmen Säugetieren darzustellen", meinte Semon, „wenn man auch zugeben muß, daß diese Bindeglieder nicht genau in der Mitte liegen, sondern entschieden nach der Säugetierseite hinneigen."

Als echte Bindeglieder werden die seltsamen Eierleger allerdings heute von den Zoologen nicht mehr angesehen; dafür sind sie zu einseitig auf bestimmte Umwelten und Lebensweisen spezialisiert. Dennoch bleibt bestehen, daß sie die urtümlichsten aller jetztzeitlichen Säugetiere sind.

Wie sich die Schnabeltierkinder nach dem Ausschlüpfen verhalten, beobachtete als erster Europäer um die Jahrhundertwende ein zoologisch interessierter Tscheche, Alois Topic, der unter australischen Goldgräbern lebte. Wie er sah, kriechen die Nestlinge als blinde, nackte „Würmchen" von nur zweieinhalb Zentimeter Länge aus den Eiern. Wollen sie an der Mutter trinken, so legt sich das Weibchen auf den Rücken. „Die beiden Jungen drücken die Milch aus", erzählt Topic, „indem sie mit ihren Schnäbeln um die kleinen siebartigen Löcher herumklopfen. Die Milch fließt herab in eine Hautrinne, welche das Weibchen mit den Bauchmuskeln bildet; und aus dieser Rinne schlucken die Kleinen die Milch."

Einige Zoologen kamen jetzt auf den Gedanken, die Schnäbel solcher „Säuglinge" zu öffnen und ihnen ins Mäulchen zu sehen. Das ergab eine weitere Überraschung: Junge Schnabeltiere haben ein Milchgebiß, das im Oberkiefer aus vier und im Unterkiefer aus sechs Backenzähnen besteht. Diese am Rande mit kleinen Höckern versehenen Zähnchen haben eine verblüffende Ähnlichkeit mit den Zähnen uralter Säugetiere aus dem Erdmittelalter, die von den Paläontologen als *Multituberculata* (Vielhöckerzähner) bezeichnet werden. Vielleicht waren diese seit mehr als hundert Millionen Jahren ausgestorbenen Vielhöckerzähner die direkten Vorfahren der Schnabeltiere. Daß sich noch nichts Genaueres darüber aussagen läßt, ist auf geologische Vorgänge zurückzuführen: Bisher hat man von den primitiven Vor-Säugern des Erdmittelalters lediglich ein paar Zähne und Knöchelchen ausgegraben und weiß demzufolge nicht, ob auch sie noch Eier gelegt haben.

Wegen seines schönen weichen Pelzes wurde das Schnabeltier schon bald nach seiner Entdeckung eine beliebte Jagdbeute der australischen Siedler. Die Zahl der Wasserschnabeltiere ging durch hemmungslose Bejagung stark zurück, so daß die Tiere schließlich nur noch in den Gewässern des südöstlichen Australiens und auf der Insel Tasmanien anzutreffen waren. Zum Glück hatten die australischen Regierungskreise schon sehr früh ein Einsehen; seit 1905 steht das Schnabeltier unter völligem Schutz und hat sich seitdem wieder etwas ausgebreitet. Freilich drohen ihm immer noch einige Gefahren durch den Menschen. Fischer legen nämlich in ruhigen Schnabeltiergewässern gern ihre Reusen aus; und wenn Schnabeltiere hineingeraten, finden sie in der Regel nicht mehr den Ausgang, so daß sie im Wasser an Luftmangel elend ersticken müssen.

Daß man Schnabeltiere heute außerhalb Australiens nicht in Zoologischen Gärten oder anderen Tiersammlungen findet, hat einen einfachen Grund: Ihre Ausfuhr ist seit dem Jahre 1960 verboten. Bis dahin hatte lediglich der New Yorker Bronx-Zoo dreimal Schnabeltiere zeigen können, die dort aber, von zwei Ausnahmen abgesehen, nicht sehr lange ausdauerten. Es stellte sich nämlich heraus, daß diese Geschöpfe zwar nicht auf ein besonders schwer zu beschaffendes Futter spezialisiert sind, dafür aber solche Massen von Regenwürmern, Insektenlarven und Wasserschnecken vertilgen, daß selbst erfahrene Zoodirektoren auf die Dauer nicht imstande waren, die benötigten täglichen Portionen herbeizuschaffen.

Schon in australischen Tiergärten hatte es sich gezeigt, daß ein Tierpfleger jeden Tag vom frühen Morgen bis zum späten Abend mit Hacke und Fischnetz arbeiten mußte, um für ein einziges Schnabeltier die erforderlichen Würmer, Maden, Krabben, Schnecken und Muscheln zu besorgen. Der erste Zoologe, dem um 1910 eine Schnabeltierhaltung in raffiniert angelegten, mit Gummischleusen ausgestatteten Kunstbauten gelang, war im Grunde ganz erleichtert, als ihm seine Pfleglinge nach zwei Monaten entkamen; denn er war infolge pausenloser Futtersuche zu keiner wissenschaftlichen Arbeit mehr gekommen.

Dieser Harry Burrell aus Sydney versuchte es nach Ende des Ersten Weltkrieges noch einmal mit der Schnabeltierhaltung. Er verbesserte die Konstruktion seiner Kunstbauten, so daß die von ihm gepflegten Tiere beim Passieren der Gummischleusen automatisch alles Wasser aus ihrem Pelz herausdrücken konnten. Auf diese Weise gelangten sie mit trockenem Fell in ihr Nest und holten sich keine Lungenentzündung. In der Freiheit pressen sich Schnabeltiere nämlich so lange durch die engen Erdgänge ihres Labyrinths, bis ihr Haarkleid schließlich keinen Tropfen Wasser mehr enthält. Wäre es anders, dann könnte ihr nasses Fell das Ausbrüten der Eier und die Aufzucht der Jungen im Nest beeinträchtigen.

Burrells Anlagen erwiesen sich für die Schnabeltierhaltung als ideal; aber die Futterprobleme waren dadurch nicht gelöst. Deshalb war Burrell heilfroh, als sich im Jahre 1922 ein bekannter amerikanischer Tierhändler, Ellis Joseph, bei ihm meldete, um die gesamte Konstruktion mitsamt fünf frisch gefangenen Schnabeltieren für den New Yorker Bronx-Zoo zu erwerben. Voller Optimismus hatte sich der Direktor des Bronx-Zoos, William Hornaday, zu der kostspieligen Anschaffung entschlossen, weil er meinte, „dieses wunderbarste aller lebenden Säugetiere“ habe die besten Aussichten, gerade unter den klimatischen Bedingungen von New York, die denen von Tasmanien und Südostaustralien einigermaßen entsprechen, vorzüglich zu gedeihen. Die Futterfrage lasse sich seiner Ansicht nach auch leicht lösen, da es in der Umgebung von New York Regenwürmer, Krabben und Schnecken mehr als genug gebe.

Doch der Optimismus von Mr. Hornaday erhielt bereits auf dem Transport einen Dämpfer. Die fünf Schnabeltiere konnten nicht, wie es der Zoodirektor gewünscht hatte, auf dem schnellsten Wege nach New York gebracht werden. Denn obwohl Mr. Joseph Unmassen von Regenwürmern und anderen Futtertieren mit auf die Überfahrt genommen hatte, sorgte der unersättliche Appetit der Schnabeltiere dafür, daß das Transportschiff immer wieder neue, nicht eingeplante Häfen im Stillen Ozean anlaufen mußte, um die Futtervorräte zu ergänzen. Außerdem schmeckten den Schnabeltieren die dortigen Regenwurmarten nicht sonderlich. Kurzum – nach zweimonatiger Fahrt und diversen Zwischenaufenthalten traf das Schiff schließlich in San Francisco ein, mit nur noch einem überaus hungrigen Schnabeltier und keinem einzigen Regenwurm an Bord. Die übrigen vier Tiere hatten die Strapazen der ausgedehnten Seereise und die offensichtlich unzureichende Ernährung nicht überstanden.

Viele Tage benötigte Ellis Joseph in San Francisco, um seinen Pflegling wieder aufzupäppeln und die erforderlichen Mengen an Futtertieren für die lange Eisenbahnfahrt nach New York heranzuschaffen. Er hielt sich dabei strikt an Burrells Weisungen, denen zufolge ein Schnabeltier täglich etwa zwei Pfund tierische Nahrung benötigt. Aber wie es sich während der Bahnreise herausstellte, schaffte das eine übriggebliebene Tier spielend die fünffache Ration.

Im Bronx-Zoo wurde das seltsame Lebewesen zu einer bisher nie dagewesenen Sensation. Das Publikum wartete in endlosen Schlangen vor dem Kunstbau, nur um einen Blick hineinwerfen zu können. Direktor Hornaday jedoch klagte, er müsse täglich mindestens fünf Dollar für ein Pfund Regenwürmer, vierzig Garnelen und vierzig Engerlinge ausgeben, um sein Schnabeltier einigermaßen bei Laune zu halten. „Kaum zu glauben", schrieb er in seinem ersten Bericht über die zoologische Kostbarkeit, „daß ein so kleines Tier so große Mengen Futter verbrauchen kann. Unter Säugetieren habe ich nie etwas Ähnliches gesehen."

Wie wir heute wissen, hatte Dr. Hornaday viel zu knapp gerechnet. Bereits nach siebenundvierzig Tagen Aufenthalt im Bronx-Zoo hauchte dieses erste Schnabeltier, das außerhalb Australiens gezeigt werden konnte, an Unterernährung sein Leben aus. Was für Futtertiere und welche Mengen davon ein Schnabeltier täglich zum Leben benötigt, das stellten später die australischen Zoologen Robert Eadie und David Fleay fest. Ihnen gelang es in einem eigens für Schnabeltiere eingerichteten Tierpark in Healesville bei Melbourne (Südaustralien), nicht nur mehrere Paare der gefräßigen Eierleger bis zu zehn Jahren am Leben zu erhalten, sondern auch Nachzucht zu erzielen.

Im Durchschnitt konnte so ein Tier täglich zwei bis drei Pfund Würmer, fünfzig bis sechzig Süßwassergarnelen, ein bis zwei Frösche, fünf bis sechs kleingehackte gekochte Eier und zusätzlich eine Handvoll Kakerlaken oder Mehlkäferlarven verdrücken. Dabei muß man allerdings bedenken, daß es sich hier mit Ausnahme der Süßwassergarnelen durchweg um Ersatznahrung handelte. Da man den Schnabeltieren die speziellen Schnecken- und Muschelarten, die sie in ihren Heimatgewässern vermutlich in Unmengen aus dem schlammigen Boden gründeln, auch in den besteingerichteten australischen Tiergärten nicht liefern kann, müssen sie eine Vielzahl von Ersatzstoffen zu sich nehmen, um diejenigen Substanzen zu gewinnen, die sie unbedingt zur Erhaltung ihres Lebens brauchen.

Die großen Erfolge in Australien ließen nach Ende des Zweiten Weltkrieges die New Yorker Tiergärtner nicht ruhen. Diesmal wandte man sich an den Spezialisten persönlich, an David Fleay in Healesville. Nach Fleays Rat sollte der Transport per Flugzeug erfolgen. Da sich der lange Flug nicht in einem Rutsch bewältigen ließ, waren Zwischenstationen in Sydney, auf den Fidschiinseln, auf Hawaii und in Kalifornien eingeplant. Die jeweils benötigten Würmermengen ließ man schon im voraus – hygienisch einwandfrei in Kunststoff verpackt – in die Zwischenstationen einfliegen, damit die Tiere bei jeder Landung sofort korrekt versorgt werden konnten.

Zu allem Überfluß probte Fleay mit den halbwüchsigen Schnabeltieren, die in den Bronx-Zoo übersiedeln sollten, einige Flüge in Australien, um zu sehen, ob ihnen der Lufttransport überhaupt bekommen würde. Tatsächlich regten sich die beiden Schnabeltiere bei diesen Flügen so sehr auf, daß man eines von ihnen schleunigst in Freiheit setzen mußte, um nicht seinen Tod zu riskieren. Es dauerte drei Monate, bis Fleay auf ausgedehnten Expeditionen Ersatz beschafft hatte. Die Mahntelegramme aus New York türmten sich inzwischen auf seinem Schreibtisch.

Endlich hatte er drei „flugtüchtige" Schnabeltiere beisammen, ein Männchen und zwei Weibchen. In seiner Begleitung wurden sie gemeinsam mit zehntausend Regenwürmern, 2500 Mehlwürmern und 550 Krabben auf den Weg geschickt. Das Flugzeug verspätete sich ein wenig; so kam es, daß der Reiseproviant nach achtundvierzig Stunden bei der ersten Zwischenlandung in Sydney schon verspeist war. Der sauber verpackte Nachschub, der im Flughafen von Sydney bereits gewartet hatte, wurde von den Schnabeltieren völlig ignoriert, obwohl sie offensichtlich Hunger hatten. Es zeigte sich, daß die amerikanischen Hygienemaßnahmen bei den Tieren auf keine Gegenliebe stießen. Sauber gewaschene, in Kunststoff gebettete Regenwürmer wurden von ihnen nicht als Futter akzeptiert. Eilig telegrafierte Fleay sämtliche weiteren Zwischenstationen an und bat darum, die gehorteten Regenwürmer schleunigst in natürlichen Humus zu stecken.

Wahrscheinlich war es nur der Sorgfalt und den Bemühungen von David Fleay zu verdanken, daß die Schnabeltiere trotz aller Schwierigkeiten schließlich doch glücklich in New York landeten und ihr neues Heim im Bronx-Zoo beziehen konnten. Dort gewöhnten sie sich allmählich an amerikanische Regenwürmer, amerikanische Garnelen und amerikanische Wasserfrösche. Zwei von ihnen erreichten ein Lebensalter von über zehn Jahren.

Ermutigt durch den glücklichen Ausgang des »Unternehmens Schnabeltier", brachte David Fleay im Jahre 1958 noch einmal drei Schnabeltiere nach New York. Augenscheinlich aber waren ihre beiden langlebigen Vorläufer wesentlich stabiler gewesen; denn alle drei Neuankömmlinge starben schon innerhalb von acht Monaten dahin. Seitdem wurde der abenteuerliche Versuch, diese verfressenen entenschnäbligen Säugetiere in Tierparks außerhalb Australiens heimisch zu machen, aus Naturschutzgründen nie wieder unternommen.

Wesentlich einfacher ist es um die Ernährung und Pflege des Schnabeligels bestellt. Dieser stachlige Vetter des Schnabeltiers gehört auch heute noch zu den häufigeren Säugetieren Australiens und vor allem der Insel Tasmanien. Leider fallen dort viele Schnabeligel – ähnlich wie unsere einheimischen Igel – dem zunehmenden Autoverkehr zum Opfer. Das ist vielleicht auch darauf zurückzuführen, daß Schnabeligel neuerdings zu echten „Kulturfolgern“ geworden sind. Wie der australische Zoologe Egon Varro berichtet, wandern Schnabeligel sogar in die Außenbezirke der Großstädte ein, wo sie sich anscheinend sicherer fühlen als in landwirtschaftlich genutzten Gegenden. Allerdings haben die etwa einen halben Meter langen Schnabeligel ohnehin so gut wie keine natürlichen Feinde. Sie können sich nämlich genauso zu unangreifbaren Stachelkugeln zusammenrollen wie unser Igel. Zusätzlich vollführen sie noch allerlei Kunststücke, die unser Igel nun doch nicht fertigbringt. So laufen sie gelegentlich auf zwei Beinen oder richten sich auf den Hinterfüßen auf. Wegen ihrer Kletterkünste sind sie in australischen Tiergärten sogar als Ausbrecherkönige berüchtigt.

Egon Varro beobachtete im Tierpark von Healesville, wie ein Schnabeligel auf überaus geschickte Weise aus seinem Gehege zu entkommen trachtete. Er riß zunächst in das Drahtgeflecht der Tür ein Loch und versuchte sich hindurchzuzwängen. Als ihm dies nicht glückte, stemmte er sich Stück für Stück an der Wellblechumzäunung hoch und erreichte den oberen Balken seiner Gehegetür. Mit einem Klimmzug schwang er sich über den Balken und sprang jenseits des Pferches auf den festgetretenen Zuschauerpfad. Dort fing er eilig zu buddeln an, um sich mit Hilfe seiner starken Krallen einzugraben. Vermutlich wäre er auf Nimmerwiedersehen verschwunden, wenn seine Wärter ihn nicht im letzten Augenblick an einem Bein gepackt und in sein Gelaß zurückbefördert hätten.

Obwohl ein Schnabeligel mit seiner langen röhrenförmigen Schnauze, der engen Mundspalte und der wurmartigen Zunge einen hochspezialisierten Eindruck macht, kann er sich in erstaunlicher Weise den verschiedenartigsten Lebensräumen anpassen. In freier Natur ernährt er sich zwar überwiegend von Termiten und Ameisen; gefangene Schnabeligel aber nahmen zur Überraschung der Tiergärtner alles an Futter an, was eben gerade noch durch die enge Schnabelröhre ging: Hackfleisch, Mehlwürmer, rohe und gekochte Eier, Milch und sogar eingeweichte Brotkrumen. Bei solcher Ersatzkost gedeihen die stachligen Ur-Australier in den Zoos ausgezeichnet, ganz im Gegenteil zum Wasserschnabeltier; sie können in Menschenobhut sogar ein Alter von mehr als dreißig Jahren erreichen. Angeblich sollen sie im Freileben über fünfzig Jahre alt werden – eine bemerkenswert hohe Lebensspanne für ein so kleines Tier. Unter allen Säugetieren wird der Schnabeligel in diesem Punkte nur vom Menschen und vom Elefanten übertroffen.

Zu den vielen Besonderheiten der australischen Schnabeligel-Art, des Kurzschnabeligels, gehört auch, daß er anscheinend ohne jegliches Trinkwasser auskommen kann. Offensichtlich enthalten die Ameisen und Termiten, die er als Nahrung bevorzugt, genügend Flüssigkeit, so daß er es nicht nötig hat, nach Trinkwasser zu suchen. Man trifft Schnabeligel in allen Klimazonen Australiens an: in Gebirgen bis zu zweitausend Meter Höhe, wo sogar gelegentlich Schnee fällt, und in Trockensteppen, wo er Temperaturen von vierzig Grad im Schatten ertragen muß. Deshalb gehört er zu den wenigen Säugetieren, die bei Bedarf sowohl in einen Winterschlaf als auch in einen Sommerschlaf verfallen können.

Schade ist es nur, daß uns die ausdauernden und fast „unverwüstlich" wirkenden Eierleger in den Zoos bisher so wenig von ihrem Fortpflanzungsverhalten gezeigt haben. Hin und wieder fand man im Brutbeutel einer gefangenen Schnabeligelmutter ein Ei oder sogar ein bereits geschlüpftes Junges, das unter deutlichen Geräuschen die mütterlichen Nährdrüsen massierte, um die fette, käseartige Muttermilch zu gewinnen. Manchmal purzelte ein solcher Nestling sogar aus dem Beutel, und die Zoologen konnten feststellen, daß ein junger Schnabeligel, dem noch die Stacheln und die lange Schnabelröhre fehlen, große Ähnlichkeit mit einem jungen Wasserschnabeltier hat.

Tapfer bemühten sich alle diese Schnabeligelchen, in den mütterlichen Beutel zurückzukrabbeln. Doch obwohl die Mutter in den meisten Fällen dabei eifrig mithalf, um das Kleine an den richtigen Ort zu schieben, ist die Aufzucht in Menschenobhut außerhalb Australiens bisher noch nie gelungen.

Irrungen und Wirrungen um zwei Rätselvögel

Bei seiner Fahrt ins Unbekannte stieß der holländische Kapitän Abel Janszon Tasman über den australischen Raum hinaus weit in den Stillen Ozean vor, um zu erkunden, ob es auch dort große Landgebiete gab. Tatsächlich erreichte er am 16. Dezember 1642 ein „großes, hohes, wildes Land", das allem Anschein nach nicht unter heißer Tropensonne lag wie Australien, sondern ein mildes, gemäßigtes Klima hatte wie die europäische Heimat. Obwohl die holländische Provinz Zeeland weder hochgebirgig noch wild noch bewaldet ist, taufte Tasman das neuentdeckte Land, das sich später als eine sehr große Doppelinsel erwies, auf den Namen Neuseeland – und so heißt es bis heute.

Von den Charaktertieren Neuseelands erblickte Tasman freilich nichts.

Er konnte deshalb nicht ahnen, daß die große Doppelinsel vor Ankunft der Europäer ein Vogelparadies gewesen war, wie es auf der Erde nicht seinesgleichen hatte. Außer zwei Fledermaus-Arten, die zweifellos auf dem Luftwege eingereist waren, gab es auf Neuseeland keine einheimischen Säugetiere. Die Vögel waren hier die unumstrittenen Herrscher. Nicht einmal Reptilien konnten ihnen nachstellen; denn auf Neuseeland existieren keine Schlangen, keine Krokodile und keine größeren Echsen, sondern nur einige kleinere Eidechsen-Arten. Außerdem lebt dort die seltsame und sehr altertümliche Brückenechse, die bereits im Drachen-Kapitel dieses Buches Erwähnung fand.

Es dauerte noch mehr als ein Jahrhundert, bis sich erneut ein Forschungsschiff der neuseeländischen Doppelinsel näherte. Diesmal kam es von der anderen Seite, aus den Weiten der Südsee. Der englische Weltumsegler James Cook, der zuvor die Inseln der Südsee erkundet hatte, steuerte im November 1769 die Küste Neuseelands an und befragte den Maori-Häuptling Tawaihura eingehend über die Flora und Fauna des gebirgigen Insellandes. Er erfuhr zwar, daß die kulturell recht hochstehenden Maori, die mit den Polynesiern der Südseeinseln eng verwandt sind, die einzigen menschlichen Bewohner der Doppelinsel seien; von der Tierwelt aber wußte Tawaihura anscheinend so gut wie nichts. Vielleicht hatte er Cooks Frage nicht richtig verstanden; möglicherweise jedoch wollte er nur vermeiden, daß die fremden Ankömmlinge sofort Jagd auf die ohnehin nur spärlich vorhandenen fleischspendenden Tiere machten. Denn den Maori selbst und ihren Vorgängern, den Moriori, waren im Laufe der letzten Jahrhunderte viele flugunfähige Vogelarten, darunter mehrere Formen von Rallen, ein Raubvogel, eine Riesengans, eine Riesenente und verschiedene recht stattliche Laufvögel, von denen hier noch die Rede sein wird, zum Opfer gefallen. Es herrschte demzufolge auf Neuseeland ein ziemlicher Fleischmangel.

Obwohl Cook, wie bereits berichtet, von ausgezeichneten Naturforschern begleitet war, bemerkten weder er noch seine Mitarbeiter etwas von dem neuseeländischen Vogelparadies und erst recht nichts vom späteren Wappentier der Insel, dem schnepfenähnlichen, flügellosen und in ein haariges Federkleid gehüllten Kiwi.

Drei Arten von Kiwis gibt es, die einst überall auf den beiden Hauptinseln von Neuseeland verbreitet waren. Sie sind wohl die sonderbarsten Vögel auf unserer Erde. Ihr Federkleid mit den langen zerschlissenen Fahnen sieht buchstäblich wie ein Haarpelz aus. Sie haben keinen Schwanz, dafür aber einen langen ibisartigen Schnabel, mit dem sie in den weichen Waldboden stoßen, um Würmer, Insekten und Kleintiere herauszuholen. An der Spitze dieses Schnabels befinden sich zwei Nasenlöcher, die sofort in Tätigkeit treten, wenn der Kiwi nach Beute sucht. Man hört dann ständig ein schnüffelndes Geräusch, das eindeutig aus den Nasenlöchern kommt.

Der Kiwi ist somit der einzige Vogel auf der Erde, der einen intakten Geruchssinn besitzt und sich durch ihn leiten läßt. Hinzu kommt noch, daß ihm der sonst bei der Mehrzahl der Vögel kräftig ausgebildete Brustbeinkiel fehlt und daß er, obwohl er kaum hühnergroß ist, Eier legt, die so schwer sind wie ein Viertel seines Körpergewichts.

Dieses kuriose Geschöpf ist erst verhältnismäßig spät in die Hände der Wissenschaft gefallen, was zweifellos an seinem verborgenen, nächtlichen Dasein liegt. Im Jahre 1812, also fast ein halbes Jahrhundert nach Cooks Besuch, erwarb ein englischer Kapitän namens Barclay an der Dusky-Bucht im Südwesten der neuseeländischen Südinsel einen Kiwibalg und brachte ihn nach London. Dort konnten sich nun die britischen Naturforscher, die den drolligen Vogelkobold untersuchten, mit der Frage beschäftigen, welcher Verwandtschaftsgruppe er zuzuordnen sei.

George Shaw vom Britischen Museum, der Känguruh- und Schnabeltierspezialist, machte sich die Sache ziemlich einfach. Er nannte den Vogel schlichtweg *Apteryx australis* (südlicher Vogel ohne Flügel). Als Shaw ein Jahr darauf starb, kaufte Lord Stanley den ausgestopften Kiwi für seine große Privatsammlung. Dort bildete der „Vogel ohne Flügel" das unumstrittene Glanzstück, zumal erst zweiundzwanzig Jahre später ein zweiter Kiwibalg in Europa eintraf.

In Stanleys Sammlung studierte ein Fachmann für die australische Vogelwelt, der Arzt John Latham aus Dartford, das Rätselwesen und bezeichnete es als „flügellosen Pinguin". Da der Kiwi aber nicht wie die Pinguine Schwimmhäute zwischen den Zehen besaß, fügte Latham seiner Definition hinzu, möglicherweise hätten bei den beiden bekannten Exemplaren irgendwelche Insekten die Häute weggefressen.

Die Pinguin-Theorie setzte sich nicht so recht durch. Zum Glück fing zehn Jahre danach ein Engländer auf der neuseeländischen Südinsel zwei lebende Kiwis, die einer etwas kleineren Art angehörten. Den einen brachte Lord Stanley in seinen Besitz und ließ ihn ausstopfen; Coenraad Jacob Temminck vom Leidener Museum erwarb den anderen und setzte ihn in Spiritus. Die Zoologen hatten aber immer noch keine blasse Ahnung, was sie mit dem haarigen Vogel ohne Flügel, der allen bisherigen Auffassungen von der Vogelwelt zu spotten schien, anfangen sollten. Temminck stellte ihn zu den ausgestorbenen Dronten. Andere Fachleute hielten ihn abwechselnd für eine Art Schnepfe, einen Hühnervogel oder für eine Ralle. Die letztere Auffassung hatte sogar einiges für sich und wurde deshalb in neuerer Zeit wieder aus der Schublade geholt. Den Anstoß dazu gab, so merkwürdig das klingt, eine Laus.

Auch Vögel sind häufig von Läusen geplagt. „Haarlinge" nennt man diese Vogelläuse. Die Insektenforscher haben festgestellt, daß auf nahe verwandten Vogelarten auch nahe verwandte Läuse schmarotzen. Dies ist ein

Gesetz, von dem es, soweit wir heute wissen, keine Ausnahme gibt. Als man nun die Läuse der Kiwis genauer untersuchte, erkannte man, daß sie eng verwandt sind mit den Läusen der Rallen, also mit charakteristischen Sumpf- und Inselvögeln.

Die Frage, ob der Kiwi nun wirklich etwas mit den Rallen zu tun hat, wollen wir vorerst noch zurückstellen und uns einer anderen Theorie zuwenden. Sie stammt von dem englischen Ornithologen William Yarell. Nach einer genauen anatomischen Untersuchung der in Lord Stanleys Besitz befindlichen Kiwis legte er eine neue Beschreibung des „flügellosen Vogels" vor und faßte ihn mit dem australischen Emu, den australisch-papuanischen Kasuaren, dem afrikanischen Strauß und den südamerikanischen Nandus oder Pampasstraußen zu einer großen Gruppe zusammen, die er „Flachbrustvögel" nannte, weil ihnen allen das Fehlen des Brustkiels gemeinsam war. Spätere Zoologen bezeichneten diese ganze Sippschaft als Laufvögel oder Straußenvögel.

Eine Sensation ersten Ranges war es, als Richard Owen der Wissenschaft das Skelett des Riesenmoa vorführte. Daneben die Rekonstruktion nach Othenio Abel.

Da man froh war, den Kiwi nun endlich im zoologischen System untergebracht zu haben, galt er fortan als „verzwergter Strauß" oder – wie es in Deutschland hieß – als „Schnepfenstrauß".

Nur der englische Zoologe und Urzeitforscher Richard Owen vom Britischen Museum in London fand schon um die Mitte des vorigen Jahrhunderts ein Haar in der Suppe. Er zweifelte daran, daß die großen langhalsigen und langbeinigen Straußenvögel Afrikas, Südamerikas und der australisch-papuanischen Region überhaupt eine systematische Einheit bildeten. Diese verschiedenen Laufvögel unterscheiden sich nämlich in so vielen Merkmalen, daß sie durchaus unabhängig voneinander entstanden sein könnten. Wenn man den Kiwi zu den Flachbrustvögeln rechnete, dann konnte er eigentlich aus tiergeographischen Gründen nur mit den Kasuaren näher verwandt sein, zu denen übrigens auch die Emus zählen.

Zwar erinnern Kasuare und Emus oberflächlich an Strauße; ihre Federn weichen aber durch ihren eigenartigen Bau von denen aller übrigen Vögel ab. Das Gefieder faßt sich dadurch merkwürdig rauh und strähnig an und umhüllt den Vogel so sehr, daß nur Kopf, Teile des Halses und die langen Beine unbedeckt bleiben. Owen fühlte sich dabei unwillkürlich an das gleichmäßig ausgebildete, wie zerschlissen wirkende Federkleid der Kiwis erinnert.

Hinzu kam noch, daß die Emus die weiten Grassteppen und Savannen Australiens bewohnen, während ihre Verwandten, die Kasuare, als ungesellige Eigenbrödler in den tiefen Wäldern Neuguineas und des australischen Nordens hausen. Owen fragte sich, warum nicht auch im benachbarten Neuseeland einst ein großer Laufvogel aus der Kasuarverwandtschaft existiert haben sollte, von dem die kleinen Kiwis als verkümmerte Zwergformen abgeleitet werden könnten.

Der Zufall wollte es, daß Owen gerade zu dieser Zeit von einem neuseeländischen Sammler namens Rule einen sehr großen Vogelknochen erhielt, der tatsächlich auf einen riesigen Laufvogel hindeutete. Leider waren beide Enden abgebrochen; aber dennoch mußte der Vogel weit stärker und schwerer sein als der afrikanische Strauß, die größte damals bekannte Vogelart. So wagte Owen es, der wissenschaftlichen Welt einen Bericht vorzulegen, in dem er vorsichtig andeutete, daß in Neuseeland eine besondere Art von Laufvögeln existiert habe und vielleicht sogar noch existiere, die kolossaler sein müsse als sämtliche bekannten Straußenarten.

Wenige Jahre darauf schickte der zoologisch sehr interessierte neuseeländische Staatsminister Walter Mantell etwa tausend Knochen dieser Riesenvögel, die teils vollständig und teils zerbrochen waren, an Owen. Sie stammten diesmal von der Nordinsel. Wie Owen erkannte, mußte es mehrere Arten von Vogelriesen auf Neuseeland gegeben haben, zumindest eine sehr hochgewachsene Art, der er den wissenschaftlichen Namen *Dinornis maximus* (besonders großer Schreckensvogel) verlieh, und eine fast genauso große, aber mit stärkeren Knochen ausgestattete Form, die er *Pachyornis elephantopus* (elefantenfüßiger Dickhäutervogel) nannte.

Von seinen Gewährsleuten erfuhr Owen außerdem, daß die Maori solche Vögel durchaus kannten und sie als „Moas“ bezeichneten. Die Frage war jetzt nur noch, ob die Moas allesamt ausgestorben waren oder ob noch letzte Reste von ihnen irgendwo in den einsamen neuseeländischen Bergwäldern lebten. Mit dieser Frage befaßte sich Owen in aller Gründlichkeit; er studierte sorgfältig sämtliche Berichte und Nachrichten über die Riesenvögel, die ihm der rührige Minister Mantell übersandte.

Bereits zu Beginn des neunzehnten Jahrhunderts hatten amerikanische Robbenfänger an den Küsten der Südinsel angeblich etwas von „scheußlichen, vier bis fünf Meter hohen Vögeln“ gehört. Einer dieser Robbenschläger namens Meurant sammelte um 1823 in der Nähe einer Flußmündung sogar mehrere Knochen der Riesenvögel, die zu seiner Überraschung noch mit Fleisch bedeckt waren.

Der Handlungsreisende J. S. Polack, der von 1831 bis 1837 auf Neuseeland gelebt und der schon in der Entdeckungsgeschichte der Brückenechse eine Rolle gespielt hatte, konnte diese Nachrichten bestätigen. Er schrieb über seine neuseeländischen Erlebnisse ein zweibändiges Werk und erwähnte darin neben anderen, noch unbekannten Tieren auch „eine Art Emu oder Strauß“, einen sehr großen Vogel, der auf der Nordinsel von Eingeborenen ausgerottet worden sei, aber nach den Versicherungen der Maori auf der Südinsel, „in Gegenden, die vielleicht nie ein Weißer betreten hat“, noch lebend vorkomme. „Man hat mir von diesem Vogel zahlreiche sehr große Knochen gezeigt“, schrieb Polack, „Knochen, die, wie man mir gesagt hat, am Fuße eines Gebirges im Landesinnern gefunden worden seien.“

Zu dem Material, das sich Owen beschaffte, gehörte auch eine Anzahl von Moa-Federn, die sich in den Abfallhaufen der Maori gefunden hatten; sie waren weich und biegsam, wirkten an den Spitzen fast haarartig und ähnelten überraschend denen der kleinen Kiwis. Minister Mantell befragte einige alte Maori nach dem Aussehen der Moas und erfuhr von ihnen, Kopf und Schwanz der Riesenvögel seien mit prächtigen Federn geschmückt gewesen, die als Insignien der Würde von den Häuptlingen sehr hoch geschätzt waren.

Ehe Owen nun einen zweiten ergänzenden Moa-Bericht verfassen konnte, der auf all diesen Funden und Nachrichten basierte, wurde seine Arbeit überschattet durch wütende Angriffe aus Neuseeland, in denen alles, was Owen und seine Gewährsleute zusammengetragen hatten, als purer Schwindel bezeichnet wurde. Es ging bei dieser Fehde um folgende Fragen: Wer hat als erster vom Moa gehört? Wer hat als erster vom Moa berichtet? Wer hat die ersten Knochen des Moa gefunden? Und wer darf demzufolge das Recht für sich in Anspruch nehmen, als Entdecker des Moa in die Unsterblichkeit einzugehen?

Der Initiator dieser Kampagne gegen Owen war ein Druckereibesitzer namens William Colenso; er berief sich dabei auf die beiden Missionare William und Richard Taylor, mit denen er befreundet war. Nachdem Owen die Entdeckung des Moa bekanntgegeben hatte, ließ Colenso ein Jahr verstreichen und veröffentlichte dann erst in einer australischen Zeitschrift einen flammenden Artikel, in dem er darlegte, daß er und niemand anderer den Moa entdeckt habe.

Den Bericht eines Herrn Owen, so schrieb Colenso unter anderem, habe er nie gelesen und halte ihn im übrigen für ein Plagiat. Von einem Mr. Rule wisse er nichts, und der „Handelsjude" Polack könne unmöglich jemals Moa-Knochen gesehen haben, weil er sie sonst ohne Zweifel an sich genommen und verhökert hätte. Ehrwürden William Williams und er hätten zum erstenmal etwas vom Moa gehört; Ehrwürden Richard Taylor und er hätten zum erstenmal Moa-Knochen in Händen gehabt; er, William Colenso, habe daraufhin die erste Beschreibung des Tieres verfaßt. Es handle sich bei dem Moa um einen Vogel mit einem Menschengesicht, der „einem ungeheuren Hahn ähnelt, von zwei kolossalen Echsen bewacht wird und jeden, der sich ihm nähert, durch Fußtritte tötet". Dies alles könnten seine beiden geistlichen Freunde bezeugen.

In seiner Erwiderung ließ Owen einen leichten Spott durchblicken. Schließlich war sein Moa-Bericht durch sämtliche neuseeländischen Zeitungen gegangen. Es lasse sich, so schrieb er, kaum verstehen, daß ein Druckereibesitzer keine Zeitungen lese. Ferner habe sich Polack deutlich genug ausgedrückt; es sei nicht zu bezweifeln, daß er auf Vogelknochen von der gleichen Art, wie Rule und Mantell sie gefunden hatten, gestoßen war. Zusätzlich tadelte Owen noch, daß Mr. Colenso dem Mr. Polack seine jüdische Religion zum Vorwurf mache, und fügte hinzu, der Riesenvogel sei inzwischen auch noch von dem deutschen Neuseeland-Forscher Ernst Dieffenbach erwähnt worden.

Was Owen damit ausdrücken wollte, war klar: Colenso kannte seiner Ansicht nach den Moa überhaupt nicht. Er hatte Polacks Buch und den Bericht des Britischen Museums gelesen; kurz darauf hatte er Dieffenbachs Bekanntschaft gemacht und von ihm gehört, daß irgendwo in den Wäldern Neuseelands ein gewaltiger Vogel hausen sollte. Vielleicht hatte er auch bei dem Missionar Taylor einen großen Knochen gesehen. Offensichtlich hatte er sich aus alledem nachträglich die Greuelgeschichte vom „menschengesichtigen Moa" zusammengebraut.

Wütend schlug Colenso zurück. Er bezeichnete die Knochen in Owens Besitz als „Ochsenknochen" und erklärte, er selbst könne mittlerweile fünf Schenkel, ein Schienbein und einen weiteren Knochen des Moa vorweisen.

Außerdem habe er Fußspuren des Moa entdeckt und von einem Mechaniker in Cloude Bay erfahren, daß es den Riesenvogel noch in den Bergwäldern von Whai-iti gebe. Zwei Amerikaner, so habe er gehört, seien auf der Jagd einem lebenden Moa von viereinhalb Meter Größe begegnet, aber nicht mutig genug gewesen, ihn zu erschießen.

In England nahm man von den Querelen des Herrn Colenso kaum noch Notiz. Richard Owen schrieb seinen zweiten Moa-Bericht, in dem er hervorhob, daß es mindestens fünf Arten von größeren und kleineren Moas gegeben haben müsse – eine Zahl, die aufgrund späterer Forschungen noch erheblich erhöht wurde.

Heute unterscheiden die Zoologen mindestens neunzehn Arten von Moas, die sich auf sechs Gattungen und zwei Unterfamilien verteilen. Die größte Art war doppelt so hoch wie ein Mensch, während die kleinste etwa die Höhe eines Truthahns erreichte. Die Knochen waren dick und fast elefantenhaft schwer. Auf dem kräftigen Hals saß ein kleiner, ziemlich flacher Kopf, der möglicherweise mit einem Helm oder mit Klunkern geschmückt war. Von den Flügeln fehlte jede Spur; nur einige Arten besaßen anstelle der Schulterblätter winzige Knorpel. Dafür waren bei den Riesenmoas die Hintergliedmaßen geradezu ungeheuerlich entwickelt; an den Füßen befanden sich drei Vorderzehen und eine stark verkrümmte Hinterzehe, ähnlich wie bei den Kasuaren.

Die zwergwüchsigen Moa-Arten müssen dagegen, wie es in einer Beschreibung heißt, „sehr drollig ausgesehen haben, fast so breit wie hoch, mit kurzen Stummelbeinchen, mit denen sie sicher nicht zu rennen, sondern vermutlich nur zu watscheln vermochten".

Der Erhaltungszustand der Knochen sprach dafür, daß einige Moa-Arten noch bis an die Schwelle der Neuzeit gelebt haben müssen. In seiner Schrift erwähnte Owen ein Gerücht, demzufolge der Riesenvogel nach wie vor auf etlichen Inseln der Cook-Straße – jener Meeresstraße, die die neuseeländische Nordinsel von der Südinsel trennt – lebendig vorkomme.

Zu den Persönlichkeiten, die fest daran glaubten, daß es noch irgendwo auf Neuseeland überlebende Moas gebe, gehörte auch der Gouverneur Robert Fitzroy. Er hatte sich seine ersten naturwissenschaftlichen Sporen als Kommandant jenes Forschungsschiffes verdient, mit dem Charles Darwin um die Welt gereist war. Im Jahre 1844 empfing er einen fünfundachtzig Jahre alten Maori-Greis namens Haumatangi, der vor siebzig Jahren als halbwüchsiger Junge noch den Entdecker Cook kennengelernt hatte. Fitzroy fragte ihn nach seinem Leben aus; und da erzählte Haumatangi ihm, er habe in seiner Kindheit verschiedene Male lebende Moas gesehen, den letzten zwei Jahre vor Cooks Ankunft.

Ein anderer Maori-Greis, Kawana Paipai mit Namen, schilderte Fitzroy sogar in allen Einzelheiten eine Jagd auf Moas, an der er um 1790 im

Südosten der Südinsel teilgenommen habe. Der Moa, so behaupteten beide Maori übereinstimmend, verteidige sich durch kräftige Fußtritte und könne nur durch einen wohlgezielten Schlag gegen das Standbein, der ihn zu Fall bringe, erlegt werden.

In fast allen Gegenden Neuseelands gab es Überlieferungen, in denen von Moa-Jagden die Rede war. An mehreren Moa-Knochen fanden sich Hautstücke, Muskelfasern und Federn, die dafür sprachen, daß die Riesenvögel nicht etwa prähistorische Geschöpfe, sondern Kinder der Erdneuzeit gewesen sein müssen. Das ganze Moa-Problem spitzte sich schließlich auf die Frage zu: Wer kann authentisch nachweisen, daß er einem lebenden Moa begegnet ist?

Unzählige Leute haben inzwischen Jagd auf das „Phantom" Moa gemacht. Man hat zweifelhafte Fährten verfolgt und ist zweifelhaften Geräuschen und Gerüchten nachgegangen. Die Zeitungen haben Phantasiemeldungen über Auseinandersetzungen mit wütenden Moas in die Welt gesetzt. Noch im Jahre 1948 unternahm eine amerikanische Filmgesellschaft ernsthaft den Versuch, in den neuseeländischen Alpen einen Moa zu fangen und über das Unternehmen einen Film zu drehen.

Diese hundertjährige Suche nach dem Moa lieferte der Wissenschaft zwar Tausende von Moa-Knochen, viele Moa-Eier und einige eindeutige Beweise für das Zusammentreffen von Moas und Maori – ein lebender Moa aber wurde nicht gefunden.

Heute nehmen die Wissenschaftler an, daß sämtliche Moa-Arten, soweit sie nicht in prähistorischen Zeiten ausgestorben sind, Opfer des Menschen wurden. Ausnahmsweise aber waren die Übeltäter diesmal nicht die weißen Eroberer, sondern zwei Gruppen von Südseeinsulanern. Nach den Sagen der Eingeborenen haben sich die Polynesier zur Besiedlung Neuseelands entschlossen, als die Besatzung eines dorthin verschlagenen Bootes einen mit fettem Fleisch umkleideten Moa-Knochen zurückbrachte. Da sie auf ihren Inseln schon immer an Fleischmangel gelitten hatten, erwarteten sie auf Neuseeland ein Schlemmerparadies. Eine erste Einwanderungswelle, die wohl von den Chatham-Inseln stammte, widmete sich in Neuseeland hauptsächlich der Jagd auf Moas. Dieser Polynesierstamm bezeichnete sich stolz als Moriori, als „Moajäger".

Ein Jahrhundert später muß das Gerücht von den schmackhaften großen Vögeln auch zu anderen Südseeinseln gedrungen sein. Denn nun trafen neue Einwanderer aus Tahiti, Rarotonga und anderen mittelpolynesischen Inseln auf Neuseeland ein – die Maori. Bald hatten sie nicht nur die Moas, sondern auch die „Moajäger" dezimiert und nach und nach ausgerottet. Wahrscheinlich blieb zum Schluß nur eine einzige, verhältnismäßig kleine Moa-Art übrig, von der die Maori dann in ihren Überlieferungen erzählten.

Diese Klein-Moas waren es, die schließlich eine tragbare Brücke zum noch kleineren Kiwi schlugen. Gegen Ende des neunzehnten Jahrhunderts verdichteten sich die Nachrichten über einen sehr seltenen Vogel im gebirgigen Teil der Südinsel, der ein schwarzes Federkleid, stämmige Beine, Klunker am Kopf und einen Fleischkamm auf dem Schädel besitzen sollte. Diese Spur verfolgte der österreichische Geologe und Biologe Ferdinand von Hochstetter, der damals mit dem Schiff „Novara" die Küsten und Fjorde Neuseelands erforschte. Er sammelte alle Unterlagen, die für ein Zusammentreffen der Maori mit den letzten Klein-Moas sprachen, und zog folgenden Schluß daraus:

„Die Eingeborenen aßen bis in die jüngste Zeit hinein das Fleisch und die Gelege; sie schmückten mit den Federn ihr Haar, zermahlten die Schädel, um sich mit dem Pulver zu tätowieren, und stellten aus den Knochen Angelhaken her. Die Eier gaben sie ihren Toten mit ins Grab."

Auch Ferdinand von Hochstetter glaubte anfangs an die Existenz letzter überlebender Moas. Dann aber brachten ihn eine Zeitungsnotiz und ein Brief seines neuseeländischen Freundes Julius von Haast auf eine ganz andere Fährte: Sämtliche Leute, die in neuester Zeit große Vögel auf Neuseeland beobachtet hatten, waren in Wirklichkeit nicht auf Moas, sondern auf Riesenkiwis gestoßen.

Von solchen geheimnisvollen Riesenkiwis hatte schon im Jahre 1859 ein Vermessungsingenieur namens John Rockfort berichtet. Es handle sich bei diesem Roa-Roa, wie er ihn nannte, um einen etwa gänsegroßen und sehr kräftig gebauten Kiwi, der Sporne an den Füßen besitze und „sich so vortrefflich gegen angreifende Hunde verteidigen kann, daß er oft Sieger im Kampf bleibt". Die Zoologen kannten auch schon längst das Federkleid des Roa-Roa; denn in einer völkerkundlichen Sammlung befand sich der Mantel eines Maori-Häuptlings, der aus lauter großen kiwiartigen Federn zusammengesetzt war. Nach der Federgröße zu urteilen, mußte der Roa-Roa dreimal so groß sein wie ein normaler Kiwi.

Nähere Einzelheiten über den Roa-Roa fand Hochstetter dann in dem Brief seines Freundes. Danach haben Vermessungsbeamte des öfteren im verschneiten neuseeländischen Bergland Spuren eines truthahngroßen Kiwis entdeckt und zuweilen in den Nächten auch den „sonderbaren Schrei dieses Vogels" gehört.

Der Brief des Julius von Haast wurde weltberühmt. Sogar Darwin erwähnte ihn und äußerte die Vermutung, daß in Neuseeland noch ein Urvogel leibhaftig existieren könne. Ferdinand von Hochstetter war nun überzeugt, daß sich sämtliche Berichte über Begegnungen mit Moas in Wirklichkeit auf den Riesenkiwi Roa-Roa bezogen.

Der Roa-Roa wurde dann um die Jahrhundertwende noch zweimal in der Literatur erwähnt – einmal von dem neuseeländischen Premierminister Sir George Gray, dem eine Gruppe von Maori überzeugend den Fang eines

„kleinen Moas" im Sumpfland der Südspitze Neuseelands schilderte, ein anderes Mal von dem Ornithologen Walter Lawry Buller, der in seinem Werk über die Vögel Neuseelands ausdrücklich hervorhebt, daß die Maori einen Klein-Kiwi, einen Groß-Kiwi und einen Riesen-Kiwi unterscheiden.

Sind die letzten „Moas" nun tatsächlich unbekannt geblieben oder in jüngster Zeit ausgestorbene Riesen-Kiwis? Ferdinand von Hochstetter selbst kam auf des Rätsels Lösung: Klein-Moa und Riesen-Kiwi sind identisch. Es läßt sich nicht feststellen, wo der Kiwi aufhört und der Moa anfängt. Zusammen mit Julius von Haast entdeckte er in den obersten Schichten neuseeländischer Höhlen neben Knochen von Riesen-Moas auch vollständige, noch in ganz natürlicher Lage befindliche Skelette des Groß-Kiwis und des Riesen-Kiwis. Diese stummelbeinigen Geschöpfe hielten im Körperbau genau die Mitte zwischen Kiwi und Moa.

Ob die Moas allerdings unter Parasiten zu leiden hatten, die den Vogelläusen der Kiwis und damit denen der Rallen verwandt waren, läßt sich heute nicht mehr feststellen. Mit den Moas wurden nämlich auch ihre Schmarotzer ausgerottet. Die interessante Theorie, daß die Kiwis – und damit auch die Moas – möglicherweise in die Verwandtschaft der Rallen gehören, ist deshalb weder zu beweisen noch zu widerlegen.

Der Kiwi steht heute unter strengem Schutz. Er ist das Wappentier Neuseelands geworden und wird in ausgedehnten Reservaten vor Füchsen, Mardern und anderen Fremdlingen, die die Europäer leider auf Neuseeland heimisch machten, behütet. Von seinem riesigen Verwandten, dem Moa, und seinem mittelgroßen Vetter, dem Roa-Roa, aber hat man seit Hochstetters Zeiten nichts mehr gesehen und gehört.

DRITTER TEIL

ENTDECKUNGEN DER NEUZEIT

Paradepferde der Abstammungslehre

Es war die dritte Entdeckungsfahrt, die Rittmeister Nikolai Michailowitsch Przewalski in Innerasien unternahm. Zu diesem Zeitpunkt, im Jahre 1879, galt er längst als Klassiker der russischen Asienforschung. Er hatte sieben Jahre lang Südsibirien, die Mongolei, Tibet und Ostturkestan durchzogen; dabei war es ihm gelungen, die bis dahin noch kaum bekannten Kropfgazellen und Orongo-Antilopen, die Bharals, die tibetanischen Blauschafe, die riesigen Argali-Wildschafe im Pamir und im Altai und sogar die Wildform des Yaks, nach der man lange gesucht hatte, genauer zu beschreiben.

Auf beiden Reisen begegneten ihm immer wieder Herden von Kulanen, von fahlgelben oder rötlich-braunen Halbeseln, die in mehreren Unterarten in den Wüstensteppen von Vorderasien bis zur Mongolei und Tibet verbreitet sind. Gerade mit diesen Halbeseln wollte Przewalski sich auf seiner dritten Reise, die von Kasachstan durch die Dsungarai erneut nach Tibet führen sollte, eingehend befassen.

Das hatte seinen guten Grund. Przewalski begeisterte sich nämlich ganz besonders für diese temperamentvollen, schnellen und ausdauernden Ein-

Großartig hat Hokusai das Naturell des Pferdes eingefangen. Die asiatischen Pferderassen haben sich noch manches vom Charakter des mongolischen Wildpferdes bewahrt.

hufer. Viele Male versuchte er, fliehende Kulane im Sattel einzuholen; doch das gelang ihm nie, selbst auf dem besten Pferd nicht. Przewalski kannte bereits vier Halbesel-Unterarten: den transkaukasischen Onager, den turkmenischen eigentlichen Kulan, den mongolischen Dschiggetai und den tibetanischen Kiang. Als er eines Tages in der Wüstensteppe von Kobdo, im russisch-mongolischen Grenzgebiet, ein Rudel von etwa zehn pferdeähnlichen Tieren antraf, hielt er sie ohne Zögern für Kulane – für asiatische Halbesel also. Einige etwas abweichende Merkmale jedoch blieben in seinem Gedächtnis haften: der große Kopf, der kräftige Hals, der stämmige Körper. Deshalb befragte er eingehend die kirgisischen und mongolischen Bewohner dieses Bezirks und erfuhr, daß ihnen das Tier wohlbekannt war. „Kertag" hieß es bei den Kirgisen, „Tache" bei den Mongolen und „Jema" bei den Chinesen. Jeder bestätigte ihm, es handle sich in der Tat um einen großen Verwandten des Kulan, sehr scheu und selten, aber von schmackhaftem Fleisch.

Nicht einen Augenblick lang kam Przewalski auf den Gedanken, es könne sich vielleicht um echte Pferde handeln. Ein Wildpferd stellte er sich nach der landläufigen Auffassung der Zoologen ungefähr wie den südrussischen Tarpan oder wie die von ihm studierten verwilderten Mongolenpferde vor – mausgrau, mit struppiger Mähne, aber sonst vom Aussehen eines stämmigen Ponys oder Panjepferdes. Die eiszeitlichen Pferdedarstellungen kannte man damals noch nicht; sie hätten ihn und die gesamte Zoologengarde eines Besseren belehren können. Przewalski war der festen Meinung, er habe zu dem Kulan, dem Onager, dem Dschiggetai und dem Kiang noch einen fünften Halbesel entdeckt. Im Banne dieser Überzeugung begab er sich mit seinen Gefährten auf die Jagd nach dem Tier Kertag.

Zu seiner Freude sah er einige Tage später ein weiteres Rudel der vermeintlichen Halbesel. Er ließ sie beschießen; die Tiere aber stürmten, der Hengst vorneweg, mit gesenkten Köpfen und erhobenen Schweifen in die Weite. Sie waren, wie er jetzt genau festgestellt hatte, schmutzig gelbbraun mit weißem Bauch, hatten kleine Ohren, eine straffe hochstehende Mähne, dunkle Beine und einen eindeutigen Pferdeschwanz; ihre Höhe am Widerrist übertraf die des Kulan um etwa zwanzig Zentimeter und entsprach der Größe eines Norwegerponys. Als neuen großen Halbesel aus der Dsungarei kündigte Przewalski den Kertag seinem wissenschaftlichen Freund, dem Zoologen und Geographen J. S. Poljakow, an. Und Poljakow, der sich gleichfalls auf einer Innerasienreise befand, konnte der russischen Akademie ein Jahr darauf aus Kobdo das Fell und das Skelett eines Kertag beschaffen. Der Bericht, den er über das Tier im Jahre 1881 in der „Iswestja" veröffentlichte, schlug wie eine Bombe in der Zoologenschaft ein: Poljakow behauptete, der Kertag, der *Equus przewalskii*, sei identisch mit dem Urwildpferd der Eiszeit!

Natürlich glaubte ihm das niemand. Der lebhafteste Protest kam von dem Entdecker selbst, von Nikolai Michailowitsch Przewalski. Der große russische Asienforscher beharrte auf seiner ursprünglichen Meinung, nach der der Kertag nichts als ein Halbesel sei, ein Verwandter des Kulan; er führte dazu eine ganze Reihe von Zeugnissen und eigenen Beobachtungen an. Die Halbesel, betonte er, hätten die Tendenz, sehr stark zu variieren und in ihren größeren Formen den echten Pferden recht nahezukommen; sie besäßen „den bewundernswürdigen Gesichts- und Geruchssinn der Pferde", die langen Haare ihres Schwanzes könnten „an einen Pferdeschwanz erinnern", außerdem bestünde ihre Stimme „aus einem dumpfen, ziemlich starken und abgerissenen Gewieher" ähnlich dem der Pferde. Pferdekenner Przewalski wollte sich nicht davon überzeugen lassen, daß der plumpe, kurzbeinige und dickköpfige Kertag irgend etwas mit dem edlen, schlanken Roß zu tun habe. Poljakow konterte, indem er auf sämtliche Pferdemerkmale des Kertag hinwies, auf den kurzen Schwanzknochen, die großen Backenzähne, die kleinen Pferdeohren, die Hornwarzen an den Vorder- und Hinterbeinen. Aber es kostete ihn allerhand Geduld und Mühe, bis Freund Nikolai Michailowitsch schließlich kapitulierte.

Erst als die Brüder Grum-Grzimaljo als erste Europäer einige Przewalski-Pferde erlegten, konnten sich die Zoologen davon überzeugen, daß Poljakows Diagnose völlig richtig war. Und nicht nur das: Die Wildpferde aus der Dsungarai ähnelten auf überraschende Weise den inzwischen entdeckten Pferdedarstellungen des altsteinzeitlichen Menschen. Das Interesse der Zoologen und Haustierforscher nahm deshalb schlagartig zu – entsprechend nahmen die Wildpferdbestände ab.

Eine besondere Rolle spielte hier ein russischer Kaufmann aus Kobdo namens Asanow, der mit China Handel trieb. Er brachte in Erfahrung, daß Tierhändler und Tierzüchter am Erwerb von Przewalski-Pferden brennend interessiert waren. Daraufhin entwickelte er mit Hilfe von kirgisischen Fängern eine Methode, junge Fohlen aus der Herde herauszusprengen, sie müde zu hetzen, mit der Schlinge zu überwältigen und dann von mongolischen Hauspferdstuten betreuen und aufziehen zu lassen. Für die Wildpferde bedeutete dies natürlich einen permanenten Aderlaß; die Restbestände zogen sich immer tiefer in entlegene Wüstengebiete zurück, zumal bei den Fangunternehmungen viele erwachsene Pferde, vor allem Leithengste, die ihr Rudel zu verteidigen suchten, ihr Leben lassen mußten.

Mehrmals konnte Asanow die bekanntesten Wildparkbesitzer mit ganzen Zuchtstämmen der wilden dsungarischen Pferde beliefern. So gingen verschiedene Sendungen an den südrussischen Großgrundbesitzer Friedrich Falz-Fein, der auf seinem Gut Askania Nowa mit den Wildpferden Kreuzungsversuche anstellen wollte. Auch der englische Herzog von Bedford, der auf Woburn Abbey viele seltene Tiere hielt, erwarb von Asanow einige

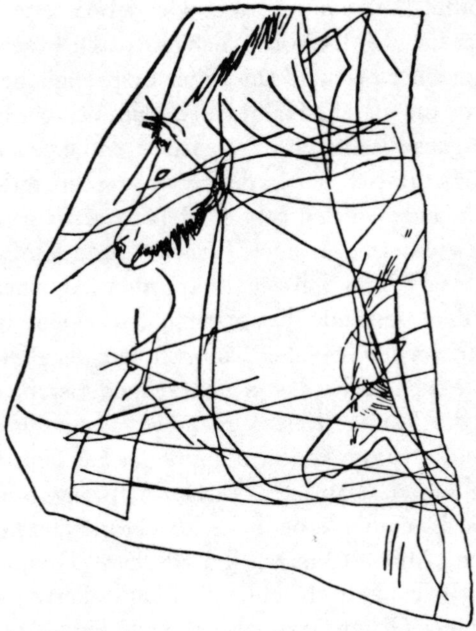

Steinzeitgravierung eines Przewalski-Pferdes, die in Bayern gefunden wurde.

Przewalski-Pferde. Zweimal kaufte der Tierhändler Carl Hagenbeck in Hamburg insgesamt mehr als dreißig Przewalski-Pferde ein. Schließlich jedoch gingen Asanows Vorräte zur Neige. Und da stellte man – etwa um das Jahr 1920 – fest, daß selbst freilebende Wildpferde nur noch in drei Revieren anzutreffen waren, stark von Inzucht bedroht und offensichtlich dem Aussterben nahe.

Die letzten vier Przewalski-Pferde wurden in den Jahren 1942 bis 1945 von mongolischen Tierfängern in der Wüste Gobi erbeutet. Seitdem fehlt jede Spur von ihnen. Sämtliche Nachrichten aus jüngster Zeit betreffen den schon genannten Dschiggetai, mit dem ja auch Przewalski „sein" Wildpferd anfangs verwechselt hatte. Dennoch haben etwa vierhundert reinblütige Przewalski-Pferde in Tiergärten die Zeiten überdauert – Nachkommen der Fänge, die Asanow um die Jahrhundertwende durchführen ließ.

Das Wort „reinblütig" muß hier betont werden. Denn in Rußland und Deutschland begannen die Haustierforscher eifrig mit dem Kertag herumzuexperimentieren und ihn mit englischen Vollblutpferden, Ponys, Norwegerpferden, Haflingern und verwilderten Pferden zu kreuzen. Die Mischlinge erwiesen sich, wie nicht anders zu erwarten, als unbegrenzt fruchtbar. Ein hoher Prozentsatz der „Waldwildpferde", die man vor dem Zweiten Weltkrieg in der Schorfheide bei Berlin und in den ostpreußischen Forsten ausgesetzt hat und die man heute noch in verschiedenen Wildgattern und Freigehegen sehen kann, sind Kreuzungen aus Kertag, Norwegerpony, russischem Panjepferd und verwildertem Hauspferd. Warum man diese Tiere überhaupt züchtete und als Wildpferde bezeichnete, wird aus den folgenden Ereignissen deutlich:

In den Jahren, die dem Erscheinen des Darwinschen Buches über den Ursprung der Arten folgten, hatten sich die Evolutionsforscher mit besonderer Begeisterung auf die Enträtselung des Pferdestammbaumes geworfen. Sie hatten ihre Gründe dafür. In Europa fand man viele fossile Belege, die Darwins Theorie klar und eindeutig zu beweisen schienen. Danach lebten im europäischen Frühtertiär kaum fuchsgroße vierzehige „Fuchspferdchen", aus denen dann im Mitteltertiär dreizehige plumpe „Tapirpferde" hervorgingen. Beim spättertiären Hipparion-Typ waren schließlich zwei der Zehen zu Klunkern verkümmert, so daß sich deutlich schon der nachfolgende Einhufer-Typ abzeichnete.

Das Modell „Einhufer" schien sich demzufolge ganz allmählich im Laufe des Tertiärs durch Rückbildung der Zehen entwickelt zu haben. Deshalb wurden die Einhufer zu „Paradepferden" der Abstammungslehre, zum Idealbild einer stammesgeschichtlichen Abfolge, wie es sich kein Evolutionsforscher hätte besser wünschen können.

Ganz anders sah es in den einzelnen Tertiärschichten Nordamerikas aus. Die Fülle von Beweisen für die Herkunft der Pferde war dort gleichfalls erdrückend; nur wirkten die dortigen Pferdevorfahren auf jeder „Vielhufer-Stufe" entschieden pferdeähnlicher als die entsprechenden altweltlichen Funde. Vor allem fehlten in Nordamerika die für Europa so typischen plumpen „Tapirpferde" des Mitteltertiärs. So drängte sich den Fachleuten eine Zeitlang die Frage auf, ob es nicht möglich sei, daß die heutigen Pferde gleich zweimal entstanden seien: in der Alten Welt auf dem Umweg über tapirähnliche Formen, in der Neuen Welt dagegen auf direktem Wege über pferdeähnlichere Gestalten.

Ausgerechnet die „Paradepferde der Abstammungslehre" weckten somit plötzlich die ersten gravierenden Zweifel an der Deszendenztheorie. Sogar Darwin selbst gestand: „Der Gedanke, daß in zwei Erdteilen über verschiedenartige Zwischenformen hinweg genau das gleiche Tier entstanden sein soll, hat etwas Unheimliches." Bis die Zoologen und Paläontologen endlich den Einfall hatten, nicht nur die Zehen oder Hufe, sondern auch die Zähne ihrer Urpferde genauer zu untersuchen. Der stammesgeschichtliche Weg des Pferdes und seiner Verwandten führte nämlich vom waldbewohnenden Laubfresser zum steppenbewohnenden Grasfresser, der mit Hilfe eines Spezialgebisses selbst die härtesten Gräser aufschließen kann. Diese Erkenntnis – sie stammt von dem amerikanischen Urzeitforscher Othniel Charles Marsh – verdrängte die plumpen „Tapirpferde" Europas endgültig aus dem Pferdestammbaum.

Wie Marsh beweisen konnte, hat sich das Pferdegeschlecht nur einmal entwickelt, und zwar in Nordamerika. Allerdings sind Urpferde rund fünfmal im Verlauf des Tertiärs von Nordamerika in die Alte Welt eingewandert; viermal haben sie dort Seitenwege der Entwicklung eingeschlagen und sind nachkommenlos ausgestorben. Erst beim fünften Mal, als das Einhuferstadium bereits erreicht war, hielten sich die Pferde – und mit ihnen die Zebras und Wildesel – endgültig in der Alten Welt; aber dafür erloschen sie in Amerika. Warum dies geschah, konnte bis heute noch nicht geklärt werden.

Zur Zeit der Konquista wußten die Indianer jedenfalls nichts mehr von Pferden oder deren Vorfahren. Der befremdliche und sogar erschreckende Eindruck, den die spanischen Reiter auf die amerikanischen Ureinwohner machten, trug mit zur Kapitulation eines ganzen Kontinents vor einigen zehntausend Abenteurern bei. Das uramerikanische Pferd vollzog damit eine Rückkehr in die einstige Heimat, die von weltgeschichtlicher Bedeutung werden sollte.

Nachdem in der zweiten Hälfte des vorigen Jahrhunderts die hier in groben Zügen skizzierte Geschichte des Pferdegeschlechts rekonstruiert worden war, beschäftigten sich die Zoologen vor allem mit der Frage, welche unter denjenigen Einhufern, die einst im Pleistozän von Amerika aus die Alte Welt besiedelt hatten, als Vorfahren des Hauspferdes in Frage kamen. Zebras, Wildesel und Halbesel schieden aus geographischen und stammesgeschichtlichen Gründen aus. Dagegen fanden sich in eiszeitlichen Ablagerungen drei klar zu unterscheidende Wildpferd-Typen, die offensichtlich zum bevorzugten Jagdwild des Altsteinzeitmenschen gehört hatten. In nahezu allen urmenschlichen Ablagerungen stieß man auf ihre versteinerten Knochen. Die kleineren, schlankeren Waldwildpferde hoben sich deutlich von den größeren, stämmigeren Steppenwildpferden ab.

War vielleicht doch noch eine der beiden Formen am Leben? Man holte alte Berichte, die von Wildpferden sprachen, aus den Archiven. Assyrische Bilder gab es – so das berühmte Relief aus dem Palast des Sardanapal im heutigen Kujundschik –, auf denen ganz eindeutig Jagd und Fang von Wildpferden dargestellt waren. Antike Autoren wie Plinius, Strabon, Varro und Timotheus hatten vom Vorkommen des „Hippagros", des wilden Pferdes, in Germanien, Spanien und dem Alpengebiet gesprochen; die Römer machten sogar einen ausdrücklichen kulinarischen Unterschied zwischen Fohlenbraten vom Hippagros und solchem vom Onagros, dem vorderasiatischen Halbesel. In verschiedenen mittelalterlichen Kirchenchroniken wurde erwähnt, daß den Mönchen der Genuß von Wildpferdfleisch teils erlaubt, teils verboten war. Aber – waren diese mittelalterlichen „Wildpferde“ wirklich noch echte Wildformen? Aus dem sechzehnten und siebzehnten Jahrhundert gibt es Nachrichten über Wildpferdjagden im Elsaß, in der Pfalz, in West- und Ostpreußen. Hier handelte es sich ganz offensichtlich um verwilderte Hauspferde, wie sie heute noch im Gebiet des Herzogs von Croy bei Dülmen in Westfalen, ferner in der südfranzösischen Camargue, in den südenglischen New Forests, in russischen Steppen und amerikanischen Pampas und Prärien leben. Der Zeitpunkt, an dem das Wildpferd aus Europa verschwand, verlor sich im Nebel.

Aus diesem Grunde gewann eine Theorie, die den südrussischen Tarpan für den Stammvater des Hauspferdes hielt, Oberwasser. Der Begriff „Tarpan“ bedeutet in Rußland ganz allgemein „Wildpferd“, ohne daß dadurch eine stammesgeschichtliche oder genealogische Aussage getroffen wird. Gemeint aber waren in diesem speziellen Fall die wilden oder verwilderten Pferde der Schwarzmeersteppe. Die ersten Nachrichten über diesen „Steppen-Tarpan“ stammen aus dem Jahre 1768. Ihr Autor war der Begleiter des deutschen Nordasienforschers Simon Pallas, der Zoologe Samuel Gottlieb Gmelin. Er beobachtete auf seiner Reise durch Südrußland bei Bobrowsk im Gouvernement Woronesch Herden von aschgrauen Pferden mit „kurzer und straubigter Mähne“ und einem schwarzen Aalstrich auf dem Rücken. „Sie halten sich gern in der Nähe der großen Heuschober auf“, schreibt er, „und lassen es sich bei diesen so wohlgehen, daß zwei imstande sind, einen Stapel in einer Nacht leer zu machen. Dies aber ist nicht der einzige Scha-

Springende Pferde haben zu allen Zeiten die Künstler angezogen. Schon der Steinzeitmensch hat die Grazie ihrer Bewegung empfunden.

den, den sie anrichten. Der Tarpanhengst ist auf die russischen Stuten sehr erpicht, und wofern er einer habhaft werden kann, wird er sie gewiß mit sich fortschleppen. Die Tarpane werden demzufolge, weil sie so vielen Schaden anrichten, immer weiter in die Steppen gejagt und gar oft zerstreut.“ Man hielt diese Tarpane noch hundert Jahre danach für nichts anderes als für verwilderte Hauspferde vom Schlage der Mustangs, der Pferde des Herzogs von Croy oder der Herden in der Camargue. Plötzlich aber wurden sie interessant. Waren sie in Wirklichkeit die letzten überlebenden Wildpferde?

Es ließ sich schwer feststellen. Denn als diese Frage auftauchte, gab es so gut wie keine Tarpane mehr. Einige Notizen, Reiseberichte und Versicherungen von Einheimischen schienen für, andere gegen die Tarpan-Hypothese zu sprechen. Der Sibirienreisende Gustav Radde erzählte, daß sich um 1850 auf dem Terrain eines Gutes am unteren Dnjepr ein Pferd herumgetrieben habe, das nach Aussagen der Bewohner ein Wildpferd gewesen sein müsse. Von 1851 bis 1866 schoß man die letzten zwanzig Tarpane des Kreises Cherson, mit Ausnahme eines Fohlens, das nach Moskau kam und dort achtzehn Jahre lang im Zoo lebte. Es hatte aber keine „kurze, straubigte“ Mähne, sondern eine vierzig Zentimeter lange Hängemähne wie ein normales Panjepferd und war auch in punkto Färbung kaum von einem Russenpony zu unterscheiden. Aus dem russischen Gouvernement Taurien, wo es noch die meisten Tarpane geben sollte, gelangte ein Exemplar an die Petersburger Akademie, wurde von dem Zoologen Tscherski untersucht und als verwildertes Hauspferd bezeichnet. Die taurischen Tarpane fielen dann mehreren Metzeleien zum Opfer, die die Bauern unter ihnen anrichteten. Im Jahre 1876 war nur noch eine einzige Stute übriggeblieben; sie schloß sich der Pferdeherde eines russischen Gutsbesitzers an, brachte von einem Hauspferdhengst zwei Fohlen und entfloh nach drei Jahren wieder in die Steppe.

Diese Stute wurde die Hauptkronzeugin für die Partei, die im Tarpan das eigentliche Wildpferd sah. Nach Aussagen der russischen Beobachter soll sie sich „äußerst wild gebärdet und bei der Verfolgung jeder Anstrengung gespottet haben“. Dies und die Flucht in die Steppe spräche für ihren Wildpferdcharakter. Sie wurde schließlich im Jahre 1879 von einigen Bauern aus Spaß durch den Schnee der Steppe gehetzt, geriet dabei in eine Erdspalte, brach sich ein Bein und starb. Niemand kam auf die Idee, ihr Skelett und ihr Fell zu retten. Der russische Pferdezüchter Paul Sisojew, der sie gesehen hat, beschreibt sie wie folgt: „Klein wie ein Pony, ramsnäsig, von mausgrauer Farbe, mit kurzer Mähne, kurzem Schweif, dunklen Beinen und einem schwarzen Aalstrich auf dem Rücken.“ Viel läßt sich mit dieser Beschreibung nicht anfangen; denn so können auch verwilderte Hauspferde aussehen. Überhaupt stand die ganze Tarpan-Theorie auf einer etwas

Von dieser Steinzeitzeichnung bis zu Franz Marcs „Turm der blauen Pferde" spannt sich ein einziger weiter Bogen.

schwachen Grundlage. Dennoch wurde sie zunächst in das gültige Lehrgebäude aufgenommen.

Ihr entschiedenster Befürworter war der Wiener Zoologieprofessor Otto Antonius, der spätere Direktor des Tierparks von Schönbrunn. Er sammelte sämtliche Nachrichten über den Tarpan, verlieh dem Tier den wissenschaftlichen Namen *Equus caballus gmelini*, bezeichnete es als den Hippagros der Antike, als den Schelch des Nibelungenliedes, hielt es für das Jagdobjekt der Eiszeitmenschen und meinte, aus ihm seien nahezu sämtliche leichten und schweren Pferderassen der Gegenwart hervorgegangen. Nach Antonius zeichnet sich der Tarpan nicht nur durch seine Farbe und die Form seiner Mähne, sondern auch durch einen kurzen Kopf, ein konkaves Stirnprofil, längeren Rücken und schwächeres Becken vor den normalen Russenpferden aus. Alle diese Merkmale deuten seiner Ansicht nach auf eine gewisse Urtümlichkeit hin. Der Tarpan, das südrussische Gmelin-Pferd, hatte damit die erste Runde gewonnen.

Den Anhängern der Tarpan-Theorie paßte die Entdeckung des mongolischen Przewalski-Pferdes nicht ins Konzept. Man hatte sich daran gewöhnt, den Tarpan mit dem Eiszeitpferd und dem Schelch des Nibelungenliedes zu identifizieren; man hatte sogar eine schöne These entworfen, nach der das Pferd im Gegensatz zum afrikanischen Esel und zum asiatischen Halbesel ein abendländisches, von europäischen Indogermanen gezähmtes Tier sei. Man hatte dem schwereren der beiden eiszeitlichen Pferdeschläge den stolzen Namen *Equus germanicus* verliehen und aus ihm die heutigen

Kaltblutrassen herleiten wollen; der leichtere Schlag entsprach nach dieser Ansicht dem eigentlichen südrussischen Tarpan-Typ und war der Stammvater der Warmblutrassen. Das dsungarische Przewalski-Pferd fügte sich nun ganz und gar nicht in dieses Bild ein. So wurde eine Meinung laut, nach der „das lebende Przewalski-Pferd für die Ableitung von zahmen Hauspferden höchstens mittelbar und in neuerer Zeit bestimmt nicht in Frage kommen kann". Noch ablehnender verhielten sich einige Haustierforscher, die von einer auch nur teilweisen asiatischen Herkunft des Hauspferdes überhaupt nichts wissen wollten. „Es läßt sich nicht ableugnen", heißt es in einer entsprechenden Veröffentlichung, „daß das von Przewalski entdeckte Wildpferd recht gut ein seit langem verwildertes Mongolenpferd sein könnte; denn die Wüsten der Dsungarei sind einst, wie die sehr verbreiteten und imposanten Ruinen beweisen, so dicht besiedelt gewesen, daß man kaum annehmen darf, hier könnten echte Wildpferde beheimatet gewesen sein."

Mittlerweile jedoch kannte man bereits einige hundert Pferdedarstellungen von der Hand des Eiszeitmenschen – farbige Höhlengemälde, Ritzzeichnungen, Lehmplastiken, Steinskulpturen, Elfenbein- und Knochenschnitzereien. Jeder unvoreingenommene Betrachter sah deutlich, daß die Aurignac- und Cro-Magnon-Menschen zwar leichte und schwere, schlanke und dicke, hell- und dunkelbraune Wildpferde abgebildet hatten, daß aber sämtliche Bilder auf beeindruckende und überzeugende Weise entweder den Typ Przewalski-Pferd oder einen tarpanähnlichen Typ zeigten. Beide Rassen sind also gleichermaßen legitim. Als eine Hauptfundstelle eiszeitlicher Wildpferde erwies sich eine Grube unterhalb eines Steilhanges bei dem südfranzösischen Dorf Solutré in der Nähe von Macon. Hier grub man die Reste von über hunderttausend Pferden aus, die der Urmensch entweder nach und nach, im Verlauf der Zeiten, an Ort und Stelle verzehrt oder die er – nach den Worten des Paläontologen Othenio Abel – „über den Hang gejagt hat, so daß sie in panischer Flucht hinunterstürzten und mit zerschmetterten Gliedern liegenblieben". Alle diese Pferde waren Przewalski-Pferde.

Die Tarpan-Parteigänger akzeptierten das endlich und kamen auf eine kühn und bestechend wirkende Idee. Da sie davon ausgingen, es müsse zur Eiszeit in Europa zwei klar voneinander unterscheidbare Pferdearten gegeben haben, erklärten sie, die zweite Art, der Tarpan, stecke blutsmäßig noch in einigen seiner Nachkommen. Die Pferde des Herzogs von Croy, die russischen und norwegischen Ponys entsprächen in manchen Punkten dem von Gmelin beschriebenen „Wildpferd" und damit dem Schelch und dem Stammvater der Hauspferde; sie seien „tarpanblütig". Man versuchte den Tarpan aus solchen Pferdetypen zurückzuzüchten. Dabei mußte man auch das Przewalski-Pferd einkreuzen, um die für Wildpferde charakteristische stehende Mähne zu erzeugen. So erzielte man auch in der Tat nach langwierigen Versuchen ein Pferd, das mausgrau war wie der Tarpan und eine aufrechte Mähne hatte wie ein Wildpferd.

Aber gegen derartige Rückzüchtungen aus urtümlich gebliebenen Haustierrassen erhoben sich viele Stimmen. Heute noch gibt es Zoologen, die den „mausgrauen, straubigten" Tarpan nur als verwildertes Hauspferd gelten lassen wollen. Das Przewalski-Pferd jedoch bleibt das einzige echte Wildpferd, das nicht erst rückgezüchtet werden mußte. Der Name, mit dem es in den Tiergärten bezeichnet wird, klingt für Nichteingeweihte etwas paradox. Aber er besteht zu Recht. Jeder Vergleich mit einer Eiszeitzeichnung bestätigt ihn. Auf den Zooschildern heißt es nämlich kurz und bündig „Urwildpferd".

Dämonen im Schnee

Das höchste Gebirgsmassiv unserer Erde, der Himalaja, birgt nach der festen Überzeugung vieler Alpinisten, die seinen Gipfel in jüngster Zeit bezwungen haben, wahrscheinlich noch eine Anzahl bisher unbekannter Lebewesen. So gibt es zum Beispiel manchen Bergsteiger, der auf die reale Existenz einer Kreatur, die in Nepal als Yeti, in Tibet als Metchangmi und in der Boulevardpresse als „schrecklicher Schneemensch" herumgeistert, jeden Eid schwören möchten. Ob es sich bei diesem geheimnisvollen Geschöpf um einen Bär, um einen Affen oder gar um einen wilden Bergmenschen handelt, das wagt freilich keiner dieser Yeti-Zeugen zu entscheiden.

Meist klingen die Berichte über den Schneemenschen so ähnlich wie die Meldung argentinischer Bergsteiger, denen im Frühjahr 1956 der Versuch mißlang, den 8180 Meter hohen Dhaulagiri-Gipfel zu ersteigen. Ein Sherpa der Expedition, heißt es in dieser Nachricht, habe ein aufrecht gehendes, halb bären- und halb affenähnliches Ungeheuer beim Verzehren einer Bergziege überrascht und prompt erlegt. Leider schleppte der Schütze den Leichnam schnell weg, wohl um ihn abzubalgen, und kehrte nicht wieder zurück, wie auf einer Pressekonferenz in Katmandu, der nepalesischen Hauptstadt, erklärt wurde.

Andere Zeugnisse verrieten entschieden mehr Forscherleidenschaft. So gingen Himalaja-Experten, wie der Neuseeländer Edmund Hillary, der einige Zeit später den Mount Everest bezwang, den von ihnen aufgefundenen Yeti-Spuren exakt nach und machten genaue Aufnahmen von ihnen. Allerdings bildete gerade Hillary eine rühmenswerte Ausnahme unter den Eroberern des „Daches der Welt". Sein stets waches Interesse an naturkundlichen Fragen hätte es ihm nicht erlaubt, Indizien für die Existenz unbekannter Lebewesen ohne weitere Nachforschung in den Raum zu stellen.

Die Frage, ob man in Zentralasien – in den bisher noch längst nicht ausreichend untersuchten Gebirgsmassiven zwischen Pamir, Himalaja und Westchina – noch neue Tierarten entdecken kann, ist gar nicht so abwegig. Viele unsichere und oft sehr verschwommene Spuren haben in den letzten anderthalb Jahrhunderten zur Entdeckung besonders auffälliger Säugetiere in diesem Gebiet geführt. Zu ihnen gehören der Taki, das „Tier mit dem goldenen Vlies", dann der schwarzweiße Riesenpanda, das Wappentier des Welttierschutzes, und sogar drei Arten von Schlankaffen – Berghulman, Weißkopf-Langur und Goldstumpfnase –, die man in dieser Hochgebirgswelt wohl kaum vermuten würde. Hinzu kommen noch Wildyak und Wildkamel, die der russische Innerasienforscher Przewalski in den mongolisch-tibetanischen Grenzgebieten ausfindig machte. Innerasien schließt einige der wenigen Winkel auf unserer Erde ein, die der Kulturmensch noch nicht oder erst vor kurzem betreten hat. Viele Täler des Himalaja sind auch in Höhen von drei- bis viertausend Meter keineswegs lebensfeindliche Schnee- und Eiswüsten, sondern mit Buschwald, Bambus, Magnolien und Rhododendron bedeckt. Hier finden gemsen- und ziegenähnliche Horntiere, Raubtiere, Insektenfresser, Nagetiere, mehrere Arten von Pfeifhasen, Vögel, Affen und selbst kleine Echsen ihr Auskommen.

Schon im Jahre 1778 hatte der deutsche Zoologieprofessor Schreber in sein Naturgeschichtswerk einen Schneeleoparden aus dem Himalaja aufgenommen. Vierzig Jahre später, als Sir Thomas Stamford Raffles aus Südasien den Nebelparder beschrieb, löschte man den Schneeleoparden wieder von der Tierliste, weil man meinte, er sei mit dem – auch in Assam vorkommenden – Nebelparder identisch. Erst im Jahre 1864 gelang es dem Entdekkungsreisenden Gustav Radde, der in russischem Auftrag ganz Sibirien und Innerasien durchforschte, die Existenz dieser achten Großkatze auf unserer Erde zu beweisen. Irbis *(Uncia uncia)* wird das Tier heute genannt; es schlägt in Körperbau und Verhalten eine Brücke zwischen Kleinkatze und Großkatze.

Die Entdeckung des nächsten unerwarteten Geschöpfes, des Takin, des „Tiers mit dem goldenen Vlies", ist eng verknüpft mit dem Vorstoß der Alpinisten in die mittelasiatische Bergwelt. Im Jahre 1846 erreichte der französische Missionar Evariste Régis Huc als erster Europäer von China aus die geheimnisvolle Stadt Lhasa, die tibetische Metropole. Das gab den Anlaß zu einem regelrechten Sturm der Wissenschaft auf den Himalaja. Die Engländer besaßen in Kaschmir, Nepal und Sikkim die günstigsten Ausgangspositionen für diese wissenschaftliche Eroberung des Daches der Welt. So hatten die englischen Zoologen Hamilton Smith, Edward Blyth und Thomas C. Jerdon schon bald Gelegenheit, verschiedene Jagdtrophäen

Zaumschmuck aus dem sibirischen Kurgan, auf dem eines der riesigen innerasiatischen Hochgebirgsschafe wiedergegeben ist.

zu studieren, die die Gipfelstürmer auf ihrem Weg ins Hochgebirge erbeutet hatten. Sie stellten fest, daß im Himalaja riesige Pamirschafe, blaugraue Halbschafe, schraubenhörnige Wildziegen und langschwänzige Goral-Gemsen lebten. Hamilton Smith führte dann den Tahr, das langmähnige Charaktertier der innerasiatischen Bergwelt, in die wissenschaftliche Literatur ein.

Nach den Angaben der Jäger und Bergsteiger aber sollte es in den wilden, mit Rhododendron bewachsenen Granitbergen zwischen Tibet, Bhutan und Westchina noch ein anderes und viel eigenartigeres Horntier geben – ein Tier mit einem Rinderkopf, einem Gemsenmaul und einem Ziegenbart. Man berichtete, daß es gekrümmte Hörner besitze wie Gnu und Moschusochse und daß sein leuchtend goldgelbes Fell schon von weitem im Unterholz zu sehen sei. „Kin“ wurde das Tier in Bhutan, „Ta-kin“ wurde es im nördlichen Assam genannt. So manchem Europäer, der von dem Gerücht hörte, kam dabei die Sage vom Goldenen Vlies in den Sinn. Trotz der präzisen Jägeraussagen aber hatte niemand so recht den Mut, an die tatsächliche Existenz des goldenen Tieres Kin oder Takin zu glauben.

Da geschah es, daß Brian Hodgson, der Resident von Nepal, im Jahre 1850 zu einer Tibetreise aufbrach, um seiner Sammlung von Tieraquarellen auch die Bilder einiger Himalajatiere hinzuzufügen. Er traf mit einem Major namens Jenkins zusammen; und dieser Jenkins übergab ihm die Felle und Schädel dreier Tiere, die er kurz zuvor in den Mishmi-Bergen erlegt hatte. Die Felle leuchteten wie das Goldene Vlies der Sage; die Schädel sahen aus, als stammten sie von Büffeln, und trugen richtige Gnu-Hörner. In allen Einzelheiten stimmten die Tiere mit dem Steckbrief des Takin überein. Zu seinem größten Bedauern gelang es Hodgson nicht, eine solche „Gnuziege“ oder „Rindergemse“ lebend in ihrer Bergheimat anzutreffen. Nur wenige Forscher haben bis zum heutigen Tage mehr Glück gehabt als er. Der Takin, der *Budorcas taxicolor*, gehört zu den größten Raritäten der Museen und Tiersammlungen, obwohl später noch zwei weitere Formen in den chinesischen Provinzen Schensi und Szetschuan gefunden wurden.

Das zentralasiatische Hochgebirgsmassiv beherbergt nahe Verwandte des fast ausgestorbenen europäischen Steinbocks, der noch zu Gesners Zeit ein Charaktertier der Alpen gewesen ist.

Sechs Jahrzehnte verstrichen noch nach Hodgsons Entdeckung, ehe zum ersten Male ein Takin lebend gefangen werden konnte. Dieses Tier war ein junges Männchen. Der Fänger, ein Mann namens J. C. White, verkaufte es an den Londoner Zoo, wo es mit seinem plumpen Hinterteil und seinem zottigen Pelz auf die Beschauer fast den Eindruck eines goldenen gehörnten Bären machte. In welche Verwandtschaft der Takin gehört, ob in die der

Rinder, Schafe, Ziegen, Gemsen, Gnus oder Moschusochsen, das ist bis heute Streitgegenstand der Huftierforscher geblieben. Gegenwärtig leben lediglich in chinesischen Zoos einige Takine.

Daß ein mit Rindern, Ziegen und Gemsen verwandtes Horntier im Himalaja existieren kann, kam den Zoologen nicht weiter verwunderlich vor. Ganz und gar unglaubhaft aber klangen die ersten Nachrichten, denen zufolge in Höhen zwischen zwei- und viertausend Meter, also in Regionen mit langen kalten Schneewintern, auch echte Affen vorkommen sollten. Der englische Zoologe Blanford fand eine große Bergform des heiligen Hulman-Affen der Inder auf halber Höhe des nepalesischen Hochgebirges. Brian Hodgson entdeckte dann einen Berg-Hulman *(Presbytis schistaceus)*, der noch höher in die Bergwelt von Kaschmir, Tibet, Nepal und Bhutan hinaufgeht und nur oberhalb der Zweitausend-Meter-Grenze lebt. Beide Bergaffen sind kräftiger gebaut und dichter behaart als ihre Vettern, die indischen Schlankaffen. Die Tatsache, daß so ausgesprochene Tropentiere im Himalaja beheimatet sind, zwingt die Wissenschaft zu einem für den Laien vielleicht etwas überraschenden Schluß: Auf dem Dach der Welt muß im Tertiär, noch vor dem Entstehen der Achttausendergipfel, ein warmes, zumindest subtropisches Klima mit der entsprechenden Fauna und Flora geherrscht haben. Die geologischen Veränderungen isolierten dann die dortige Pflanzen- und Tierwelt, zwangen einen Teil zum Aussterben, einen anderen zur Anpassung an die Hochgebirgstemperaturen, und gaben so den Anlaß zur Entwicklung der heutigen Bambus-, Magnolien- und Rhododendronsorten, der heutigen Takin, Schneeleoparden, Schneeaffen und Panda-Bären Zentralasiens.

Eine weitere Schlankaffen-Art, die gleichfalls hoch in das Gebirge geht, wurde übrigens erst im Jahre 1966 von chinesischen Zoologen in den Bergen von Kwangsi gefunden. Es ist der Weißkopf-Langur, dessen Kopf, Schultern und Füße blendend weiß von seinem schwarzen Fell abstechen.

Die Geschichte des auffälligsten dieser Schneeaffen begann im alten China. Die ersten Abbildungen des Geschöpfes interessierten anfangs nur die Sinologen und Kunsthistoriker, nicht aber die Zoologen. Auf chinesischen Vasen und Tuschbildern der Panschan- und Anyang-Kultur ist oftmals ein grotesker Dämon abgebildet – mit blaugrünem Gesicht, rotem Kopfhaar, feuriggelbem Körper, graugoldenem Rücken, weißer Kehrseite und langem Quastenschwanz. Die Physiognomie dieses Kobolds ist ausgesprochen menschlich, vor allem durch die freche Himmelfahrtsnase, die kühn bis in Augenhöhe aufgestülpt ist. Einigen der Bilder gaben die Sinologen ein Alter von viertausend Jahren. Obwohl die chinesischen Künstler schon damals ausgezeichnete Tierdarsteller von bestechendem Realismus waren, glaubte kein Mensch, daß so eine bunte verrückte Teufelskreatur wirklich irgendwo in Ostasien existieren könne. Man hielt den kleinen Kerl mit der Himmel-

Modell zu dem stupsnasigen Kobold auf ostasiatischen Darstellungen hat der Schneeaffe gestanden.

fahrtsnase für ein kultisches Fabelwesen wie die Drachen und Einhörner der chinesischen Kunst.

Dem Arzt und Friedensrichter Fructueux Dominique David aus der französischen Pyrenäen-Kleinstadt Espelette ist es zu danken, daß schließlich doch die wahre Natur des chinesischen Dämons (und außerdem eine Vielzahl neuer seltsamer Tiere und Pflanzen) entdeckt wurde. Doktor David wollte aus seinem Sohn Armand einen guten Arzt machen und förderte eifrig sein anatomisches, zoologisches und botanisches Wissen. Das entschied Armands Lebensweg, obwohl er entgegen den väterlichen Wünschen nicht die medizinische, sondern die theologische Laufbahn wählte und im Collège von Savona als Missionar ausgebildet wurde. Im Jahre 1861 reiste Abbé Armand David, fünfunddreißig Jahre alt, nach China. Er erfüllte dort seine Missionsaufgaben und gewann in Peking viele Freunde. Zugleich aber erwachte in ihm auf seinen Reisen durch das fremde, damals noch unvollkommen bekannte Land der Forscher, der Pflanzen- und Tierfreund. Da ihm die Ausbildung im väterlichen Heim ein gutes wissenschaftliches Fundament geliefert hatte, entwickelte er sich in den elf Jahren seines China-Aufenthaltes zum erfolgreichsten Entdecker der ostasiatischen Flora und Fauna.

Er unternahm rund ein halbes Dutzend Expeditionen – in die Mongolei, ins Sichan-Gebirge, in die nordchinesische Bergwelt, zum Kukunor, in die west- und südchinesischen Provinzen und bis nach Szetschuan, Sikang und Tibet hinein. Zahlreiche Bäume, Blütenpflanzen und Schmetterlinge, die er dabei entdeckte und studierte, tragen heute seinen Namen. Seinem wissenschaftlichen Freund, dem Zoologen Alphonse Milne-Edwards in Paris, konnte er fünf neue Gattungen von hochinteressanten Insektenfressern vorlegen, von Sammeltypen, die die Familie der Maulwürfe mit der der Spitzmäuse verbinden. Eine Wasserspitzmaus mit Saugscheiben an den Füßen war darunter, eine unterirdisch lebende Spitzmaus ohne Schwanz, ein Tier namens *Scaptonyx* mit dem Kopf eines Maulwurfs und dem Körper einer Bisamspitzmaus und ein anderes namens *Uropsilus,* das die Zoologen als oberirdisch lebenden Maulwurf mit nacktem Schuppenschwanz definierten. Für die breite Masse waren das zwar keine sonderlich attraktiven Neuentdeckungen; Alphonse Milne-Edwards aber zeigte sich hell begeistert über die unscheinbaren chinesischen Land-, Wasser- und Erd-Spitzmulle. Denn sie füllten eine Lücke im Stammbaum der niederen Säugetiere aus und waren der zoologischen Wissenschaft deshalb nicht minder lieb und wert als die großen Tierfunde des Père David, die er im Jahre 1870 auf einer Urlaubsreise in Paris vorführte.

Der Affe mit dem Kokottengesicht. Milne-Edwards verlieh ihm den Namen einer großen Kurtisane.

Zu seinen Mitbringseln gehörte auch ein toter Affe aus dem westchinesisch-tibetischen Grenzgebiet. Père David erzählte, dieser Affe lebe in Höhen bis zu dreitausend Meter, wo acht Monate im Jahr Frost und Schneefall herrsche, und ernähre sich dort von Bambustrieben und allerlei Beeren. Milne-Edwards schaute sich das Tier verblüfft an. Es hatte ein blaugrünes Gesicht, gelbes und rostrotes Haar auf Kopf und Brust, einen graugelben Körper mit feurigem Schimmer, eine helle Kehrseite und einen langen rötlichen Quastenschwanz; seine Stupsnase war bis zur Augenhöhe aufgestülpt. Wie ein Ei dem anderen, so glich der Père-Davids-Affe dem Dämon auf den altchinesischen Vasen. Nun war Milne-Edwards leider kein Sinologe und kannte die Vasenzeichnungen der Panschan- und Anyang-Epoche nicht. Dafür erinnerte er sich beim Anblick des neuen bunten Schneeaffen an ein orientalisches Bild aus dem sechzehnten Jahrhundert, auf dem eine berühmte Kurtisane dargestellt war. Diese Kurtisane, die Russin Roxellane, hatte genauso rotes Haar und genauso eine reizend-freche Himmelfahrtsnase besessen.

Roxellane war die Geliebte des Sultans Suleiman II. gewesen; sie ist nicht nur durch ihre Stupsnase und durch die vielen Märchen, die sie dem Sultan erzählt haben soll, in die Geschichte eingegangen, sondern auch dadurch, daß sie den Anlaß zu einem recht grausamen Kindermord gegeben hat. Suleiman ließ nämlich, um ihr zu Gefallen zu sein und dem mit ihr gezeugten Sohn Selim die Nachfolge zu sichern, alle seine Söhne, die von anderen Frauen stammten, umbringen. An dieses Verbrechen dachte Milne-Edwards allerdings nicht, als er den Affen mit der Favoritin des Sultans verglich; er freute sich nur an der Ähnlichkeit beider Nasen und taufte den lustigen Kobold auf Roxellanes Namen *Rhinopithecus roxellanae;* Roxellanes Goldstumpfnase, heißt der osttibetische Schneeaffe seitdem.

Bei späteren Forschungen stellte sich die Identität des Roxellane-Affen mit den chinesischen Vasenbildern, auf die schon Père David hingewiesen hatte, eindeutig heraus. Es zeigte sich aber auch, daß die Goldstumpfnase zu den seltensten Tieren auf unserer Erde gehört. Dieser extremste Kältevorposten unter den Affen überhaupt wurde nach Armand Davids Zeit nur noch von ganz wenigen Forschern, Reisenden und Jägern in seiner Heimat gesehen. Die Wissenschaft kennt von ihm lediglich ein halbes Dutzend Museumsexemplare. Bis heute gelang es lediglich den Chinesen, einige Père-Davids-Affen zu fangen, und lebend in einen ihrer Tiergärten zu überführen. Auf der Liste der aussterbenden Tiere rangiert die Goldstumpfnase – im Gegensatz zu den anderen Schneeaffen – ganz obenan, mit der Einschränkung . . .

. . .ja, mit der Einschränkung, daß ihr Verbreitungsgebiet vielleicht gar nicht nur auf den kleinen Fleck Erde zwischen Osttibet und Westchina, auf dem Armand David sie gefunden hat, beschränkt ist. Warum soll ein solcher

Hochgebirgsspezialist unter den Affen nicht auch noch ganz andere Gegenden auf dem Dach der Welt bewohnen, versteckte Winkel in Nepal und Sikang, entlegene Täler im Himalaja? Wenn das so ist, dann muß eine Begegnung mit diesem rotgoldenen, blaugesichtigen und stupsnasigen Schneegespenst auf unvorbereitete Bergführer und Alpinisten wie ein Schock wirken. Es wäre nicht verwunderlich, wenn die Phantasie eines braven, zoologisch kaum vorbelasteten Gipfelstürmers aus einem im Flimmerlicht der Schneeberge nur undeutlich zu erkennenden, vielleicht gar noch halb aufgerichteten Affen ein Fabelwesen machen würde, ein haariges Ungeheuer mit einem Menschengesicht – kurz, einen „schrecklichen Schneemenschen". Das wäre dann eine Erklärung für die Entstehung der vielen Augenzeugenberichte, die heute von der Begegnung mit einem Yeti, einem menschenähnlichen Riesen mit braunrotem bärenähnlichem Fell, in den höheren Regionen des Himalaja sprechen.

Nun sind Verwandte des Stumpfnasenaffen zwar auch in den Tropen beheimatet. Der bekannteste und populärste, der eigentliche Nasenaffe, lebt in den Mangrovewäldern der großen Sunda-Insel Borneo. Da er im männlichen Geschlecht mit einer gewaltigen Gurkennase ausgestattet ist, haben sich die Malaien den Witz geleistet, diesen recht großen Schlankaffen „Orang-Blanda" (weißer Mann) zu nennen. Kahau heißt das Tier in der Landessprache. Mit seinem riesigen, sämtliche anderen Nasen in der Natur übertreffenden Riechorgan sieht er wie eine fleischgewordene Karikatur aus. Nimmt ein Nasenaffenmann Nahrung zu sich, so ist er gezwungen, die Nase mit der Hand aus dem Wege zu rücken. Entdeckt wurde der Nasenaffe bereits im Jahre 1781 durch den holländischen Gouverneur auf Java, Baron Wurmb. Der französische Zoologe Etienne Geoffrey de Saint-Hilaire erhob ihn dann einige Jahrzehnte später in den Rang einer besonderen Gattung; und der Freiburger Anatom Robert Wiedersheim stellte um 1910 aufgrund des Studiums von Embryonen der verschiedenen Altersstufen fest, daß sich die „Nasengurke" des männlichen Kahau in genau der gleichen Weise entwickelt wie die menschliche Nase.

Übrigens besitzen die weiblichen und die jungen Nasenaffen nur eine kesse Stupsnase, ähnlich wie die nahe verwandten Stumpfnasenaffen, von denen eine Art, die kurzschwänzige Pageh-Stumpfnase, auf der Mentari-Insel westlich von Sumatra lebt. Interessant aber ist der Tatbestand, daß die Kinder des Kahau die gleiche blaue Gesichtsfarbe haben wie sie den Père-David-Affen auszeichnet. Die tropischen Nasenaffen sind also offenbar mit den zentralasiatischen Stumpfnasen eng verwandt.

Drei weitere Arten von Stumpfnasen aus dem Berggebiet Ost- und Innerasiens sind erst Anfang des zwanzigsten Jahrhunderts entdeckt worden. Die Tonkin-Stumpfnase aus Nordvietnam scheint eine Mittelstellung zwischen den tropischen Arten und ihrem Vetter vom „Dach der Welt" einzunehmen. Noch näher kommen der Goldstumpfnase der Braune Stumpfnasenaffe aus Yünan und der Weißmantel-Stumpfnasenaffe aus den Bergen West- und Zentralchinas. Die stumpfnasigen Bergbewohner aus der Gruppe der Nasenaffen scheinen demnach in früheren Zeiten weit über Ostasien verbreitet gewesen zu sein; sie paßten sich vorzüglich dem Leben in den Bambusdickichten, auch dicht unterhalb der Schneegrenze, an. Der deutsche Tibetforscher Ernst Schäfer beobachtete Goldstumpfnasen im Westen Szetschuans in 1500 bis 3000 Meter Höhe. Von der Landbevölkerung werden sie für heilig gehalten und kaum belästigt, selbst wenn ihre wandernden Scharen über Felder und Äcker herfallen.

Aber vorerst wurden Stumpfnasenaffen noch nicht im Zentralhimalaja festgestellt. Ihre Fußspuren sind viel kleiner als die Fährten des Yeti, die man fotografierte; die Tibeter und Nepalesen, denen der Yeti ein wohlvertrauter Begriff ist, kennen den Goldstumpfnasenaffen nicht; und die alpinistischen Bezwinger des Mount-Everest-Massivs, die an den Yeti glauben, lächeln abwehrend, wenn man ihnen eine Verwechslung mit einem Nasenaffen unterstellt. Was aber kann der Yeti sonst sein? Ein Berg-Hulman? Ein Kragen- oder Isabellenbär? Eine Halluzination? Eine noch unbekannte Menschenform? „Die Existenz eines ‚schrecklichen Schneemenschen'", erklärte der große französische Prähistoriker Abbé Henri Breuil auf einer Jubiläumsfeier der Pariser Prähistorischen Gesellschaft im November 1954, „halte ich für gar nicht so ausgeschlossen." Mehr läßt sich in der Tat heute über den Fall Yeti noch nicht aussagen.

Das Material, das für das tatsächliche Vorhandensein des Yeti spricht, wirkt in seiner Reichhaltigkeit und Mannigfaltigkeit bestechend. Die Yeti-Gläubigen können tibetische Legenden, russische Reportagen, einen in einem Tempel aufbewahrten Skalp, mehrere Berichte über Begegnungen mit „Schneemenschen", sechs scharfe Fotografien von Yeti-Fährten und sogar prähistorische Funde von höchst aufregender Art als Beweismittel ins Feld führen. Die Gegenpartei vermag dem nur die schwachen Argumente entgegenzusetzen, daß tibetische Legenden und russische Reportagen nicht viel beweisen, daß die prähistorischen Funde schwerlich etwas mit dem Yeti zu tun haben, daß Skalp und Fährten undeutbar und sämtliche Erlebnisberichte auf schlecht beobachtete Bären, Bergaffen oder tibetische Eremiten zurückzuführen seien. Ein Gegenargument allerdings ist stichhaltig: Nahezu alle Schilderer des Yeti aus letzter Zeit sind von einer vorgefaßten Meinung, einer Fiktion ausgegangen. Sie trugen bereits, ehe sie auf Yeti-Spuren stießen, ein legendäres, aus Mären und Pressemeldungen gespeistes Bild des „schrecklichen Schneemenschen" in ihrem Gehirn. Sie unterlagen der Suggestion, daß der Yeti gar nichts anderes sein könne als ein behaarter, von Yaks und Bergziegen lebender Riesenmensch.

Dieses Bild fußt auf der im ganzen südlichen Tibet verbreiteten Sage vom kannibalischen Riesen Metchkangmi. Nun gibt es Riesensagen bei nahezu allen Völkern, und man könnte die Fabel schwerlich als Beweismittel anführen, hätte nicht ein Vorstandsmitglied des Londoner Zoo, Charles Stonor, auf einer großangelegten Suche nach dem Yeti in einem nepalesischen Tempel ein geheimnisvolles Kopfhautpräparat entdeckt. Es handelt sich um einen getrockneten, noch mit rötlich-schwarzen Haaren versehenen Skalp, der als Reliquie im Tempel von Pangbotchi aufbewahrt wird und nach Angabe der Nepalesen ein Alter von drei- bis vierhundert Jahren haben soll. Der Durchmesser des Skalps ist um acht Zentimeter, der Umfang um elf Zentimeter größer als der eines menschlichen Kopfes. Diesen Skalp bringen einige spekulierende Forscher in eine noch höchst unsichere Verbindung mit etwa zehn riesigen Zähnen, die der Anthropologe G. H. R. von Koenigswald in den Jahren 1935 bis 1941 in chinesischen Apotheken erworben hat. Professor von Koenigswald hatte die chinesischen Apotheken durchstöbert, weil er wußte, daß es dort oft Fossilien zu kaufen gab, die nach Ansicht der Chinesen in pulverisiertem Zustand als Arzneimittel gegen allerlei Gebrechen helfen. Unter den Knochen und Zähnen, die er sich beschaffte, waren Reste des großen ausgestorbenen Festland-Orangs, früheiszeitlicher Elefanten, Nashörner, Tapire und Bambusbären. Daraus schloß von Koenigswald, daß auch die zehn Riesenzähne aus dem Beginn der Eiszeit stammen und rund vier- bis fünfhunderttausend Jahre alt sein müßten.

Es waren Zähne, die einem kolossalen Menschenaffen angehört haben mußten. Wenn man es wagen durfte, von ihrer Größe auf die Körperhöhe ihres Trägers zu schließen, dann war der *Gigantopithecus*, wie man den unbekannten Zahnbesitzer nannte, weit gewaltiger gewesen als ein erwachsener Gorillamann. In jüngerer Zeit hat der chinesische Zoologe Wu-Yu-Kang die Zähne anhand neuer Funde noch einmal genauer untersucht und dabei festgestellt, daß lediglich die Backenzähne (und demnach die Unterkiefer) größer aussehen als die jedes lebenden oder ausgestorbenen Menschenaffen oder Menschen; die Schneide- und Eckzähne dagegen waren durchweg kleiner und weniger spitz als die der heutigen Menschenaffen. Wie auch immer – der „Gigant" birgt noch ein Geheimnis, dessen Aufklärung der Zukunft vorbehalten bleiben muß.

Mehr läßt sich über den Fall „Gigantopithecus" zur Zeit nicht sagen. Doch viele Publizisten haben sich kühn über eine solche Vorsicht hinweggesetzt: Obwohl die Zähne und Unterkieferbruchstücke des „Giganten" unzweifelhaft aus prähistorischen Zeiten stammen, bezeichneten sie den *Gigantopithecus* als den eiszeitlichen Vorfahren des „schrecklichen Schneemenschen".

Die Presse tat ein übriges und schlug mit viel Geräusch die Propagandatrommel für die Riesennatur des Yeti. Wenn nun in der Folge ein europäischer oder nepalesischer Bergsteiger im Himalaja große Spuren im Schnee oder gar eine undefinierbare Gestalt im Felsschatten sah, dann tauchte vor seinem geistigen Auge sogleich zwangsläufig der von Eingeborenen, Zeichnern und Journalisten erfundene „scheußliche Schneeriese" auf. Berichte gibt es, die ganz offensichtlich den Stempel der märchenhaften Übertreibung tragen, so den des Nepal- und Tibetreisenden Jean Marquès-Rivière, der in den dreißiger Jahren im nördlichen Nepal ein Dutzend drei bis vier Meter großer behaarter Yetis trommelschlagend bei einem magischen Fest beobachtet haben will. Auch die Geschichte, die Prinz Peter von Griechenland um die gleiche Zeit erzählt, klingt allzu sonderbar: Nach Prinz Peters Aussagen soll sich in Sikkim ein „Schneemensch" auf einen mit Gerstenbier gefüllten Trog gestürzt und einen schweren Rausch angetrunken haben. Die Eingeborenen fesselten den bewußtlosen Yeti, um ihn den Europäern lebend zu überbringen; doch das Geschöpf erwachte während des Transports, zerriß die Fesseln und entfloh.

Andere Schilderungen von Augenzeugen hielten einer gründlichen Nachprüfung nicht stand. Es stellte sich heraus, daß die Beobachter Kragenbären, Isabellenbären, Berg-Hulmans, lamaistische Eremiten oder ins Hochgebirge entflohene tibetische Verbrecher gesehen hatten. Einige der gemeldeten Spuren im Schnee waren eindeutig Bärenfährten, einige stammten nach dem Urteil des Säugetierspezialisten am Britischen Museum, Morrison-Scott, von der nepalesischen Unterart des indischen Schlankaffen. Ihre auffällige Größe war darauf zurückzuführen, daß sie durch die Schneeschmelze am Tage auseinandergelaufen waren und dann durch das neuerliche Frieren in der Nacht eine breitere Form erhalten hatten. Auch der erste Weiße, der der Welt die Bekanntschaft mit dem „schrecklichen Schneemenschen" vermittelte, der englische Oberst C. K. Howard-Bury, hat aller Wahrscheinlichkeit nach nichts als zerschmolzene und wieder gefrorene Bärenfährten gesehen. Wie Howard-Bury in seinem Buch „Erkundung des Mount Everest" im Jahre 1922 erzählt, waren ihm in siebentausend Meter Höhe halb wolfs- und halb menschenähnliche Spuren aufgefallen, die von seinen Trägern als die Fußstapfen des „mit rückwärts gedrehten Füßen laufenden Schneeriesen Metchkangmi" bezeichnet wurden. Bärenfährten veranlaßten dann fünfzehn Jahre darauf den englischen Flugzeugkommandanten Beauman, den Fall Schneemensch in der „Times" aufzurollen.

Einige Zeugnisse aber lassen sich nicht in dieses Schema pressen. Im Jahre 1925 versuchte der Italiener A. N. Tombazi, den Zemu-Gletscher im nördlichen Sikkim zu besteigen, und wurde von seinen Kulis auf eine dunkle, unbekleidete, menschenartige Gestalt aufmerksam gemacht, die aufrecht zwischen Rhododendronbüschen durchs Tal wanderte und hie und da einen Zweig abriß. „Ich untersuchte die Fußspur", schrieb Tombazi über diese Begegnung, „und stellte fest, daß sie der eines Menschen glich, aber nur achtzehn bis zwanzig Zentimeter lang war. Deutlich konnte ich fünf Zehen und die Sohle erkennen.“ Ähnliche, ebenfalls überraschend kleine Trittsiegel, die aussahen „wie die Spuren nackter Füße“, fand im Jahre 1936 der Völkerkundler und Botaniker Ronald Kaulback im oberen Salween-Gebiet in Südosttibet. Er hielt sie zunächst für die Fährten des Irbis, des mittelasiatischen Schneeleoparden. Seine Träger aber versicherten ihm, es handle sich um einen wilden „Bergmenschen“. Obwohl es durchaus möglich war, daß Tombazi und Kaulback lediglich auf einen Affen oder einen herumirrenden Einsiedler gestoßen sind, begann sich die Wissenschaft langsam und zögernd für die Angelegenheit zu interessieren.

In den Protokollen der Londoner Zoologischen Gesellschaft lag ein Bericht aus dem Jahre 1915, in dem ein Mr. Elwes etwas von der „möglichen Existenz eines großen, der Wissenschaft noch unbekannten Affen in Sikkim“ angedeutet hatte. Elwes hatte seine Weisheit von einem Forstoffizier in Darjeeling; danach sollte, wie die Eingeborenen behaupteten, in den höheren Schneeregionen ein „Sogpa“ genannter Affe von eineinviertel Meter Körpergröße leben, der bräunlich gefärbt sei, Ähnlichkeit mit dem indischen Hulman habe und relativ große, eigenartig aussehende Spuren im Schnee zurücklasse. Einige Zoologen fahndeten nach diesem Affen. Der englische Alpinist Frank Smythe aber ließ das Interesse nach einigem Tumult wieder einschlafen, denn die Fotografien von Schneemenschenspuren, die er 1937 nach Europa brachte und die so aussahen, als besitze das rätselhafte Wesen sieben Zehen, wurden von dem Säugetierforscher Reginald Pocock und dem Londoner Zoodirektor Cansdale mit an Sicherheit grenzender Wahrscheinlichkeit als Fährten eines Isabellenbären, der mit Vorder- und Hinterfuß in die gleiche Spur getreten war, entlarvt.

Nach dem Zweiten Weltkrieg jedoch meldete sich ein neuer und sehr prominenter Kronzeuge: Eric Shipton, der Leiter der britischen Mount-Everest-Expedition von 1951/52. Shipton brach im Dezember 1951 die Vorbereitungen zur Besteigung des höchsten Berges der Erde plötzlich ab und flog nach London – eigens zu dem Zweck, der Zoologischen und Geographischen Gesellschaft einige Fotos zur Beurteilung vorzulegen. Die Fotos zeigten riesige Fußstapfen im Schnee, die sich auf schuttbedecktem Eis verloren. Auf einer erregten Sitzung der Geographischen Gesellschaft am 4. Februar 1952 berichtete Shipton den englischen Wissenschaftlern, was es mit diesen Spuren auf sich habe. Mit fünf Begleitern, darunter dem späteren Everest-Bezwinger Hilary und dem Sherpa-Träger Sen Tensing, hatte er am 8. November 1951 ein sechstausend Meter hohes Tal im Everest-Massiv erreicht. „Um 16 Uhr“, erzählte er weiter, „stießen wir auf seltsame Spuren im Schnee. Sen Tensing erklärte sofort, daß sie von Yetis herrührten. Mindestens zwei dieser unbekannten Geschöpfe waren hier vorübergegangen. Die einzelne Spur war etwas länger als die Abdrücke unserer breiten Bergschuhe. Hier und da, wo die Schneedecke über dem Eis nur dünn war, trafen wir auf wohlerhaltene Modellierungen. Sie zeigten ganz deutlich nur vier Zehen – außen zwei von normaler Größe, die Mittelzehe auffällig breit und der Daumen auf der Innenseite kürzer und noch breiter. Besonders interessant waren die Stellen, wo die Spur eine Gletscherspalte kreuzte. Dort war der Yeti ganz offensichtlich gesprungen und hatte sich auf der anderen Seite der Kluft mit seinen Zehen im Schnee verankert."

Shipton untermauerte seinen Bericht und die Fotodokumente durch die Erwähnung der Tatsache, daß er derartige Spuren schon des öfteren im Himalaja und im Karakorum-Gebirge angetroffen habe und daß sie den Sherpas wohlbekannt seien. Ja, Sen Tensing hatte sogar einmal auf vierundzwanzig Meter Entfernung einen Yeti erblickt – ein riesiges aufgerichtetes Wesen mit rotbraunem Haarpelz und dunklem Gesicht. Nach diesen Enthüllungen des Eric Shipton jagten sich die Schneemenschen-Geschichten. Man entdeckte nicht nur weitere Spuren, die denen auf den Fotos glichen; mehrere tibetische Mönche versicherten auch, ihnen sei der Yeti – ein gar nicht so schreckliches Wesen übrigens, das auch auf allen vieren laufen könne – in den verschiedensten Tälern und Rhododendronwäldern begegnet, ohne sie zu belästigen. Ein aus einem sibirischen Internierungslager nach Sikkim entflohener polnischer Häftling beteuerte, er sei bereits im Mai 1942 im Tienschan-Gebirge auf „zwei Lebewesen von erheblicher Körpergröße" gestoßen, die „wie eine Kreuzung zwischen Bär und Orang-Utan aussahen". All das veranlaßte die englische Zeitung „Daily Mail", Anfang 1954 eine aus Alpinisten, Zoologen und Reportern zusammengesetzte Expedition von Nepal aus in den Himalaja zu entsenden, um das Rätsel des Schneemenschen endgültig zu lösen.

Es kam bei diesem Unternehmen (wie meist in solchen Fällen) außer neuen Eingeborenenerzählungen nicht viel heraus. Immerhin entdeckte ein Zoologe der Expedition, Charles Stonor, den schon erwähnten Skalp im Tempel von Pangbotchi. Aber auch Stonor wagte kein abschließendes Urteil zu fällen. Er deutete lediglich an, er halte es für durchaus möglich, daß man im Himalaja „einem unbekannten und außerordentlich interessanten Tier" auf die Spur gekommen sei. Etwas detaillierter drückte sich Colonel Rana, der Direktor der nepalesischen Bergwerksverwaltung, aus: Seiner Meinung nach existieren im Himalaja zwei Tierarten, auf die die Gerüchte vom Yeti zurückzuführen sind – eine sehr große und eine kleinere Form. Möglicherweise, so vermuten einige Zoologen, handelt es sich nur bei der einen Form um einen Schneeaffen, bei der anderen aber um ein noch nicht entdecktes Raubtier. Colonel Rana gab auch einen Bericht nepalesischer Hirten wieder, die angeblich einmal auf einem Marsch durchs Hochgebirge einen männlichen Yeti von der kleinen Sorte gefangen und gefesselt haben. Das Geschöpf, so erzählen die Hirten, habe die Nahrung verweigert und sei gestorben; man habe den Kadaver weggeworfen, weil man nicht gewußt habe, daß er für die Europäer von Wert sein könne.

Das Jahr 1955 brachte weitere Nachrichten, die Colonel Ranas Ansicht zu bestätigen schienen. Britische, französische und schweizerische Himalaja-Expeditionen stießen auf zweierlei Arten von Fußspuren. Die einen waren etwa dreißig Zentimeter lang, zeigten fünf Zehen und rührten, wie die Beobachter ausdrücklich betonten, von aufrecht gehenden Wesen her; die anderen, gleichfalls fünfzehig, erweckten den Eindruck, als stammten sie von vierbeinigen Sohlengängern. Im Juni 1955 berichtete der schweizerische Bergsteiger Raymond Lambert, er habe im Himalaja Horden von großen Affen gesehen, deren Fell schwarz und weiß gestreift sei und die nicht hätten identifiziert werden können. Zur gleichen Zeit schilderte auch ein Mönch von Pangbotchi die Begegnung mit einem „hellhäutigen Affen ohne Schwanz". Schließlich lieferte der Lama Riglizin Dorji Lopen die eingehende Beschreibung einer Mumie des Schneeriesen Metchkangmi, die ihm nach seinen Erklärungen vom Abt des Klosters Akya in Schigatse, im südlichen Tibet zwischen Himalaja und Transhimalaja also, gezeigt wurde.

Viele Skeptiker, die bisher über den „schrecklichen Schneemenschen" nur gelächelt hatten, begannen nach der Veröffentlichung all dieser Zeugnisse nun doch aufzuhorchen. Sämtliche Hinweise schienen darauf hinzudeuten, daß eine der beiden vermuteten Yeti-Formen ein fleischfressendes Tier – vielleicht ein Bär – und daß die andere ein Schneeaffe sein mußte.

Sowjetische Berichte freilich vertreten eine ganz andere Meinung. Auch die Russen wollen nämlich in den mongolisch-innerasiatischen Gebirgen die Anwesenheit von Schneemenschen festgestellt haben. Nach ihrer Ansicht handelt es sich nicht um Bären oder Affen, sondern um überlebende, von der Zeit vergessene Neandertalmenschen. Doch auch die bislang letzte sowjetische Yeti-Expedition, die 1979 im Pamir-Massiv im südlichen Zentralasien an der Grenze zu Afghanistan nach dem Schneemenschen fahndete, führte zu keinen endgültigen Ergebnissen.

Noch hat der Yeti den Zoologen sein wahres Gesicht nicht gezeigt. Er nimmt vorerst einen Platz in der Rubrik „Unsichere Lebewesen" ein; er rangiert hier neben anderen mysteriösen Tieren, über die schon Berichte vorliegen, deren Entdeckung aber bis heute nicht gelungen ist. Wenn die Wissenschaft betont, daß bei der Ausdeutung solcher legendären Geschöpfe äußerste Zurückhaltung am Platze ist, so hat sie von ihrem Standpunkt aus völlig recht. Doch die Tatsachen lehren, daß so manches Legendentier jählings aus dem Nebel herausgetreten ist und sich als eine Kreatur von Fleisch und Blut erwiesen hat. Deshalb ist auch über den Yeti das letzte Wort so lange nicht gesprochen, bis man sämtliche Zeugenberichte klar widerlegt – oder bis man einen leibhaftigen Yeti erwischt hat.

Feuerkatze und Harlekinbär

Alte chinesische Bilder und Chroniken sind Fundgruben für den Zoologen. Ihnen entstieg nicht nur der Mé, der schwarzweiße Schabrackentapir, und der bunte Schneeaffe mit der Himmelfahrtsnase, sondern auch noch so manches andere reale Tier, das die Wissenschaft zunächst als Märchengeschöpf deklariert hatte. Das unbestrittene Paradetier der altchinesischen Literatur aber, dessen Existenz sich erwies, ist der weiße Bär *Pei-hsiung*. Ein weißer Bär aus den gebirgigen Bambuswäldern der Provinz Yünnan wird bereits in einer Chronik aus dem Jahre 621, zur Regierungszeit des ersten Tang-Kaisers, erwähnt. Die japanischen Reichsannalen schildern dann am 22. Oktober 685, der Kaiser von China habe dem Tenno von Japan zwei lebende weiße Bären und siebzig Weißbärfelle zum Geschenk gemacht und nach Japan transportieren lassen. Von da ab taucht der Pei-hsiung immer wieder in chinesischen Steuerrollen, Geschichts- und Kinderbüchern auf.

Niemand zweifelte bis zum Jahre 1869 daran, daß die Chinesen unter ihrem weißen Bären den Eisbär der Nordpolregionen verstanden haben. Zwar kommt der Eisbär im zentralasiatischen Yünnan nicht vor, auch war es unerklärlich, auf welche Weise chinesische Jäger zur sibirischen Polarküste vorgestoßen sein und dort siebzig Eisbärfelle erbeutet haben sollten. Aber da der Eisbär in Marco Polos Buch seinen Platz hat, da die Mongolen demnach im dreizehnten Jahrhundert Nordsibirien gekannt haben müssen, glaubte man, auch den Chinesen des siebten Jahrhunderts ähnliche Expeditionen zutrauen zu dürfen. Die Eisbär-Theorie hatte lediglich zwei Schönheitsfehler: die behauptete innerasiatische Herkunft der Tiere und die in den alten Annalen zu findende Angabe, daß der Pei-hsiung schwarze Zeichnungen im weißen Fell trage. Man stieß sich aber nicht sonderlich an diesen beiden Punkten, denn auch chinesischen Gewährsleuten konnten ja schließlich Fehler unterlaufen …

Heute wissen wir, daß der Pei-hsiung mit dem Eisbär nichts zu tun hat. Er ist überhaupt kein richtiger Bär, sondern ein Angehöriger der den Wasch-, Nasen- und Wickelbären nahestehenden Raubtierfamilie der Pandas, von denen es nur noch zwei lebende Vertreter gibt – den Kleinen und den Großen Panda, wie man sie der Einfachheit halber genannt hat. Beide leben im östlichen Himalaja und den angrenzenden Gebieten, der Kleinpanda von Nepal bis Assam und Szetschuan, der Riesenpanda in einem eng begrenzten Distrikt im westchinesischen Hsifan-Bergland (wo er wohl nur noch in wenigen Restbeständen existiert). Beide ernähren sich auf die gleiche Weise, haben einen ähnlichen Kopf, ähnliche Pfoten und viele Übereinstimmungen im anatomischen Bau. Aber da sie völlig verschieden gefärbt sind und da der Kleine Panda einen langen buschigen Schwanz besitzt, der

Große Panda hingegen lediglich einen bärenhaften Stummel, galt der eine bis in unsere Zeit hinein als hochspezialisierter asiatischer Verwandter des Waschbären, der andere aber als ein sehr urtümlicher, unmittelbar auf die Miozänzeit zurückgehender Bär. Wir haben also, wie man sieht, im Falle des Pei-hsiung wieder einmal eine Entdeckungsgeschichte zu verfolgen, die gleichzeitig ein Kapitel wissenschaftlicher Irrtümer und detektivischer Feinarbeit in sich birgt.

Als Entdecker des Kleinen Panda gilt der General Thomas Hardwicke, einer der britischen Erkunder Indiens zu Sir Stamford Raffles Zeiten, der auch als Schilderer indischer Antilopen in die zoologische Literatur eingegangen ist. Aber die Fakten sind hier nicht ganz eindeutig, denn der General hat erst lange Zeit später etwas Schriftliches über seine zoologischen Forschungen hinterlassen. Einen Teil der Tiere, die er nach England brachte – und gerade die aus den nordindischen Bergländern –, erhielt er von dem dänischen Botaniker Nathaniel Wallich. Dieser Wallich amtierte um 1820 als Direktor des Botanischen Gartens der East India Company in Kalkutta und unternahm verschiedene Reisen nach Nepal, um sich dort innerasiatische Hochgebirgspflanzen zu beschaffen. So ist es sehr gut möglich, daß Wallich derjenige Mann war, der den rostroten, schwarz gezeichneten und mit einem dichtbehaarten Schwanz gezierten „Himalaja-Fuchs" des Generals Hardwicke erbeutete und nach Kalkutta brachte. Auch Cuviers Stiefsohn Alfred Duvaucel erhielt von Wallich einige nepalesische Tiere. Darunter hat sich vermutlich gleichfalls ein Kleinpanda befunden; denn Frédéric Cuvier, der Bruder des Meisters im Jardin des Plantes, nahm in sein Zoologiewerk einen *Ailurus fulgens,* eine „feuerfarbene Katze", aus dem Himalaja auf. Der mißverständliche Gattungsname, den er prägte, haftet den Pandas heute noch an.

Daß der Kleinpanda kein Fuchs ist und auch keine Katze, stellte sich im Jahre 1869 heraus. Ein Indienforscher namens Simpson fing drei lebende Exemplare des „Nyalya-ponga", verballhornte die nepalesische Bezeichnung des Tieres zu dem (gar nichts bedeutenden) Wort „Panda" und brachte einen seiner Gefangenen – allerdings in sehr elendem Zustand – in den Londoner Zoo. Er berichtete dem Zoodirektor Bartlett, er habe das Tier auf der Überfahrt mit gekochtem Reis, Gras, Heu und Milch gefüttert. Bartlett schüttelte den Kopf über diese tierquälerische Behandlung und glaubte zu wissen, warum der fuchsrote Kerl so schwach und verhungert aussah und aus welchem Grunde die beiden anderen Pandas dem Mr. Simpson weggestorben waren. Ein Raubtier, so erklärte er dem Fänger energisch, benötige bekanntlich zu seinem Wohlbefinden frisches Fleisch. Als Simpson widersprach und darauf hinwies, daß der Panda nach seinen Erkundigungen ein reiner Vegetarier sei, lächelte Bartlett nur spöttisch und bereitete sofort die schönsten Hühner und Täubchen für die halbtote „Fuchskatze" zu. Der

Panda jedoch nahm nichts von dem Fleisch; er trank lediglich ein bißchen gesüßten Tee und verschluckte zu Bartletts Verblüffung ein paar Erbsen, die zufällig im Raum herumlagen. Der Zoodirektor überlegte. Am besten war es wohl, wenn sich das Tier seine Nahrung selbst suchte und der Wissenschaft damit Hinweise für seine Behandlung gab. So ließ er den Panda in seinem Garten frei herumlaufen. Was nun geschah, das widersprach allen Sitten und Gebräuchen, die sonst im Raubtiergeschlecht üblich sind: Matt und ausgehungert kroch der Panda auf die heruntergefallenen unreifen Äpfel zu, verschlang sie, fraß dann noch einige Blätter und junge Triebe und steuerte nach diesem Vorgericht zielsicher auf Bartletts Rosenbüsche zu, mit deren Knospen und Blüten er in kurzer Zeit radikal aufräumte.

Haben die Künstler des Fernen Ostens auch bereits den Kleinpanda gekannt? Diese japanische Zeichnung scheint dafür zu zeugen.

Der Panda war also tatsächlich ein Vegetarier. Das bestätigte kurz darauf auch der englische Naturforscher Brian Hodgson; er schrieb dem Zoo, nach seinen Beobachtungen ernähre das Tier sich von Früchten, Wurzeln und in der Hauptsache von Bambusschößlingen. Da Bartlett keine Bambusschößlinge besorgen konnte, setzte er seinem Exemplar weiterhin Rosentriebe, Äpfel und Beeren vor. Es gedieh prächtig dabei und hatte schon nach kurzer Zeit die Reisestrapazen völlig überwunden. In welche Raubtierfamilie aber sollte man den kleinen Vegetarier mit dem Fuchspelz, dem Katzengesicht und dem Waschbärschwanz stellen? Deutsche Gelehrte gaben ihm den Namen „Katzenbär" und wollten aus ihm, dem Binturong und dem Cacamizli eine besondere Gruppe machen. Nun ist der Binturong, wie wir heute wissen, eine indonesische Schleichkatze und der Cacamizli ein primitiv gebliebener Angehöriger der Waschbären-Familie. Aber das war damals noch keineswegs klar. Der Binturong galt als „Bärenmarder" oder „Marderbär", der Cacamizli als „Katzenfrett" – und beide kamen mit dem neuentdeckten „Katzenbär" nach dem Willen der Systematiker in eine Schublade, die denen der Waschbären, Marder und Schleichkatzen benachbart war. Englische Zoologen machten es sich noch einfacher: Sie bezeichneten den Panda schlicht als „Himalaja-Waschbär".

Der Zufall wollte es, daß im gleichen Jahr, in dem Simpsons Kleinpanda in London eintraf und sich an Rosenknospen sattfraß, auch sein großer Vetter entdeckt wurde. Am 11. März 1869 war Père Armand David auf seiner Reise durch das westliche Szetschuan bei einem Großgrundbesitzer namens Li in Tchen-lou zu Gast. Er erkundigte sich bei Li, wie er es überall tat, nach den Tieren des Landes; und der chinesische Großgrundbesitzer zeigte ihm ein prächtiges weiches Raubtierfell, das sich in seinem Besitz fand. Es war offensichtlich das Fell eines bärenähnlichen Tieres – etwa anderthalb Meter lang, schneeweiß, mit schwarzen Armen, Beinen, Ohren, Augenringen und einem dunklen breiten Streifen, der von Schulter zu Schulter lief. Li erklärte ihm, es sei der Pelz eines „Pei-hsiung". Und plötzlich wußte Père David Bescheid:

Der Pei-hsiung war der „berühmte weiße, schwarz gezeichnete Bär der altchinesischen Chroniken", das Tier, das die Gelehrten hartnäckig für einen Eisbären hielten. Aufgeregt erkundigte Père David sich nach der Herkunft des Pelzes und erfuhr, der Pei-hsiung lebe im Hsifan-Bergland, an der Grenze von China und Tibet.

In Père Davids „Journal de mon troisième voyage d'exploration dans l'Empire chinois" können wir nun lesen, wie es weiterging. David beauftragte einige eingeborene Jäger, ihm einen Pei-hsiung aus dem Hsifan-Bergland zu besorgen, und zwölf Tage darauf fingen die Jäger auch tatsächlich ein Jungtier, töteten es des leichteren Transports wegen und brachten es in die Missionsstation von Tchen-lou. Es tat David sehr leid, daß sie das Tier nicht am Leben gelassen hatten; er vermerkte noch in seinem Tagebuch, er habe einen hohen Preis dafür zahlen müssen, und stellte fest, daß der Pei-hsiung in seinem Gebiß und den behaarten Fußsohlen völlig von allen übrigen Bären abwich. Am 1. April lieferten ihm die Jäger dann den Balg eines erwachsenen Pei-hsiung, dessen Weiß etwas gelblicher war und dessen schwarze Zeichnungen ausgeblaßter schienen als die des Jungtiers. David sammelte noch verschiedene Nachrichten über den weißen Hsifan-Bären und erfuhr auch bereits, daß das Tier ausschließlich von Bambus lebe.

Dann, am 6. April, erhielt er von den Chinesen ein erlegtes kleineres Tier von anderer Sorte, das mit seinem roten Pelz und dem halbmeterlangen puscheligen Ringelschwanz ganz reizend aussah. Die Chinesen nannten es „Bergkind" oder *Hun-ho*, „Feuerfuchs". Es war ein Kleinpanda – die gleiche Art, wie sie der Londoner Zoo beherbergte. Père David hatte nun durch ein glückliches Zusammentreffen der Ereignisse beide Pandas zur Hand.

Einen Tag später gelang es seinen Männern noch, einen lebenden Kleinpanda zu erbeuten. David verglich den Pei-hsiung mit dem Hun-ho, notierte, daß beide von Bambus zu leben schienen und daß der Magen des getöteten „Feuerfuchses“ voller Blätter war; aber er glaubte doch, daß zumindest der Hun-ho bei sich bietender Gelegenheit durchaus auch Tiere verzehre. Das trifft in der Tat zu; denn Kleinpandas oder Katzenbären, wie man sie später nannte, erbeuten hin und wieder auch Jungvögel, Eier und allerlei Kleintiere. Etwas verwundert war Père David über die Kopf- und Fußform des Kleinpandas – denn hier glich der Hun-ho überraschend dem Pei-hsiung. Aber da er überzeugt war, der Pei-hsiung müsse ein Bär sein, der Hun-ho jedoch eine Art Waschbär oder Marderbär, wagte er es nicht, die beiden Arten in nähere Beziehung zueinander zu bringen.

Genau das aber war es, was sein wissenschaftlicher Freund, der Zoologe Alphonse Milne-Edwards, im Jahre 1870 tat, als Armand David ihm in Paris die Felle und Skelette vorlegte. In einem Genieblitz erkannte Milne-Edwards, daß der anderthalb Meter große weißschwarze „Bär“ und der ohne Schwanz kaum sechzig Zentimeter lange rotschwarze „Feuerfuchs“ zusammengehören mußten. Schwanz hin, Schwanz her – beide hatten denselben Schädel- und Gliedmaßen-Bau, dasselbe Gebiß, dieselbe Lebensweise. Milne-Edwards stellte den Pei-hsiung mitsamt dem Kleinpanda zu den Waschbären und taufte ihn auf den Namen *Ailuropus melanoleucus,* „panda-ähnliches schwarz und weiß gefärbtes Tier“. Da der Gattungsname *Ailuropus* aber schon vergeben war, heißt der Pei-hsiung heute *Ailuropoda melanoleuca,* „schwarzweißer Panda-Fuß“.

In der Folge gelangten noch zwei Felle des Pei-hsiung nach Paris und eins nach Stuttgart. Allmählich bürgerten sich die Namen „Prankenbär“, „Bambusbär“ und „Harlekinbär“ für das Tier ein. Aber keinem Weißen gelang es, einen lebenden Bambusbär zu Gesicht zu bekommen. Verschiedene Tibet-Expeditionen fahndeten im Hsifan-Gebirge eifrig nach dem Harlekin im Bärenpelz – sie entdeckten nicht eine einzige Spur, konnten sich nicht eine einzige Aussage von Eingeborenen beschaffen. Père David schien auf seiner Reise nach Szetschuan die letzten Angehörigen einer im Aussterben begriffenen Art gefunden zu haben.

Auch die geniale Deutung des Alphonse Milne-Edwards verschwand allmählich aus dem Bewußtsein und aus den Lehrbüchern. Als der deutsche Zoologe Max Weber um die Jahrhundertwende an eine gründliche und in vielen Punkten sehr verdienstvolle Bestandsaufnahme und Neu-Klassifizierung der Säugetiere ging, meinte er, der Bambusbär habe mit dem Kleinen Panda und den Waschbären nicht das geringste zu tun, sondern müsse der letzte lebende Verwandte des *Hyaenarctos,* eines hyänengroßen Raubtiers aus dem Miozän, sein. Den *Hyaenarctos* hielt Weber für einen Ur-Bären und zugleich für einen Vegetarier. Die Bären hatten seiner Ansicht nach einst im mittleren Tertiär als reine Pflanzenfresser begonnen und waren erst allmählich zur Fleischnahrung übergegangen; der Bambusbär verkörperte noch den ursprünglichen, den *Hyaenarctos*-Typ. Aus dem „schwarzweißen Pandafuß" war durch Webers Urteil ein lebendes Fossil geworden, ein Bärenahne, der sich im östlichen Himalaja über die Zeiten hinweggerettet hatte.

Siebenundvierzig Jahre vergingen noch nach Père Davids Fund, bis endlich wieder ein Forscher einen Bambusbären in seinen Händen hielt. Es war der deutsche Zoologe Hugo Weigold, ein Mitglied der ersten deutschen Expedition durch das südöstliche Tibet. Weigold sah im Wassu-Land östlich des Min-Flusses einen flüchtenden Pei-hsiung, stellte ihm nach, konnte ihn aber nicht erbeuten. Dafür verkauften ihm Eingeborene an einem der nächsten Tage einen lebenden Bambusbär, ein noch ganz junges Exemplar, das Weigold mit viel Liebe, jedoch ohne Erfolg, aufzuziehen versuchte. Skelett und Pelz des gestorbenen Pei-hsiung-Kindes stiftete er nach seiner Rückkehr dem Dresdener Museum. Damit besaßen drei Museen insgesamt sechs präparierte Bambusbären. Die Zoologen wußten nun, daß das Tier entgegen allen Erwartungen in den Bambuswäldern der Hsifan-Berge noch lebend vorkam.

Für den Pei-hsiung war dieses neugewonnene Wissen der Gelehrten alles andere als erfreulich. Es hatte ein recht häßliches Zwischenspiel zur Folge. Dreizehn Jahre lang konnte der Bambusbär noch friedlich in seinen entlegenen Heimatdickichten Bambusschößlinge zerkauen – dann aber, von 1928 bis 1936 brach das Unheil über ihn herein. Wieder einmal machten sich die trophäensüchtigen Zoologen, die nach Raritäten verlangenden Museumsleiter, die auf anatomisches Vergleichsmaterial versessenen Professoren mitschuldig an der Dezimierung einer schönen, seltenen Tierart. Als erste brachen die Brüder Theodore und Kermit Roosevelt, die Söhne des einstigen amerikanischen Präsidenten, Weidmannes und Großwildschützen Theodore Roosevelt, von Burma aus nach Szetschuan auf, mit dem Vorsatz, nicht ohne einen erlegten Pei-hsiung zurückzukehren. Die Brüder hatten verabredet, beim Insichtkommen eines Bambusbären beide zugleich zu feuern, damit sie beide den Ruhm, den ersten Pei-hsiung geschossen zu haben, ernten konnten. In einem im Jahre 1930 erschienenen Aufsatz „The search for the Giant Panda" erzählt Kermit Roosevelt, wie die Jagd verlief:

„Am Morgen des 13. April stießen wir bei Jehli südlich von Tatschienlu im Hsifan-Bergland auf die Spuren des Bären im frischgefallenen Schnee. Da bereits vier bis fünf Stunden seit seiner Anwesenheit vergangen waren, sahen sie schon teilweise recht verwischt aus. Nach drei Stunden angestrengten Wanderns erreichten wir den hohlen Stamm einer riesigen Tanne, in der er schlief. Wir schossen sofort, alle beide zugleich, und sahen noch im Pulverrauch der beiden Büchsen die große Gestalt des Bären aus der Höhlung hervortreten – des ersten Bambusbären, der von weißen Männern in seinem Versteck aufgestöbert wurde und der ihnen Aug in Auge gegenüberstand. Unsere Schüsse lagen so gut, daß der Bär, wie vom Blitz gefällt, sofort auf der Stelle tot zusammenbrach ... Wir schwiegen in diesem großen Augenblick des Erfolges als Forscher und Jäger ...“

Wenn man liest, wie hier ein harmloses, friedlich schlummerndes Tier auf Verabredung gleich von zwei Flinten niedergestreckt wird, wundert man sich nicht mehr über die große Anzahl selten gewordener Tiere, die noch dicht vor ihrem Untergang von Raritätenjägern umgebracht worden sind. Als das Fell des Pandas nach Amerika gelangte und im Field-Museum zu Chicago bestaunt wurde, blieb es nicht aus, daß sich eine ganze Reihe von wissenschaftlichen Instituten meldete, die gleichfalls eine solche Kostbarkeit besitzen wollten. Mehrere Expeditionen wurden losgeschickt, um diese Wünsche zu erfüllen. Die Naturwissenschaftliche Akademie in Philadelphia entsandte im Rahmen der großen Marshall-Field-Expedition von 1930/32 den Amerikaner Brooke Dolan mit einem wissenschaftlichen Stab nach Ost-Tibet; ein Zoologe der Expedition, der spätere deutsche Tibetforscher Ernst Schäfer, erlegte am 13. Mai 1931 in derselben Gegend, in der Weigold seinen kleinen Pei-hsiung erbeutet hatte, ein junges Bambusbärweibchen. Drei Jahre darauf reiste Dean Sage für das New Yorker Naturhistorische Museum ins Pei-hsiung-Land; er und sein Mitarbeiter Sheldon schossen je einen Bambusbären und publizierten darüber einen Artikel unter dem Titel „Hunting the Giant Panda“. Ein Jahr später war es ein Kapitän Brooklehurst, der mit einem toten Bambusbären das Hsifan-Gebiet verließ. Und 1936 schließlich tötete ein Amerikaner chinesischer Abkunft, Quentin Young, der schon mit seinem Bruder an der Roosevelt-Expedition teilgenommen hatte, gleich zwei Bären-Harlekine.

Sieben Bambusbären hatten also innerhalb von acht Jahren ihr Leben für die Wissenschaft lassen müssen. Das ist nicht viel, wenn man die Abschußzahlen anderer Tierarten damit vergleicht. Aber es ist viel zuviel, wenn die betreffende Art vom Aussterben bedroht ist. Und genau dies schien bei dem Bambusbär der Fall zu sein. – Was kam nun bei der großen Aktion für die Zoologie heraus? Zunächst einmal das eine, daß man jetzt das Verbreitungsgebiet des Pei-hsiung ganz genau kannte. Es ist eine bergige Region im westlichen Szetschuan, ungefähr von der Größe der Beneluxstaaten. In ihr hatte man den Pei-hsiung aber lediglich an gewissen Stellen angetroffen, wo es genügend Bambus für seine Ernährung gab. Fest stand, daß in diesem Wassu-Land nur ganz wenige Exemplare des Tieres existierten, so daß der Weiterbestand der Art demnach aufs äußerste gefährdet war.

Außerdem gab das New Yorker Museum ein Bulletin „Über die stammesgeschichtlichen Beziehungen des Riesenpanda zu den anderen bärenartigen Raubtieren“ heraus; in dieser Veröffentlichung widerlegten die amerikanischen Paläontologen William King Gregory und H. C. Raven die Ansichten des Professors Weber, nach denen der Große Panda ein urtümlicher Bär, der Kleine Panda hingegen ein hochspezialisierter Waschbär sei, und stellten den Pei-hsiung und den Hun-ho wieder in die gleiche Tiergruppe. Nach Gregory hat der Bambusbär mit dem fossilen Hyaenarctos (der im übrigen gar kein richtiger Ur-Bär ist) nichts zu tun; er ist, wie schon Milne-Edwards gesagt hatte, ein großer, schwanzlos gewordener Verwandter des Kleinpandas. Beide Pandas stammen aus einer Raubtierfamilie, die sich bereits im mittleren Tertiär von den amerikanischen Waschbären gelöst hat und über die Beringstraße in die Alte Welt eingewandert ist.

Die Paläontologen gruben fossile Gattungsgenossen des Kleinen Panda in Europa und fossile Riesenpandas in China und Burma aus. Man entdeckte viele Zähne und Knochenreste eines großen ausgestorbenen Bambusbären in chinesischen Apotheken. Aus alledem scheint hervorzugehen, daß die Pandas die altweltlichen, vegetarisch lebenden Gegenstücke zu den neuweltlichen Kleinbären sind. Sie wurden in den Bambuswäldern ihrer Heimat – ein einzigartiger Fall in der Geschichte der Raubtiere – zu ausgesprochenen Bambusspezialisten. Diejenigen Zoologen, die von Anfang an vorgeschlagen hatten, sie als Familie der Pandas in den gleichen Rang zu erheben wie die anderen Raubtierfamilien, die Katzen, Schleichkatzen, Hyänen, Marder, Hunde, Kleinbären und Bären, haben also recht behalten.

Der Riesenpanda – wir wollen den Pei-hsiung der Einfachheit halber jetzt so nennen – wurde auch nach diesen zoologischen Erkenntnissen in seiner Heimat nicht in Ruhe gelassen. Da sein kleiner fuchsroter Vetter ein zwar heikles, aber liebenswürdiges und vielbewundertes Zootier ist, kamen zwei Amerikaner auf den Gedanken, es auch einmal mit der Überführung großer Pandas in einen Tiergarten zu versuchen. Der eine, Floyd Tangier Smith, hatte an der Marshall-Field-Expedition von 1930/32 teilgenommen, der der Riesenpanda Nummer zwei zum Opfer gefallen war; er kannte also die Gegend. Begleitet wurde er von einem gewissen William Harkness. Beide erwischten im Jahre 1936 tatäschlich einen jungen Pei-hsiung, bestimmten ihn für den Londoner Zoo und benachrichtigten die Presse von dem Fang. Der Irrtum eines Fernschreibers freilich machte aus dem avisierten Riesenpanda einen „Riesenpanther", und die Londoner erwarteten mit Gruseln das Ungeheuer, das ihnen aus dem fernen Innerasien angekündigt war. Dem jungen Riesenpanda aber war es nicht bestimmt, Londons Einwohnerschaft eines Besseren zu belehren. Er hauchte bereits in Singapur sein Leben aus. Um die gleiche Zeit starb auch William Harkness in Shanghai.

Nun setzte ein erbitterter Wettkampf um den Fang des nächsten Riesenpandas ein zwischen Floyd Tangier Smith und Ruth Harkness, der Witwe des verstorbenen Gefährten. Beide fahndeten auf getrennten Wegen nach dem weiß-schwarzen Harlekin. Floyd Tangier Smith war als alter Innerasienreisender im Vorteil. Ruth Harkness kannte weder China noch den Riesenpanda, war nicht an die Strapazen einer Expedition gewöhnt und wollte nur mit dem Eigensinn einer liebenden Frau das Vermächtnis ihres toten Mannes erfüllen. Es ist fast überflüssig zu sagen, daß Ruth Harkness das Rennen mit Längen gewann. Den ersten Riesenpanda, ein entzückendes Jungtier, holte ihr der einstige Bambusbärschütze Quentin Young aus einer Baumhöhle; sie behandelte den kleinen Kerl wie ein Adoptivkind, taufte ihn auf den Namen Su-lin und überführte ihn glücklich in den Brookfield-Zoo von Chicago. Im März 1938 brachte sie noch einen zweiten Riesenpanda namens Mei-mei nach Chicago. Su-lin starb nach einem unglücklichen Sturz von einem Ast des Geheges, Mei-mei aber lebte sich im Brookfield-Zoo gut ein und wurde so populär, daß der Riesenpanda schon bald darauf als „Andy Panda" die Spalten der Kinderzeitschriften füllte und als Stofftier um die ganze Welt wanderte. Das amüsante Buch der Ruth Harkness „The lady and the panda" untermauerte diese Popularität noch.

Beide Pandas der Ruth Harkness wurden übrigens zuerst für Weibchen gehalten, entpuppten sich später aber als Männchen. Überhaupt bereitet die exakte Geschlechtsbestimmung beim Riesenpanda einige Schwierigkeiten, was sich bei den Zuchtversuchen der jüngsten Zeit bemerkbar machte.

Floyd Tangier Smith grollte und behauptete, auch er habe die beiden jungen Riesenpandas längst im Auge gehabt, ihm seien sie lediglich zu klein gewesen. Er versprach dem Bronx-Zoo in New York, der nun auf Chicago etwas eifersüchtig war, gleich ein halbes Dutzend Pei-hsiungs-Babys und hielt auch in etwa sein Versprechen: Am 3. April 1938 kabelte er den Fang von drei Männchen und zwei Weibchen von Chengtu aus nach New York. Der Preis jedoch, den er für einen einzigen Riesenpanda verlangte, erschien dem Bronx-Park so horrend, daß die Direktion nur zwei der Tiere übernahm und auf alle anderen dankend verzichtete. Für Europas Tierfreunde war das ein Glück. Smith und seine Frau gründeten eine reisende Riesenpanda-Ausstellung und führten ihre Pfleglinge gegen entsprechendes Eintrittsgeld in den großen Tiergärten aller Erdteile vor.

Die chinesische Regierung stellte den Riesenpanda im April 1939 unter strikten Naturschutz. Aufgrund der Sondergenehmigungen wurden bis in die vierziger Jahre hinein noch acht weitere Pei-hsiungs-Babys gefangen; vier davon kamen nach New York, zwei nach St. Louis und je einer nach Chicago und London. Das neue Pandamännchen im Brookfield Zoo in Chicago, Mai-lan, erreichte übrigens im Zoo ein Alter von fast vierzehn Jahren. In seinem aggressiven Verhalten bildete er eine Ausnahme im Kreis seiner Artgenossen. Der Chicagoer Tierpfleger Ralph Small wurde Opfer eines seiner plötzlichen Quetschbisse und verlor dadurch eine Hand. Auch im Umgang mit dem Kleinpanda, dessen Aussehen ja gleichfalls so sehr dem menschlichen „Kindchen-Schema“ entspricht, ist Vorsicht geboten, da seine spitzen Krallen scharf wie Rasiermesser sind.

Fünfzehn Jahre lang, bis zum Jahre 1956, hörte man nichts mehr von freilebenden Riesenpandas in Szetschuan. Das Gerücht ging um, daß die Art endgültig ausgestorben sei. Deshalb war es eine echte Sensation, als die Welt erfuhr, daß der Zoo von Peking erfolgreich Riesenpandas züchtete und daß sieben weitere Tiergärten in China gute Erfolge in der Panda-Haltung meldeten. Die Chinesen boten den Zoologischen Gärten vier junge Pandas zum Preis von je 25 000 Dollar zum Kauf an. Noch heute sind Riesenpandas die kostbarsten, am höchsten im Kurs stehenden Zootiere auf unserer Erde.

Einen der in Peking angebotenen Pandas erwarb der österreichische Tierfänger Heini Demmer im Tausch gegen afrikanische Antilopen und verkaufte ihn später dem Londoner Zoo. Vorher aber ging das Tier, ein Weibchen namens Chi-Chi, auf Tournee durch die Tiergärten Europas, so daß man das zahme, spiellustige Geschöpf auch in Berlin, Frankfurt und Kopenhagen bewundern konnte. In London machte Chi-Chi dann Schlagzeilen durch den wiederholten Versuch, sie mit An-An, einem Pandamann aus dem Zoo von Moskau, zu verpaaren. Beide Partner besuchten sich gegenseitig; dennoch mißlang diese west-östliche Hochzeit. Vermutlich war Chi-Chi schon zu sehr auf Menschen geprägt, so daß sie den arteigenen Partner ablehnte.

Doch damit ist die Panda-Story noch keineswegs zu Ende. Als sich die Volksrepublik China in den siebziger Jahren nach Westen öffnete, bot die chinesische Regierung mehreren Staaten ihr „lebendes Nationalheiligtum“, den Riesenpanda, als besonderes Freundschaftsgeschenk an. Aus diesem Grunde trafen in Tokio, Washington, London, Paris, Madrid, in Pyöngyang (Nordkorea) und in Westberlin zum Entzücken der Zoobesucher Paare von Harlekinbären ein. Nachdenkliche Tierschützer äußerten inzwischen ernste Bedenken über diese Goodwillpräsente. Denn so sehr sich auch die Tierfreunde in den betreffenden Ländern an den seltenen Gästen erfreuen – ob dieser abermalige Aderlaß dem Wappentier des Welttierschutzes schweren Schaden zufügt oder nicht, läßt sich zum gegenwärtigen Zeitpunkt noch nicht erkennen.

Die Riesenpandabilanz sieht jedenfalls nicht sehr erfreulich aus. Sämtliche Fangunternehmen erbrachten vor der neuen Goodwilltour der Chinesen rund zwanzig Einzeltiere. Rechnet man die alten Museumsstücke und die erlegten Pei-hsiungs hinzu, so kommen wir auf etwa vierzig Tiere. Die in chinesischen Zoos lebenden, dort geborenen oder von China neuerdings als Freundschaftsgeschenke verschickten Riesenpandas dürften insgesamt nicht mehr als dreißig Stück ausmachen. So ergibt sich die bestürzende Tatsache, daß wir von diesem populären Tier seit seiner Entdeckung bis heute kaum mehr als fünfzig Exemplare kennen. Ob sich diese Zahl durch die chinesischen Zuchterfolge noch wesentlich erhöhen wird, ist fraglich. Der Bestand der weißschwarzen Harlekinbären schmilzt trotz aller Hegemaßnahmen mehr und mehr zusammen; und der Tag scheint nicht mehr fern, an dem der weiße Bär des Herrn Li nur noch in den Museen und Lehrbüchern existiert, in den Annalen und Steuerrollen des alten China, in historisch gewordenen Zooberichten und als Kinderspielzeug. Nach neuesten chinesischen Angaben soll es nur noch rund sechzig freilebende Riesenpandas geben. Diese Zahl wird zur Erhaltung der Art kaum ausreichen, obwohl die Volksrepublik China den Tieren im Yüebe-Nationalpark in der Provinz Szetschuan jetzt ein eingezäuntes Reservat eingeräumt hat.

Der seltenste Hirsch der Welt

Der britische Herzog von Bedford, einer der großen Erhalter der Tierwelt, hat in den letzten Jahrzehnten viele Male aus seinen Gehegen in Woburn Abbey einige auffällig aussehende Huftiere in verschiedene europäische, amerikanische, ostasiatische und australische Tiergärten verschickt. Plumpe große Hirsche sind es mit hängenden Köpfen, vielfach gegabelten Geweihen, langen Schwänzen und breiten Hufen; sie erinnern entfernt an Rothirsche, aber ebenso an Rentiere und lassen in Rentier-Art beim Gehen ein eigentümliches Knistern in den Gelenken hören. Wie bei Rentieren ist auch bei ihnen der vordere Ast des Geweihs verzweigt, stärker sogar als die folgenden Äste. Ihre Geweihe sehen auf den ersten Blick so aus, als säßen sie „verkehrt“ auf dem Kopf.

Durch seine großen Augen, den nackten Nasenspiegel und auch noch in vielerlei anderer Hinsicht nimmt dieses Geschöpf unter allen Hirschen der Gegenwart eine einzigartige Sonderstellung ein. Der schwere, zu Boden gerichtete Schädel, der eselsartige Schwanz, das mähnige Fell und die langen Ohren verleihen dem Tier ein ganz absonderliches Aussehen; man hat fast das Gefühl, zottige Rinder vor sich zu haben, denen jemand Ziegenohren, ein verdrehtes Hirschgeweih, einen Eselsschwanz und Rentierhufe angepaßt hat. In alten chinesischen Chroniken wird dieses Lebewesen darum auch „Sse-pu-hsiang“ genannt; im übertragenen Sinne bedeutet dies „Nicht Hirsch, nicht Rind, nicht Ziege und nicht Esel“. Aufgrund einer sprachlichen Verwechslung, die bereits den ersten Beschreibern des Tieres unterlief, trägt es heute allgemein den Namen „Milu“, eine Benennung, die sich eigentlich auf den bekannten Sikahirsch Ostasiens bezieht. Da sie jedoch in der Tiergärtnerei nun einmal eingeführt war und sich außerdem leichter sprechen läßt als das Wort »Sse-pu-hsiang“, konnte sie nicht wieder ausgerottet werden. Als Milu wurde der Davidshirsch – denn um ihn handelt es sich hier – in die zoologische Literatur aufgenommen, und so blieb es bis heute.

Davidshirsche leben in größeren Herden nicht nur in Woburn Abbey in Mittelengland, sondern auch in einer ganzen Anzahl von Freilandzoos, wo man exakt Buch über Geburten und Todesfälle führt. Insgesamt gibt es gegenwärtig rund fünfhundert Exemplare von ihnen auf unserer Erde, in ihrer Mehrzahl in England. Einige Gewährsleute meinen, die ursprüngliche Heimat des Davidshirsches habe sich in den Sumpfgebieten Jehols und der südlichen Mandschurei befunden; nach anderen Angaben soll er aus dem ostturkestanischen Tarim-Becken stammen. Wir können das heute nicht mehr nachprüfen; denn es gibt sowohl in Jehol und der Mandschurei als auch in Ostturkestan keinen einzigen freilebenden Davidshirsch mehr.

Als Armand David in den Jahren 1861 bis 1874 China bereiste, kannte er sicherlich die vielen chinesischen Tuschzeichnungen und Seidenbilder, auf denen Hirsche wiedergegeben waren. Da war der weißgetupfte „Pflaumenblütenhirsch" zu sehen, wahrscheinlich der Dybowskihirsch; da fand man südasiatische Hirsche mit Leiergehörnen, Wasserrehe, Zwerghirsche und zuweilen auch ein sehr stark abstrahiertes, gemähntes Tier, oft nur mit einer

Schon seit frühen Zeiten wurden die verschiedenartigsten Hirsche in China und Japan als Hegewild gehalten und auf Tuschzeichnungen und Seidenbildern wiedergegeben.

Geweihstange dargestellt, das irgendeine kultische Bedeutung haben mußte. Dieses Tier aber schien nicht mehr zu existieren, falls es überhaupt je gelebt hatte; denn keiner der Erforscher der ostasiatischen Huftierwelt, weder Swinhoe noch Hodgson, noch Hamilton Smith berichtete davon. Es wäre nun übertrieben, zu behaupten, daß Père David sich auf die Suche nach diesem Hirsch gemacht hätte. Wahrscheinlich verschwendete er, falls ihm die Bilder überhaupt aufgefallen sein sollten, gar keinen Gedanken an das gemähnte Tier. Daß er es entdeckte, war lediglich dem plumpen Zufall und seiner Neugier zu verdanken.

Einige Meilen südlich der Hauptstadt Peking befand sich ein großer, seit viereinhalb Jahrhunderten von einer hohen, zweiundsiebzig Kilometer langen Mauer umschlossener Park. Tatarenposten bewachten ihn; es war sowohl den Einheimischen als auch den Fremden aufs strengste untersagt, ihn zu betreten oder auch nur einen Blick über die Mauer zu werfen. Denn in diesem Park Nan Hai-tsu, der größer war als das Areal von Peking, befanden sich die Wildgehege des Kaisers von China. Und die chinesischen Herrscher, leidenschaftliche Jäger und Tierhalter wie einst die Mongolen-Khans, wußten genau, daß bei einer Lockerung des Verbots bald kaum noch Wild in Nan Hai-tsu leben würde – sie hatten in diesem Punkte allerlei Erfahrungen mit gelben und weißen Freischützen hinter sich. Es war nur logisch, daß den Père David ein Blick über die Mauer des Parks ganz besonders locken mußte – teils der Tiere, teils des Verbots wegen. Vier Jahre vor der Entdeckung des Schneeaffen und des Riesenpanda, im Jahre 1865, bestach er die Tatarenwache, kletterte auf die Mauer und riskierte den Blick. Zufällig zog gerade in diesem Moment ein Rudel von etwa hundertzwanzig Hirschen vor seinen Augen durch den Park.

Er hielt sie zunächst für eine unbekannte Rentier-Art. Und es verwunderte ihn sehr, daß die Wissenschaft von diesem Tier, das zahm in kaiserlichen Gehegen graste, noch nicht das geringste wußte. Die Tataren verrieten ihm den Namen Sse-pu-Hsiang und erzählten, auf die Erlegung solcher Hirsche stehe laut kaiserlichem Dekret die Todesstrafe. Zu dieser Auskunft jedoch wollte eine Tatsache, die Père David bald darauf erfuhr, nicht so recht passen: Chinesische Knochenschnitzer fertigten aus den Geweihen des Sse-pu-hsiang allerlei kleine Kunstwerke an. Demnach wurde wohl doch hin und wieder eines der vermeintlichen „Rentiere“ heimlich getötet, am Ende gar von den Wachen selbst, die mit dem Fleisch ihre Rationen aufbessern mochten. Père David schöpfte Hoffnung. Mehrere Monate lang sammelte er Nachrichten über die kaiserlichen Hirsche, äußerst lückenhafte Nachrichten freilich, denn kaum jemand in Peking hatte schon etwas von den Tieren gehört. Sie schienen seit undenklichen Zeiten im Park Nan Haitsu zu leben und anderswo, gehegt oder in Freiheit, nicht vorzukommen. Eine Information, die David sich beschaffte, ist hochinteressant und erklärt wohl, aus welchem Grunde diese Hirschart in ihrer ursprünglichen Heimat ausgestorben ist und vielleicht schon jahrhundertelang nur noch als kaiserliches Hegewild existierte: Ein Teil des „chinesischen Elfenbeins" stammt nicht von Elefant oder Mammut, sondern von den Geweihkernen des Sse-pu-hsiang.

Ende 1865 bat Père David die französische Gesandtschaft, bei den kaiserlichen Ministerien vorzusprechen und um Überlassung eines der Hirsche zu bitten. Es erfolgte darauf zunächst nichts. Dennoch hielt David im Januar 1866 zwei vollständige Felle des Tieres in Händen. Von wem er sie bekommen hat, schreibt er nicht; man weiß lediglich, daß er mit den tatarischen Wachen auf gutem Fuße stand. Und Ende Februar lud er alles, was er an Tier- und Pflanzenpräparaten gesammelt hatte, auf ein Schiff und gab die Sendung einem heimkehrenden französischen Diplomaten mit. „Das Hauptstück dieser Schiffsladung", schrieb er an Milne-Edwards, „ist der Sse-pu-hsiang, eine große Rentier-Art, bei der dem Weibchen das Geweih fehlt. Lange Zeit hindurch habe ich versucht, ein Exemplar dieses interessanten, der Wissenschaft noch unbekannten Angehörigen der Hirsch-Familie zu erhalten; ich weiß nur, daß das Tier seit Jahrhunderten in großer Zahl im kaiserlichen Park Haé-Dse lebt, einige chinesische Li südlich der Hauptstadt." Mit dem Park Haé-Dse meinte Père David natürlich den großen Wildpark Nan Hai-tsu.

Bald nach Abgang der Sendung schenkte der chinesische Minister Hen-Tchi im Auftrag des Kaisers der französischen Botschaft in Peking drei lebende Sse-pu-hsiang-Hirsche. Sie überdauerten zwar die Strapazen der langen Fahrt nach Frankreich nicht; aber Milne-Edwards konnte nun den „Davidshirsch", wie er das Tier nannte, an Hand von fünf Exemplaren beschreiben. Er merkte sofort, daß es sich nicht um ein Ren handelte, und stellte den Davidshirsch in die weitere Verwandtschaft der Rothirsche und Wapitis.

Nach Milne-Edwards' Veröffentlichung setzte ein Sturm der europäischen Diplomaten in China auf den Minister Hen-Tchi ein. Und da der Kaiser den Franzosen ein Hirschgeschenk dargeboten hatte, mochte er es den Engländern und den Deutschen nicht verweigern. Im Jahre 1869 konnte der englische Diplomat Sir Rutherford Alcock der Londoner Zoologischen Gesellschaft zwei lebende Davidshirsche präsentieren; einige Jahre darauf besorgten der Gesandte von Brandt und der Konsul von Möllendorf mehrere Exemplare für den Berliner Zoo. Bis 1890 reisten dann noch einige weitere Davidshirsche nach England und Frankreich, vermehrten sich und bildeten bald einen recht stattlichen Bestand. In Berlin ließen sie sich sogar mit Rothirschen kreuzen; seltsamerweise glichen auch diejenigen Mischlinge, die nur noch ein Viertel Davidshirschblut hatten, weit mehr dem sonderbaren Chinesen als dem vertrauten europäischen Hirsch. Alles in allem:

Die große Herde im kaiserlichen Park von Nan Hai-tsu und die rund zwei Dutzend Exemplare in den europäischen Zoos schienen zu garantieren, daß die Erhaltung der Art nicht bedroht war.

Nur ein Mensch teilte diesen Optimismus nicht ganz – der Herzog von Bedford. Er hatte das Gefühl, daß die Hirsche auf seinem Grund und Boden in Woburn Abbey sicherer sein würden als in Peking oder anderswo. Jahrelang bemühte er sich, Davidshirsche aus dem kaiserlich-chinesischen Bestand zu erwerben; aber andere Tierparks und wissenschaftliche Institute kamen ihm immer wieder zuvor. So kaufte er nach und nach achtzehn in Europa geborene Jungtiere aus den verschiedenen Zoos auf und setzte sie auf Woburn Abbey aus, wo sie Nachwuchs erzeugten, als echte Sumpftiere in den Seen herumschwammen, mit besonderem Vergnügen Wasserpflanzen ästen und zum Erstaunen der Wissenschaftler als einzige Hirsche der Welt zweimal jährlich ihr Geweih wechselten. – Daß der Herzog von Bedford dem Davidshirsch damit das Überleben gesichert hatte, ahnte damals noch niemand.

Eine jener vielen Flutkatastrophen, denen in China schon so lange sich denken läßt, unzählige Menschen zum Opfer gefallen sind, besiegelte im Jahre 1895 sowohl das Schicksal der Landbewohner südlich von Peking als auch das Schicksal des Hegewildes von Nan Hai-tsu. Der Hun-Ho-Fluß trat über die Ufer, überschwemmte Dörfer und Felder, rief Hunger und Elend unter der Bevölkerung hervor und zerstörte auch einen Teil der alten morsch gewordenen Parkmauer. Tausende von kaiserlichen Fasanen gingen zugrunde, Hunderte von Hirschen, Gazellen und anderen Parktieren wurden von der Strömung fortgespült. Die Mehrzahl der Davidshirsche entkam durch die Mauerlücken, flüchtete aufs Land und wurde dort von den ausgehungerten Chinesen getötet und verzehrt. Nach der Katastrophe lebten nur noch etwa zwanzig bis dreißig Davidshirsche in Nan Hai-tsu. Ihr Ende kam erst fünf Jahre später.

Schon seit 1770 gab es in China einen politischen Geheimbund, der es sich zum Ziel gesetzt hatte, das korrupte chinesische Kaiserhaus und mit ihm die zahlreichen Ausländer, die „weißen Teufel", zu bekämpfen. „K'üan-fei", Faust-Rebellen, nannte sich diese Untergrundbewegung; von den Europäern wurden die Geheimbündler deshalb etwas simpel als „Boxer" bezeichnet. Gegen Ende des neunzehnten Jahrhunderts war aus den Faust-Rebellen eine mächtige fremdenfeindliche Volkspartei geworden, die „I-ho-t'uan", die „Vereinigung für Recht und Freiheit". Und im Jahre 1900 stand China vor einer für die Ausländer höchst gefährlichen Revolution. Die europäischen Großmächte beschlossen, ein internationales Expeditionskorps aufzustellen, um ihre Interessen mit Waffengewalt zu verteidigen, und schickten Truppen unter dem Befehl des deutschen Generals Graf Waldersee nach Peking. Der deutsche Kaiser gab den Truppen den alles andere als diplomatisch klingenden Befehl: „Pardon wird nicht gegeben!" Und die Soldaten bezogen diese Order anscheinend nicht nur auf die chinesischen Rebellen, sondern auch auf den Davidshirsch.

Im Gegensatz zur allgemeinen Lesart nämlich, nach der tatarische Wachen, marodierende chinesische Söldner und die „Boxer" selbst das Hegewild in Nan Hai-tsu abgeschlachtet haben sollen, steht ein offizieller Bericht, in dem es heißt: „Das internationale Expeditionskorps verschaffte sich Eingang in den kaiserlichen Wildpark, lagerte dort, tötete sämtliche Tiere und verpflegte sich mit ihrem Fleisch." Ein einziger weiblicher Davidshirsch blieb übrig, überdauerte den Boxeraufstand, die zehn Jahre darauf ausbrechende Revolution des Sun Yat-sen und den Ersten Weltkrieg und starb erst im Jahre 1920 an Altersschwäche. Zu dieser Zeit gab es auch in den Tiergärten des europäischen Kontinents keine Davidshirsche mehr. Die letzten überalterten Zuchtpaare waren im Krieg gestorben.

Der Leser wundert sich vielleicht über diese Tatsache, da er ja erfahren hat, daß die ersten nach Europa überführten Davidshirsche in London, Paris und Berlin recht lebhaft Nachwuchs in die Welt setzten. Man kann die Zoodirektoren nicht von der Schuld freisprechen, diese erfreuliche Entwicklung abgebrochen zu haben. Jeder Tiergarten hatte sich Davidshirsche gewünscht – wenn nicht anders, dann wenigstens ein einziges Exemplar. So verstreute man die Tiere über den ganzen Kontinent, anstatt sie in einer größeren Zuchtherde zu vereinen, und gab sich der Hoffnung hin, Lieferungen aus China würden schon bei Bedarf für Nachschub sorgen. Als diese Hoffnung nach 1900 trog, gab es erstauntes Kopfschütteln und viele erregte Diskussionen, die um die vage Chance kreisten, der Sse-pu-hsiang lebe vielleicht doch noch irgendwo auf dem asiatischen Erdteil in Freiheit. Allerlei Gerüchte tauchten auf, die von „wilden Davidshirschen" in der Mandschurei sprachen. Es stellte sich aber immer wieder heraus, daß die Urheber der Gerüchte auf eine Verwechslung mit Rentieren hereingefallen waren. Der Davidshirsch war tot und erloschen wie Dronte und Riesenalk – bis auf die Herde von Woburn Abbey.

Als im Jahre 1889 der berühmte russische Asienforscher Nikolai Michailowitsch Przewalski, der Entdecker des Urwildpferdes, aus dem Hochgebirge von Tibet oberhalb der Baumgrenze abermals eine neue Hirschart beschrieb, kreisten die Hoffnungen der Zoologen um diese neue Form. „Shou" wird das Tier von den Chinesen genannt. Es lebt in Höhen zwischen dreitausend und fünftausend Metern auf den weiten Matten der asiatischen Bergländer. Dem Davidshirsch ähnelt der Shou in seinen breiten Hufen und seinem dichten, groben Haarkleid. So blieb es nicht aus, daß dieser seltene, auch den meisten Zoologen bis heute unbekannte innerasiatische Hirsch eine Weile in die Verwandtschaft des Sse-pu-hsiang gestellt oder gar mit ihm verwechselt wurde.

Heute wissen wir, daß der Weißlippenhirsch – so wird der Shou in den Zoologiewerken genannt – im Gegensatz zum Davidshirsch ein typisches Hochgebirgstier ist. Weder in seiner Heimat noch in fremden Tiergärten fand er einen Betreuer, der für seine Weiterexistenz sorgte. In europäische oder nordamerikanische Wildparks ist er nie gelangt. Heute pflegt lediglich der Zoo von Peking ein Rudel dieser großen Hirsche vom „Dach der Welt“; der Shou gilt inzwischen schon lange als gefährdete, äußerst bedrohte Art.

Dem Davidshirsch erging es weit besser. Der Herzog von Bedford hatte ein bißchen Geheimnistuerei mit seinem Rudel getrieben und viele Jahre lang nichts davon verlauten lassen, daß aus den achtzehn Davidshirschen in Woburn Abbey inzwischen ein stattlicher Bestand von rund siebzig Stück geworden war. Die Tiere lebten und leben heute noch in einem weiten Gehege voller Seen und Sümpfe, das wahrscheinlich den gleichen landschaftlichen und klimatischen Charakter hat wie die Urheimat des Davidshirsches. Als die ersten Nachrichten von dieser Herde bei den Zoologen eintrafen, war man zunächst völlig ungläubig. Man ließ sich erst überzeugen, als der Herzog die Tiere voll Stolz der Wissenschaft vorführte und je einen überzähligen Hirsch an den Londoner Zoo und an Hagenbecks Tierpark verkaufte. Vor Ausbruch des Ersten Weltkrieges besaß Woburn Abbey fast neunzig Davidshirsche. Während des Krieges freilich wäre auch dieser letzte Rest beinahe umgekommen, da der Herzog kein Winterfutter beschaffen konnte und da die englische Regierung darauf bestand, das Gelände von Woburn Abbey als Viehweide zu benutzen. Viele Davidshirsche mußten verhungern. Im Jahre 1920, als das letzte Pekinger Tier starb, wies Woburn Abbey nur noch einen Zuchtstamm von rund fünfzig Exemplaren auf.

Heute hat sich dieser Bestand verfünffacht, obwohl der Sohn des Herzogs im Zweiten Weltkrieg abermals einen heftigen Kampf mit den Behörden um die Erhaltung der Gehege und die Zuteilung von Winterheu führen mußte. Außerdem lebt ein kleines Rudel auf einem ausgedehnten Wiesengelände im Freilandtiergarten Whipsnade bei London und pflanzt sich dort gleichfalls gut fort. Und da auch einige Paare, die der Herzog in den letzten Jahren an die verschiedensten Zoos geliefert hat, Nachwuchs erzielten (im Jahre 1950 wurde zum Beispiel im Bronx-Park zu New York der erste Davidshirsch auf amerikanischem Boden geboren), scheint das dritte von Vater David entdeckte Großtier nicht das Schicksal der beiden anderen zu teilen. Gegenwärtig jedenfalls ist es um die Erhaltung des einst schon erledigt geglaubten Davidshirsches weit besser bestellt als um die des Roxellane-Schneeaffen und des in freier Wildbahn schon fast ausgerotteten Riesenpanda.

Die schöne Unsichtbare

Die Bezeichnung „Antilopen“ ist ein etwas ungenauer Sammelbegriff für ungefähr zwanzig verschiedene Gruppen und Unterfamilien von Wiederkäuern, die zusammen mit Rindern, Ziegenverwandten und Gemsenartigen die Familie der Hornträger bilden. Obwohl Antilopen auch in Asien vorkommen, gelten sie allgemein als typische Bewohner der weiten, offenen grasbestandenen Landschaften Afrikas. Es gibt hasengroße Arten; andere sind reh- oder ziegengroß; wieder andere erreichen in Körperhöhe und Gewicht den Rothirsch, das Hauspferd und sogar das Rind. Sehr unterschiedlich sehen auch die Hörner aus, die sich entweder nur bei den Böcken oder bei beiden Geschlechtern finden. Und gerade dieser Hornschmuck war schon immer eine begehrte Trophäe. Die schrauben- oder leierförmig gedrehten Hörner der Kudu-Verwandten, die langen der Oryx-Antilopen, die hakenartig nach hinten gekrümmten Kopfzierden der Kuhantilopen – sie alle waren lange Zeit hindurch für die Großwildjäger in Afrikas Savannen und Wäldern weit interessanter als die Tiere selbst. Sie schmückten die Zimmerwände vieler Kolonialbeamter, Abenteurer und Reisender – Dokumente eines exzentrischen Männlichkeitswahns, der gern die auffallendsten Imponierorgane erbeuteter Tiere prahlerisch zur Schau zu stellen pflegt, um die Bewunderung der Mitwelt zu wecken.

Eine ganze Reihe von Antilopen- und Gazellenarten ist nicht von Naturforschern entdeckt, sondern erst an der Trophäenwand irgendeines Wildschützen ausfindig gemacht worden. In vielen Fällen kannten die Zoologen zwar bereits das Gehörn, das ihnen im Hause eines Afrikareisenden aufgefallen war, hatten dann aber oft große Mühe, die dazugehörige Tierart selbst zu finden und zu definieren.

Um die Jahrhundertwende bereisten die englischen Zoologen Edmund und Frederick Selous die Savannen und Waldgebiete Afrikas, um in jahrzehntelanger Arbeit eine Generalbestandsaufnahme aller Antilopen-Arten vorzunehmen. Unter dem Eindruck des Trophäen- und Raritätenabschusses, den sie erlebt hatten, sagten sie ihren Fachkollegen den Kampf an, indem sie schrieben: „Der Zoologe der Zukunft müßte ein gänzlich anderer Menschentyp sein. Der jetzige verdient diesen Namen nicht. Er muß mit Fernglas und Notizbuch hinauswandern, bereit, zu sehen und zu denken. Wir für unseren Teil haben nur eine einzige Passion: Wir möchten einmal genannt werden als die Naturforscher, die nie im Leben ein Tier geschossen haben.“

Nicht ohne Grund haben sich die beiden Selous’ gerade den afrikanischen Antilopen mit besonderem Eifer gewidmet. Es ist erstaunlich, wie spät erst viele auffällige und heute allgemein bekannte Arten entdeckt und geschildert worden sind. Nicht nur scheue, verborgen lebende Geschöpfe

Viele Antilopenarten, die erst im neunzehnten Jahrhundert entdeckt wurden, sind bereits auf prähistorischen Felszeichnungen in Südafrika zu finden.

des Regenwaldes befinden sich unter den Neuentdeckungen der letzten hundert Jahre, sondern auch weitverbreitete Bewohner der Buschsteppen und Savannen – Tiere, die den Großwildjägern ständig in Rudeln, ja in starken Herdenverbänden begegnet sein müssen. Da den Großwildjägern aber meist andere Dinge mehr am Herzen liegen als die zoologische Forschung, verstaubten die Gehörne dieser Tiere oft jahrzehntelang unerkannt in ihren Häusern.

Erst im Jahre 1864 wurde der Kleine Kudu, die charakteristische Schraubenhornantilope der ostafrikanischen Flußniederungen, beschrieben, erst drei Jahre darauf die stattliche Grant-Gazelle der Massai-Steppe, sechs weitere Jahre später die stelzbeinige und langhalsige Giraffengazelle und im Jahre 1891 schließlich ihr Gegenstück im Somali-Land, die purpurbraune Lamagazelle. Im Jahre 1905 erbeutete dann der amerikanische Museumskonservator Carl Akeley in Ostafrika ein Zwergböckchen, das wie eine Miniaturausgabe des Kleinen Kudu aussieht – die Beira-Antilope. Und um 1910 schließlich brachte ein Mr. Buxton aus den südabessinischen Gebirgswaldungen die bis heute letzte Antilopenart mit – den leierhörnigen, in ein mähnenartiges Fell gekleideten Berg-Nyala. Der Berg-Nyala ist ebenso wie die anderen genannten Arten nicht einmal besonders selten; bald nach seiner Entdeckung schon konnte er in verschiedenen Zoologischen Gärten gezeigt werden.

Als man in Ostafrika erst gleichsam mit einem Fuß in der innerafrikanischen Waldregion stand, hatte man in Westafrika bereits viele typische Regenwald-Tiere gefunden und beschrieben. Denn die großen Wälder erstrekken sich hier bis zur Küste und bedecken weite Teile Gabuns, Kameruns und der Guinea-Länder. Von mehreren dieser Tiere war schon in Olfert Dappers „Naukeurige beschryvinge" die Rede gewesen – von Menschenaffen, wilden Schweinen, Waldkatzen und Eichhörnchen mit besonders langen Schwänzen. Die langschwänzigen Eichhörnchen, so stellte es sich heraus, sind aber in Wirklichkeit gar keine Eichhörnchen, sondern letzte Überreste einer uralten Nagetiergruppe, die im mittleren Tertiär auch Frankreich, Deutschland und die Schweiz bewohnt hat. Sie sind echte Urtiere. Und was von ihnen gilt, das gilt im Prinzip auch von vielen anderen Wesen der „afrikanischen Hyläa", des ungeheuren tropischen Waldraumes mit seiner Treibhausluft, seinen Schmarotzerpflanzen und den verfilzten Schlupfwinkeln, in denen sich das Urtier, kaum vom Kampf ums Dasein bedroht, vor dem Aussterben retten kann.

Schon seit langem hatten die Eingeborenen des westafrikanischen Urwaldes den weißen Forschern etwas von einem „Avemba ngui" erzählt, einem „fliegenden Eichhörnchen", das hoch in den Baumkronen lebe, nie auf den Erdboden herunterkomme, wie ein Galago-Halbaffe schreie und „das Fleisch der Bäume esse". Im Jahre 1842 fing endlich ein Engländer namens Beecroft ein solches Tier und schickte es dem Konservator der Londoner Zoologischen Gesellschaft, George R. Waterhouse. Es sah so befremdlich aus, daß Waterhouse den Kopf schütteln mußte: Nicht nur, daß es eine richtige Fallschirmhaut hatte (denn solche Einrichtungen besitzen auch die sibirisch-nordamerikanischen Flughörnchen); es war auch unter dem Schwanz mit reptilienartigen Horngebilden versehen, mit großen spitzen Schuppen von der Form eines Dachziegels, deren jede einen dornigen Vorsprung trug. Als „Dornschwanzhörnchen" stellte Waterhouse das seltsame Geschöpf in die Nähe der fliegenden Eichhörnchen des Nordens.

Eine weitere Dornschwanzhörnchen-Art entdeckte rund drei Jahre später der auch als Halbaffen-Forscher hervorgetretene Direktor der zoologischen Sammlungen in Berlin, Wilhelm Karl Hartwig Peters. Sie stammte diesmal aus den ostafrikanischen Grenzwäldern. Einige der Tiere brachte dann um 1890 ein Begleiter Emin Paschas, des Gouverneurs der sudanesischen Äquatorialprovinz, der Afrikareisende Franz Stuhlmann, nach Berlin. Vier Jahre darauf fing ein Tiersammler namens Zenker eine dritte, nur mausgroße Art mit riesigem Schnurrbart und außergewöhnlich langem Quastenschwanz in den Wäldern von Südkamerun. Aber damit noch nicht genug: Im Jahre 1898 entdeckten Zenker und der Engländer W. E. de Winton genau zur gleichen Zeit in Kamerun auch einen siebenschläfergroßen mausgrauen Dornschwanzbilch ohne Flughaut. Nun erkannten die

Fachleute in den Londoner und Berliner Museen, daß die *Anomaluriden,* die fälschlich zu den Flughörnchen gestellten Dornschwanzhörnchen, in Wirklichkeit die Reste einer besonderen Nagetiergruppe darstellen, die einst im Tertiär die Gruppe der Eichhörnchen mit der der Stachelschweine verbunden hat.

Ein noch ursprünglicheres Säugetier, ein Lebewesen, das uns zeigt, wie einst im mittleren Tertiär die Ahnen sämtlicher Wiederkäuer ausgesehen haben, kam noch vor den ersten Dornschwanzhörnchen in den Wäldern von Sierra Leone zum Vorschein. Die Entdeckungsgeschichte dieser Tierform aber beginnt eigenartigerweise nicht in Afrika, sondern in einem anderen Rückzugsgebiet primitiver Lebewesen – in den indischen und indonesischen Dschungeln. Sie setzt sich fort in den tertiären Tonschichten am Mittelrhein, fand aber erst ihre Pointe, als ein englischer Zoologe am Ufer eines westafrikanischen Urwaldflusses auf einen vermeintlichen Zwerghirsch traf, den es aus tiergeographischen Gründen in Afrika nicht hätte geben dürfen.

Schon zu Lebzeiten des Sir Stamford Raffles hatten die Tiersammler in den südasiatischen Dschungeln mehrere Arten von kaum vierzig Zentimeter langen und zwanzig Zentimeter hohen rehähnlichen Lebewesen erbeutet. Recht hübsche, zierliche und wie zerbrechlich wirkende Geschöpfe sind

Das Dornschwanzhörnchen, von dem Offert Dapper als erster berichtet hat – ein urtümliches Nagetier aus den afrikanischen Urwäldern.

es; sie haben Beine von der Dicke eines Bleistiftes, einen schöngeformten Kopf mit großen Gazellenaugen und im männlichen Geschlecht hauerartige Eckzähne. Ihre Fußform bewies, daß sie zu den Huftieren gehören; merkwürdigerweise aber treten sie nur mit den Spitzen der Hufe auf, laufen also (da ein Huf ja schon eine Zehenspitze ist) sozusagen auf den Spitzen der Zehenspitzen. Der dreiteilige Magen verriet, daß sie zu den Wiederkäuern gezählt werden mußten. Kantschils oder Memminas heißen die Tierchen bei den Asiaten. Die ersten Erforscher erwähnten ihre Zutraulichkeit, ihre Kunst, sich totzustellen wie ein Opossum, und die Ähnlichkeit ihrer Zahnhauer mit denen des tibetischen Moschustiers. Dieses letztere Charakteristikum war schuld daran, daß man die kleinen Kerle als „Zwergmoschustiere" in die Verwandtschaft des zweieinhalbmal so großen und ganz anders aussehenden Moschustiers stellte.

Um 1830 grub dann der Darmstädter Paläontologe und Naturphilosoph Johann Jakob Kaup, ein geistiger Vorläufer Darwins, in den mitteltertiären Schichten von Eppelsheim bei Mainz die Schädel und Gebeine eines sehr kleinen Huftiers mit primitivem Gebiß aus. Er nannte das Geschöpf *Dorcatherium,* Gazellentier. Weitere Reste des *Dorcatheriums* fanden sich später in Österreich und Frankreich. Und da erkannte man, daß das *Dorcatherium* keine Zwerggazelle war, sondern einer „sehr rätselhaften Misch- und Übergangsgruppe angehörte", wie ein Zoologe es formulierte. Die Schädelknochen erinnerten an die der allerältesten Huftiere aus dem Frühtertiär, das Gebiß zeigte Anklänge an den Zahnbau der primitivsten Hirsche und Horntiere, war aber noch urtümlicher. So gelangte man allmählich zu der Ansicht, die *Dorcatherien* „hätten sich schon früh vom allgemeinen Wiederkäuerstamm abgezweigt, zu einer Zeit, als es noch keine Kamele, Hirsche, Giraffen und Horntiere gegeben hatte". Mit anderen Worten:

Das *Dorcatherium* mußte ein Ur-Wiederkäuer sein.

Man kann sich vorstellen, wie erstaunt deshalb der englische Zoologe Ogilby war, als er im Jahre 1840 in einem Flußtal von Sierra Leone ein Tierchen traf, das er für einen Zwerghirsch hielt, das sich aber als ein lebendes *Dorcatherium* erwies. Es hatte ein dunkelbraunes, weiß geflecktes und gestreiftes Fell, war so groß wie die indischen Zwergmoschustiere, trug wie sie Hauzähne im Oberkiefer und lief gleich ihnen auf Hufenspitzen. Bei den Eingeborenen führte das Tier den stammesgeschichtlich gar nicht so üblen Namen Hirschferkel. Daß dieses „Wassermoschustier" in die Verwandtschaft der asiatischen Kantschils und Memminas gehört, sahen die Zoologen auf den ersten Blick; aber sie sahen auch, daß es noch weit primitiver ist als sie. Vom urzeitlichen *Dorcatherium* unterscheidet sich das neuzeitliche Hirschferkel einzig und allein durch das Fehlen des vierten Backenzahnes – sofern das *Dorcatherium* nicht eine andere Fellzeichnung besessen hat. Die indischen Zwergmoschustiere weichen etwas mehr von der Stammart ab. Doch auch sie haben mit Moschustieren nichts zu tun, sondern sind wie *Dorcatherium* und Hirschferkel überlebende *Traguliden*, Ur-Wiederkäuer aus dem Mitteltertiär.

Im westafrikanischen Urwald kamen dann in den nächsten Jahren noch ein sehr auffälliges Krokodil, ein otterähnlicher Insektenfresser, ein grotesker hammerköpfiger Flughund und verschiedene neue Affenarten zum Vorschein – Tierformen, die nun keinen Zweifel mehr daran ließen, daß die Hyläa, der Regenwald, ein ungeheuerliches Reservat aus Urzeittagen sein mußte. Und dreieinhalb Jahrzehnte nach diesen Entdeckungen, am 6. November 1876, zog endlich eine aus hundertsechsundvierzig Teilnehmern bestehende und von rund siebenhundert Sklavenjägern begleitete Expedition in das Herz des Schwarzen Erdteils, in den Kongowald. Leiter der Expedition war der ehemalige Armenhäusler und Schiffsjunge John Rowland, der Mann, der den verschollenen Livingstone gefunden, an verschiedenen Kriegen und Forschungsreisen in Afrika teilgenommen und unter dem Pseudonym Henry Morton Stanley als Reporter des „New Herald" Journalistenruhm geerntet hatte. Stanley plante, den Kongo, dessen Lauf man damals noch nicht kannte, in Flußbooten bis zur Mündung zu befahren. Die Flußboote stellte ihm der Anführer der Sklavenjäger, der Araber Hamed ben Mohammed, genannt Tippu-Tib, zur Verfügung.

Stanleys Stromreise war ein zwielichtiges und recht blutiges Unternehmen. Er selbst erhoffte sich davon die Erforschung und Bezwingung des Kongos; sein Kompagnon Tippu-Tib dagegen erhoffte sich davon den Fang einiger tausend Sklaven. Die Folge war, daß auf der neun Monate dauernden Fahrt durch den Riesenstrom und seine Katarakte mehr geschossen als geforscht, mehr gekämpft als beobachtet, mehr geflucht als aufgezeichnet wurde. Am 4. August 1877, nachdem der arabische Großhändler und Negerverkäufer mit seinen Mannen längst eigene und gewinnbringendere Wege gegangen war, hockte Stanley mit einem zusammengeschmolzenen Haufen bleicher, zerlumpter und halbverhungerter Männer dicht vor der Kongomündung, konnte vor Erschöpfung die Reise nicht fortsetzen und bat in einem Brief, den er durch einen Boten zur nächsten Niederlassung bringen ließ, „irgendeinen Herrn, der englisch versteht", um Hilfe.

Es ist hier nicht der Ort, auf den Verlauf der Expedition, auf Stanleys Charakter und auf sein Bündnis mit einem berüchtigten Massenmörder und Menschenfänger einzugehen. Uns interessiert Henry Morton Stanley vor allem als erster Chronist des Kongowaldes und seiner tierischen Bewohner. „Jedes Blatt", so schildert er den Regenwald, „schien Tränen zu vergießen; unablässig tropfte der Tau in großen runden Tropfen wie Regen auf uns nieder. An den Stämmen und Zweigen, an den Schlinggewächsen und Pflanzengirlanden rann die Feuchtigkeit herab. Über unseren Köpfen bildete das weit sich ausbreitende Geäst eine Decke aus vielen durcheinandergewobenen Schichten, die ganz und gar das Tageslicht abhielt. Wir wußten nicht, ob draußen die Sonne schien oder ob der Tag dunkel, trübe und neblig war; denn wir zogen in einem matten, feierlichen Zwielicht dahin."

In diesem Zwielicht sah Stanley große Pythons, flinke Mambas und bunte Teppichottern. Auf dem Urwaldboden krochen Riesentausendfüßler, Käfer und bissige Treiberameisen dahin. Durch das Dickicht huschten zwergenhafte Ducker-Antilopen und geschmeidige Schleichkatzen. Im Gezweig saßen Eisvögel, Bülbüls, harlekinbunte Meerkatzen und kleine Galago-Halbaffen, die „mit ihrem rauhen Geschrei die stillen Nächte störten". Einmal entdeckte Stanley sogar in der Astgabel eines großen Wollbaumes das „Nest des Soko", eines Menschenaffen, von dem man damals noch nicht so recht wußte, ob er ein Schimpanse war, ein Gorilla oder eine zwischen diesen beiden Formen stehende Art.

So sah ein alter Zeichner eine Meerkatze aus dem afrikanischen Regenwald.

Unsere besondere Aufmerksamkeit verdient eine von Stanley erforschte Urwaldgegend im östlichen Kongogebiet, nördlich des Edwardsees und an der Grenze nach Uganda – der Ituri-Wald. Denn dort sammelte der Bezwinger des Kongostromes die ersten Nachrichten über einige Tierarten, die zu Anfang des zwanzigsten Jahrhunderts die innerafrikanische Fauna in geradezu sensationeller Weise berühmt machen sollten. Dieser Ituri-Wald ist die Heimat der Bambutis, der afrikanischen Pygmäen. Stanley scheint eifriger Leser Darwins gewesen zu sein, denn er schreibt über die Bambutis lakonisch und etwas abfällig: „Sie sind das lange gesuchte Bindeglied zwischen den heutigen Menschen und seinen darwinistischen Vorfahren." Hier, im Pygmäenland, hörte er verschiedene Male etwas von „neuen fremdartigen Tieren, die vermutlich noch in diesen interessanten Waldgebieten auf Entdeckung warten". Er nannte mehrere Arten von Waldantilopen, ein „gigantisches Schwein von zwei Meter Länge und eine Art Esel, den die Pygmäen Atti nennen". Was diesen „Esel" betraf, so gab er nähere Details an: „Die Pygmäen erzählen, daß sie das Tier oftmals in felsigen Gegenden antreffen. Erstaunlich ist ihre Behauptung, die Nahrung des Esels bestehe aus Blättern." Zum Beweis dafür, daß der Ituri-Waldesel wirklich existiere, brachte Stanley drei bräunlichrote Streifen aus dem Fell des Tieres nach England.

Die Wissenschaftler, die noch nie etwas von gigantischen Schweinen oder gar urwaldbewohnenden Eseln gehört hatten, lasen über Stanleys Bemerkung hinweg. So kam es, daß das Okapi und das Riesenwaldschwein erst zehn beziehungsweise dreizehn Jahre nach Veröffentlichung seines Buches entdeckt wurden. Die Waldantilopen dagegen, die stattlichen Bongos und Situtungas, fanden sich schon bald und konnten von Edmund Selous genauer erforscht und beschrieben werden. Von anderen imposanten und erstaunlichen Geschöpfen des östlichen Kongogebiets vermochte auch Stanley nichts in Erfahrung zu bringen; erst nach der Errichtung des Kongostaates kam es heraus, daß hier der größte Menschenaffe der Erde haust, erst Jahrzehnte darauf stieß man hier außerdem auf den kleinsten Menschenaffen, und erst vor wenigen Jahren erbeutete man hier eine neue, große und gänzlich unerwartete Vogelart.

Legenden und Gerüchte führten die Forscher auf die Spur dieser Tiere. Bis heute gehen in Innerafrika noch Legenden um, die von allerlei unbekannten Geschöpfen sprechen. Vom Chipekwe erzählt man sich, vom Isanga, Dilaï oder Mokéle-nóëmbe, einem hornbewehrten Riesenreptil in den afrikanischen Sümpfen, „halb Drache und halb Elefant", das Flußpferde töten und verzehren solle. Man flüstert vom Muhalu, einem schwarzen, hellgesichtigen Riesenaffen im Ituri-Wald, von den Agogwe, einem Volk „braunroter zwergenhafter Pelzmenschen" in den Wäldern von Tanganjika und vom Tóo, einem schwarzen ziegengroßen Raubtier „von gemeinem Charakter" in den ostafrikanischen Seengebieten. Eines dieser Legendentiere wurde sogar schon halboffiziell in die Fachliteratur aufgenommen. Es ist der Nandi-Bär.

Der Nandi, Nunda, Mngwa, Mu-ngwa oder Chimiset kommt bereits in allen ostafrikanischen Kriegsgesängen vor, findet in zahlreichen Jagd- und Eingeborenenberichten aus den Wäldern von Kenia und Uganda Erwähnung und wird als ein großes, bären- oder hyänenartiges Raubtier von schwarzer, rötlicher oder grauer Farbe mit dichtem Haar und langem

Schwanz beschrieben. Ein Europäer soll sogar schon einmal einen Nandi in einer Raubtierfalle gefangen haben. Da es im tropischen Afrika keine Bären gibt, neigt die Mehrzahl derer, die an die Existenz des Tieres glauben, zu der Annahme, es könne sich um eine neue, auffällig behaarte und gefärbte Hyänen-, Dachs- oder Schleichkatzenart handeln.

Daß die Entdeckung eines unbekannten Raubtieres auch in unseren Tagen noch in Innerafrika möglich sein kann, bewies der Erforscher der afrikanischen Elefanten, Glover M. Allen, als er in einem Fluß des Ituri-Waldes eine braune, gänzlich an das Wasserleben angepaßte Schleichkatze antraf. Selbst die Eingeborenen hatten noch nie etwas von dieser *Osbornictis piscivora* gehört. Vom Nandi dagegen vermag jeder zehnte Buschneger die aufregendsten Greuelgeschichten zu erzählen. „Gerade die größten und auffälligsten Formen", schreibt der Zoologe Ingo Krumbiegel in einem Bericht über unentdeckte Tierarten, „haben sich in Afrika vielfach am längsten der Entdeckung entzogen, und so kann dieser am meisten bereiste Kontinent vielleicht noch das meiste Unbekannte enthalten."

Eine besonders schöne und stattliche Art, deren Gehörn gelegentlich in Trophäensammlungen zu sehen war, von der man aber außer einigen fabulösen Geschichten so gut wie nichts wußte, entzog sich auch den Recherchen der Brüder Selous. Das Tier soll mit Zauberkräften und allerlei merkwürdigen Eigenschaften ausgestattet sein, so erzählen sich die Eingeborenen im innerafrikanischen Regenwald. Nach dem Glauben einiger Stämme kann es sich mit seinen Hörnern an hohen Baumzweigen aufhängen, um sich urplötzlich auf den nichtsahnenden Jäger herunterfallen zu lassen und ihn zu zerschmettern. Andere schwören darauf, es verzehre mit Fleiß giftige Pflanzen, damit der Mensch, der es erlege, nur nicht wage, von seinem Fleisch zu essen. Wieder andere behaupten, es könne bei Verfolgung im nächsten Fluß untertauchen und dort unter Wasser bis zur Trockenzeit leben. Während dieser Zeit verlöre das Tier sein Fell und ernähre sich ausschließlich von Fischen.

Noch heute wird so mancher Eingeborene in Angst und Schrecken versetzt, sowie jemand den Namen des Tieres ausspricht. Und das alles, obwohl es sich bei diesem geheimnisvollen Wesen „nur" um eine Antilope handelt, eine der wenigen Antilopen-Arten, die nicht auf Steppen und Savannen zu Hause sind, sondern im dichten Dschungel. Bongo heißt diese vielleicht schönste Antilope bei einigen afrikanischen Völkern, und so wird sie auch bei uns genannt. Eine der Sagen, die man sich in Afrika vom Bongo erzählt, hat durchaus einen gewissen Wahrheitsgehalt: Viele Afrikaner meinen, der Bongo vermöge sich schlagartig unsichtbar zu machen. In der Tat kann es passieren, daß ein Bongo im Urwald zum Greifen nahe ist und dann urplötzlich wie vom Erdboden verschluckt scheint. Sein kastanienbraunes Fell mit den vielen weißen Streifen und Abzeichen verschmilzt so übergangslos mit Licht und Schatten des Waldes, daß selbst ein geschultes Auge ihn, wenn er regungslos verharrt, nicht zu erkennen vermag.

Die Sonderstellung, die der Bongo unter allen Antilopen einnimmt, ist von dem besten Antilopenkenner unserer Tage, dem Verhaltensforscher Fritz Walther, als eine gar nicht so verwunderliche Erscheinung bezeichnet worden. In Wirklichkeit lebt neben dem Bongo noch eine ganze Anzahl von Antilopen im „Wald"; freilich ist der Bongo der größte unter ihnen. Mit den Augen von Antilopen und anderen Huftieren gesehen, ist der „Wald" nämlich nicht das, was wir darunter verstehen. Für einen hasengroßen Ducker oder eine andere Zwergantilope macht es keinen Unterschied, ob sie in baumbestandenem Gelände – also im „richtigen Wald" – oder in einer von mannshohem Gras bedeckten Buschlandschaft leben. Hier wie dort sind die Pflanzen weit höher als das Tier selbst, so daß es sich mühelos in der Vegetation verbergen kann. Zugleich wirkt der „Wald", ganz gleich, ob es sich um hohen Pflanzenwuchs oder um Wald in unserem Sinne handelt, ausgesprochen isolierend. Die Tiere einer Gruppe können einander wegen des übermächtigen Pflanzenwuchses nicht mehr sehen und den notwendigen Herdenkontakt nicht aufrechterhalten. Deshalb gibt es die bekannten Riesenherden von Antilopen nur in Steppengebieten mit verhältnismäßig niedrigem Graswuchs; diese herdenbildenden Arten wie Gnus, Kuhantilopen, Gazellen und viele andere überragen die Vegetation bei weitem und benötigen sie nicht als Versteck.

Trifft man dagegen auf Antilopen-Arten, die lediglich in kleinen Rudeln aus fünf bis zwanzig Tieren zusammenleben, dann ist dies ein Zeichen dafür, daß sie zwischen Wald und offener Steppe hin und herwechseln und ursprünglich wahrscheinlich von Waldbewohnern abstammen. Zu ihnen gehören unter anderen Kudus, Rappenantilopen und Wasserböcke. Paarweise oder in Dreiergruppen leben diejenigen, die sich noch als „Waldbewohner" fühlen. Sie sind in der Regel so klein, daß sie durch den dichten Pflanzenwuchs schlüpfen können, wie es Ducker und andere Zwergantilopen tun. Unter ihnen befinden sich ausgesprochene Urwaldbewohner, so mehrere Arten von Schopfduckern. Der Natalducker soll sogar auf schräge Baumstämme klettern, um das Laub zu verzehren. Von anderen Ducker-Arten ist bekannt, daß sie sich nicht nur von Pflanzen, sondern auch von Tieren ernähren – ein einzigartiger Fall innerhalb der Horntiere, der vielleicht mit dem allgemeinen Nahrungsmangel auf dem Urwaldboden zusammenhängt. Einige hat man beim Verspeisen von Termiten beobachtet; ein Schwarzrückenducker im Züricher Zoo wurde dabei ertappt, wie er Jagd auf lebende Tauben machte. Der Züricher Zoodirektor Heini Hediger setzte ihm daraufhin kleine Kücken ins Gehege, die er sofort durch einen Biß tötete und mitsamt Federn und Knochen verschlang.

Der mit dem Bongo nahe verwandte Buschbock, der immerhin etwas größer ist als unser Reh, tritt gleichfalls nur in kleinen Familiengruppen auf. Als typischer Bewohner von Busch und Ried rennt er bei Gefahr nicht wie Gnus, Gazellen und andere Steppentiere in gerader Linie davon, sondern verschwindet in bogenförmigen Fluchten, die dem weichen Waldboden und seinen vielen Unebenheiten aufs beste angepaßt sind.

Der extremste Einzelgänger unter den Urwaldbewohnern aber ist der rothirschgroße Bongo. Selbst die Weibchen, von den Böcken gar nicht zu reden, können sich gegenseitig nicht ausstehen; die Geschlechter treffen sich nur zur Paarungszeit. Dieses Einzelgängertum ist wahrscheinlich dafür verantwortlich, daß der Bongo bis in unsere Tage hinein die unbekannteste Antilope blieb. Dabei ist er keineswegs selten, sondern bewohnt in verschiedenen Unterarten ein recht großes Gebiet, das sich von Sierra Leone und Ghana in Westafrika quer durch die bewaldeten Teile des Kontinents in einem breiten Gürtel bis zu den ostafrikanischen Staaten Kenia und Uganda zieht. Doch nur wenige Forscher und Jäger können sich rühmen, jemals einen Bongo in freier Natur gesehen zu haben. Dies hängt natürlich auch damit zusammen, daß der Bongo einzeln lebt und sich bis zur Unsichtbarkeit an seine Umwelt anzupassen vermag. Auch die Tiergärtner hatten bis 1932 keinerlei Gelegenheit, Bekanntschaft mit einem Bongo zu schließen, obwohl diese wunderschöne Antilope praktisch seit ihrer Entdeckung das Traumziel aller Zoodirektoren gewesen ist.

Durch reinen Zufall erbeutete im Jahre 1932 ein britischer Oberst namens E. Percy-Smith in den Wäldern Kenias eine Bongomutter, deren Kälbchen er von einer Milchkuh adoptieren ließ. Das Kleine lernte sofort am Euter der Kuh zu trinken und gedieh prächtig. Der Oberst brachte das Tier zunächst per Schiff nach London, wo es großes Aufsehen erregte, und überführte es von dort aus nach New York in den Bronx-Zoo. Bis dahin war man in Fachkreisen überzeugt gewesen, daß Bongos in Gefangenschaft nicht zu halten seien; die vielen Eingeborenensagen, die sich um dieses Tier rankten, hatten offenbar ihren Niederschlag auch in der Wissenschaft gefunden. „Doreen" jedoch, wie das New Yorker Weibchen genannt wurde, trotzte beharrlich allen pessimistischen Voraussagen. Es lebte achtzehn Jahre im Bronx-Zoo und bereitete seinen Pflegern nicht die geringste Schwierigkeit.

Die nächsten Bongos, die in Menschenhand fielen, gerieten – wiederum durch Zufall – in die Fallgruben, die man im Ituri-Wald angelegt hatte, um Okapis zu fangen. An und für sich kann ein Bongo aus einer solchen Grube, der ein Okapi nicht zu entfliehen vermag, mühelos herausspringen. Das ist wohl auch der tiefere Grund, weshalb Bongos bei den Pygmäen so verrufen sind. Es ist hier wie überall auf der Welt: Von einem Ding, das man durchaus nicht bekommen kann, behauptet man frischweg, daß man nie daran gedacht habe, es in seinen Besitz zu bringen. Die Pygmäen, die Bongos auf die bei ihnen übliche Weise nicht erwischen konnten, verbreiteten um ihrer Jägerehre willen, Bongofleisch sei giftig und der Bongo selbst mit allerlei magischen Kräften ausgestattet.

Wenn sich einmal ein Jungtier oder ein lendenlahmer Bongo in einer Okapi-Falle fing, kostete es die europäischen Interessenten große Überredungskunst, die von panischer Furcht erfüllten Pygmäen als Helfer zu gewinnen, um das Tier aus der Grube zu holen. Nur mit Mühe ließen sich die Pygmäen davon abbringen, daß es sich bei diesem Unterfangen um ein tödliches Abenteuer handle.

Das erlebte neben den belgischen Naturschutzbeamten, die im Ituri-Wald tätig waren, auch Attilio Gatti, als er sein gescheitertes Okapi-Fangunternehmen durchführte, von dem wir noch hören werden. In einer seiner Gruben befand sich anstelle eines Okapis ein noch recht junges weibliches Bongokälbchen. Das begreifliche Erschrecken des Bongos beim Anblick der Menschen war nichts gegenüber dem Erschrecken der Pygmäen beim Anblick des Bongokindes. Gatti setzte sich mit mehreren Bambutistämmen in Verbindung, um das recht harmlos wirkende Tier so schnell wie möglich aus der Grube holen und in einen Korral nahe beim Lager bringen zu können; denn das Kleine lief Gefahr zu verhungern, weil es noch Milchnahrung brauchte. Da sich die Verhandlungen mit den Bambutis hinzogen, blieb Gatti nichts anderes übrig, als täglich zweimal zur Grube zu pilgern und dem kleinen Bongo die Flasche zu geben. Das Kälbchen war sanft und lieb und trank brav seine Milch; und Gatti begriff nicht, warum die Bambutis solche Angst vor ihm hatten. Er sollte schnell eines Besseren belehrt werden. Seiner Überredungskunst war es schließlich gelungen, einige Pygmäen von der Harmlosigkeit des Bongokälbchens zu überzeugen. Er begab sich mit ihnen zur Grube und veranlaßte sie, das Kleine mit Hilfe von Netzen auf einen Wagen zu laden. Die ersten Hantierungen bereits hatten eine explosive Wirkung. Das so zart aussehende Kälbchen gebärdete sich wie vom Teufel besessen. Es schlug wild um sich, warf zwei Männer zu Boden und wäre beinahe mit einem Riesensatz vom Wagen gesprungen, obwohl mehrere Pygmäen unter Zittern und Zagen an ihm hingen.

Im Korral war das Kälbchen dann wieder so sanft und lieb wie vorher. Gatti jedoch sah nun ein, warum die Pygmäen von den Bongos Abstand hielten. Während sich ein Okapi mühelos aus der Grube bis auf den Transportwagen treiben läßt, würde ein erwachsener Bongo ohne Zweifel alles kurz und klein schlagen und die Treiber auf seine stattlichen Hörner nehmen. Diese Unbändigkeit ist typisch für den Einzelgänger, der nicht einmal seinesgleichen, geschweige denn Wesen fremder Art um sich duldet. Auch die Zoologischen Gärten machten anfangs böse Erfahrungen mit den wenigen Bongos, die von Zeit zu Zeit in ihren Besitz gelangten – bis 1970 waren es insgesamt nur neun Tiere. Es war überaus schwierig, ein Paar zusammenzugewöhnen. Selbst zwei Weibchen durfte man nicht im selben Gehege halten; sie bekämpften sich erbarmungslos, so daß man gezwungen war, Bongogehege wie eine Torte in Einzelstücke zu teilen. Inzwischen ist es aber trotz aller Schwierigkeiten einigen Tiergärten gelungen, Nachwuchs von ihren Bongos zu erzielen.

Die neuen Einfuhren der „unbekanntesten Antilope" begannen im Jahre 1970, nachdem der Tierfotograf und Kameramann Allan Root, der in Kenia lebt, eine äußerst schonende Fangtechnik entwickelt hatte. Root hatte sich schon seit 1958 für die in den Aberdare-Bergwäldern von Kenia lebenden Bongos interessiert. Bereits damals konnte er ein Kälbchen mit der Flasche aufziehen, das später im Zoo von Cleveland (USA) mit einem jungen Bock aus Ghana verpaart wurde.

Allan Root erkannte schnell, daß sich Bongos in Fallgruben, Schlingen oder mit Hilfe anderer üblicher Methoden nicht oder nur durch Zufall fangen ließen. Diese schreckhaften Waldantilopen mußten sich vor dem eigentlichen Fang erst einmal an den Anblick von Menschen gewöhnen. So machte Root in den Aberdare-Wäldern zunächst ein Gebiet ausfindig, in dem Bongos lebten. Mit Unterstützung der Eingeborenen, die in dieser Gegend keine abergläubische Furcht vor den Bongos hatten, umgab er das sehr große Gebiet ganz allmählich und vorsichtig mit einem Palisadenzaun. Die Bongos sahen diesen Zaun langsam entstehen und hätten leicht abwandern können; aber da die Arbeit am Zaun sie nicht beunruhigte, blieben sie in ihrem Wohnbezirk. Anschließend gewöhnten sie sich auch daran, daß die Zauntore geschlossen wurden.

Dieser Fangkral wurde dann schrittweise verkleinert. Täglich bemerkten die Bongos nun die am Zaun arbeitenden Menschen und nahmen sie schließlich als einen natürlichen Bestandteil ihrer Welt hin. Allan Root sorgte dafür, daß ihnen regelmäßig Futter mitgebracht wurde, anfangs ihre natürliche Nahrung – Blätter, Triebe und Früchte – und später auch das in Zoologischen Gärten übliche Ersatzfutter. Schließlich nahmen sie das Futter sogar aus der Hand der arbeitenden Männer. Als es soweit war, brachte man große Kisten, die zum Abtransport der Tiere dienen sollten, in den Kral und legte fortan das Futter in diese Kisten.

Die Bongos holten sich das Futter aus den Kisten und wurden auf diese Weise mit ihren künftigen Transportbehältern vertraut. Es dauerte etwa zwei Monate, bis die Tiere ohne Scheu die Kisten betraten, so daß man es nun wagen konnte, einige Behälter hinter ihnen zu schließen. Hätte Alan Root nicht diese unendliche Sorgfalt und Geduld aufgebracht, so wäre die Sache zumindest nach dem Verschließen der Transportkisten doch noch schiefgegangen. Gerade Antilopen, sofern sie nicht gezähmt sind, neigen dazu, sich beim Transport in ihrer Panik ohne Rücksicht auf ihr eigenes Leben zu Tode zu rasen. In den Zoos haben selbst eingewöhnte, gutmütig wirkende Antilopen ihre Pfleger schon viele Male zur Verzweiflung gebracht, weil sie beim geringsten unerwarteten Geräusch oder Anblick plötzlich gegen den Zaun anrennen und sich die Beine oder gar den Hals brechen.

Es war also trotz allem ein Wagnis für Allan Root, rund fünf Zentner schwere Tiere, die noch dazu wegen ihrer Ungebärdigkeit gefürchtet waren, in Transportkisten tagelang, allein durch Menschenkraft, zur Quarantänestation Naivasha zu schaffen. Die äußerst schonende Weise, in der Root den Fangkral errichten ließ, und die Vorsicht, mit der er die Bongos allmählich mit den Menschen und den Transportkisten vertraut machte, zahlte sich nun aus. Unter den vielen Bongos, die in den Korrals von Naivasha lebten, befand sich kein einziger, der sich beim Transport oder später verletzt hatte.

Die für Zoologische Gärten bestimmten Bongos mußten nun noch ein rundes halbes Jahr in den Korrals von Naivasha verbringen, stets unter Aufsicht eines Tierarztes, da die unmittelbare Einfuhr frischgefangener Antilopen wegen der Gefahr der Maul- und Klauenseuche in den meisten Kulturländern verboten ist. Wenn man bedenkt, wie schwer sich die Angehörigen der verschiedensten Antilopen-Arten in den Pferchen von Tierfängern an die Menschen und an die Gefangenschaftsbedingungen gewöhnen und wie viele von ihnen sich dabei verletzen oder durch waghalsige Sprünge die Freiheit wiederzugewinnen trachten, dann mutet es wie ein Wunder an, daß sich gerade die in Zoologenkreisen als so „heikel" bezeichneten Bongos in den Korrals von Naivasha so ruhig und zutraulich verhielten. Einige Weibchen brachten dort sogar Kinder zur Welt. Die wenigen Bongos, die sich gegenwärtig in einigen westeuropäischen und nordamerikanischen Tierparks befinden, stammen alle von Allan Roots Farm.

Es ist durchaus möglich, daß die Menschheit zur Jungsteinzeit, als sie es fertigbrachte, scheue oder gefährliche Wildtiere zu zähmen und in leicht lenkbare Haustiere zu verwandeln, ähnlich vorging wie heute Allan Root. Wie die Darstellungen in altägyptischen Tempeln zeigen, beschränkte man sich damals nicht nur darauf, Rinder, Pferde, Ziegen und Schafe zu Nutztieren zu machen, sondern versuchte sich auch an der Zähmung weiterer Tierarten, unter denen Antilopen eine ganz besondere Rolle spielten. Es läßt sich schwer vorstellen, daß die Herde zahmer Antilopen, die von ägyptischen Priestern gehalten wurden, aus vereinzelten Kälbchen hervorgegangen waren, die den Menschen zufällig in die Hände fielen. Deshalb liegt der Schluß nahe, daß man bereits zu jener Zeit große Gebiete einzäunte und die in ihnen lebenden Wildtiere mit Geschick an den Umgang mit Menschen gewöhnte.

Mit den beiden urwaldbewohnenden stattlichen Wildrindern, dem indischen Gaur und dem indonesischen Banteng verhielt es sich jedenfalls bis in die jüngere Zeit hinein ähnlich. Obwohl der Gaur so mächtig und kräftig ist, daß selbst ein Tiger ihn nicht anzugreifen wagt, konnten die Naga-Stämme in Assam aus ihm den halbzahmen Gayal züchten. Interessanterweise wird der Gayal von den Völkern Nordostindiens und Burmas noch nicht einmal wirtschaftlich genutzt; er ist einerseits Opfertier und andererseits Tauschobjekt – sozusagen eine „Rinderwährung". Mit ihm kaufen die Nagas ihre Frauen und zahlen „Bußgelder" für Straftaten.

Nicht viel anders dürfte die Haustierwerdung des Balirindes, das vom Banteng abstammt, vor sich gegangen sein. Zeugnisse aus dem 18. Jahrhundert belegen, daß man Wildbantengs damals auf ähnliche Weise einfing und zähmte, wie Allan Root es heute mit den Bongos tut.

Das Wundertier aus dem Kongowald

Für das höchste Landsäugetier, das heute auf unserer Erde lebt, haben die Araber eine besonders schöne Bezeichnung gefunden. Sie nannten es „Serafe", auf deutsch „die Liebliche". Unser Wort „Giraffe" ist nichts als eine Verstümmelung dieses zärtlichen Kosenamens.

Araber, Sarazenen und andere islamische Eroberer und Entdecker Afrikas kannten die „Liebliche" schon lange, bevor sie ein Bewohner des Abendlandes zu Gesicht bekam. Morgenländische Dichter verglichen die langbewimperten Augen dieses Tieres mit denen der geliebten Frau; arabische Reiseschriftsteller schwelgten in schwärmerischen Schilderungen, wenn sie die Giraffe erwähnten. Und wenn im Mittelalter Sultane befreundeten Herrschern wertvolle Geschenke zukommen lassen wollten, dann wählten sie häufig Giraffen, die die Araber damals hauptsächlich aus Nubien und aus dem Sudan bezogen.

Auch bei vielen Negervölkern der afrikanischen Steppenländer stand die Giraffe in hohem Rang; wahrscheinlich haben die Mohammedaner von ihnen überhaupt erst die Wertschätzung der „Lieblichen" übernommen. Die Schwanzquaste der Giraffe galt bei manchen Stämmen als ein Zeichen der Häuptlingswürde; bei einigen wurde sie noch in unserem Jahrhundert als Zaubermittel benutzt. Verschiedene Stämme machten niemals Jagd auf Giraffen; die hochbeinigen Tiere galten als heilig und unverletzlich. Wenn Fremde das Tötungsverbot übertraten, hatten sie oft große Schwierigkeiten mit den Eingeborenen.

Diese Sonderstellung, die die Giraffe lange Zeit sowohl bei Afrikanern als auch bei Arabern eingenommen hat, ist gar nicht so verwunderlich. Die Giraffe fällt nämlich völlig aus dem Rahmen der übrigen Steppentierwelt Afrikas; sie ist sozusagen ein Huftier der Superlative. Mit einer Schulterhö-

In dieser besonders lebendigen und eindrucksvollen Felszeichnung aus der Libyschen Wüste haben nordafrikanische Steinzeitmenschen eine Fauna dargestellt, die heute charakteristisch ist für die ost- und südafrikanischen Savannen.

he von drei Metern, einer Scheitelhöhe bis zu sechs Metern und einer Leibeslänge von zweieinviertel Metern sieht sie wie ein wandelnder Ausguckturm aus, zumal ihr Vorderleib in geradezu unwahrscheinlicher Weise überhöht ist. Ihre Fleckenzeichnung, die bei einer Unterart, der Netzgiraffe, zu einem hellen Gitter auf braunem Grund geworden ist, fällt nur im Tiergartengehege auf; im Freileben aber verschwimmen die Flecken im Spiel von Licht und Schatten so stark, daß der Körper eins zu sein scheint mit der Savannenlandschaft.

Die urweltlich anmutende Körperhöhe der Giraffe fällt in der Savanne auch aus anderen Gründen nicht auf. Die hellen Beine wirken in der Baumsteppe nämlich wie borkenbedeckte oder abgestorbene Stämme, und der übrige Körper verschmilzt völlig mit dem Blattwerk. Da Giraffen unter allen Säugetieren der Steppe wohl die schärfsten Augen haben, bemerken sie von ihrer luftigen Warte aus jede Annäherung eines Feindes oder eines ungewohnten Gegenstandes weit eher als die mit ihnen zusammenlebenden Antilopen und Zebras. Für alle anderen Steppenhuftiere sind Giraffen deshalb überaus nützliche Wachttürme. Wenn eine Giraffe in wiegendem Paßgang davonzieht, dann wissen Antilopen und Zebras, daß Gefahr im Verzug ist, und machen sich gleichfalls schnell auf die Beine.

Europa schloß seine erste Bekanntschaft mit Giraffen zwischen dem elften und sechzehnten Jahrhundert, als einzelne Tiere von arabischen Reisenden nach Konstantinopel und in einige italienische Städte gebracht wurden. Doch die wunderliche Gestalt des „wandelnden Turmes“ und der ganz und gar ungewöhnliche Anblick, den das Riesentier bot, verlockte die damaligen Naturwissenschaftler nicht zu einer näheren Erforschung, sondern setzte sie offensichtlich nur in Verwirrung.

Das Fürstengeschlecht der Medici in Florenz konnte mehrmals eine Giraffe in seinem berühmten Tierpark zur Schau stellen. Doch die vielen hochgelehrten Herren, die sich am Hofe von Florenz befanden, kamen nur auf die seltsame Idee, es müsse sich bei diesem „Untier“ um eine Kreuzung zwischen Kamel und Panther handeln. Sie dachten dabei wohl einerseits an den langen Hals und andererseits an die Fleckenzeichnung; deshalb verliehen sie der Giraffe auch den zoologisch widersprüchlichen Namen *Camelopardalis*, auf deutsch „Kamelparder“. Die Bezeichnung *Camelopardalis* blieb bis heute im wissenschaftlichen Artnamen der Giraffen erhalten.

Ein Zwitterwesen, aus Kamel, Antilope und Panther zusammengesetzt – Gesners Kamelparder. Noch im Spätmittelalter verwechselte man oft Giraffen mit großen Antilopen.

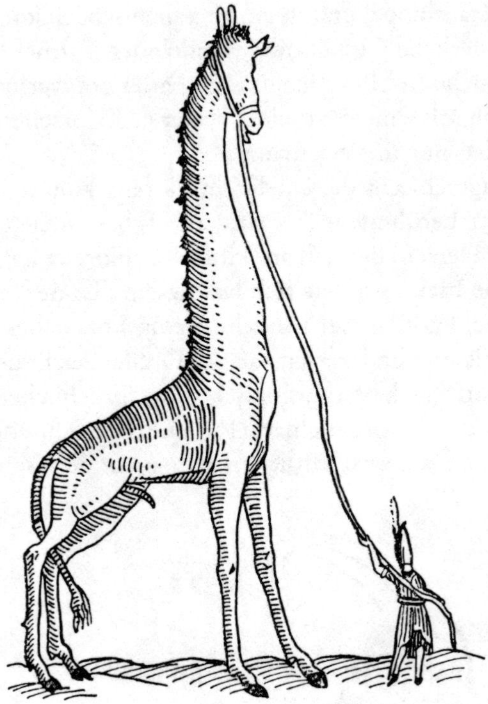

Das Wunder aller Wunder, das Melchior Lorch am Goldenen Horn sah. Sein Giraffenbild ging in das große Naturgeschichtswerk von Aldrovandi ein.

Um nun festzustellen, ob die Giraffe mehr von der Natur eines Kamels oder der eines Panthers hatte, ließ Cosimo de Medici anläßlich eines Besuches des Papstes Pius II. eines dieser Tiere auf einen umzäunten Platz treiben, der sich vor seinem Regierungspalast befand, und gesellte ihm einige Löwen, Bluthunde und Kampfstiere bei. Gespannt wartete er zusammen mit dem Papst, welches unter diesen Lebewesen sich wohl als das stärkere erweisen würde. Es kam freilich nicht zu dem erhofften Kampf. Die zusammengesperrten Tiere kümmerten sich nicht umeinander und bewiesen damit mehr Vernunft als die Menschen.

Ein Mann namens Melchior Lorch aus Flensburg, der im Jahre 1599 Konstantinopel besucht und dort am Türkenhof eine Giraffe gesehen hatte, traf später in seinem Reisebericht die Feststellung, dieses Lebewesen sei ein „seltsam wunderbarlich Thier, Dergleichen von unß vor Nie gesehen wordten". Damit erschöpfte sich bis Ende des achtzehnten Jahrhunderts unser zoologisches Wissen über die Giraffe.

Ausgestorbene Giraffen-Arten kennt man in großer Zahl aus Vorderindien und Griechenland. Auf Felszeichnungen in Nordafrika, die aus der Jungsteinzeit stammen, findet man ebenso wie auf altägyptischen Vasen und Bildreliefs in Pharaonengräbern ein eigenartiges Tier, das die Archäologen als *Libytherium*, als längst ausgestorbene Kurzhalsgiraffe, identifiziert haben. Im Jungtertiär hat es wahrscheinlich eine ganze Reihe solcher kurzhalsiger Giraffen in Eurasien und im nördlichen Afrika gegeben: *Palaeotragus*, *Sivatherium* und *Helladotherium* heißen die bekanntesten Gattungen. Wie eine Bronzeplastik vermuten läßt, waren sie noch den Sumerern bekannt. Niemand aber glaubte bis zu Anfang unseres Jahrhunderts daran, daß noch in unseren Tagen ein kurzhalsiger Vertreter der Giraffen existiere. Die Entdeckung des Wundertieres begann mit einem amtlichen Schreiben, das die Regierung des damaligen Kongostaates dem britischen Gouverneur von Uganda geschickt hatte. Zwar war der Inhalt des Schreibens recht außergewöhnlich; aber weder Absender noch Adressat konnten ahnen, welche Erregung und Sensation, welche Woge der Romantik, welche Sturmflut des Interesses für den Ituri-Wald und seine Bewohner dadurch ausgelöst wurde. Sir Harry Johnston, der Gouverneur von Uganda, las den Brief, nickte und blätterte dann in einem Werk, das den Titel „Im dunkelsten Afrika“ trug und dessen Verfasser sich Henry Morton Stanley nannte.

Auf Felszeichnungen in der libyschen Wüste findet sich ein Tier, das dem Okapi ähnelt. Es ist das Libytherium, die ausgestorbene Kurzhalsgiraffe der nordostafrikanischen Steppen.

Zwei Bemerkungen Stanleys kreuzte er an. Die eine behandelte die Pygmäen, die Georg Schweinfurth im Jahre 1869 als Sklaven am Hofe des Mangbattu-Königs Munsa kennengelernt und die Stanley dann am 5. Dezember 1876 im Ituri-Wald wiedergefunden hatte. Die zweite Bemerkung

Stanleys betraf jenen „blätterfressenden Waldesel, den die Pygmäen Atti nennen" und von dem Stanley drei nicht zu definierende Fellstreifen nach England gebracht hatte.

Der „Waldesel" hatte mit dem Schreiben der Kongo-Regierung nichts zu tun; der Text betraf die Pygmäen. Einem geschäftstüchtigen Impresario war es, wie Sir Harry las, gelungen, entgegen allen den Menschenhandel betreffenden Anordnungen des Kongostaates im Ituri-Wald eine Gruppe von Pygmäen zu fangen; der Mann beabsichtigte, die Waldzwerge als eine Art „Affenmenschen" auf der Pariser Weltausstellung zu zeigen, und schien bereits die Grenze nach Uganda überschritten zu haben. Die Behörden des Freistaates baten den Gouverneur, den Trupp abzufangen und die Bambutis unter sicherer Begleitung in ihre Heimat zurückzusenden. Die ganze Angelegenheit war also eigentlich nur eine Routineaufgabe für einen tüchtigen Polizeioffizier. Aber Sir Harry fand doch, dadurch biete sich ihm endlich eine vortreffliche Gelegenheit, einmal persönlich „ein bißchen als Entdekker und hauptsächlich als Naturforscher" ins Kongogebiet zu reisen, dort die Pygmäen zu studieren und nach Stanleys unbekanntem, mysteriösem „Waldesel" zu fahnden. Er antwortete der Regierung des Freistaates, er werde selber für den Rücktransport der verschleppten Bambutis Sorge tragen.

Erwähnt werden muß hier noch, daß Sir Harry Johnston und Henry Morton Stanley gute Bekannte waren und sich einige Jahre zuvor ausführlich in London über die Tierwelt des zentralen Afrika unterhalten hatten. Nach Stanleys Angaben sei der „Waldesel", den er in seinem Buch erwähnt habe, lediglich „einer unter vielen unbekannten Tieren, die in den Semliki- und Ituri-Wäldern auf Entdeckung warten". Grund genug für einen leidenschaftlichen Amateurforscher, wie Sir Harry es war, eifrig in diesen Wäldern Ausschau zu halten. Über den „Waldesel" gab es außerdem noch vier weitere Zeugnisse: Der Entdecker der Pygmäen, Georg Schweinfurth, berichtete, der Gürtel eines seiner Bambutis habe aus dem Fell eines gestreiften unbekannten Tieres bestanden; auch der Afrikareisende Franz Stuhlmann wußte von solchen Gürteln; ein Missionar Lloyd in Boga am Semliki-Fluß behauptete, er habe nicht nur bei den Pygmäen die erwähnten Fellstreifen, sondern im Walde sogar schon einmal einen lebenden Atti gesehen; der durch seinen Marsch auf Faschoda bekannt gewordene französische Major Marchand erzählte etwas Ähnliches und meinte, es müsse sich um eine große gestreifte Antilope handeln.

Alles klappte programmgemäß, wie Sir Harry es sich wünschte. Der avisierte Impresario wurde entdeckt und festgenommen; die Bambutis durften sich als Gäste des Gouverneurs von den erlittenen Unbillen erholen, und Johnston machte einen Dolmetscher ausfindig, der ihm alles, was die kleinen Leute berichteten, übersetzen konnte. Auch über Stanleys

„Waldesel“ wußten die Pygmäen manches zu sagen. „Ich fragte sie gründlich über den Gegenstand aus“, schrieb Johnston später der Londoner Zoologischen Gesellschaft, „und sie waren sehr offen und erzählten mir, daß das Tier nicht Atti, sondern Okhapi heiße. Auf Rücken und Vorderkörper sei es gelbbraun oder dunkelbraun gefärbt; auf Beinen, Bauch und Hinterkörper trage es Streifen.“ Sir Harry zeigte den Pygmäen daraufhin ein lebendes Maultier. „Sie begriffen sofort“, so schilderte er ihre Reaktion, „und erklärten mir, das fragliche Geschöpf sehe genauso aus, abgesehen davon, daß es gestreift sei.“ Daraufhin war Sir Harry voll und ganz überzeugt, daß es sich bei dem Atti oder Okhapi nur um eine neue, waldbewohnende Zebra-Art handeln könne.

Im Grenzfort Mbeni aber, in dem Sir Harry die Pygmäen den Kongo-Behörden ablieferte, wurde er wieder unsicher. Es ging ihm bei seiner detektivischen Spürarbeit wie einem Archäologen, der in einer scheinbar eindeutigen alten Kulturschicht plötzlich auf einige alte Scherben stößt, die ganz und gar nicht dazu passen, und der aufgrund dessen alle seine bisherigen Ansichten revidieren möchte. Die Offiziere des Forts kannten das Tier, nannten es Okapi oder O-api und erklärten, aus seiner dunkelbraun und weiß gezeichneten Decke werde von den Bambuba- und Manyema-Negern allerlei Riemenzeug geschnitten und zu Leib- und Patronengürteln verarbeitet. Ein Pferd oder ein Zebra, so betonten sie mit Entschiedenheit, könne es nicht sein, denn es trage eine Art Horn auf der Stirn und hinterlasse eine Fährte ähnlich der einer großen Antilope.

„Die Belgier“, notierte Johnston nach diesen Auskünften voller Zweifel, „sagten mir noch, der Kopf des Tieres sei sehr lang und die Maulpartie besonders ausgezogen. Man wollte mir eine frische Haut beschaffen; bedauerlicherweise jedoch war sie bereits zerschnitten. Zwei Reststücke aber konnten mir übergeben werden. Leider zeigen sie die Streifen hauptsächlich am Bauch und an den Beinen. Was auch immer es für ein Tier sein mag – eines der bekannten Zebras oder ein Wildesel ist es nicht . . .“

Auf einem Ausflug in die Wälder am Semliki-Fluß wurde Sir Harry sogar in seinem Glauben, auf der Spur eines unbekannten Tieres zu sein, ein wenig wankend. Die schwarzen Soldaten des Forts zeigten ihm plötzlich im feuchten Humus die Fährte eines Okapis. Sir Harry sah, daß seine Gewährsleute recht hatten: Es waren eindeutig die Fußabdrücke eines Paarhufers. Also doch eine Antilope – eine Bongo-Antilope oder eine Waldform der großen Elen-Antilope vielleicht? „Immer mehr“, schrieb Johnston enttäuscht, „verblaßte meine Ansicht, daß ich im Begriff stünde, eine neue Pferdesorte zu entdecken . . . Allmählich bildete ich mir ein, wir seien die ganze Zeit über hinter nichts anderem als hinter einer gewöhnlichen Waldantilope her gewesen.“

Die Zeit wurde knapp; Sir Harry hatte viel zu lange schon in Fort Mbeni zugebracht und konnte die Suche nach dem Okapi nicht weiter fortsetzen. Er verabschiedete sich von den belgischen Gastgebern, nahm die beiden Fellstücke mit und erhielt von dem schwedischen Offizier Karl Eriksson, der im Fort Dienst tat, das Versprechen, man werde ihm so bald wie möglich ein vollständiges Fell und einen Schädel des Okapis nach Uganda schikken. So lange wollte Sir Harry freilich nicht warten. Am 21. August 1900 sandte er die zwei Streifen aus dem Fell des Tieres zusammen mit seinen Aufzeichnungen nach London, an Professor Philip Lutley Sclater von der Zoological Society. In dem Begleitschreiben äußerte er die Vermutung, das Okapi sei nicht, wie Stanley gemeint habe, ein Einhufer, sondern ein Paarhufer.

Damit hatte Sir Harry sich an einen Mann gewandt, der an alles andere, aber nicht an die reale Existenz geheimnisvoller Fabeltiere glaubte. Der Antidarwinist Sclater, der Erfinder von Lemuria, hielt den Fall für nicht besonders aufregend. Seiner Meinung nach war die Natur seit ewigen Zeiten in tiergeographische Areale aufgeteilt, wie ein Zoo in umgitterte Gehege aufgeteilt ist. In Afrika gibt es Zebras und Antilopen – also konnte das Okapi entweder eine Antilope sein oder ein Zebra. Ein Drittes schien ihm undenkbar. Sclater entnahm den Fellstücken eine Haarprobe; ihre Untersuchung ergab eine gewisse Ähnlichkeit mit dem Haar eines Zebras. So verwarf Sclater das, was ihm Johnston von einem Paarhufer geschrieben hatte, akzeptierte dagegen die ursprüngliche Zebra-Theorie und taufte das Okapi provisorisch auf den Namen *Equus johnstoni,* Johnston-Pferd. Vorsichtshalber aber setzte er doch ein Fragezeichen hinter den Gattungsnamen. Ein halbes Jahr darauf mußte er erfahren, daß seine Vorsicht mehr als berechtigt gewesen war.

Leutnant Eriksson im Fort Mbeni hatte sein Versprechen eingelöst. Zu Anfang des Jahres 1901 trafen bei Sir Harry Johnston in Entebbe das gut erhaltene Fell und der Schädel eines jungen Okapihengstes ein, ferner ein zweiter Schädel, der von einem weiblichen Tier stammte. Als Johnston die Verpackung löste und das Fell in die Hand nahm, war er erstaunt wie noch nie zuvor in seinem Leben. Denn ein Esel war das nicht, auch kein Zebra, keine Antilope. Alle scheinbaren Widersprüche klärten sich: Das Tier mußte eine pferdeähnliche Gestalt haben, große Eselsohren, zebraartige Streifen und zugleich gespaltene Hufe wie eine Antilope. Sein Haar hatte eine wunderbar dunkelbraune Farbe und glänzte wie das Fell eines edlen gepflegten Rassepferdes; an den Schenkeln, Vorder- und Hinterbeinen wechselten tiefschwarze und leuchtendweiße Streifen miteinander ab. Der Körper erinnerte teils an den eines Pferdes, teils an den einer Antilope, wirkte aber durch seine Schwere, durch die hohen Beine, den kegelförmig zugespitzten Kopf und die „mächtigen, aus dicken Röhren entspringenden und merkwürdig tief angesetzten Ohren“ völlig fremdartig und ließ sich mit nichts auf der

Welt vergleichen. Das junge Männchen trug zwei kleine, mit Fell bekleidete Hornzapfen auf der Stirn wie eine Giraffe. Der Bau der Füße verriet, daß das Tier unzweifelhaft ein Paarhufer war. Aber was für ein Paarhufer? Johnston mußte unwillkürlich an ein mythologisches Fabelwesen denken, an ein aus allerlei Tiercharakteren zusammengesetztes Monstrum, wie es die Künstler der Antike einst in alten Naturgeschichtsbüchern abgebildet hatten.

Er nahm Papier und Zeichenstift und begann nach den empfangenen Unterlagen ein Lebensbild des Okapis zu entwerfen. Hinterher stellte es sich heraus, daß dieses klassisch gewordene Bild bis auf wenige Einzelheiten verblüffend genau stimmte. Während des Zeichnens fiel ihm plötzlich ein, wo er ein solches Geschöpf schon einmal gesehen hatte: nicht in einer kuriosen Bildergalerie voller Einhörner, sondern im Britischen Museum, dort, wo die Funde aus dem Tertiär von Pikermi aufbewahrt wurden. Er erinnerte sich genau: Unter den Resten jener tertiären Steppenfauna, die einst vor vielen Millionen Jahren von Asien nach Südeuropa eingewandert war und die dann später nach Afrika weiterwanderte, unter den Giraffen, Antilopen und Hipparionen, hatte sich auch das Skelett eines großen giraffenähnlichen Huftiers mit mittellangem, eher noch kurzem Hals befunden.

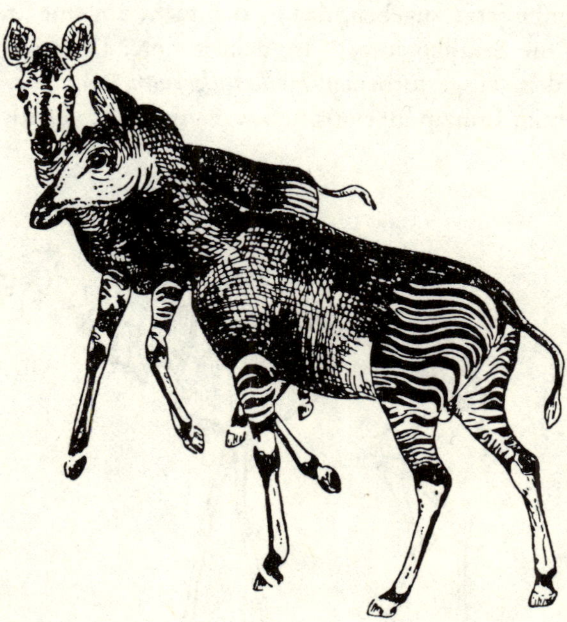

Aufgrund zweier Schädel und eines Felles fertigte Harry Johnston die erste Okapi-Zeichnung an. Später zeigte es sich, daß sie bis auf wenige Einzelheiten völlig zutraf.

Helladotherium duvernoyi hieß es, Duvernoys Hellas-Säugetier. Sir Harrys Atem ging hastiger. War das Okapi etwa ein überlebendes *Helladotherium*, eine Kurzhalsgiraffe aus dem Tertiär, die der Ituri-Wald als museale Freistatt für die Neuzeit aufbewahrt hatte? Schon die Entdeckung eines völlig neuen, anderthalb Meter hohen Großtiers war ein Weltereignis. Was für ein Schauer der Ehrfurcht aber würde die Öffentlichkeit erst packen, wenn es sich herausstellte, daß dieses neue Großtier identisch war mit dem zehn Millionen Jahre alten Hellas-Tier aus Pikermi!

„Als ich die Sendung von Mr. Eriksson erhalten hatte", erzählte Johnston später in einem Bericht über die Entdeckung des Okapis, „fiel mir sofort ein, daß das Tier ein entfernter Verwandter der Giraffe sein müßte." Er packte das Fell und die beiden Schädel wieder ein, legte seine Zeichnung bei und schickte alles an Sir Edwin Ray Lankester, den Säugetierspezialisten und Abteilungsdirektor des Britischen Museums. Bescheiden regte er an, man möge das Okapi, falls es wirklich ein überlebendes Hellas-Tier sei, *Helladotherium tigrinum* nennen.

Im Juni 1901 empfing Lankester die Sendung. In den folgenden Tagen und Wochen saß er zusammen mit Sclater und dem aus Paris herbeigerufenen französischen Paläontologen Marcelin Boule, dem Spezialisten für die Pikermi-Fauna, über den Okapiresten und erlebte in dieser Zeit den unbestrittenen Höhepunkt seiner wissenschaftlichen Laufbahn.

Sclater mußte jetzt zugeben, daß es sich nicht um eine „new species of zebra from the Semliko forest" handeln konnte. Lankester verglich das Okapi mit dem ausgestorbenen *Helladotherium*, fand Sir Harrys Deutungsversuch im Prinzip ingeniös und war nur in einigen kleinen Punkten

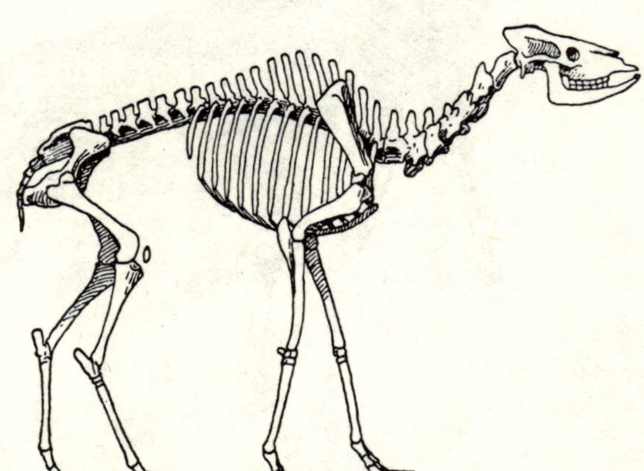

Das Helladotherium von Pikermi, ein spättertiärer Vetter des Okapis.

nicht ganz befriedigt. Denn das *Helladotherium* hat etwas andere Zähne und trägt keine Knochenzapfen auf der Stirn. Boule erklärte, das Okapi sei auf jeden Fall „un fossil qui ressuscite", stehe aber vermutlich den gehörnten Kurzhalsgiraffen *Samotherium* und *Palaeotragus* aus Pikermi näher als dem ungehörnten *Helladotherium.* Man einigte sich schließlich darauf, das Okapi in die unmittelbare Nachbarschaft des *Samotheriums* zu stellen. Dieses Tier hat seinen Namen von seinem ersten Fundort, der Insel Samos, erhalten, kam aber später auch aus den Pikermi-Schichten ans Licht und sieht genau wie ein etwas vergrößertes Okapi aus. Da es aber, abgesehen von seiner Größe, auch in einigen kleinen Einzelheiten des Schädelbaues von Sir Harrys neuentdecktem Fabeltier aus dem Ituri-Wald abwich, erhob Lankester das Okapi in den Rang einer besonderen Gattung und verlieh ihm die wissenschaftliche Bezeichnung *Okapia johnstoni.* Die Nachricht von der Aufspürung dieses großen, fremdartigen und nie erwarteten Säugetiers durcheilte wie ein Lauffeuer die ganze Welt. Mit einem Schlage standen die Tertiärschichten von Pikermi und der Urwald am Ituri und Semliki im Mittelpunkt des öffentlichen Interesses. Bücher, Zeitungen und Zeitschriften berichteten der breiten Masse vom großen Wanderstrom tertiärer Huftiere, zu denen auch die Kurzhalsgiraffen gehört hatten, aus den Steppen Asiens nach Südeuropa und Afrika. Die Professoren schlugen nach, was der große Deuter und Beschreiber der Pikermi-Fauna, Albert Gaudry, einst vor vierzig Jahren in seinem Werk „Animaux fossiles et Géologie de l'Attique" über die Kurzhalsgiraffen gesagt hatte. In der Tat – ein Fabeltier, ein Fossil, ein pliozänes Urgeschöpf war plötzlich aus den afrikanischen Wäldern gestiegen und hatte die Wissenschaft gelehrt, daß die Akten über die großen zoologischen Abenteuer noch längst nicht geschlossen waren.

Aber man kannte vom Okapi immer noch nicht mehr als zwei Schädel, ein Fell und einige Hautstreifen. So brachen verschiedene Expeditionen auf in den Ituri-Wald, um Okapis zu studieren, zu erlegen, zu fangen. Sechs Monate lang kämpfte sich der englische Großwildjäger Major Powell-Cotton, der Entdecker des „weißen" Sudan-Nashorns, durch das verfilzte Urwalddickicht – ohne Erfolg. Er sah lediglich bei den Pygmäen die Decke eines mit Giftpfeilen getöteten Okapis. Mehr Glück hatten in den Jahren 1903 bis 1905 die im Dienst des Kongostaates stehenden Engländer Christie und Reid und der schweizerische Zoologe J. J. David. Die Engländer sammelten mehrere Okapihäute von den Eingeborenen; Cuthbert Christie konnte einige Tage lang sogar ein Jungtier studieren, das die Pygmäen gefangenhielten, das aber dann wieder aus dem Korral entfloh. David erlegte außerdem ein Okapi für das Basler Museum, schrieb die erste Studie über das Tier, verglich seine Lebensweise mit der des Tapirs und meinte, sein Maul gebe zu der Vermutung Anlaß, daß es seine Nahrung „in der Morastvegetation und sogar direkt im Schlamm" suche.

Das bestätigte sich zwar nicht; sonst aber enthält Davids Bericht einige interessante Einzelheiten über das Okapi und über die Rolle, die es im Leben der Waldvölker spielt.

„Die arabisierten Völker der Region“, schreibt er, „nennen das Tier Keuge. Der Pygmäenname ist O-a-pi. Das Fabeltier ist insofern ziemlich bekannt, als jedem Schwarzen des betreffenden Gebietes die aus dem hübschen Fell geschnittenen Gürtel und der Name vertraut sind ... In Gesellschaft von Walesse- und Pygmäenjägern nahm ich vom November 1903 bis März 1904 verschiedene Male die seltene Spur auf und bekam auch vier Okapifährten zu Gesicht. Drei Decken, alle von verhältnismäßig jungen Tieren, sammelte ich während dieser Zeit. Man kann also in Anbetracht der unglaublich schwierigen Zugänglichkeit der Reviere und der schweren Auffindbarkeit von Fährten und Wild nicht gerade sagen, daß die überlebenden Okapis sehr selten sind. Das erzählen auch die Neger. Einer von ihnen hielt sich mehrere Jahre in einem Dorf inmitten des Ituri-Semliki-Urwaldes auf und behauptete glaubwürdig, oft vom Fleisch des Okapi gegessen zu haben. Das gestreifte Fell der Keulen und Läufe ist bei Pygmäen und anderen Waldstämmen äußerst beliebt als Leibgürtel. Ich besitze einige solche, mit Schnallen versehen, deren primitive Herstellung an die Handwerkskunst paläolithischer Menschen erinnert.“

Man las Davids Angaben voll Anteilnahme und meinte, wenn das Okapi wirklich nicht so besonders selten sei, dann müßten sich doch ohne sonderliche Schwierigkeiten noch weitere Exemplare erwischen lassen. In den Jahren 1907 bis 1908 durchstreifte die erste deutsche Großexpedition nach Zentralafrika unter Leitung des Herzogs Adolf Friedrich von Mecklenburg den Ituri-Wald. Der Herzog versprach den Pygmäen eine außergewöhnlich hohe Belohnung, wenn sie ihm ein Okapi vor die Flinte bringen würden. Vergeblich – er konnte den Waldzwergen lediglich fünf Felle und ein Skelett abkaufen. Das Tier selbst sah er nicht. Einer der Teilnehmer an der Expedition des Herzogs, Heinrich Schubotz, kehrte zwei Jahre darauf an den Uële-Strom zurück und genoß hier einige Monate die Gastfreundschaft des schwedischen Sergeanten Andersson, der den Posten Angu leitete. Und Andersson vermochte ihm endlich wieder etwas Neues zu erzählen: Er hatte ein paar Tage lang ein Okapikälbchen, dessen Mutter von Eingeborenen getötet worden war, lebend in Angu gehalten, fotografiert und dabei festgestellt, daß das Tier ein Paßgänger war wie Giraffe und Kamel.

Schubotz und Andersson fahndeten daraufhin wochenlang, zuletzt von schwerer Malaria befallen, in dem Gewirr „umgefallener Baumstämme, dichten großblättrigen Unterholzes, dorniger Sträucher, Lianen und Sümpfe“ nach dem Fabeltier. Im Juni 1910 erfuhren sie, daß ein eingeborener Jäger zwei Okapis geschossen habe. Schubotz erwarb beide für die Museen in Stuttgart und Hamburg und fotografierte das eine in noch unzerlegtem

Zustand. „Ein fürchterlicher Anblick!" erzählt er. „An einem jungen Baum hing, mit den Beinen befestigt, ein Tier, so groß und schwer wie ein mittleres Pferd, vorn und hinten von je fünfzehn taumelnden, keuchenden Schwarzen getragen, die von schimpfenden Soldaten dirigiert wurden. Ich kann nicht leugnen, daß mich noch das Bild des toten Tieres ein wenig erregte – dieser mächtige dunkelbraune Körper, der unverhältnismäßig lange Hals, die schwarzbraunen Eselsohren über dem grauen Gesicht mit der lang heraushängenden Giraffenzunge, die großen, dunklen, im Tode starrenden Augen und die langen, wunderschönen, schwarz und weiß gestreiften Beine. In Eile machte ich eine Anzahl Zeitaufnahmen mit allen Variationen, um trotz des Halbdunkels ganz sicher zu sein, daß wenigstens eine geglückt ist."

Die von Andersson gemachte Fotografie des Okapikälbchens und die Bilder des Heinrich Schubotz gingen durch die Presse und fanden Aufnahme in alle bedeutenden Zoologiewerke. Verschiedene Museen hatten inzwischen weiteres Fell- und Skelettmaterial von der Kongo-Regierung als Geschenk erhalten, aber völlig falsch montiert – entweder in Pferdehaltung oder in der steilen Haltung von Giraffen. Diese Fehler waren verzeihlich; denn außer Christie, David und Andersson hatte noch kein Weißer ein lebendes Okapi erblickt, geschweige denn eingehend studiert. Die Exemplare im Bristischen Museum sahen etwas anders aus als die im Kongo-Museum von Tervueren bei Brüssel. Aber es zeigte sich, daß es sich hier nicht um selbständige Arten, sondern nur um geographische Varietäten handelte. In dem relativ großen Verbreitungsgebiet des Okapis, das nach Schubotz von Uële bis zum Quellgebiet des Ituri reicht und nach neueren Sondierungen sogar über den Uële hinaus nach der Zentralafrikanischen Republik hinübergreift, müssen sich schon rein automatisch einige lokale Unterschiede herausbilden.

In der weiteren Geschichte des Okapis tauchten vorerst keine Jäger mehr auf, denn das Tier wurde von den Kongo-Behörden bald unter Schutz gestellt. Dafür zogen viele Männer in den Ituri-Wald, die es sich zum Ziel gesetzt hatten, das Dasein der Tiere in den düsteren Dickichten zu erforschen, sie in Freiheit zu fotografieren und – wenn möglich – das eine oder andere Jungtier in einen Zoo zu überführen. Die erste dieser Expeditionen erfolgte auf Anregung der New Yorker Zoologischen Gesellschaft, der der Bronx-Park, der größte Tiergarten Amerikas, untersteht. Ihre namhaftesten Teilnehmer, Herbert Lang und James Chapin, konnten von 1909 bis 1915 ein nahezu vollständiges Lebensbild des Okapis entwerfen, und beweisen, daß das Tier nicht, wie David behauptete, ein Sumpfgeschöpf ist, sondern ein ehemaliger Steppenbewohner, der sich in den Trockenwald zurückgezogen hat.

„Das Okapi", heißt es in Langs Bericht an die New Yorker Zoologische

Gesellschaft, „ist ein ausgesprochener Einsiedler und hat sich hier ein Zufluchtsgebiet gesichert, das für den weißen Mann wohl das ungesündeste Land der Welt ist. Es bewohnt einen schmalen Streifen, etwa tausend Kilometer lang und zweihundertzwanzig Kilometer breit, der trotz der tropischen Üppigkeit eine der ödesten Gegenden auf unserem Planeten genannt werden muß. Die niemals nachlassende Hitze macht die Feuchtigkeit der Luft unerträglich."

Die Tierfänger des Herbert Lang konnten im Jahre 1909 ein Okapikälbchen in einer Fallgrube erbeuten, zähmen und an kondensierte Milch gewöhnen. Doch Lang hatte nicht genug Kondensmilch bei sich. Er versuchte auf einem Eilmarsch neuen Vorrat heranzuschaffen; aber inzwischen verhungerte das zarte Geschöpf. Ein weiteres Okapikälbchen wurde nach Langs Abreise von 1915 bis 1919 auf der Station von Buta von der Familie des Distriktkommandanten mit Kondens- und Kuhmilch aufgezogen und nach Beendigung des Ersten Weltkrieges in den Zoo von Antwerpen überführt, wo es aber fünfzig Tage später an einer Wurmkrankheit starb. Im Jahre 1928 gelangte wiederum ein Okapi nach Antwerpen – das erste, das am Leben blieb und den Europäern endlich eine klare Vorstellung vom Aussehen und Verhalten einer „tertiären Kurzhalsgiraffe" vermittelte. Es blieb auch zunächst ein Einzelfall. Denn die weiteren vier Okapis, von denen zwei in Antwerpen und je eins in London und Rom gezeigt wurden, gingen abermals nach wenigen Wochen an Eingeweidewürmern und an Blutschmarotzern, die während des Transports durch Insekten auf sie übertragen worden waren, zugrunde.

Die Okapi-Forschung aber war mittlerweile ein gutes Stück weiter vorangekommen. Im Jahre 1930 gelang es dem holländischen Tierfotografen Cornelius Bezuidenhout, unter abenteuerlichen Umständen freilebende Okapis zu knipsen. Die prachtvollen Bilder wurden von den „London Illustrated News" gebracht und weckten ein neues Interesse an der Kamerajagd auf diese seltensten, geheimnisvollsten Geschöpfe Innerafrikas. Sechs Jahre darauf startete dann der italoamerikanische Autor Attilio Gatti zu einem großen Okapi-Forschungsunternehmen, in dessen Verlauf er drei Okapis in Fallgruben fing, aber schnell wieder verlor. Das erste, ein erwachsenes Männchen, ließ sich weder durch eingespritzte Betäubungsmittel noch durch Stricke bändigen; Gatti mußte es deshalb wieder laufen lassen. Sein zweites Okapi, ein reizendes Jungtier, an dem er wochenlang Mutterstelle vertrat, starb ihm ebenso wie sein drittes, ein sehr ruhiges und sanftmütiges Weibchen. Die Kongo-Behörden verboten daraufhin strikt den weiteren Fang der Tiere. Gerade als das Verbot herauskam, wurden Gatti gleich mehrere Jung-Okapis von Pygmäen angeboten, die er nun nicht mehr erwerben durfte.

Das Unternehmen des Attilio Gatti war dennoch nicht erfolglos. Auf seine Beobachtungen und das von ihm gesammelte statistische Material konnten sich fortan die Beamten des Okapi-Schutzdienstes stützen. Damit begann eine bis zur Unabhängigkeit des Kongostaates (dem heutigen Zaïre) andauernde Aktion, deren Ziel es war, das Okapi zu erhalten, vor Vernichtung durch die Eingeborenen zu bewahren und notfalls aus besonders gefährdeten Gebieten umzusiedeln. Eine staatliche Okapi-Fanggruppe sorgte dafür, daß sämtliche von Pygmäen erbeuteten Okapis (sofern sie noch nicht in den Kochtopf gewandert waren), auf eine Station gebracht, dort eingewöhnt und von eventuellen Schmarotzern befreit wurden. Einige dieser Tiere wurden von Zeit zu Zeit an besonders ausgewählte Zoos verschickt, meist per Flugzeug, da sich dadurch Transportschädigungen am leichtesten vermeiden lassen. Die anderen sollten nach und nach in bestimmte Schutzdistrikte überführt werden.

Hat es einst auch in Südafrika Verwandte des Okapis gegeben? Auf dieser Steinzeichnung aus Transvaal ist ein Tier zu erkennen, das wie eine Kurzhalsgiraffe aussieht.

Nach der Einrichtung der Okapi-Station hob sich auch die Lebensdauer der in die Zoologischen Gärten gelangenden Okapis. Drei Exemplare, eines davon im Besitz des Herzogs von Windsor, die beiden anderen im Zoo von Basel, erlitten noch das gleiche Schicksal wie die ersten Gefangenen. Ein prächtiges männliches Okapi aber dauerte fünfzehn Jahre lang im Bronx-Park aus. Heute leben gesunde Okapi-Paare in rund zehn europäischen und amerikanischen Zoos, völlig akklimatisiert und schmarotzerfrei; in den meisten dieser Gärten haben sie bereits erfolgreich nachgezüchtet. Einige weitere Zoos besitzen männliche Einzeltiere, die vorerst noch auf Partner warten müssen, da die Okapi-Station in Epulu nur in Ausnahmefällen Okapis aus ihrer Heimat in andere Länder verschickt.

Die Zahl der freilebenden Okapis beträgt nach den Angaben der Stationsbeamten ein Paar auf den Quadratkilometer, also – roh geschätzt – zehn- bis fünfzehntausend Stück. Inwieweit dieses scheue, nicht leicht zu erbeutende Lebewesen durch Unruhen und Wilderer in letzter Zeit dezimiert worden ist, läßt sich gegenwärtig noch nicht feststellen. Vielleicht wird das Okapi nur in den Zoos über die Zeiten gerettet werden können, ähnlich wie Wisent, Davidshirsch, Urwildpferd und viele andere Tierarten, die in freier Wildbahn verschwunden sind oder durch die Umwälzungen unserer Zeit immer mehr bedroht werden.

Falls dies eintreten sollte, ist es von Bedeutung, zu wissen, daß fast die Hälfte der rund fünfzig Okapis, die gegenwärtig in außerafrikanischen Tiergärten leben, bereits in Zoogehegen geboren sind. Bei einiger Sorgfalt und Mühewaltung dürfte dieser Stamm ausreichen, um das geheimnisvollste Großtier des Kongowaldes zu erhalten – auch dann, wenn seine letzten Zufluchtsstätten in den Wäldern am Ituri und Semliki nicht mehr sicher sein sollten.

Noch ist es gottlob nicht soweit. Afrikanische und belgische Naturschützer geben sich seit 1973 die größte Mühe, die Okapi-Station in Zaïre zu erhalten und weiter auszubauen. Vielleicht wird man dort zukünftig endlich das Verhalten der Okapis in freier Wildbahn erforschen. Bisher wissen wir darüber nicht das geringste. Die Erfahrung mit gefangenen Okapis hat lediglich gelehrt, daß auch bei scheinbar völlig zahmen Tieren Vorsicht geboten ist. In Epulu hat man einmal die Angstrufe von Okapikälbchen nachgeahmt. Im Nu verwandelten sich die bisher so friedlichen und ruhigen Okapimütter in wahre Teufelinnen und zertrümmerten mit ihren steinharten Hufen alles, was ihnen im Wege stand, weil sie glaubten, eines ihrer Kinder sei in Gefahr. Außerdem hat sich in der Station herausgestellt, daß Okapimütter, die ihr Kind verloren haben, gern verwaiste Kälbchen adoptieren. Auch im Freileben scheint das der Fall zu sein – eine sehr sinnvolle Verhaltensweise, da Okapis ja Einzelgänger sind und ein mutterloses Kleines rettungslos verloren wäre, wenn andere Okapimütter seine Klagerufe nicht erhörten.

Ein dickhäutiger Zwerg

Die Entdeckung des Okapis hatte Sehnsüchte, Hoffnungen und Träume geweckt, hatte den unzähligen Legenden und Gerüchten von noch unbekannten Wundertieren im afrikanischen Regenwald mächtigen Auftrieb gegeben und aus so manchem kühl und nüchtern denkenden Schreibtischgelehrten einen Romantiker gemacht, der seine Phantasie spazierenführte in die düsteren Wildschneisen am Ituri und Semliki. Zoologen und Tropenreisende, Jäger und Tierkundler, Zoo- und Museumsdirektoren blickten nach Afrika, durchstöberten alte und neue Forscherberichte und begannen nach weiteren neuen Tierarten Ausschau zu halten.

Im Mittelpunkt des allgemeinen Interesses standen drei Bücher, in denen mit ungefähr den gleichen Worten etwas von einem Tier ausgesagt wurde, das die Wissenschaft noch nicht definiert hatte und dessen Fall vielleicht ebenso erregend sein würde wie der des Okapis. Merkwürdigerweise aber stammten die Nachrichten über dieses Tier aus drei verschiedenen Gegenden Afrikas – aus Liberia, aus dem Kongowald und aus den Wäldern im oberen Sudan. Es gab auch, was die Deutung des Tieres betraf, drei verschiedene Versionen: Nach der einen handelte es sich um ein großes Schwein, nach der anderen um ein kleines Nashorn, nach der dritten um ein zwergenhaftes Flußpferd. Da tauchte natürlich sogleich die Vermutung auf, ob nicht am Ende statt einer gleich drei neue Tierarten zu erwarten seien.

Der erste Bericht fand sich in der „Naukeurige beschryvinge“, einer kompilatorischen Afrika-Beschreibung des holländischen Arztes und geographischen Schriftstellers Olfert Dapper aus dem Jahre 1669; in ihm war von einem „großen schwarzen Schwein die Rede. Dapper nannte das Tier „Couja Quinta“ und erzählte von ihm, es sei viel größer und gefährlicher als die normalen Wildschweine, denn es habe „große und scharfe Zähne, mit denen es alles, was ihm in den Weg tritt, tötet und aufschlitzt“. Sein Material über das Schwein hatte Dapper von Liberia-Reisenden. Der zweite Gewährsmann aber, Stanley, war im Kongogebiet gewesen. Auch dort sollte, wie Stanley behauptete, „ein gigantisches schwarzes Schwein von zwei Meter Länge“ hausen. Der dritte Zeuge schließlich, der deutsch-russische Afrikaforscher Wilhelm Junker, hatte auf mehreren Fahrten den Ostsudan und die Kongowälder bis zum Uële bereist; in seinem Werk „Reisen in Afrika 1885–1886“ betonte er, die Eingeborenen im sudanesischen Distrikt Ladó hätten ihm von dreierlei Arten wilder Schweine erzählt – dem Warzenschwein, dem Flußschwein und einem Riesenschwein.

In all diesen Bemerkungen war ziemlich übereinstimmend von einem besonders großen Schwein die Rede. Nun kam aber noch einiges hinzu: In Liberia gingen unter den Negern Gerüchte um von einem sagenhaften Tier Nigbwe, das im Urwald leben und sehr gefährlich sein solle. Außerdem sprach man in Ostliberia und in anderen Gegenden Westafrikas vom Se-Nge, einem „Berg- oder Zwergnashorn". Aus Liberia schließlich stammen auch einige Knochen, die einem vermeintlich ausgestorbenen kleinen Flußpferd angehört haben mußten. Es herrschte also, was die Schweinenatur des fraglichen Ungeheuers betraf, ziemliche Unsicherheit. Und da das Okapi sich ja auch, entgegen allen Vorankündigungen, nicht als „Waldesel" entpuppt hatte, sondern als eine völlig unerwartete Tierform, meinten die Zoologen, bei dem „schwarzen Schwein", dem Nigbwe oder Se-Nge, könne es ähnlich sein.

Der Wissenschaft waren bis dahin drei klar voneinander unterscheidbare Gattungen wilder Schweine in Afrika bekannt. Zu der einen rechnen auch das europäische Wildschwein und die Hausschweine; in Afrika ist sie durch das sudanesische Sennarschwein vertreten, das von den Eingeborenen gezähmt wird und etwa wie ein verwildertes Hausschwein aussieht. Viel typischer für Afrikas Fauna sind die großen, mit starken Hauern versehenen Warzenschweine; sie bewohnen in fünf Formen die Savannen bis zum Kapland hinunter, waren bereits zu Linnés Zeiten beschrieben und sind jedem Afrikareisenden vertraut. Im Urwald dagegen, scharf von den Warzenschweinen abgetrennt und auch anatomisch durch viele Merkmale von ihnen unterschieden, hausen die hübschen, rotgelb bis braun gefärbten Fluß- oder Buschschweine; die westafrikanische Art erhielt ihrer mit langen Haarbüscheln gezierten Ohren wegen den Namen Pinselohrschwein. Dieses Pinselohrschwein wurde originellerweise nicht in Afrika entdeckt, son-

Das Große Flußpferd war ein beliebtes Jagdobjekt der alten Ägypter.

dern in Brasilien: Die Portugiesen hatten es dorthin importiert, ohne sich Gedanken darüber zu machen, und der junge Georg Marcgraf aus Liebstadt, der Naturforscher des Prinzen von Nassau-Oranien, bekam im siebzehnten Jahrhundert in der Nähe von Pernambuco welche zu sehen und meinte, es müßten südamerikanische Tiere sein ... Wenn man wollte, konnte man als vierte afrikanische Schweineform noch das gigantische Flußpferd der innerafrikanischen Ströme und Seen aufführen. Es zählt zu den Schweinen im weiteren Sinne, wird bereits in der Bibel erwähnt, ist auf ägyptischen Denkmälern abgebildet und spielt in unserer Geschichte eine nicht unwesentliche Rolle.

Ja, das Flußpferd spielte sogar am Anfang die Hauptrolle. Denn es gab mehrere Wissenschaftler, die das Gefühl nicht loswurden, es müsse sich bei dem Tier Nigbwe oder Se-Nge um jenes angeblich ausgestorbene kleine Flußpferd aus Liberia handeln, dessen Knochen in einigen amerikanischen und europäischen Museen als Kostbarkeit hohen Ranges gehütet wurden. Die ersten Nachrichten über die Existenz dieses liberianischen Zwergflußpferdes hatte im Jahre 1841 der amerikanische Arzt und Vizepräsident der Akademie von Philadelphia, Samuel G. Morton, von einem aus Liberia zurückgekehrten Landsmann erhalten. Liberia war damals ein Hauptobjekt amerikanischer Interessen, da die Vereinigten Staaten dort aufgrund einer Anregung des Präsidenten James Monroe eine Freistatt für nordamerikanische Neger errichtet hatten. Einer der in Liberia tätigen Amerikaner erzählte dem Samuel Morton nun, es gebe im Innern des Landes ein Flußpferd von der Größe einer Ziege.

Zwei Jahre darauf sah Morton, daß die Angabe im Prinzip stimmte, wenn auch das Tier erheblich massiger wirkte als eine Ziege. Ein anderer Amerikaner hatte ihm nämlich aus Liberia zahlreiche Säugetierknochen für die Sammlung der Akademie von Philadelphia zugeschickt; darunter befanden sich zwei außergewöhnlich kleine Flußpferdschädel. Morton beschrieb sie unter dem Namen *Hippopotamus minor,* Klein-Flußpferd, und reichte sie dann zur Untersuchung weiter an einen der ersten großen Fossilienjäger Amerikas, der in der gleichen Akademie tätig war – den Anatomen Joseph Leidy.

Leidy war mit der Benennung, die der Kollege Morton vorgenommen hatte, in keiner Weise einverstanden. Er hielt das kleine Flußpferd nicht für einen bloßen Pygmäen des großen Nilpferdes, sondern mehr für ein Mittelding zwischen Flußpferd und Schwein, das möglicherweise längst ausgestorben war, und nannte das Tier *Choeropsis liberiensis.* Im übertragenen Sinne bedeutet der Name „Tier aus Liberia, das einen schweineartigen Anblick bietet". Bedeutende europäische Zoologen begannen sich daraufhin für die Angelegenheit zu interessieren. Ihre führenden Köpfe, der Franzose Ducrotay de Blainville und der Engländer Richard Owen, lehnten Leidys

Gesners Historia Animalium von 1552 besteht aus den Hauptteilen: De Quadrupedibus, De Avibus, De Aquatilibus. Das Nilpferd erscheint bei ihm jedoch seltsamerweise nicht unter den Vierfüßern, sondern unter den Wasserbewohnern.

Deutung scharf ab und erklärten, das Tier sei in Wirklichkeit nichts als eine besonders kleine Flußpferdrasse. Der Streit konnte nicht entschieden werden, da zwanzig Jahre lang kein Mensch mehr etwas von dem kleinen Flußpferd hörte.

Im Jahre 1870 aber geschah etwas Überraschendes. Der Zoo von Dublin in Irland hatte sich aus Liberia ein junges Flußpferd kommen lassen, das bei der Ankunft lediglich dreißig Pfund wog. So winzig und von so geringem Gewicht war noch nicht einmal ein neugeborenes Flußpferdbaby; das Tier sah auch sonst ganz anders aus, ging nur selten ins Wasser und ähnelte im Körperbau beinahe mehr einem Tapir als einem Flußpferd. Als es nach wenigen Wochen starb, wurde es von dem irischen Zoologen MacAllister untersucht. MacAllister sah, daß es kein richtiges Flußpferd war, sondern ein Vertreter der von Leidy aufgestellten Gattung Choeropsis.

Leidy hatte demnach recht: Das liberianische Zwergflußpferd war mit dem großen Flußpferd nur entfernt verwandt und konnte eher als eine Art Bindeglied zwischen Flußpferden und Schweinen bezeichnet werden, wenn es auch seines großen Maules, des fehlenden Rüssels und der ganzen Figur wegen entschieden mehr auf der Flußpferdseite stand. Vor allem – das Tier lebte noch!

Einige detaillierte Mitteilungen über das Zwergflußpferd folgten dann in den Jahren 1879 bis 1887. Johannes Büttikofer, der Konservator des Reichsmuseums in Leiden, sammelte in Liberia mehrere Skelette und Häute, die er bei eingeborenen Jägern gefunden hatte, und fragte sie über das Zwergflußpferd aus. „Sein bevorzugter Aufenthaltsort", schrieb er in einem zweibändigen Werk unter dem Titel „Reisebilder aus Liberia", „ist Wald und Sumpf; in Flüssen scheint man es nicht zu finden. Es ist nicht auf kleine Bezirke beschränkt und geht auch nicht stets dieselben Pfade, sondern dehnt seine Wanderungen auf sehr große Gebiete aus. Seine Lebensweise hat mit der des Wildschweines viel Ähnlichkeit. Es sucht sich sein Futter, das aus allerlei Kräutern und Waldfrüchten besteht, im Hoch- und Buschwalde und zieht sich nachher in die zahlreichen, für den Jäger oft unzugänglichen Sümpfe zurück. Es ist sicher, daß diese Art nicht wie das große Flußpferd in Trupps beisammenlebt.“

Wir würden Büttikofers Notizen heute als eine ganz ausgezeichnete Beschreibung bezeichnen. Aber damals muß man anscheinend darüber hinweggelesen haben. Denn trotz seiner Beobachtungen und trotz der Tatsache, daß sich im Jahre 1885 in Hagenbecks Tierpark abermals ein vermeintliches Flußpferdbaby als liberianisches Zwergflußpferd entpuppte, hielt die Wissenschaft das Tier entweder für ausgestorben oder glaubte bestenfalls an die Existenz einer durch Degeneration verzwergten Flußpferdrasse, die das normale Nilpferd in Liberias Wäldern ersetzt.

So war die Lage, als man nach der Jahrhundertwende in Dappers, Junkers und Stanleys Werken nachblätterte und nach dem „großen schwarzen Schwein“, dem Tier Nigbwe oder Se-Nge, zu fahnden begann. Einige kühne Leute wagten es, das legendäre Riesenschwein zu dem verleugneten Zwergflußpferd in Beziehung zu bringen. Vielleicht war der *Choeropsis* noch gar nicht erloschen; vielleicht wohnte das Tier, wie man aus Stanleys und Junkers Bemerkungen schließen konnte, nicht nur in Liberia, sondern auch in den Wäldern zwischen Sudan und Kongo, in der Heimat des Okapis. Alle derartigen Hypothesen aber fanden bei anderen Experten keinen Beifall. Das Zwergflußpferd war ein Flußpferd, also ein Wassertier; das riesige Schwein der Herren Dapper, Stanley und Junker aber, das Nigbwe der Eingeborenen, lebte nach übereinstimmenden Zeugnissen auf dem Lande, im Urwald. An Büttikofers Bericht, dem zufolge auch das Zwergflußpferd im Urwald leben solle und „in Flüssen nicht zu finden sei“, dachte man nicht.

Im Jahre 1904, drei Jahre also nach der Entdeckung des Okapis, feierten die Anhänger der Schweine-Theorie einen glänzenden Triumph. Ein Captain Meinertzhagen von den in Kenia stationierten British East African Rifles, ein exzellenter Afrika- und Tierkenner, entdeckte in einem Eingeborenendorf am Mount Kenya die stark beschädigte Haut eines großen schwarzen Schweines. Sie mußte einem wahren Schweineriesen angehört haben, einem Überschwein, so groß wie ein Kalb. Nun gehörte Meinertzhagen keineswegs zu den Leuten, die hinter dem sagenhaften Riesenschwein Stanleys her waren; er freute sich lediglich über die Trophäe und hielt auf seinen Exkursionen im westlichen Kenia fortan eifrige Ausschau nach solchen kapitalen Burschen. In der Nähe des Victoriasees gelang es ihm dann, einen noch zum Teil mit Haut bedeckten Schädel des Tieres zu beschaffen. Und was für einen Schädel! Merkwürdige Knollen und Auswüchse befanden sich unter den Augen, schwere gebogene Hauwaffen saßen im Kiefer, die massige Stirnpartie wirkte fast quadratisch. Der ganze Kopf maß von der Rüsselspitze bis zum Hals mehr als einen Meter.

Captain Meinertzhagens jägerische und zoologische Leidenschaft war nun vollends erwacht. Diese Mordskerle mußte er unbedingt vor die Flinte bekommen! Zunächst hatte er nicht viel Erfolg; er fand nur noch eine weitere Haut in einer Eingeborenensiedlung. Endlich aber kam er zu Schuß auf einen der grimmigen Keiler. Tiefschwarz war das Tier, zweihundertfünfzig Kilogramm schwer und fast eineinviertel Meter hoch. Nur zögernd trennte der Captain sich von diesem prächtigen Stück. Er packte Schädel und Decke ein, schrieb der Londoner Zoologischen Gesellschaft lakonisch, er habe ein großes unbekanntes Schwein geschossen, fügte der Sendung noch die von den Negern erworbenen Knochen und Häute hinzu und wartete neugierig auf das, was die Professoren in London wohl dazu sagen würden.

Die Antwort, die ihm Professor Odfield Thomas von der Zoological Society schickte, zeigte ihm, daß er mit seinem Riesenschwein auf einer richtigen Spur gewesen war. Zunächst, so las er, sei das Schwein auf seinen Namen getauft und heiße fortan für alle Zeiten *Hylochoerus meinertzhageni*, Meinertzhagens Waldschwein. Außerdem handle es sich um eine stammesgeschichtlich höchst bedeutungsvolle Form, die die Warzenschweine mit den Flußschweinen verbinde, um ein Tier „mit vielen altertümlichen Merkmalen und von hohem erdgeschichtlichem Alter". Als Krönung des Ganzen aber sei das Riesenwaldschwein ohne Zweifel jenes Legendentier, von dem Junker und Stanley geschrieben hätten, möglicherweise auch das Tier Nigbwe oder Se-Nge, das große schwarze Schwein des Olfert Dapper. Captain Meinertzhagen konnte also mit dem Ergebnis seiner Pirsch vollauf zufrieden sein.

Daß Stanley und Junker mit ihren Bemerkungen das Riesenwaldschwein gemeint hatten, war klar. Der schwedische Zoologe Einar Lönnberg stellte auf einer zoologischen Forschungsreise im Auftrag der Stockholmer Akademie fest, daß das große urtümliche Schwein nicht nur Kenia, sondern nahezu alle Waldgebiete Ost- und Äquatorialafrikas bewohnt. Nur war es seltsamerweise vor Captain Meinertzhagens Auftauchen niemandem außer Wilhelm Junker und Henry Morton Stanley aufgefallen. Aber konnte es auch identisch sein mit dem westafrikanischen „Zwergnashorn" Se-Nge, mit dem liberianischen Nigbwe, mit dem gleichfalls liberianischen Dapper-Schwein?

Dieser Annahme schien nichts mehr im Weg zu stehen, als Odfield Thomas aufgrund von eingeschickten Jagdtrophäen in den Jahren 1905 und 1906 Riesenwaldschweine aus dem Innern von Kamerun und aus dem Innern von Liberia beschrieb.

Das Riesenwaldschwein, dieses erst drei Jahre nach dem Okapi entdeckte Großtier, existierte demnach auch in Westafrika, woher die Se-Nge- und Nigbwe-Gerüchte stammten; es verbreitete sich über den gesamten afrikanischen Regenwald von der Guineaküste bis zum Mount Kenya. Also mußte es wohl der Urheber sämtlicher Legenden sein, die von unbekannten schweineähnlichen Lebewesen sprachen.

So urteilte die Fachwelt. Lediglich die liberianischen Eingeborenen widersprachen und erklärten klar und bestimmt, das Se-Nge sei ein ganz anderes Tier als das Nigbwe. Dieser Meinung schloß sich im Jahre 1910 nach gründlicher Prüfung der Angelegenheit der Hamburger Tierhändler Carl Hagenbeck an. Nach Hagenbeck handelte es sich bei dem Se-Nge in der Tat um die westafrikanische Form des Riesenwaldschweins; die großen Hauer des Schweines waren schuld daran, daß die Negerfabel aus dem Tier ein Berg- oder Zwergnashorn gemacht hatte. Das Nigbwe aber, das schwarze Schwein des Olfert Dapper, hielt Hagenbeck überhaupt nicht für ein Schwein. Seiner festen Überzeugung nach mußte das als ausgestorben bezeichnete Zwergflußpferd noch irgendwo in Liberia leben; und dieses Zwergflußpferd hatte Dapper gemeint, dieses Zwergflußpferd meinten die Liberianer, wenn sie vom Nigbwe sprachen. Hagenbeck unterhielt sich mit dem Tierfänger und Afrikareisenden Hans Schomburgk über den Fall; und Schomburgk erklärte sich bereit, nach Liberia zu fahren, „um den Versuch zu machen, dieses sagenhafte Tier zu fangen".

Schomburgks erste Erkundigungen bei den Eingeborenen am Duquea-Fluß erbrachten zunächst eine große Enttäuschung. Ein Mulatte namens Lett behauptete, er wisse von dem Tier. Es sei riesengroß, mindestens zehn Fuß lang; er habe selber eins gesehen, das am Rande eines Tümpels gelegen

Eine drollige Darstellung aus dem sechzehnten Jahrhundert zeigt ein zwergenhaftes Flußpferd mit einem Flußgott.

habe. Man fürchte sich vor dem Ungeheuer, da es oft die Kanus der Fischer angreife und zum Kentern bringe. Es kostete Schomburgk wenig Scharfsinn, schon nach ein paar Wochen zu merken, daß Mr. Lett von dem gewöhnlichen großen Flußpferd sprach. Wohl war es eine interessante Neuigkeit, daß dieses Tier entgegen der ländlichen Auffassung auch in Liberia vorkam – aber der Aufklärung des Falles Nigbwe war damit wenig gedient. Auch in den folgenden Tagen erfuhr Schomburgk immer wieder von liberianischen Flußpferden. „Aber das", schrieb er, „war nicht dazu angetan, meine Stimmung zu heben, denn zu meinem Schrecken hörte ich, daß stets von dem gewöhnlichen Flußpferd die Rede war und nicht vom Zwergflußpferd."

Es war gerade Regenzeit, als Schomburgk im Ruderboot und mit Trägerkarawanen durch den Urwald zog. Der ständige Regen deprimierte ihn diesmal ganz besonders, da es so aussah, als seien alle Strapazen vergeblich. Jeder Mensch, den er traf, lachte ihn wegen seines Vorhabens aus; niemand glaubte an die leibhaftige Existenz des Tieres, das er suchte. Sogar die Einheimischen bezeichneten es als ausgestorben. Da plötzlich, als Schomburgk nahe daran war, das Nigbwe allmählich für ein gestaltloses mythisches Waldgespenst zu halten, geschah etwas: „Vor mir, vielleicht zweihundert Meter entfernt in einem Waldstück, sah ich eine Bewegung. Es war aber unmöglich, auszumachen, was es sein könnte. Der dahinströmende Fluß brachte uns schnell dem von mir gesehenen Tier näher, und immer wußte ich noch nicht, was es war. Es konnte ein Büffel sein, sogar ein großes Krokodil. Dann trat es aus dem Schatten der Bäume heraus, heran an den Uferrand. Und da sah ich das Tier, um dessentwillen ich diese Reise in den liberianischen Urwald unternommen hatte. Vor mir stand, kaum fünfzig Meter entfernt, ein Wesen, das noch nie vorher ein weißer Mensch mit Bewußtsein lebend gesehen hatte – ein Zwergflußpferd. Wir schrieben den 13. Juli 1911. Die Dreizehn war immer meine Glückszahl . . ."

Nahezu jeder andere Forscher an Schomburgks Stelle hätte jetzt sofort geschossen. „Wie leicht", erzählte Schomburgk später, „hätte ich dieses Tier erlegen können; denn bevor es sich ins Wasser hinabgleiten ließ, stand es eine ganze Weile und sah mich ebenso unverwandt an, wie ich es beobachtete. Aber irgend etwas hielt mich zurück." Das Zwergflußpferd mußte, da es als ausgestorben galt, eines der seltensten Tiere Afrikas sein, und Schomburgk mochte nicht die Schuld auf sich laden, vielleicht einen der letzten überlebenden Vertreter und damit die ganze Art vernichtet zu haben. „Ich wollte diesem Glücksbringer nicht wehe tun", gestand er, „mir lag auch nichts an toten Zwergflußpferden. Ich hatte mich überzeugt, daß die Tiere hier im Lande noch existierten und brauchte mir nun nicht immer mit anzuhören, ich suchte ein Lebewesen, das es gar nicht gäbe."

In Monrovia, der liberianischen Hauptstadt, wurde Schomburgk nach seiner Rückkehr aus dem Urwald nicht etwa als Entdecker gefeiert, sondern mit Hohn und Spott überschüttet. Niemand nahm ihm die Begegnung mit dem fabulösen Zwergflußpferd ab, niemand hielt es für möglich, daß ein Großwildjäger (und das war Schomburgk) bei einem solch einzigartigen Zusammentreffen aus lauter Zartgefühl die Flinte nicht habe gebrauchen wollen. Überall, bei den europäischen Kaufleuten und Touristen, bei den liberianischen Beamten und auch bei den Kennern der afrikanischen Tierwelt, galt Schomburgk als Lügner, als Aufschneider, als ein Mann, der auf unkontrollierbares Eingeborenengeschwätz hereingefallen sei und am Duquea-Fluß entweder gar nichts oder höchstens einen vagen Schein gesehen habe. Nur Hagenbeck in Hamburg hielt weiterhin zu ihm und gab ihm den Rat, es im darauffolgenden Jahr noch einmal zu versuchen.

Diesmal stieß Schomburgk im Golaland auf Eingeborene, die das Mbe – wie das Zwergflußpferd dort hieß – ausgezeichnet kannten, es aber für so gefährlich hielten, daß anfangs niemand bereit war, ihm beim Fang zu helfen. „Der Gola-Häuptling", erzählte Schomburgk, „sah mich nach dem Palaver an, als sei ich völlig geistesgestört, und benahm sich, als dürfe er mir nur unter Lebensgefahr widersprechen. Er nickte zwar zu allen meinen Vorschlägen, verriet aber deutlich, daß er als vernünftiger Mensch den Widersinn, ein so gefürchtetes Tier zu fangen, zu transportieren und zu alledem noch dem Kochtopf zu entziehen, nicht mitmachen wollte." Ein Liberianer namens Henry L. Sherman schaltete sich schließlich ein, unterstützte Schomburgk bei seinem Vorhaben, besorgte die nötigen Hilfskräfte und organisierte den Fang.

Nach den Behauptungen der Bevölkerung im Golaland schien das Zwergflußpferd doch nicht gar so selten zu sein. So riskierte Schomburgk es, das erste Exemplar, das er am 28. Februar 1913 in einer Uferhöhle entdeckte, „zu töten und für die Wissenschaft zu präparieren". „Ich flüchtete in mein Zelt", so schilderte er seine Empfindungen in diesem Augenblick, „dann kamen mir die Tränen ... die überspannten Nerven verlangten gebieterisch ihr Recht. Wie hatte ich mich auf diesen Tag gefreut, um den ich ein Jahr lang gekämpft und gerungen hatte! Aber keine Freude wollte aufkommen, nur ein bitteres Gefühl der Genugtuung den Zweiflern gegenüber, die an meine Worte nicht geglaubt hatten. Gekocht habe ich innerlich vor Wut. Kein Mensch, der mich verstand, nicht hier, nicht in der Heimat: ‚Er läuft einem Tier nach, das es nicht gibt ...'"

Am nächsten Tag bereits hatte sich ein zweites Zwergflußpferd in einer der von Sherman angelegten Fallgruben gefangen und bereitete Schomburgk einiges Kopfzerbrechen. Denn die Gola hatten ihm das Tier als einen wahren Teufel geschildert. „Wie wird es sich benehmen, wenn ich es aus der Grube herauslasse? Mit großen Flußpferden hat man sehr schlechte Erfahrungen gemacht, da sie sich schwer an die Gefangenschaft gewöhnen und zuerst wie wild gegen die Stäbe ihrer Käfige anrennen. Soweit ich sehen konnte, schien aber mein Mbe von ruhigem Charakter zu sein. Es lag friedlich in der Grube und guckte mich eigentlich recht freundlich an. Aber wie sollte ich wissen, was es dachte? Vielleicht wollte es mir nur einen freundlichen Charakter vortäuschen, wollte mich zu irgendeiner leichtsinnigen Handlung veranlassen, um sich dann bei der ersten Gelegenheit als bösartiges kleines Untier zu entpuppen.“

Schomburgk überredete einige Eingeborene, ihm rund um die Grube einen starken Pferch zu bauen. Inzwischen fütterte er das Zwergflußpferd mit Wurzeln, die es „ganz ruhig, als ob es überhaupt gar nichts Besonderes erlebt hätte, zu vertilgen begann“. Ebenso ruhig ließ es sich in den Pferch treiben und „futterte sich dabei von Wurzel zu Wurzel nach oben weiter“. Schomburgk fiel ein Stein vom Herzen. Auf der nächsten Station gab er ein Telegramm an Hagenbeck durch, das den Wortlaut hatte: ZWERGHIPPO GEFANGEN – EIN NETTES TIERCHEN. In den folgenden Wochen fing er noch vier weitere Zwergflußpferde, transportierte sie in großen Körben, deren jeder von zweiunddreißig Männern geschleppt wurde, zur Küste, schmierte ihre Haut ständig mit Vaseline ein, um sie geschmeidig zu halten, und brachte die fünf „netten Tierchen“ gesund nach Hamburg. Messungen ergaben, daß das Zwergflußpferd gut einen Dreiviertelmeter kürzer und einen halben Meter niedriger ist als das kolossale Riesenwaldschwein, mit dem man es fast zehn Jahre lang verwechselt hatte.

Die Fahndung nach dem großen schwarzen Schwein hatte den Zoologen also gleich zwei neue Tierarten beschert – das Riesenwaldschwein und das Zwergflußpferd. Wie das Riesenwaldschwein sämtliche Urwaldgebiete von Guinea bis Kenia bewohnt, so bewohnt das Zwergflußpferd nach neueren Forschungen nicht nur Liberia, sondern ein Areal von der Pfefferküste bis zum Niger, das so groß ist wie Mitteleuropa. Beide gehören zwar nicht zu den häufigsten Geschöpfen der Regenwälder, sind aber inzwischen auch in nichtafrikanischen Zoos gezeigt worden.

Die Zuchten von Zwergflußpferden in Basel, Berlin, Washington, New York und Tokio sind längst weltberühmt geworden. Und da auch die Republik Liberia dafür sorgt, daß dem kleinen Dickhäuter in freier Natur nichts passiert, kann man hoffen, daß das Zwergflußpferd trotz seiner Seltenheit die Zeiten überdauern wird. Das Riesenwaldschwein ist zwar ein schwierigerer Pflegling und pflanzt sich in Tiergärten selten fort, dennoch scheint auch sein Bestand gesichert zu sein. Heute vermag man kaum mehr zu begreifen, daß die Wissenschaft vor achtzig Jahren noch so gut wie nichts von ihm wußte.

Die Sache mit den unbekannten Federn

Neue Tiere werden oftmals durch reinen Glücksfall entdeckt, vielfach auf Grund von Indizien, fabulösen Geschichten, Eingeborenenberichten und vagen Spuren, die irgend jemand gefunden, aber nicht zu deuten verstanden hat. Doch wohl kaum jemals hat ein Forscher ein so winziges Indiz, eine so unsichere Spur in Händen gehabt wie jene beiden Dinge aus dem Kopfputz eines Kongolesen, von denen James Chapin eines seit dreiundzwanzig Jahren mit sich herumtrug. Es waren zwei schwarzgestreifte Vogelfedern.

James Chapin hatte als junger Mann an Herbert Langs Okapi-Fangexpedition von 1909 bis 1915 teilgenommen, hatte mitgeholfen, das eine Okapikälbchen, das Lang in die Hände gefallen war, mit Kondensmilch zu tränken, und sich über den Tod des Tieres durch eifrige Vogelforschungen hinweggetröstet. Denn er war ein leidenschaftlicher Ornithologe und gehörte bereits als Neunzehnjähriger zum Mitarbeiterstab des New Yorker Naturhistorischen Museums. Irgendwann kam er auf den Gedanken, nicht nur die Vögel selbst, sondern auch den Federschmuck der Eingeborenen im Ituri-Wald zu sammeln – teils aus zoologischem und teils aus völkerkundlichem Interesse. Meist pflegten die schwarzen Jäger ihr Haar mit den leuchtendbunten Federn der Turakos, der Bananenfresser, zu zieren; einmal aber traf Chapin in Avakubi einen Mann an, der zwischen die Turakofedern auch zwei dunkle gebänderte Schwungfedern eines Vogels gesteckt hatte, dessen Artzugehörigkeit der amerikanische Ornithologe nicht auf Anhieb feststellen konnte. Er erfuhr von dem Jäger, daß der Vogel Mbulu heiße, erwarb den Kopfputz und studierte nach seiner Rückkehr im Jahre 1915 eifrig die Sammlung innerafrikanischer Vögel, die das New Yorker Museum besaß, um herauszubekommen, von welchem Tier die Federn stammten, deren Herkunft so rätselhaft schien.

Er fand nichts, auch keinen noch so geringfügigen Hinweis. Die Federn hatten eine rötliche Farbe und breite schwarze Bänder. Sie konnten aus der Schwinge eines Kuckucksvogels sein, eines Raubvogels oder auch eines Hühnervogels. Doch im ganzen Kongogebiet existierte, soweit Chapin wußte, kein einziger Vogel von dieser Farbe. Nach und nach wurde Chapin von einer geradezu detektivischen Leidenschaft gepackt. Er durchstöberte die amerikanischen Museen und Sammlungen, befragte die Ornithologen, wälzte sämtliche Werke über die Kongofauna und führte eifrige Korrespondenz mit ornithologischen Instituten, Zoologen und Afrikareisenden. Kein Mensch kannte den Vogel Mbulu, keiner wußte die beiden Federn zu identifizieren. Eine gründliche Analyse ließ auf ein Wildhuhn schließen, ein Perlhuhn oder einen Frankolin. Nur besitzt kein Perlhuhn und kein Frankolin solche rötlichen, schwarzgestreiften Flügelfedern. Für einen Kuckuck waren die Federn zu groß. Und Fasanen gibt es in Afrika nicht. So blieb

Chapin nichts weiter übrig, als die eine Feder in ein Schubfach des Museums zu legen und mit dem Etikett zu versehen: *Feather from native hats. Avakubi, 1913.* Die zweite aber behielt er bei sich, in der Erwartung, eines Tages doch noch unverhofft in irgendeiner Sammlung auf den Vogel Mbulu zu stoßen.

Hin und wieder überlegte Chapin flüchtig, ob es sich nicht vielleicht um etwas ganz Neues, einen unentdeckten Vogel, handeln könne. Doch er verwarf den Gedanken bald wieder. Am Ende hatte der Neger in Avakubi mit dem Mbulu bloß ein Haushuhn oder einen von Weißen für Tafelzwecke importierten Fasan gemeint. Chapin behielt die Sache mit der Feder zwar weiterhin im Auge, begann nach dem Ende des Ersten Weltkrieges auch eine abermalige Suche, wurde es aber allmählich leid, den Ornithologen ständig mit Fragen nach dem Kongovogel auf die Nerven zu fallen. Bis er eines Tages das Kongo-Museum von Tervueren betrat, jenes große Institut in der Nähe von Brüssel, in dem Ernst Schwarz den Bonobo gefunden hatte, den Zwergschimpansen des südlichen Kongowaldes.

Dreiundzwanzig Jahre waren inzwischen verstrichen, seit Chapin den Kopfputz in Avakubi erworben hatte. Man schrieb das Jahr 1936. Chapin dachte ohne Zweifel weder an den Fund des Ernst Schwarz, noch hoffte er auf eine Duplizität der Ereignisse. Er hatte nicht einmal die rätselhafte Feder bei sich und steuerte beim Betreten des Museums nur rein automatisch, wie es ein Fachmann tut, auf die Abstellräume zu, um sich dort ein wenig umzusehen. Da er zu dieser Zeit gerade bei der Abfassung seines großen Werkes „The Birds of the Belgian Congo" war, wollte er ein bißchen in den Rumpelkammern des Museums herumkramen und nachsehen, ob sich in ihnen vielleicht etwas Interessantes für ihn fände.

In einem der Räume bemerkte er zwischen Gläsern, zur Vernichtung bestimmten Präparaten und allerlei Gerümpel ein Brett, auf das zwei ausgestopfte Vögel montiert waren. Sie waren schlecht erhalten, völlig verstaubt und sahen wie Hühner oder wie Fasanen aus. „Hätte ich diese Exemplare in einem anderen Museum gesehen", erklärte Chapin nach der Aufhellung des Falles, „so hätte ich ihnen wenig Aufmerksamkeit geschenkt. Aber im Kongo-Museum werden lediglich afrikanische Vögel aufbewahrt; und Afrika beherbergt keine Fasanen. Noch nie hatte ich Vögel wie diese hier in der Sammlung von Tervueren erblickt. Sie waren etwas größer als Haushühner; der eine erschien schwärzlich, der andere mehr rötlich. Doch die schwarzgestreiften Schwungfedern des rötlichen Vogels weckten in mir eine Erinnerung ..."

Sie weckten die Erinnerung an die Feder aus Avakubi. Chapin machte sich daran, den Staub von dem Präparat abzuwischen, holte die Vögel ins Licht und sah, daß am Fuß des einen noch eine alte vergilbte Karteikarte befestigt war. Mit klopfendem Herzen las Chapin die Worte: „Pavo cristatus, jeune, importé." Diese Worte hätten ihm eigentlich eine herbe Enttäuschung bereiten müssen. Denn sie bedeuteten, daß es sich bei den verstaubten Vögeln um junge importierte Pfauen von der gewöhnlichen indischen Sorte handelte, um Tiere, die man auf jedem zehnten Hühnerhof antreffen konnte. Wenn das zutraf, dann war es verständlich, daß das Kongo-Museum keinen Wert auf sie legte und sie in einem dunklen Winkel verstauben ließ. Aber – Chapin wußte sofort, daß die Angaben auf der Karteikarte unmöglich stimmen konnten.

Die Vögel waren zwar nicht so groß wie Pfauen, doch sie waren auch keineswegs jung. Der dunklere von beiden, der Hahn, trug lange Sporen, wie sie nur ein voll ausgewachsener männlicher Hühnervogel haben kann. Außerdem sehen junge oder halbwüchsige Pfauen ganz anders aus. Und schließlich hatte die Leitung des Museums eigentlich nicht die geringste Veranlassung, gemeine Pfauen in ihren Räumen zu beherbergen – falls die Vögel nicht wild in Afrika gefunden worden waren. In Afrika jedoch kann man keine wilden Pfauen finden. Woher kamen also die angeblichen Pfauen? Wer hatte sie nach Tervueren gebracht? Wie konnte eine Feder, die genauso aussah wie eine ihrer Schwungfedern, in den Kopfschmuck eines Negers im Ituri-Wald geraten? Recht aufgeregt stürzte Chapin in das Büro des Museumsdirektors Henri Schouteden, beide Vögel unterm Arm, und fragte sofort nach der Herkunft der staubigen Relikte.

Schouteden musterte die Vögel verwundert. Der Hahn war dunkelbraun und schwarz getupft und schimmerte, wenn das Licht in einem bestimmten Winkel auf ihn fiel, metallgrün und violett; auf dem Kopf trug er ein Federbüschel. Die Henne war kleiner und hatte ein rötlicheres Gefieder. Es konnten – ja, was konnten es für Tiere sein? Wahrscheinlich Kreuzungen zwischen einem Pfau und einem Haushuhn oder einem anderen Hühnervogel, die ein Händler oder Beamter am Kongo aus Langeweile gepflegt und durchgefüttert hatte. Nach einigem Blättern in den Archiven fand Schouteden das Jahr der Spendung und auch den Spender der Vögel selbst heraus. Die Kassai-Handelsgesellschaft, ein großes Privatunternehmen, das vor dem Ersten Weltkrieg eine Art Handelsmonopol im Süden des Kongostaates ausübte, hatte bereits vor 1900 eine Kollektion ausgestopfter Vögel zusammengestellt und in ihren Brüsseler Verwaltungsräumen untergebracht. Da die Vogelpräparate aber in schlechtem Zustand waren und viel Platz wegnahmen, hatte die Gesellschaft die ganze Sammlung im Jahre 1914 dem Museum von Tervueren zur Sichtung und eventuellen Verwendung übereignet.

Chapin hörte gespannt zu. In der Kollektion, so erfuhr er, habe sich aber nichts Besonderes gefunden. Neben bekannten Vogelarten seien sogar Perl- und Haushühner darunter gewesen – und eben diese beiden Pfauen oder Pfauenbastarde. Man habe die Bälge wohl nur aus dem Grunde noch nicht weggeworfen, weil die ganze Kassai-Sammlung, so wertlos sie auch sei, noch auf Bearbeitung warte.

Hier hakte Chapin ein und erzählte die Geschichte von der rätselhaften Feder. Schouteden war nicht ganz überzeugt, aber er ließ die beiden Vögel reinigen und sicherstellen. Seiner Meinung nach mochte die Feder aus Avakubi, falls sie wirklich so aussah wie eine Schwungfeder der vermeintlichen Pfauen, gleichfalls von einem undefinierbaren Geflügelbastard stammen. Pfau und Huhn gehören zur gleichen Familie und sind so nahe verwandt, daß eine Liaison zwischen einem Pfauenhahn und einer Haushenne – zumindest theoretisch – fruchtbar sein könnte. Chapin durfte zwei Federn aus dem Flügel der ausgestopften Henne zupfen und nach New York schicken, wo die Ornithologen des Museums sie mit der Feder von Avakubi vergleichen sollten. Mehr aber erbrachte der bedeutungsvolle Besuch im Kongo-Museum an diesem Tage für die Detektivarbeit des James Chapin nicht.

Doch nun schaltete sich der Zufall ein. Einige alte Bekannte Chapins aus seiner Kongozeit hatten erfahren, daß er jetzt in Belgien weilte, und luden ihn zum Essen in den Cercle Gaulois, einen der bekanntesten Brüsseler Klubs, ein. Zu ihnen gehörte der Goldmineningenieur de Mathelin de Papigny, in dessen Gesellschaft Chapin im Jahre 1911 einige erholsame Tage verbracht hatte. Während des Essens war Chapin in Gedanken immer noch bei der geheimnisvollen Feder und bei den beiden „Pfauen“ im Kongo-Museum; er konnte nicht umhin, dem alten Freund davon zu erzählen. Ingenieur de Mathelin de Papigny war nicht weiter verwundert – er kannte solche Vögel. In Angumu, wo sich seine Goldmine befand, hatte er im Jahre 1930 sogar eines dieser „schwarzen Waldhühner mit der Federkrone“ zum Diner verspeist. Er rühmte das Fleisch als zart und delikat, meinte aber, die Brust müsse gut gespickt werden.

„Ein schwarzer Vogel mit einem Büschel weißer borstiger Federn auf dem Kopf?“ fragte Chapin voll Aufregung. Papigny nickte und zeichnete den Vogel auf ein Blatt Papier. Die Skizze ähnelte verblüffend dem ausgestopften Hahn im Museum. Es handelte sich, betonte der Ingenieur, keinesfalls um ein Haustier, denn ein Eingeborener habe das „Waldhuhn“ tief im Dschungel erlegt. Freilich habe er den delikaten Braten seit dieser Zeit nie mehr gekostet. Chapin konnte kaum noch das Mahl im Cercle Gaulois genießen. Sobald es möglich war, brach er auf und schleppte Herrn de Mathelin de Papigny in die Brüsseler Tiersammlungen, um herauszufinden, ob der Mineningenieur nicht vielleicht doch einen ganz anderen Vogel gemeint habe. Das „schwarze Waldhuhn“ aber war in keiner Sammlung zu sehen.

Also wirklich eine neue Art, ging es durch Chapins Gedanken, tatsächlich ein noch unbekannter Vogel! Aber war das denn möglich? Seit dem Jahre 1905 hatte man in ganz Afrika keine neue Vogelart mehr entdeckt.

Und schon ein Zoologiestudent im ersten Semester wußte, was in tiergeographischer Hinsicht mit den Hühner- und Fasanenvögeln los war. Truthühner leben in Amerika, Perlhühner in Afrika, Fasanen in Asien. Wildhühner und Pfauen zählen zu den Fasanen im weiteren Sinne und damit zur asiatischen Fauna; die drei schillernden Pfauenarten und ihre Verwandten, die prachtvollen, stolzen Arguspfauen, sind sogar Charaktervögel der indomalaiischen Tierregion. Ein afrikanischer Pfau (oder auch ein afrikanisches Wildhuhn, ein afrikanischer Fasan) wäre den Zoologen ähnlich absurd vorgekommen wie ein afrikanischer Tiger, eine afrikanische Gemse oder ein afrikanischer Orang-Utan. Sehr verwirrt und mit bohrenden Fragen im Kopf kehrte Chapin nach Tervueren zurück.

In Afrika, so behaupteten die Tiergeographen, gebe es keine Pfauen und Fasanen, sondern nur Perlhühner. Chapin brachte diese alte Theorie zu Fall.

In den nächsten Tagen und Wochen jagten sich die Ereignisse. Der Ornithologe Chapman vom New Yorker Museum bestätigte telegrafisch, daß die Feder aus Avakubi völlig mit denen von Tervueren übereinstimme. Henri Schouteden untersuchte gemeinsam mit Chapin das Skelett der beiden mysteriösen Präparate und entdeckte an ihren Flügeln in der Tat jenen Knochenfortsatz, den nur die asiatischen Pfauen und Fasanen, nicht aber die afrikanischen Perlhühner besitzen. Ein Gremium von Fachleuten studierte daraufhin die zwei Vögel aus der Rumpelkammer und erklärte einstimmig, es handle sich mit absoluter Sicherheit nicht um irgendwelche Bastarde, sondern um unbekannte Wildvögel, die mit Pfauen verwandt sein müßten. So konnten Schouteden und Chapin es endlich wagen, in mehreren Zeitungen und Zeitschriften alles, was sie bisher über den Rätselvogel herausgefunden hatten, zu publizieren. Sie erklärten in diesen Berichten, es müsse entgegen der bisher vertretenen Ansicht nicht nur in Asien, sondern auch in

Afrika Pfauen geben, Pfauen von einer kleineren, weniger dekorativ aussehenden, aber stammesgeschichtlich vielleicht hochbedeutsamen Sorte. Eindringlich baten sie alle Kenner des Kongogebiets, nach den Vögeln Ausschau zu halten und dem Museum gegebenenfalls Nachricht zukommen zu lassen.

Das Echo auf die Veröffentlichungen war unerwartet. Ein Polizeioffizier namens Geldof schrieb aus Kindu im Kongogebiet, er habe vor sechs Jahren eine Henne der geschilderten Vogelart geschossen, ausgestopft und seiner in Belgien lebenden Schwester geschenkt. Sofort suchte Chapin die Schwester des Monsieur Geldof in dem belgischen Städtchen Ecloo auf – die Henne war gottlob noch da, hing überm Sofa und wurde ihm gern überlassen. Aus dem Lusambo-Distrikt schrieb ein Missionar Wilson, auch er habe einen Kongopfau erlegt, aber die Federn leider weggeworfen. Der Vogel heiße bei den Negern übrigens Mbulu – und das war der gleiche Name, den auch der Jäger von Avakubi gebraucht hatte. Zwei Männer, die im unteren Uële-Distrikt lebten, berichteten ebenfalls von ihrer Jagd auf fasanen- oder pfauenähnliche Vögel. Sogar Ingenieur de Mathelin de Papigny, der inzwischen wieder in den Kongo abgereist war, meldete sich erneut, lud Chapin zu einem Besuch der Mine von Angumu ein und teilte ihm mit, sein Minenarzt Pierre Dyleff bezeichne die Vögel als recht gewöhnlich und werde dem amerikanischen Ornithologen gern einige Exemplare beschaffen.

Feierlich wurde der Kongopfau jetzt auf den Namen *Afropavo congonensis*, Afrikanischer Pfau vom Kongo, getauft. Und die Weltöffentlichkeit wartete mit Spannung darauf, welches Ergebnis eine neue Reise Chapins zum Kongo erbringen werde. Die Realisierung dieser Reise war nicht ganz einfach; denn zuvor mußte Chapin erst noch seine vogelkundlichen Arbeiten in Tervueren beenden. Außerdem konnte ihm das New Yorker Museum lediglich zwei Monate Urlaub gewähren. Und schließlich fehlten ihm ganz einfach die Mittel für die Finanzierung einer solchen Privatexpedition. Verschiedene einflußreiche Gönner jedoch, darunter der bekannte Polarforscher Lincoln Ellsworth, setzten sich für ihn ein. Am 19. Juni 1937 war es dann soweit: Ein Passagierflugzeug der Sabena-Gesellschaft brachte den Mann, der ein Vierteljahrhundert lang hinter dem Träger einer kleinen Feder hergewesen war, nach Stanleyville, ins Herz Innerafrikas.

Dort warteten bereits acht Bälge und durch Formalin haltbar gemachte Körper von Kongopfauen auf ihn, von Pierre Dyleff beschafft und von den eingeborenen Präparatoren Musoba und Nkotiba geschickt konserviert. Chapin nahm sie freudig in Empfang und zog dann los in die Urwälder am Ayena-Fluß, in denen nach den Angaben der Gewährsleute noch die meisten Kongopfauen leben sollten. Den Negern waren die Vögel, wie er hörte, unter den verschiedensten Namen bekannt – als Mbulu, Ngowé oder Itundu. Bisher allerdings hatte sich niemand sonderlich mit ihnen beschäftigt;

nun aber, nach Chapins Erscheinen, sprach man überall in der ganzen Gegend zwischen Stanleyville und dem Ituri-Fluß von ihnen.

Dreimal sah Chapin auf seinen Ausflügen Kongopfauen durch die Blätter rauschen; Dutzende von Malen hörte er ihr heiseres Geschrei. Einmal, am 18. Juli, ließ er einen der Vögel durch seinen schwarzen Begleiter Anyasi erlegen. Seine Freunde hatten ihm in der Zwischenzeit zwei weitere Kongopfauen präpariert. Damit waren zu den beiden staubigen Bälgen im Museum von Tervueren zwölf tadellose Exemplare hinzugekommen – genug, um die Art zu beschreiben und mit den großen schleppentragenden Pfauen Südasiens zu vergleichen. Auch der Kongopfau, so zeigte es sich, ist ein urtümlich gebliebenes Lebewesen, ein Rückzügler in den Regenwald wie Riesenwaldschwein, Zwergflußpferd, Okapi und andere Bewohner des Ituri-Waldes.

In einer Unzahl von Gesprächen und Briefen erfuhr Chapin nähere Einzelheiten über das Leben des Vogels, über seine Balzkämpfe, seinen Nestbau und seine Brutpflege. Der Kongopfau fehlt zwar überall dort, wo die Sammlerstämme der Pygmäen eierhungrig umherstreifen, ist aber sonst in einem weiten Gebiet zwischen den Flüssen Ituri und Sankuru ausgesprochen häufig anzutreffen. Das bestätigte auch ein Jahrzehnt darauf der ame-

Der schillernde asiatische Pfau sieht weit prächtiger aus als der unscheinbare Kongopfau. Er wurde schon in alter Zeit oft und gern abgebildet.

rikanische Tierfänger Charles Cordier, der zusammen mit seiner Frau zwanzig Monate lang über zweihundert lebende Säugetiere, Vögel und Reptilien im Kongowald sammelte und in einem Spezialflugzeug nach New York brachte. Sechs Hähne und eine Henne des Kongopfaus befanden sich darunter – die ersten Kongopfauen, die in lebendem Zustand Afrika verlassen hatten.

Inzwischen haben Cordier und andere Tierfänger noch weitere Kongopfauen in amerikanische und europäische Zoos überführt. In den Zoos von Antwerpen und Rotterdam und im französischen Privattierpark Clères hat der Rätselvogel sogar schon gebrütet und Junge aufgezogen.

„Obwohl äußerlich verhältnismäßig unscheinbar", schreibt der Zoologe Ingo Krumbiegel in einem Bericht über den Kongopfau, „ist diese jüngste Neuentdeckung der Vogelkunde aus Afrika zugleich eine der interessantesten Bereicherungen unserer tiergeographischen Kenntnisse. Namentlich die Erdgeschichtler und Geographen werden sich mit dem neuen Tier noch auseinanderzusetzen haben. Es ist ein leibhaftiger Zeuge der einstigen Einwanderung südasiatischer Tiere in den Schwarzen Erdteil. Die uralte Ausstrahlung von Huftieren nach Afrika, zu denen auch das Okapi gehört, ist zugleich von einer Wanderung von Vögeln begleitet gewesen, und als einer der Teilnehmer an dieser tertiären Vogelwanderung hat sich der Kongopfau bis heute in Afrika lebend erhalten. Als typischer Waldvogel hat er gegenwärtig vermutlich ein weit kleineres Verbreitungsgebiet als in früheren Zeiten, in denen der Wald noch weite Flächen Afrikas bedeckt hat. Im Dunkel dieses Kongowaldes aber konnte der große Vogel, den bis in die jüngste Zeit hinein niemand kannte, kaum behelligt existieren."

Wenn James Chapin aber nicht jahrzehntelang dem Geheimnis der kleinen Feder aus dem Kopfputz eines Negers nachgespürt hätte, dann stünden die beiden halbverdorbenen Bälge noch nach wie vor unter dem Etikett „Pavo cristatus, jeune, importé" in einem Abstellraum, und man wüßte bis heute noch nichts von einem schillernden Vogel Mbulu, der mit seinen heiseren, knarrenden Rufen die Dämmerstille des Kongowaldes zerreißt.

Auf der Suche nach dem Urflosser

Es gibt für den Naturwissenschaftler nicht nur reale, sondern auch hypothetische Tiere, auf dem Papier konstruierte Lebewesen, die sich irgendein geistvoller Gelehrter erdacht hat, weil er sie zum Beweis einer ganz bestimmten Theorie benötigt. Das neunzehnte Jahrhundert, das Jahrhundert der Evolutionstheorien, hat der Welt eine wahre Menagerie solcher papierener Geschöpfe vorgestellt. Überall, wo Lücken in den entworfenen Stammbäumen klafften, wo man ein „missing link", ein noch unbekanntes Verbindungsglied zwischen Gruppe und Gruppe benötigte, um das erträumte Entwicklungsbild zu vervollständigen, entstand auf dem Zeichenblatt ein Gedankentier, ein wissenschaftliches Fabelwesen, eine „moderne Seeschlange".

Die Evolutionstheoretiker zweifelten nicht daran, daß man diese spekulativen Tierformen, fossil oder gar lebend, irgendwann einmal finden werde; denn hätten die „missing links" niemals existiert, so wäre die Abstammungslehre wie ein Kartenhaus zusammengebrochen. Somit bedeutete jedes erdachte Tier, das plötzlich lebendige Wirklichkeit wurde, für Darwin und die Seinen eine gewonnene Schlacht. Viele solcher Schlachten wurden im Laufe des neunzehnten Jahrhunderts gewonnen. Man suchte nach Übergängen von den Wirbellosen zu den Wirbeltieren und fand den wurmähnlichen schädellosen Lanzettfisch. Man vermutete, daß die Vögel von Sauriern abstammen, und entdeckte im fränkischen Juraschiefer die fossilen Reste des bezahnten, eidechsenschwänzigen Urvogels *Archaeopteryx*. Man konstruierte eine hypothetische Brücke zwischen Reptil und Säugetier, entwarf einen eierlegenden Säuger mit einem reptilienhaften Urogenitalsystem und sah, daß das australische Schnabeltier ziemlich genau diesem Bild entsprach. Man fahndete nach einem „Menschentier", halb Affe noch und halb schon Mensch, und entdeckte in Afrika und Südasien die fossilen Überreste von Affenmenschen. Eines der bedeutungsvollsten „missing links" schließlich war das Tier, das die Lücke zwischen Fisch und Amphibium ausfüllen konnte, das erste Geschöpf, dem alle anatomischen Voraussetzungen zum großen Sprung aufs Festland gegeben waren – der hypothetische Lungenfisch.

Ein solcher „Molchfisch" ließ sich in der Idee ohne große Schwierigkeiten entwerfen. Er mußte sowohl Kiemen wie ein Fisch als auch Lungen wie ein Molch besessen haben. Sein Hinterende lief vermutlich nicht in einem gegabelten Fischschwanz, sondern in einem einfachen Flossensaum aus. Die Rückenflosse fehlte ihm. Und die Gliedmaßen konnten weder richtige Flossen noch richtige Beine gewesen sein – eher paddelähnliche Mitteldinge zwischen beidem, unspezialisierte Urflossen, die in der Lage waren, die Fischflosse wie das Molchbein aus sich hervorzubringen. Nach Annahme der Darwinisten hatte dieser hypothetische Lungenfisch zwar noch im Wasser gelebt; zugleich aber hatte er es auch fertiggebracht, Trockenzeiten in ausgedörrtem Schlamm zu überdauern. Und sein unmittelbarer Nachfahr, der „Fischmolch" – genauso hypothetisch wie er –, war dann dazu übergegangen, von Gewässer zu Gewässer zu wandern und aus den Ur-Paddeln echte Beine zu entwickeln.

Soweit die wissenschaftliche Legende vom Urfisch, der daranging, sich das Festland zu erobern und das Geschlecht der höheren Wirbeltiere zu begründen. Der österreichische Ornithologe Johann Natterer wußte noch nichts von ihr, als er 1807 in kaiserlichem Auftrag nach Brasilien reiste, um für das Wiener Naturalienkabinett Vögel zu sammeln. Siebzehn Jahre zog Natterer durch Südamerikas Urwälder, er erbeutete über zwölftausend Vogelbälge, und in dieser Zeit schufen Geoffroy de Saint-Hilaire, Lorenz Oken und andere Vorkämpfer des Evolutionsgedankens, ohne daß Natterer etwas davon erfuhr, die ersten Entwürfe der Theorie vom Lungenfisch. So kam es, daß der österreichische Forscher das sonderbare, aalähnliche und mit Schuppen bedeckte Lebewesen, das er um 1833 in den Sümpfen am Amazonas entdeckte, zunächst für ein Amphibium hielt und nicht mit den Fischen in Verbindung brachte. Als „Caramuru" oder „Lolach" bezeichneten die Indianer das Tier; es war etwa meterlang, hatte vier fadenförmige Beinanhängsel, atmete sowohl durch Kiemen als auch durch Lungen (es waren zwei an der Zahl, wie bei allen höheren Wirbeltieren) und kroch träge auf dem Schlammgrund dahin, um Jagd auf große Wasserschnecken zu machen. Natterer verglich den Caramuru mit dem großen olmähnlichen Armmolch Nordamerikas, und verlieh ihm den Namen *Lepidosiren paradoxus* (paradoxer Schuppenmolch).

Als Natterer mit seiner Entdeckung im Jahre 1835 nach Wien zurückkehrte, grübelten die Fisch- und Lurchforscher in Europa gerade über ein anderes Geschöpf aus Afrikas Strömen und Sumpfgebieten nach und überlegten, ob dieser „Cambona", „Doko" oder „Komtok" nicht mit dem von Geoffroy de Saint-Hilaire entworfenen „Molchfisch" identisch sein könne. Auch dieses Tier war rund einen Meter lang, hauste im Grundschlamm und besaß neben den Kiemen zwei funktionsfähige Lungen; es hatte eine nicht ganz so aalförmige Gestalt wie Natterers „Schuppenmolch", einen größeren Flossensaum um den Körper, stärkere Schuppen und weit längere „Fadenflossen". Sein Beschreiber Richard Owen hielt es für einen Fisch, meinte aber, die fadenartigen Anhängsel könnten die Rohentwürfe von Beinen sein und nannte das Geschöpf demzufolge *Protopterus annectens* (Anknüpfender Urflosser). An wen der Urflosser nach Owens Meinung anknüpfte, war klar: an die Amphibien.

Als nun Natterer mit seinem Schuppenmolch herausrückte, zeigte es sich, daß das scheinbare Amphibium *Lepidosiren* und der vermeintliche Fisch *Protopterus* zur gleichen Familie gehören. Wozu rechnete aber diese Familie der „Lungenfische"? Zu den Fischen oder zu den Amphibien? Heftig stritten sich die Geister – es ging im Fall Lungenfisch genauso zu wie im Fall Schnabeltier. „Fisch!" beharrte Owen und wies auf das Schuppenkleid und die allgemeine Fischgestalt der „Urflosser" hin. „Fisch!" sagte auch der größte Ichthyologe jener Jahre, Professor Louis Agassiz vom Harvard College in Massachusetts; er meinte, ein Tier, dessen Gliedmaßen im Flossenzustand beharren und das im Körperbau eine gewisse Ähnlichkeit mit den Flösselhechten Afrikas und den Kahlhechten Nordamerikas, mit unzweideutigen Fischen also, hat, gehöre zoologisch in keine andere Klasse als eben in die der Fische.

„Molch!“ betonte der Entdecker des südamerikanischen Lungenfisches, Johann Natterer, und blieb dabei, daß sein *Lepidosiren* unter allen Tieren am meisten dem Armmolch gleiche. „Molch!“ erklärte der Lamarck-Schüler Henri Milne-Edwards in Paris und machte seine Kollegen auf die Tatsache aufmerksam, daß Olm, Armmolch und Axolotl (unzweideutige Amphibien also) gleichfalls durch Kiemen wie durch Lungen atmen. Auch Karl Vogt in Genf, ein abtrünniger Eleve des Louis Agassiz und einer der radikalsten Abstammungstheoretiker überhaupt, plädierte für die Verweisung der Lungenfische in die Klasse der Amphibien; jeder Fisch, so begründete er seine Ansicht, habe nur einen einfachen, jedes höhere Wirbeltier aber vom Amphibium bis hinauf zum Menschen einen doppelten Blutkreislauf – und diesen doppelten Blutkreislauf gäbe es auch, freilich noch unvollkommen, bei den Lungenfischen.

Wie in allen derartigen Streitfällen, so wurden auch hier verschiedene Kompromißvorschläge gemacht, um die feindlichen Parteien zu versöhnen. Zunächst regte Geoffroy de Saint-Hilaire an, die urtümlichen Flössel- und Kahlhechte, deren Ähnlichkeit mit den Lungenfischen von den Zoologen so sehr hervorgehoben worden war, gleichfalls aus der Klasse der Fische auszuklammern. Er tat das nicht ohne Grund, denn er persönlich hatte als Offizier Napoleons im Ägyptenfeldzug die „sehr altertümlichen Flösselhechte, denen die Schwimmblase als Atmungsorgan dient“, entdeckt. Faßte man Flösselhechte, Lungenfische und Amphibien zu einer Gruppe zusammen, so ließ sich ein ganz vortrefflicher Wirbeltierstammbaum aufstellen, der vom Schwimmblasenatmer über den Kiemen-Lungen-Atmer bis zum reinen Lungenatmer führte. Daß die vieldiskutierten Flössel- und Kahlhechte keine Urfische sind und mit den Lungenfischen nichts zu tun haben, zeigte sich erst im Jahre 1927 durch die Untersuchungen des englischen Fischforschers Stephen Goodrich.

Einen anderen Kompromißvorschlag machte im Jahre 1843 der große Physiologe Johannes Müller, der unbestrittene König der Naturforscher im damaligen Deutschland. Er teilte die Klasse der Fische einfach in zwei Unterklassen auf. Die eine Unterklasse nannte er *Dipnoi* (Doppelatmer); sie bestand nur aus den Lungenfischen. In der zweiten faßte Müller sämtliche übrigen Fische zusammen. Den Anhängern Darwins aber war das noch nicht klar und konsequent genug. „Diese abweichenden und sonderbaren Formen“, so beurteilte Darwin in seinem Buch über den Ursprung der Arten die Lungenfische, „könnte man lebende Fossilien nennen. Sie verbinden Ordnungen miteinander, die heute auf der Stufenleiter der Natur durch

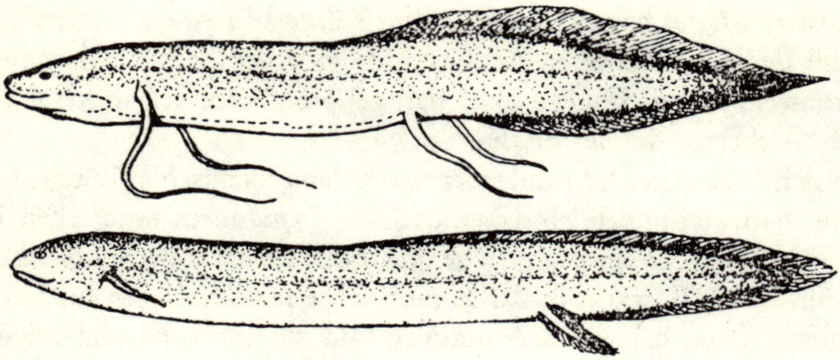

Die Molchfische Afrikas und Südamerikas sind keine missing links, sondern in den Schlamm gewanderte Spezialformen.

weite Entfernungen getrennt sind; sie sind bis auf den gegenwärtigen Tag erhalten geblieben, weil sie innerhalb eines abgeschlossenen Gebietes wohnten und deshalb weniger als andere Tiere einer ernsten Konkurrenz ausgesetzt waren.“ Einerseits, so meinte Darwins Anhänger Ernst Haeckel dazu, sind sie urtümlicher als alle echten Fische; würde man sie unter den Fischen verschwinden lassen, so müßten sie dort einen niederen Rang einnehmen. Andererseits aber sind sie schon hoch über das Fischreich hinausgewachsen und haben bereits zum größten Sprung, den die Tierwelt je getan hat, angesetzt. Also muß man ihnen eine besondere Klasse zwischen den Fischen und den Amphibien einräumen.

Einige Zoologen folgten dem Vorschlag von Haeckel, andere hielten es mehr mit Johannes Müller, wieder andere mit Agassiz. Für die Systematiker, die auf strenge Ordnung im Tierreich Wert legen, war das nicht sehr erfreulich. Aber auch die Evolutionisten betrachteten die Lungenfische mit gemischten Gefühlen. Richtige „missing links“, wie man sie sich erträumt und ausgedacht hatte, waren *Protopterus* und *Lepidosiren* nämlich nicht. Oder besser: Wenn ihre noch unbekannten Vorfahren tatsächlich einst die Brücke zwischen Fisch und Molch geschlagen hatten, so mußten sich die beiden aalgestaltigen Nachkommen, die letzten Überbleibsel des Lungenfischstammes, im Laufe der Erdzeitalter ganz gewaltig verändert haben. Der eigentliche, der hypothetische Lungenfisch ließ sich zum Beispiel weder in Aalgestalt noch mit fadenförmigen Flossen vorstellen; auch war anzunehmen, daß er nur eine einzige Lunge besessen hatte. „Schuppenmolch“ und „Urflosser“ erwiesen sich bei genauer Betrachtung als hochspezialisierte Schlammgeschöpfe, vortrefflich dem steten Wechsel von Flut und Austrocknung in den tropischen Strom- und Sumpfgebieten angepaßt, und damit nicht mehr als direkte Ahnen der Amphibien.

Trocknen ihre Wohngewässer aus, so vergraben sie sich einen halben

Meter tief im Schlamm, rollen sich dicht zusammen, schwitzen eine Schleimschicht aus und kapseln sich ein. Ein halbes Jahr lang können sie so im Sommerschlaf liegen; eine kleine Öffnung in der Schlammkapsel erlaubt es ihnen, Luft durch die Lungen zu atmen. Der Schlamm wird mit der Zeit steinhart und knochentrocken. Aber das stört sie nicht – die nächste Regenzeit erweicht die Kapsel und erweckt die Tiere erneut zum Leben. Verschiedene Afrikaforscher haben schon solche harten Schlammklumpen per Schiff nach Europa gesandt. Wirft man sie in ein Aquarium mit angewärmtem Wasser, so kriecht nach kurzer Zeit ein quicklebendiger Lungenfisch aus jeder Kapsel und schwimmt munter, als sei nichts geschehen, in seinem Behälter herum. Der Nilreisende Theodor von Heuglin stellte um 1855 sogar fest, daß sich der Lungenfisch auch in der feuchten Jahreszeit „in selbstgegrabenen, waage- oder senkrechten Löchern im hohen Ufer aufhält und seine Behausung nur zur Nachtzeit verläßt, um im Wasser Frösche, Weichtiere und Krabben zu fangen“. Alle diese Beobachtungen bezogen sich übrigens zunächst nur auf den afrikanischen Lungenfisch. Der südamerikanische „Schuppenmolch“ war merkwürdigerweise trotz Natterers Bericht wieder so völlig in Vergessenheit geraten, daß einige Leute sogar an seiner Existenz zweifeln wollten. Erst um 1890 wurde er wiederentdeckt.

Am meisten ärgerte sich die Darwin-Schule über die fadendünnen Gliedmaßen dieser Schlammspezialisten. Es war klar, daß sich aus solchen Anhängseln weder Flossen noch Beine entwickelt haben konnten; die vier Fäden waren, wie Darwins Gegner triumphierend sagten, offensichtlich nichts als degenerierte und funktionslos gewordene Gebilde, auf die niemand eine Hypothese gründen durfte. Eine Urflosse mußte ganz anders aussehen. Wie, das entwarf um 1855 ein Freund Ernst Haeckels, der Jenaer Anatom Karl Gegenbaur. Unser den zehn Fingern der menschlichen Hand entnommenes Dezimalsystem habe, wie er meinte, seine eigentlichen Wurzeln in der Steinkohlenzeit, in der Epoche der ersten Vierfüßler. Schon das älteste Landwirbeltier müsse fünf Finger an jeder Hand und fünf Zehen an jedem Fuß besessen haben. Man könne sich die Urflosse deshalb nur als ein farnblattähnliches Gebilde denken, mit einem starken Knorpelstrahl in der Mitte und mit einer Reihe von Fiederstrahlen an beiden Seiten. Wenn sich eine solche Flosse – nach Gegenbaur – beim Erklettern des Landes aufstützt, bilden sich der Mittelstrahl und die ersten vier Seitenstrahlen einseitig aus und werden zu Fingern; der Rest der Seitenstrahlen aber verkümmert. „Auf diese Weise“, meinte der Jenaer Anatom, „lösen sich Arm und Hand einfach und reinlich aus der Flosse heraus.“

Gegenbaurs „Urflosse“ war ein Produkt reiner Gehirnarbeit, sie war Spekulation, ebenso wie der Lungenfisch einst reine Spekulation gewesen war. Man kannte kein einziges Lebewesen, das eine solche Flosse besaß. Aber da man den Lungenfisch erwischt hatte (nicht gerade den Idealtyp des

Lungenfisches, aber doch immerhin ein durch Lungen atmendes Fischwesen), hoffte man, eines Tages auch einen Träger der Gegenbaurschen Urflosse zu finden. Ja, man gab sich dem verwegenen Gedanken hin, auch dieses sehnlichst erwartete Tier werde eine Art Molchfisch sein – der „richtige", der ideale Lungenfisch, der wahre Urvater der Vierfüßler.

Damit betreten wir wieder den „vergessenen Kontinent" Australien. Im Jahre 1869 unterhielt sich ein Squatter aus dem nördlichen Queensland, William Forster, in Sydney mit dem Museumskurator Gerard Krefft über die Fische des Burnett- und Mary-Flusses. Vor allem für eine Art, die Forster erwähnte, interessierte sich Krefft sehr; er hatte noch nie zuvor von ihr gehört. Nach Forsters Angaben sollte es ein anderthalb Meter langes, mit sehr großen grünlichen Schuppen bedecktes und mit vier starken blattartigen Flossen versehenes Tier sein. Sein Fleisch, erzählte der Squatter, sei rot wie das eines Lachses und schmecke vorzüglich; aus diesem Grunde werde der Fisch auch „Burnett-Lachs" genannt. Der einheimische Name klinge ungefähr so wie Barramunda.

Krefft überlegte angestrengt. Von einem Barramunda glaubte er schon gehört zu haben. Wo war es doch? Richtig – in Leichhardts Veröffentlichungen über seine erste Expedition quer durch Queensland! Schnell schlug Krefft nach, was Leichhardt aufgeschrieben hatte, und las es durch. Große Schuppen – das stimmte. Kleine Flossen, sechzig bis neunzig Zentimeter Körperlänge – das stimmte wieder nicht. Die Sache begann aufregend zu werden. „Schicken Sie mir schnellstens einige Ihrer Burnett-Lachse!" bat Krefft den William Forster. „Ich möchte wetten, daß Sie eine wichtige Entdeckung gemacht haben." Forster versprach ihm die Besorgung der Fische, und Krefft war gespannt, wessen Schilderung sich als richtig erweisen würde – die des großen Entdeckers Leichhardt oder die des Schafzüchters vom Burnett River.

Es dauerte nicht lange, da traf ein ziemlich unangenehm riechendes Faß bei Krefft ein. Darin befanden sich mehrere Burnett-Lachse, eingesalzen zwar, aber schon stark angegangen. Der Museumskurator holte sie aus der Lake und sah, daß Forsters Bericht in allen Einzelheiten stimmte. Die Fische waren so lang wie ein ausgewachsener Mensch, grünlichweiß gefärbt, mit plattenartigen Schuppen bedeckt und mit einem ungegabelten Schwanz ausgestattet – mit einem Schwanz, wie ihn in ähnlicher, wenn auch etwas gestreckterer Form der afrikanische Lungenfisch aufwies. Sie sahen nicht wie Aale aus, sondern hatten die normale Fischgestalt. Das alles war zwar ganz interessant, aber nicht weiter umwerfend. Drei Besonderheiten des Burnett-Lachses jedoch verschlugen Krefft fast den Atem und ließen seine Hände vor Erregung zittern: Erstens glichen die vier breiten lanzettförmigen Flossen des Fisches haargenau der hypothetischen Urflosse des Professors Gegenbaur, sie saßen außerdem noch auf richtigen Stielen, so daß sich die Vermutung aufdrängte, der „Barramunda verwende diese Flossen im Wasser wie ein auf vier Beinen laufendes Tier". Zweitens atmete das Rätselwesen nicht durch Kiemen, sondern auch durch Lungen – oder besser: durch eine einzige Urlunge. Und drittens hatte es in jeder Hälfte des Unter- und Oberkiefers „einen einzelnen großen Zahn mit hirschgeweihähnlichen Sprossen", einen Kammzahn, wie man ihn zuvor nur in erdmittelalterlichen Ablagerungen der Trias- und Jurazeit, aber noch nie bei einem lebenden Fisch gefunden hatte.

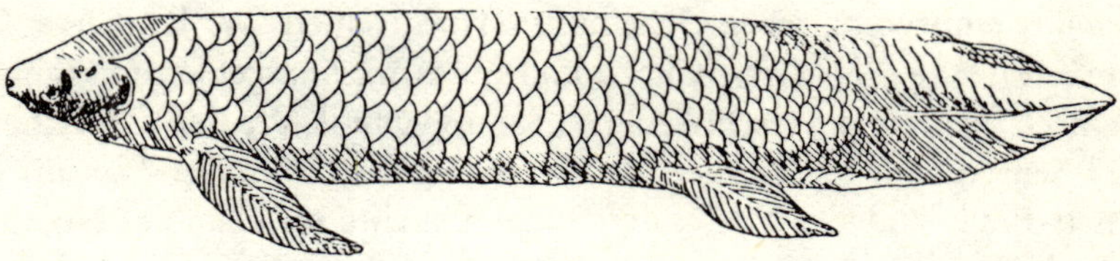

Der Burnett-Lachs des William Forster ist der ursprünglichste Lungenfisch. Krefft hob auf dieser ersten Zeichnung des Tieres die Gegenbaursche Urflosse besonders hervor.

Der „Burnett-Lachs" war somit nicht nur der eigentliche Urflosser, der „echte" Lungenfisch – er war auch ein *Ceratodus*, ein überlebender Abkömmling der für undefinierbar gehaltenen erdmittelalterlichen „Hornzahnfische". *Ceratodus forsteri* taufte Krefft ihn. Zwei Jahre darauf saß Albert Günther, der führende Fischkundler des Britischen Museums, über den konservierten Bewohnern des Burnett River und stellte fest, daß „von allen bekannten Fischflossen keine so geeignet wäre, wirklich in das echte Bein eines höheren Wirbeltiers umgeformt zu werden, wie die des australischen Lungenfisches". Er bewies ferner, daß die uralten Hornzahnfische, von denen man bis dahin lediglich fossile Kammzähne gefunden hatte, richtige Lungenfische gewesen sein mußten. Bald danach wurden im Devon und Karbon Schottlands und Kanadas noch ältere Verwandte des *Ceratodus* (oder *Neoceratodus*, wie man ihn später nannte) entdeckt, darunter der über dreihundert Millionen Jahre alte „Zweiflosser" *Dipterus*. Die Ahnenreihe des Burnett-Fisches mit den Hirschgeweihzähnen ließ sich also bis ins Erdaltertum zurückverfolgen.

Der Sieg der Partei Haeckel und Gegenbaur war aber noch nicht vollkommen, solange man nichts von der individuellen Entwicklung der Lungenfische wußte. Wir müssen hier etwas abschweifen und auf eine weitere Hypothese eingehen, die die Evolutionstheoretiker aufgestellt hatten. Sie lautete: Die Entwicklung eines jeden Individuums wiederholt in groben

Zügen die Stammesentwicklung der Art. Besonders schön konnte man dieses „biogenetische Grundgesetz“ an den wasserbewohnenden Larven der Amphibien erkennen. Anfangs war der werdende Molch ein einzelliges Ei, dann eine wurmartige, später eine fischartige Quappe, ihm wuchsen Beine, er verlor die Kiemen, und erst nach dem Passieren dieser ganzen Stufenleiter war das Amphibium fertig. Machten die Lungenfische nun eine ähnliche Entwicklung durch, glichen sie in ihrer frühen Jugend den Kaulquappen der Molche, so war der Kreis geschlossen und die Brücke zwischen Fisch und Lurch perfekt.

In den Jahren 1891 bis 1903 bemühten sich drei Forscher, den Lungenfischen ihre embryologischen Geheimnisse zu entreißen. Der Engländer Graham Kerr reiste zum Gran Chaco und ins Amazonasgebiet und fahndete dort nach Natterers verschollenem „Schuppenmolch“; der Deutsche Richard Semon fuhr nach Queensland und fischte *Ceratodus-Eier* aus dem Burnett-Fluß, und der Engländer Budgett suchte im Gambia, Niger und Nil nach *Protopterus*-Nestern. Es sei schon jetzt gesagt, daß alle drei Unternehmungen über Erwarten glückten. Die Geschichte der Lungenfische wurde vervollständigt und die Ähnlichkeit von *Ceratodus*- und *Protopterus*-Quappen mit Molchquappen eindrucksvoll unter Beweis gestellt. Aber auch noch eine weitere Frage beantwortete sich – die Frage nach der Herkunft und Klassenzugehörigkeit der Lungenfische.

Eier und Larven der Lungenfische deuteten auf eine Herkunft dieser drei Arten aus einer ganz bestimmten Fischgruppe hin. Auch diese Fische kennt man fossil aus Ablagerungen des Erdaltertums, vor allem aus dem Devon von Grönland und Schottland. Sie haben mit den Lungenfischen die auf Beinstümpfen sitzenden paarigen Urflossen gemeinsam, sie besitzen schon – zum Teil wenigstens – Lungen und innere Nasenöffnungen, auch ihre Schuppen und Schwanzsäume sind lungenfischartig. Es sind die Quastenflosser. Lungenfische und Quastenflosser werden heute unter dem Namen *Choanichthyes* zu einer besonderen Unterklasse der Fische zusammengefaßt. Ihr entstammen die Amphibien und damit sämtliche höheren Wirbeltiere. Wer aber hat nun wirklich den ersten Sprung aufs Land gewagt – Haeckels Favorit, der Lungenfisch, oder einer aus der Reihe der Quastenflosser?

Im Jahre 1895 saß in einem winzigen, dumpfen Raum, dessen Fenster vergittert waren, ein Paläontologe und bemühte sich, die Stammesgeschichte der Lungenfische aufzuhellen. Louis Dollo hieß dieser Mann; der Neid und die Mißgunst seiner Kollegen hatten ihn in das finsterste Zimmer des Brüsseler Naturgeschichtsmuseums verbannt. Eigentlich war Dollo Fachmann für Reptilien, vor allem Saurier-Spezialist; er hatte meisterhafte Arbeiten über die *Iguanodonten*, die zweifüßigen Saurier der belgischen Kreidezeit, geliefert und ein berühmt gewordenes stammesgeschichtliches Gesetz formuliert, das heute jeder Zoologiestudent unter dem Wortlaut „Die Entwicklung ist nicht umkehrbar“ kennt. Da sein Museumsdirektor ihm aber diese Erfolge nicht gönnte, entzog er ihm das Recht, weiterhin über Saurier zu arbeiten, und übertrug ihm dafür die Bearbeitung der fossilen Fische.

Auch in der Entwicklung der Fische, so stelle Dollo fest, kehrt Verlorengegangenes niemals wieder. Er entwarf eine Stufenreihe der Lungenfische vom archaischen *Dipterus* der Devonzeit bis zum aalförmigen „Schuppenmolch“ der Amazonas-Sümpfe und erkannte, daß die ganze Lungenfisch-Linie einen bestimmten einseitigen Entwicklungsweg gegangen war – nicht den Weg aufs Land, sondern den Weg in den Schlamm. Waren demnach die Lungenfische tatsächlich echte Vorfahren der Amphibien? Oder waren sie ein Seitenzweig der Quastenflosser, eine Parallellinie, die blind im Morast der Tropensümpfe endete?

Dollo konnte diese Frage nicht beantworten; denn die lieben Kollegen, ärgerlich über das Echo, das nun auch sein Stammbaum der Lungenfische fand, entzogen ihm jetzt die Abteilung Fische im Museum und setzten ihn wieder zu den Reptilien. Erst fünfzehn Jahre später wies der Fischkundler der Universität Oxford, Edwin Stephen Goodrich, nach, daß die direkten Ahnen der Vierfüßler primitive Quastenflosser gewesen sein müssen. Im Jahre 1938 fand dann der englische Professor Stanley Westoll in Kanada einen Schädel, das „hoffnungsvolle Schädeldach“, wie er es nannte, der genau die Mitte hält zwischen dem eines Quastenflossers und dem eines Amphibiums. Zu dieser Zeit hatte man auch bereits, wie wir gleich hören werden, den ersten lebenden Quastenflosser gefangen.

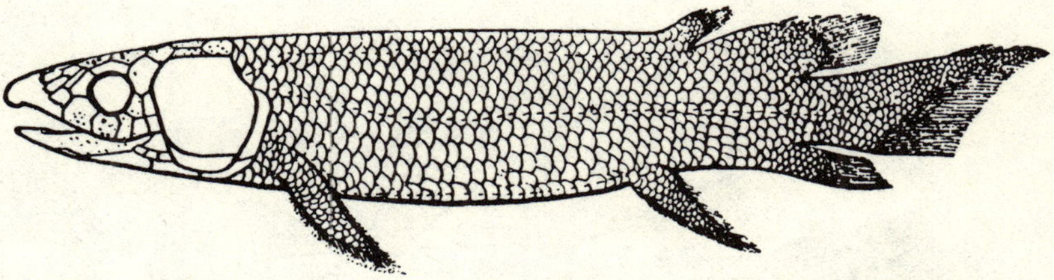

Der Dipterus, ein archaischer Lungenfisch.

Die alte schöne Hypothese vom Fisch mit Lungen, der aufs Land ging, ist jedoch durch die neuen Forschungen nicht entwertet worden. Die Lungenfische sind Relikte aus uralten Zeiten, die in eine Sackgasse der Entwicklung geraten sind, die uns aber dennoch als ideale Modellbeispiele verraten, auf welch vielfältige Weise die Natur den Schritt von einer Entwicklungsstufe zur anderen vollzieht. Der Lungenfisch hat es lediglich fertiggebracht, den Bedrohungen der Trockenzeiten in den Schlamm zu entrinnen. Der Quastenflosser dagegen konnte dem austrocknenden Tümpel schon aufs Land entfliehen und zu anderen Wassern wandern. Beide Methoden erwiesen sich als brauchbar, beide brachten es mit sich, daß aus dem Fisch ein Halbamphibium wurde – der zweiten aber gehörte die Zukunft.

Drei Tage vor Weihnachten war es, als die Männer auf dem südafrikanischen Fischdampfer E L 8 beim Sortieren ihres Fanges auf dem Grund des Netzes einen großen, blauschimmernden und äußerst lebendigen Fisch von unbekannter Sorte entdeckten. Fünf Tage darauf erfuhr die Weltöffentlichkeit, daß es sich bei diesem seltsamen, mit vier beinartigen Flossen ausgestatteten Meeresbewohner um einen Quastenflosser handle. Was ein Quastenflosser ist, das hatte bis dahin außer den Zoologen und einigen naturkundlich interessierten Leuten kaum jemand gewußt. Durch den glücklichen Fischzug des Dampfers E L 8 aber stand dieses Wesen mit einem Schlage im Rampenlicht, und vierzehn Jahre später öffnete jede Zeitung, die etwas auf sich hielt, dem Quastenflosser ihre Spalten.

Wir haben bereits erfahren, daß die Quastenflosser aus dem Erdaltertum und dem Erdmittelalter stammen und daß sie als präsumtive Vorfahren der Lungenfische und sämtlicher lungenatmender Wirbeltiere galten, lange bevor der Fischdampfer E L 8 seinen Fang tat. Ansonsten wußte man bis dahin nicht viel von den fossilen Quastenflossern. Der englische Paläontologe Gideon Algernon Mantell hatte den ersten Vertreter der Gruppe um 1840 aus den erdmittelalterlichen Kalkschichten von Sussex gegraben. Später kamen noch mehrere Sorten zum Vorschein, darunter eine *Undina acutidens* aus dem Juraschiefer von Solnhofen in Franken. Die ältesten Formen

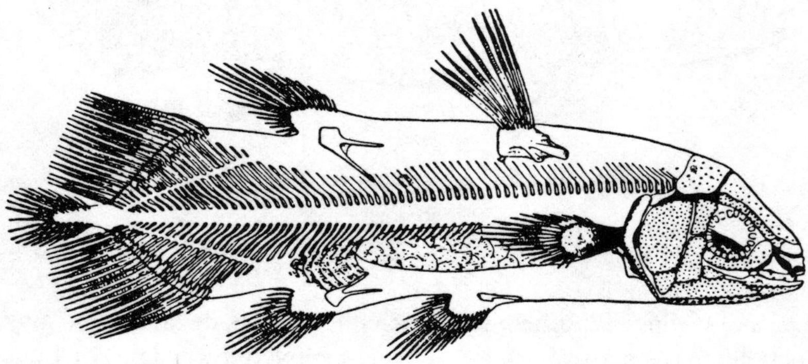

Der Hohlstachler Undina acutidens, ein Quastenflosser aus dem Erdmittelalter.

stammten aus der Permzeit, die jüngsten aus der Kreidezeit. Sie alle zeichneten sich, abgesehen von ihren Quastenflossen durch hohle Flossenstacheln aus und wurden deshalb *Coelacanthiden*, Hohlstachler, genannt. Eine zeitgenössische Beschreibung hob „die prachtvolle Skulptur ihrer großen Schmelzschuppen und ihre mächtigen Fangzähne" besonders hervor. Das war eigentlich alles. Da die bisher gefundenen Hohlstachler ein weit jüngeres erdgeschichtliches Alter hatten als die Lungenfische, schlug die Hypothese, aus ihren quastenartigen Flossen könne sich das Bein entwickelt haben, keine großen Wellen. Sie paßte auch nicht recht in das Bild, das man gegen Ende des neunzehnten Jahrhunderts vom Stammbaum der ältesten Wirbeltiere entworfen hatte. Mit ihm war es wie mit einem Gerichtsurteil, das aufgrund von mindestens fünf falschen Zeugenaussagen gefällt wurde: Als man den Tatsachen auf den Grund ging, brach er völlig in sich zusammen. Schon im Jahre 1909 wurde zum ersten Male die Axt an ihn gelegt. Der Mann, der dies tat, ein ehemaliger Kunsthistoriker namens Edwin Stephen Goodrich, hatte bei dem Okapi-Beschreiber Sir Edwin Ray Lankester in London und Oxford Zoologie studiert und arbeitete nun als vergleichender Anatom in Oxford. Dort schrieb er ein Werk, das den schlichten Titel „A Treatise on Zoology" trug und das bis heute ein Standardbuch über die fossilen und lebenden Fische geblieben ist. In diesem Abriß der Zoologie führte Goodrich drei entscheidende Schläge gegen den bisherigen Stammbaum. Erstens setzte er die Panzerfische aus dem Erdaltertum an die Stelle der Haie und hielt sie für die eigentlichen Ahnen der Fische. Zweitens erklärte er, die frühesten Quastenflosser seien viel älter als die Lungenfische.

In den folgenden zwei Jahrzehnten zeigte es sich, daß Goodrich recht hatte. Und noch mehr: Die Fischforscher setzten eine der größten revolutionären Umwälzungen, die die zoologische Systematik je gekannt hat, ins Werk. Zwei Fischgruppen spielten hierbei die Hauptrolle – die uralten, früher als krebsartige Fossilien bezeichneten Panzerfische und die plötzlich wieder aktuell gewordenen Quastenflosser. In den Jahren 1906 bis 1925 waren von norwegischen Spitzbergen-Expeditionen die Reste von über hundert kieferlosen Panzerfischen gesammelt worden, die ein Alter von vierhundert Millionen Jahren hatten und damit die ältesten Wirbeltiere überhaupt sein mußten. *Ostracodermen* heißen sie heute. Im Jahre 1927 schrieb der Leiter des Stockholmer Reichsmuseums, Erik A. Stensiö, eine Monographie über diese Lebewesen und bewies, daß sie keine Fische sind, sondern Rundmäuler wie die wurmähnlichen Neunaugen, daß aber von ihnen sämtliche Fische abstammen. Einige Zeit später trat eine mit richtigem Ober- und Unterkiefer ausgestattete Gruppe von Panzerfischen auf, die *Placodermen*; ihnen widmete sich der englische Paläontologe D. M. S. Watson, der sie als nächste Etappe der Fischwerdung bezeichnete, als die

Wurzel, aus der einerseits die Knorpelfische (also die Haie und ihre Verwandten) und andererseits die Knochenfische (also alle übrigen Fische einschließlich der Quastenflosser und Lungenfische) hervorgegangen sind.

Noch überraschender als diese Feststellungen über den Ursprung der Fische war das, was die Zoologen und Paläontologen über den weiteren Verlauf ihrer Geschichte herausfanden. Hier rückten die fossilen Quastenflosser immer mehr ins Zentrum des Interesses. Wenn der verwirrende Flösselhecht aus ihren Reihen ausgeschlossen wurde, dann stand der Annahme einer Verwandtschaft zwischen ihnen und den Lungenfischen nichts mehr im Wege. Ließ man die heikle Sache mit den Atmungsorganen außer acht und beurteilte man die Fische nur nach dem Bau ihrer Flossen, so ordnete sich alles auf höchst einfache Weise: Die Knochenfische zerfielen in zwei große Gruppen – in quastenflossige und in strahlenflossige Fische. Zur ersten zählten die eigentlichen Quastenflosser und die Lungenfische, zur zweiten sämtliche übrigen Formen von Flösselhecht und Stör über Kahlhecht und Kaimanfisch bis zu Aal, Barsch, Lachs und Hering.

In vorbildlicher Präzisionsarbeit konnten die Paläontologen beweisen, daß beide Gruppen uralt waren und sich bis in die mittlere Devonzeit, also bis in die dreihundertfünfzig Millionen Jahre zurückliegende Epoche, hinabverfolgen ließen. In devonischen Schichten fand man nicht nur sehr primitive strahlenflossige Raubfische wie den *Cheirolepis*, sondern auch außerordentlich altertümliche Quastenflosser wie den *Osteolepis*, die mindestens so alt waren wie die ältesten Lungenfische. Der *Osteolepis* und die anderen quastenflossigen „Knochenschupper“ aus dem Erdaltertum mußten die Vorfahren der quastenflossigen Hohlstachler aus dem Erdmittelalter sein. Waren sie vielleicht auch die Ahnen der Lungenfische und damit der Amphibien? Der große Anatom Goodrich deutete es an; aber noch wagte man kein endgültiges Urteil zu fällen. Doch der Stammbaum der Fische mußte revidiert werden.

Nach dieser Neuordnung des Fischgeschlechts beschäftigten sich die Zoologen auch wieder mit der diffizilen Frage der Atmungsorgane. Hier spielten sich die Quastenflosser erneut in den Vordergrund. „Eine überraschende Erkenntnis war es“, schrieb der schweizerische Paläontologe Emil Kuhn, „daß auch den ersten Quastenflossern Lungen eigen waren. Diese Luftsäcke haben sich offenbar im Zusammenhang mit den klimatischen Bedingungen der Devonperiode entwickelt. Regenzeiten wechselten damals mit Zeiten strenger Dürre ab. Und wenn die Flüsse und Wassertümpel auszutrocknen drohten, wenn ihr Wasser faul wurde und des Sauerstoffs ermangelte, so waren die lungenlosen Fische schwer gefährdet. Ein Fisch mit Lungen dagegen konnte sich an der Oberfläche des Wassers den notwendigen Sauerstoff holen.“ Hinzu kam noch, daß die alten Quastenflosser im Gegensatz zu den strahlenflossigen Fischen innere Nasenöffnungen be-

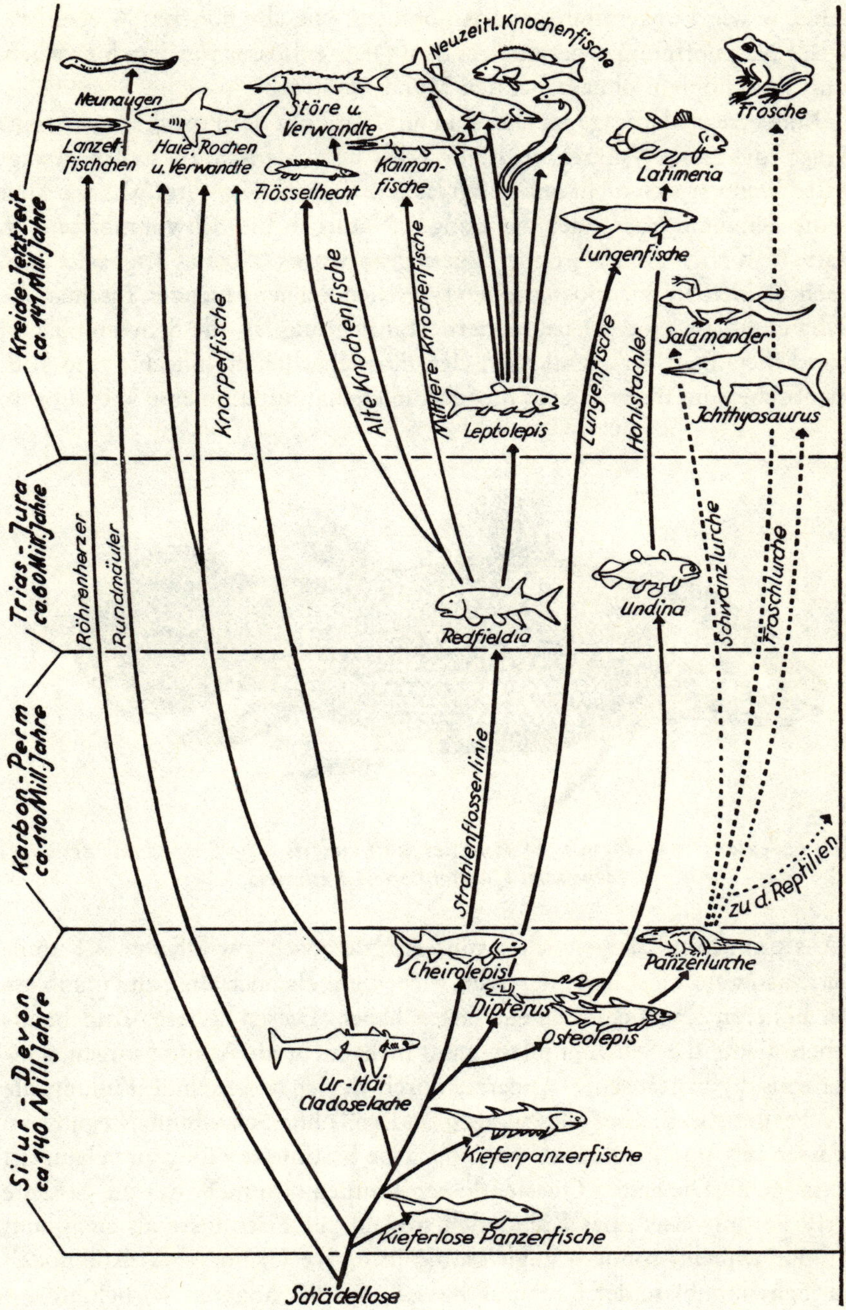

Revidierter Stammbaum der Fische und Amphibien nach heutiger Auffassung.

saßen – wie Lungenfische und Amphibien, wie alle höheren Wirbeltiere. Diese Nasenöffnungen gestatten es dem Quastenflosser wie dem Menschen, Luft zu schöpfen, ohne dabei den Mund zu öffnen.

Eine erregende Frage tauchte nun am Horizont der Forschung auf; eine Frage, die einige Jahrzehnte zuvor noch kein Mensch zu stellen gewagt hatte, wenn er sich nicht unbedingt lächerlich machen wollte: Was war älter – die Schwimmblase oder die Lunge? Natürlich die Schwimmblase – so hätte man noch um 1925 ohne Zögern geantwortet. Aber es zeigte sich, daß auch bei den Strahlenflossern, den typischen kiemenatmenden Fischen, die Schwimmblase eine relativ moderne Einrichtung ist; die Schwimmblasen sämtlicher alten Strahlenflosser, der Flösselhechte, Kahlhechte und Kaimanfische zum Beispiel, sind lungenähnlich und funktionieren wie Lungen.

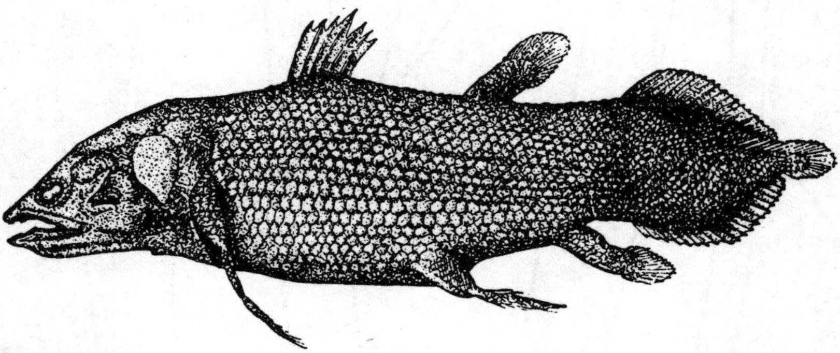

Das bedeutendste zoologische Ereignis des Jahrhunderts – die Entdeckung des überlebenden Quastenflossers Latimeria.

„Aus primitiven Lungensäcken muß sich demnach", wie Kuhn es formuliert, „sowohl die Lunge der Landwirbeltiere als auch die Schwimmblase der höheren Knochenfische entwickelt haben. Diesen höheren Knochenfischen diente die Schwimmblase dann nicht mehr als Atmungsorgan, sondern als hydrostatischer Apparat, durch dessen wechselnde Füllung die Fische ihr spezifisches Gewicht zu ändern, ohne Schwimmbewegung im Wasser auf- und niederzusteigen oder eine bestimmte Höhe zu behaupten vermögen." Die ersten Quastenflosser konnten also nicht nur die gestielte Urflosse aufweisen, das Rohmodell sowohl zur Fischflosse als auch zum Amphibienbein, sondern zugleich die primitive Urlunge, das Rohmodell zur Schwimmblase der Fische und zur Lunge der höheren Wirbeltiere.

Alles war radikal anders, als es die stammesgeschichtlichen Theorien einst behauptet hatten. Im Jahre 1937 publizierte der amerikanische Paläontologe Afred S. Romer diese neuen Erkenntnisse. Schon begann man zu überlegen, ob nicht auch die bisherigen Theorien über den Ursprung der Vierfüßler geändert, die bis dahin favorisierten Lungenfische ausgeschieden und die Quastenflosser an ihre Stelle gesetzt werden müßten – da holte an der südafrikanischen Küste, nahe bei der Mündung des Chalumna-Flusses westlich von East London, die Mannschaft des Fischdampfers E L 8 aus fünfundsiebzig Meter Tiefe einen lebenden Quastenflosser herauf! Der Fang geschah am 22. Dezember 1938. Und der Fisch war anderthalb Meter lang, stahlblau von Farbe und mit einer fettigen Schicht auf den Schuppen; er biß wütend zu, als der Maschinist ihn neugierig anfühlen wollte, und starb erst nach vier Stunden. Fischdampferkapitän Goosen wurde herbeigerufen. Er hatte ein solches Geschöpf noch nie gesehen und wunderte sich vor allem über die höchst eigenartigen, auf beinartigen Stümpfen sitzenden Flossen. Es war ein Glück für die Wissenschaft, daß er sich sofort entschloß, den bissigen Fisch in eine Eiskiste zu packen, um ihn nach Beendigung der Fahrt in das Heimatmuseum der Stadt East London zu schaffen.

Drei Tage vergingen noch bis dahin. Als die Kuratorin des Museums, Miß Courtenay-Latimer, den Fisch in Empfang nahm, hatte er schon längst die Farbe verloren und roch auch nicht mehr gut. So zog Miß Courtenay-Latimer eilends die Haut ab, präparierte den Schädel aus dem Körper, brachte beides in den Kühlraum des Museums und warf den verfaulten Rest fort. Sie ahnte gleich, daß mit Kapitän Goosens Präsent etwas ganz Besonderes los sein mußte. Da sie sich aber in ichthyologischen Fragen nicht kompetent fühlte, schickte sie ein Telegramm an Professor J. L. B. Smith, den Fischspezialisten des Albany-Museums zu Grahamstown, und bat ihn, so bald wie möglich nach East London zu kommen. Infolge des Weihnachtsfestes erhielt Professor Smith die Nachricht erst nach den Feiertagen. Er suchte Miß Courtenay-Latimer auf und prüfte das, was von dem Fisch übriggeblieben war. Bei diesem Anblick war ihm zumute, als habe die Kuratorin ihm einen soeben erst erlegten Dinosaurier gezeigt...

Der Fisch des Mr. Goosen war nämlich ganz eindeutig ein Hohlstachler, ein *Coelacanthide*, ein Angehöriger jener jüngeren Quastenflossergruppe aus dem Erdmittelalter, die nach übereinstimmender Ansicht sämtlicher Experten bereits gegen Ende der Kreidezeit, vor sechzig Millionen Jahren, ausnahmslos das Zeitliche gesegnet hatte. Smith gab ihm zu Ehren der umsichtigen Kuratorin und zur Erinnerung an den Fundort den Namen *Latimeria chalumare*, und die Presse feierte die Entdeckung als „das bedeutendste zoologische Ereignis des Jahrhunderts". Die Hohlstachler waren schon im Erdmittelalter sozusagen lebende Fossilien gewesen, unmittelbare Nachkommen der alten Quastenflosser aus der Devonzeit; sie hatten sich freilich zu bodenbewohnenden Meeresfischen entwickelt, hatten die Lungenatmung im Laufe der Jahrmillionen aufgegeben und durch Kiemenatmung ersetzt, gehörten also demnach nicht in die direkte Vorfahrenreihe der Vierfüßler. Ihr Schädelbau aber erinnerte an den der Amphibien. Und ihre Flossen saßen wie der der devonischen Quastenflosser auf muskulösen stummelartigen Stielen – sie waren „Flossenfüße". All das traf genauso auf den Fisch *Latimeria* zu. Kein Mensch hätte auch nur im Traum daran gedacht, daß sich ein Vertreter dieser aus nebelhaften Vorzeiten stammenden Fischgruppe lebend ins zwanzigste Jahrhundert hätte hinüberretten können.

Anfangs wollte die Fachwelt den Mitteilungen des Professors Smith keinen Glauben schenken, so unwahrscheinlich kamen sie den Zoologen und Paläontologen vor. Doch als man dann die Haut und den Schädel der *Latimeria* genauer mit den Resten des fossilen Hohlstachlers *Undina acutidens* aus dem Solnhofener Juraschiefer verglich, sah man, daß beide Formen sich außerordentlich ähnlich waren. Nun, nach der Entdeckung eines lebenden Hohlstachlers, steuerte die bewegte Geschichte der Quastenflosser ihrem Höhepunkt entgegen. Zwei große Aktionen setzten gleichzeitig ein. Erstens alarmierte Professor Smith sämtliche südafrikanischen Küstenstationen, ließ Plakate und Flugblätter mit dem Bild der *Latimeria* drucken und versprach jedem Fischer, der ihm einen weiteren Quastenflosser anbringen werde, eine hohe Belohnung. Zum anderen begann ein ganzer Stab von Forschern aus den verschiedensten Ländern eine neue intensive Untersuchung der ältesten Quastenflosser, der archaischen Knochenschupper aus dem Devon.

Smith hatte mit seinen Bemühungen anfangs keinen rechten Erfolg; lediglich ein Mann aus East London behauptete, fünf Jahre zuvor sei einmal ein Fisch an den Strand gespült worden, der so ähnlich ausgesehen habe wie der auf dem Flugblatt. Dafür waren die Paläontologen bei ihrer Beschäftigung mit den urtümlichen Quastenflossern um so erfolgreicher. Der Amerikaner Alfred S. Romer und der Engländer T. Stanley Westoll, der Ichthyologe der Universität von Durham, kamen auf die Idee, nach Beziehungen zwischen der Anatomie der Quastenflosser und der ältesten Vierfüßler zu fahnden. Diese ältesten Vierfüßler waren der Wissenschaft längst bekannt; sie traten zuerst im oberen Devon auf, erlebten ihre Blütezeit in den ausgedehnten Sümpfen der Karbonzeit, ihren Abstieg in der Permzeit und ihr Ende in der Trias. Plumpe Amphibien waren es mit fünf Zehen an jedem Fuß, einem stark verknöcherten, recht kompakt und solide gebauten Schädel und einem „dritten Auge", dem Scheitelauge, auf der Stirn. *Labyrinthodonten*, Labyrinthzahnlurche, heißen sie; von ihnen stammen nicht nur die Frösche und Kröten ab, sondern indirekt auch die Saurier und alle anderen Reptilien. Und da aus den Sauriern die Vögel und Säugetiere hervorgegangen sind, bringt die Wissenschaft dem Ursprung der *Labyrinthodonten* ein begreiflich starkes Interesse entgegen.

Romer und Westoll entdeckten nun, daß der Schädel der *Labyrinthodonten* in seinem allgemeinen Bauplan verblüffend mit dem Schädel der devonischen Quastenflosser übereinstimmt. Die Übereinstimmung ging bis ins Detail; man fand im Quastenflosserschädel sogar die Öffnung für die Aufnahme des Scheitelauges, das für die Urlurche und die ältesten Saurier charakteristisch ist. Man stieß auf einen Quastenflosser aus dem mittleren Devon, den *Eustenopteron*, der mit Hilfe seiner starken Flossenfüße offensichtlich bereits wie ein Amphibium auf dem Lande herumkriechen konnte. Und seit 1938, seit dem Entdeckungsjahr der *Latimeria* also, hielt Westoll auch schon einen versteinerten Tierschädel in Händen, der genau die Mitte hielt zwischen dem Schädel eines Quastenflossers und dem eines Amphibiums. Das Fossil stammte aus dem oberen Devon der Scaumenac-Bay in Kanada; Westoll taufte es auf den attraktiven Namen *Elpistostege*, „Hoffnungsvolles Schädeldach". Die Hoffnung, die er in der Namengebung zum Ausdruck brachte, erfüllte sich durch weitere Untersuchungen – die anatomischen Übereinstimmungen zwischen Quastenflossern und *Labyrinthodonten* machten es möglich, endlich eine feste und dauerhafte Brücke vom Fisch zum Vierfüßler zu schlagen.

Die Quastenflosser, deren Charakterbild so oft in der Geschichte geschwankt hat, konnten damit das hundertfünfzigjährige Rennen siegreich beenden, wenn auch ihr erster Favorit, der Flösselhecht, vorzeitig hatte ausscheiden müssen. Sie sind die Stammform, von der die landbewohnenden Wirbeltiere ihren Ausgang genommen haben. „Wir Menschen", so drückte Englands größter Fischkenner J. R. Norman es einmal aus, „stammen letzten Endes ebenso von den Quastenflossern ab wie die Heringe." Die Lungenfische dagegen, so interessant und stammesgeschichtlich bedeutungsvoll sie auch weiterhin blieben, mußten degradiert werden zu einem bloßen Seitenzweig der Quastenflosser, der in den Schlamm gewandert ist, ebenso wie die Letzten aus dem Geschlecht der Quastenflosser, die Hohlstachler mitsamt der überlebenden *Latimeria*, ins Meer gewandert sind.

Erst nach dem Zweiten Weltkrieg setzten sich diese Erkenntnisse so richtig durch, zu einer Zeit, als die breite Masse der naturkundlich interessierten Kreise Kapitän Goosens *Latimeria* schon so halb wieder vergessen hatte. Damit hätte eigentlich der Schlußpunkt hinter den zoologischen Roman vom Quastenflosser gesetzt werden können – wäre der unermüdliche Professor Smith aus Grahamstown nicht gewesen. Smith benötigte weitere Quastenflosser, um ihre inneren Organe studieren zu können; er gab trotz aller Fehlschläge die Suche nicht auf, ließ seine Flugblätter an der gesamten ost- und südafrikanischen Küste verbreiten und hoffte unbeirrt auf ein Echo. Vierzehn Jahre vergingen. Niemand ahnte, daß die *Latimeria*, die der Fischdampfer E L 8 gefangen hatte, ein Irrläufer gewesen war, ein vom Mosambik-Strom weit nach Süden verschlagenes Exemplar, und daß die überlebenden Quastenflosser in Wirklichkeit in einer ganz anderen Gegend hausen. In welcher, das stellte schließlich der englische Kapitän Hunt fest.

Der erste Schritt aufs Land, den hier der devonische Quastenflosser Eusthenopteron vollzieht, war ein geschichtlicher Akt von ungeheuerlichen Konsequenzen.

Kapitän Hunt war in allerlei Handelsgeschäften auf den Komoren, einer Inselgruppe nordöstlich von Madagaskar, tätig. Er kannte die Mitteilungen des Professors Smith; gemeinsam mit seiner Frau machte er die Fischer auf den Komoren mobil, trieb eifrig Mundpropaganda für den Quastenflosser und hob vor allem die Belohnung von hundert Pfund hervor, die Smith für die Beschaffung eines solchen Lebewesens ausgesetzt hatte. Und wiederum zur Weihnachtszeit, im Jahre 1952, geschah es dann: Auf dem Markt der Komoren-Insel Anjouan hockte der Fischer Achmed Hussein und bot einen großen Fisch feil, den er in der Nähe der Küste geangelt hatte. Der Fisch war stahlblau, anderthalb Meter lang und über einen Zentner schwer; seine Flossen saßen auf beinartigen Stümpfen. Ein vorübergehender Eingeborener blieb vor Achmed Husseins Korb stehen, erinnerte sich sofort an das Flugblatt, das Kapitän Hunt ihm gezeigt hatte, und schleppte den verdutzten Angler mitsamt dem Fisch eilends zu dem Kapitän. Hunt brauchte nicht erst lange nach dem Flugblatt zu suchen – er kaufte den Fisch und wußte gleich, daß endlich, nach vierzehn Jahren, der zweite überlebende Quastenflosser gefangen worden war.

Diesmal konnte alles für die Erhaltung des Quastenflossers getan werden. Hunt besorgte sich Formalin, spritzte dem Fisch zwei Liter der Flüssigkeit ein, öffnete seinen Leib, legte ihn in Eis und telegrafierte die Nachricht nach Grahamstown. Smith nahm ein Sonderflugzeug, traf am 29. Dezember auf Anjouan ein, kniete vor dem Fisch nieder und brach vor Freude in Tränen aus. Er erlebte das gleiche wie Hans Schomburgk, als er endlich sein Zwergflußpferd gefangen, und wie James Chapin, als er nach jahrzehntelanger Fahndung den Träger der geheimnisvollen Feder entdeckt hatte. Und ähnlich, wie sich in diesen beiden Fällen hinterher herausgestellt hatte, daß das so lange gesuchte Tier nicht einmal besonders selten war, ergab sich auch im Falle Quastenflosser, daß die Eingeborenen den Fisch schon oft geangelt und mit gutem Appetit verzehrt hatten.

Da dem Quastenflosser von Anjouan die erste Rückenflosse und die mittlere Verlängerung der Schwanzflosse fehlte, hielt Smith ihn anfangs für eine neue Sorte. Als dann aber in den Jahren 1953 bis 1955 sieben weitere Quastenflosser in der Nähe der Inseln Anjouan und Grande Comore erbeutet wurden, zeigte es sich, daß es sich nur um eine verstümmelte *Latimeria* handelte. Es bleibt also – bis jetzt wenigstens – bei einer einzigen Art, die den Namen der klugen Museumskuratorin von East London verewigt. Da die Komoren damals französisches Hoheitsgebiet waren, nahm nun ein Franzose, Professor J. Millot vom Institut de Recherche Scientifique in der madagassischen Hauptstadt Tananarivo, die Erforschung der neuen Quastenflosser in die Hand. Er untersuchte und sezierte die Exemplare Nummer drei bis neun, beobachtete einen der Fische sogar zwanzig Stunden lang lebend in einem Aquarium und traf einige ernüchternde Feststellungen, die in schroffem Gegensatz zu den ersten Sensationsmeldungen über diesen „Urweltfisch" stehen.

Nach Millot ist die *Latimeria* keineswegs in all ihren Merkmalen auf einer urtümlichen Stufe stehengeblieben. Wohl besitzt sie den Schädel- und Gliedmaßenbau, der auch die ersten, die devonischen Quastenflosser auszeichnet; ihre roten Blutkörperchen erinnern sogar stark an die der Amphibien. Doch sie hat weder Lunge noch Schwimmblase, eine innere Nasenöffnung ist bei ihr ebenfalls nicht festzustellen, und sie atmet ausschließlich durch Kiemen. Dies alles rückt die Quastenflosser nun aber durchaus nicht wieder an die Hauptmasse der Fische heran; ihre jüngsten Ausläufer, die Hohlstachler, zu denen die *Latimeria* gehört, haben lediglich eine Anpassung an das Dasein im offenen Wasser vorgenommen, die zu ähnlichen Erscheinungen geführt hat wie die Entwicklung der Strahlenflosser. „Die lebenden Hohlstachler", betont Millot, „können in keiner Weise, wie vielfach behauptet, als die unmittelbaren Vorfahren der Landwirbeltiere angesehen werden; sie bilden einen Seitenzweig der Quastenflosser, der sich parallel zu den heutigen Knochenfischen entwickelt hat." Während die anderen Quastenflosser aufs Land gingen und zu Amphibien wurden, gingen sie ins Meer. Und die Entwicklungsrichtung, die sie hier nahmen, die Preisgabe der Lungen- und Nasenatmung, hat ihnen – nach den Worten des Münchner Fischforschers Otto Schindler – „die Möglichkeit gegeben, zu überleben und den Konkurrenzkampf mit den viel besser an das Wasserleben angepaßten Knochenfischen zu bestehen".

In einem geistvollen Buch, das im Jahre 1946 unter dem Titel „Man and the Vertebrates“ erschien, spannt Alfred S. Romer über dreihundertfünfzig Millionen Jahre hinweg den Bogen vom devonischen Quastenflosser zum Menschen; er schildert hier, wie diejenigen Quastenflosser, die nicht wie die *Latimeria* den Weg ins Meer wählten, zu Amphibien wurden. Warum, fragt er, verließen sie überhaupt das Wasser? Luft konnten sie auch an der Oberfläche der Tümpel schöpfen, Nahrung gab es in den Seen und Sümpfen mehr als auf dem damals noch tierleeren Lande, und Feinde hatten sie ihrer Größe und Stärke wegen kaum zu fürchten. Romer meint, daß sie das Wasser nicht verlassen haben, um sich das Land zu erobern, sondern um über Land zu anderen Gewässern zu gelangen. Ihre Zeit, das Devon, war eine Epoche ständig sich wiederholender Trockenperioden; Seen schrumpften zusammen, Teiche wurden zu Morästen, Sümpfe trockneten aus. Ein mit Kiemen und Flossen ausgerüsteter Fisch konnte dann nur noch auf Regen hoffen; kam kein Regen, so bedeutete das für ihn den Tod. Ein Geschöpf aber, das Lungen und beinartige Gliedmaßen besaß, war in der Lage, der Austrocknung zu entrinnen und günstigere Wasserstellen aufzusuchen. Völlig vom Wasser lösten sich erst in der unteren Permzeit die Cotylosaurier, die ältesten Reptilien.

Die Flucht aus den faulenden Morästen, die die Nachfahren der Quastenflosser einst vollzogen hatten, war ein sehr folgenschwerer Schritt, ein geschichtlicher Akt von ungeheuerlichen Konsequenzen. Das vierfüßige Geschlecht, das daraus entstand, brachte plumpe Panzerlurche, kolossale Saurier, himmelstürmende Vögel hervor; es gebar winzige Ursäuger, aus denen sich Schnabeltiere und Beuteltiere, Huf- und Raubtiere, haarige Mammute und gigantische Riesenfaultiere, baumbewohnende Affen und zuletzt auch denkende Menschen entwickelt haben. Wäre dieser Schritt nicht geschehen, so gäbe es den größten Teil der Tiergestalten nicht, deren Entdeckung und Erforschung dieses Buch schildert; aber es gäbe auch nicht die Entdecker und Erforscher selber, nicht die Leser dieses Buches und nicht seinen Verfasser.

Gewiß verdanken wir die Tatsache unserer leiblichen Existenz nicht allein dem Quastenflosser, sondern auch all den unzähligen anderen Lebewesen, die ihren Platz in unserem Stammbaum haben. Aber dem Quastenflosser gebührt doch ein besonderes Verdienst: Er hat der Menschheit im Atomzeitalter wieder einmal ihre so gern verleugnete animalische Vergangenheit an einem konkreten Beispiel deutlich gemacht. Und dies ist die letzte Pointe der romantischen Geschichte vom Fisch mit den vier Beinen.

Verzeichnis der Textabbildungen

Literaturverzeichnis

Abel, Othenio, *Lebensbilder aus der Tierwelt der Vorzeit,* Jena 1927.

Abel, Othenio, *Die vorzeitlichen Säugetiere,* Jena 1914.

Aelianus, Claudius, *De natura animalium,* Jena 1832.

Agassiz, Louis, *Les poissons fossiles,* Neuchâtel 1833/42.

Akeley, Carl, *Im hellsten Afrika,* Berlin 1930.

Allen, Glover M., *The Forest Elephant of Africa,* Philadelphia 1937.

Ameghino, Florentino, *El Mamifero misterioso de la Patagonia,* Buenos Aires 1899.

Aristoteles, *Historia animalium,* Leipzig 1812.

Arnold, R., *Das Tier in der Weltgeschichte,* Frankfurt 1939.

Audebert, Jean B., *Histoire naturelle des singes et des makis,* Paris 1800.

Audubon, John James, *Birds of America,* New York 1865.

Audubon, John James, *The quadrupeds of America,* New York 1854.

Azara, Felix d', *Voyage dans l'Amérique méridionale,* Paris 1809.

Bandi, Hans-Georg, u. Joh. Maringer, *Die Kunst der Eiszeit,* Basel 1952.

Barns, Th. A., *Das Wunderland des östlichen Kongo,* 1923.

Beebe, William, *923 Meter unter dem Meeresspiegel,* Leipzig 1936.

Belon, Pierre, *Naturgeschichte der fremdartigen Seefische,* Paris 1555.

Blasius, H., *Zur Geschichte des Riesenalks,* Berlin 1884.

Bölsche, Wilhelm, *Tierwanderungen in der Urwelt,* Stuttgart 1914.

Boerhaave, Hermann, *Bijbel der Natuure,* Leiden 1737.

Bontius, Jacob, *De quadrupedibus, avibus et piscibus,* Leiden 1650.

Bougainville, Louis Antoine de, *Reise um die Welt,* Paris 1783.

Boule, M., *Un fossile qui ressuscite,* Paris 1901.

Brandt, Johann Friedrich von, *Über die Verbreitung und Vertilgung der Stellerschen Seekuh,* Petersburg 1865/68.

Braun, Samuel, *Schiffahrten, welche er in etliche newe Länder und Insulen gethan,* Basel 1624.

Brehm, Alfred E., *Tierleben,* 1911/18.

Büttikofer, Johannes, *Reisebilder aus Liberia,* Amsterdam 1884.

Buffon, G. L. L. Graf von, *Histoire naturelle,* Paris 1749/88.

Buller, Sir Walter Lawry, *History of the Birds of New Zealand,* London 1888.

Burden, D., *Dragon Lizards of Komodo,* New York 1928.

Burkhardt, R., *Die Geschichte der Zoologie,* Berlin 1921.

Burmeister, Hermann, *Reise durch die La-Plata-Staaten,* 1861.

Burrell, Harry, *The Platypus,* Sydney 1927.

Cardim, Fernao, *Tratados da Terra e Gente do Brasil,* Lissabon 1585.

Carus, J. V., *Geschichte der Zoologie,* München 1872.

Casas, Bartolomé de las, *Historia de las Indias,* Madrid 1559.

Castillo, Bernal Diaz del, *Historia Verdadera de la Conquista de la Nueva España,* Madrid 1632.

Chapin, James, *The Birds of the Belgian Congo,* New York 1939.

Chapin, James, *How the Congo Peacock was discovered,* New York 1948.

Clusius, Carolus, *Exoticorum libri decem,* Antwerpen 1605.

Colbert, Edwin H., *The Dinosaur Book,* New York 1951.

Colenso, William, *On the Moa,* Wellington 1879.

Cook, James, *Account of a Voyage round the World,* London 1773.

Courteville, R., *Avec les Indiens Inconnus de l'Amazonie,* Paris 1951.

Cuvier, Georges, *Recherches sur les ossements fossiles,* Paris 1812.

Dammerman, K. W., *The orang pendek or Ape Man of Sumatra,* Batavia 1930.

Darwin, Charles, *Die Entstehung der Arten,* Stuttgart 1875/82.

David, Armand, *Journal de mon troisième voyage d' exploration dans l' empire chinois,* Paris 1875.

Diodoros Siculus, *Historische Bibliothek,* Frankfurt 1872/87.

DuChaillu, Paul, *Reisen und Abenteuer in Aequatorial-Afrika,* 1863.

Dupper, Olfert, *Umbständliche und Eigentliche Beschreibung von Africa und denen darzu gehörigen Königreichen und Landschaften,* Amsterdam 1670.

Ehrenberg, Christian Gottfried, *Die Infusionstierchen als vollkommene Organismen,* Berlin 1838.

Falla, R. A., *The Notornis Expedition 1950,* London 1952.

Flacourt, E. de, *Histoire de la grande isle Madagascar,* Paris 1658.

Floericke, Kurt, *Wisent und Elch,* Stuttgart 1930.

Forster, Johann Reinhold, *Geschichte der Pinguine,* Göttingen 1781.

Forster, Johann Reinhold, *Reise um die Welt,* Göttingen 1778/88.

Fuhrmann, Ernst, *Das Tier in der Religion,* München 1922.

Gatti, A., *In den Urwäldern des Kongo,* Zürich 1948.

Gaudry, A., *Animaux fossiles et Géologie de l' Attique,* Paris 1862/67.

Geoffroy de Saint-Hilaire, Etienne, *Description de l'Egypte,* Paris 1835.

Geoffroy de Saint-Hilaire, Isidore, *Geschichte der Zoologie,* Paris 1854.

Gesner, Konrad, *Historia animalium,* Zürich 1551/88.

Gesner, Konrad, *Geschichte der Tiere,* hrsg. v. Georg Horst, Frankfurt 1669.

Goethe, Joh. W. von, *Die Faultiere und die Dickhäutigen, abgebildet, beschrieben und verglichen von Dr. E. D' Alton,* Bonn 1821.

Goodrich, Edwin Stephen, *A. Treatise on Zoology,* London 1909.

Gosse, Philip Henry, *The romance of natural history,* London 1886.

Gould, John, *Birds of Australia,* London 1840/48.

Gould, John, *Mammals of Australia,* London 1845/60.

Gould, John, *Monograph of the Trochilidae or Humming Birds,* London 1849/87.

Grandidier, Alfred, *Histoire physique, naturelle et politique de Madagascar,* Paris 1875.

Grzimek, Bernhard, *Kein Platz für wilde Tiere,* München 1954.

Grzimek, Bernhard, *Flug ins Schimpansenland,* Stuttgart 1952.

Günther, K., u. K. Deckert, *Wunderwelt der Tiefsee,* Berlin 1950.

Harkness, Ruth, *The Lady and the Panda,* New York 1938.

Hartmann, Robert, *Der Gorilla,* Leipzig 1879.

Hennig, Richard, *Terrae incognitae,* Leiden 1950.

Herberstein, Siegmund Frh. von, *Rerum moscovitarum commentarii,* Wien 1549.

Hernandez, Francisco, *Nova plantarum, animalium et mineralium mexicorum historia,* Rom 1651.

Heuglin, Theodor von, *Reisen in Nordostafrika,* 1857.

Heuvelmans, Bernard, *Sur la piste des bêtes ignorées,* Paris 1955.

Hichens, W., *African mystery beasts,* London 1937.

Hochstetter, Ferdinand von, *Die ausgestorbenen Riesenvögel von Neuseeland,* Wien 1862.

Humboldt, Alexander von, *Reise in die Äquinoktialgegenden des neuen Kontinents,* Leipzig 1859/60.

Izzard, R., *The abominable snowman adventure,* London 1955.

Jennings, Herbert Spencer, *Heredity, Variation and Evolution in Protozoa,* Baltimore 1908.

Johnson, Martin, *Congorilla,* Leipzig 1928.

Johnston, H., *The Uganda Protectorate,* London 1902.

Kahn, Fritz, *Das Buch der Natur,* Zürich 1952.

Koch-Isenburg, Ludwig, *Zauberhaftes Madagaskar,* Stuttgart 1954.

Koenigswald, G. H. R. von, *Begegnungen mit dem Vormenschen,* Düsseldorf 1955.

Kolb, Peter, *Caput bonae spei hodiernum,* Nürnberg 1719.

Koller, Gottfried, *Daten zur Geschichte der Zoologie,* Bonn 1949.

Krumbiegel, Ingo, *Von neuen und unentdeckten Tierarten,* Stuttgart 1950.

Kuhn, E., *Die Geschichte der Wirbeltiere,* Basel 1953.

Lamarck, Jean Baptiste, *Philosophie zoologique,* Paris 1809.

Lane, Frank W., *Zauberwelt der Tiere,* Olten 1955.

Le Gros Clark, W. E., *History of the Primates,* London 1953.

Leichhardt, Ludwig, *Reisejournal,* Halle 1851.

Lesson, René Primevère, *Histoire naturelle des oiseaux-mouches,* Paris 1829/33.

Lesson, René Primevère, *Journal d' un voyage pittoresque autour du monde,* Paris 1830.

Levaillant, François, *Voyage dans l' intérieur de l' Afrique,* Paris 1798.

Ley, Willy, *Dragons in Amber,* New York 1951.

Ley, Willy, *The Lungfish, the Dodo and the Unicorn,* New York 1950.

Livingstone, David, *Die Erschließung des dunklen Erdteils,* Hamburg 1874.

Lönnberg, E., *On a New Orycteropus from Northern Congo and Some Remarks on the Dentition of the Tubulidentata,* Stockholm 1906.

Lopez, Eduardo, *Regnum Congo hoc est Warhaffte und Eigentliche Beschreibung des Königreichs Congo in Africa,* Frankfurt 1597.

Loys, F. de, *A Gap filled in The Pedigree of Man,* London 1929.

Ludolf, Hiob, *Historia aethiopica,* Frankfurt 1681.

Lydekker, Richard, *Deer of Many Lands,* London 1901.

Lydekker, Richard, *Marsupialia and Monotremata,* London 1894.

Marcgraf, Georg von Liebstadt, *Historia terum naturalium Brasiliae,* Leiden 1648.

Marsden, W., *History of Sumatra,* London 1911.

Montandon, G., *Singe d' apparence anthropoide en Amérique du Sud,* Paris 1949.

Nissen, C., *Schöne Vogelbücher,* Wien 1936.

Nordenskjöld, Erik, *Die Geschichte der Biologie,* Jena 1928.

Olaus Magnus, *Historia de gentibus septentrionalibus,* Rom 1555.

Orbell, G. B., *Notornis Valley,* London 1949.

Owen, Richard, *Description of the extinct gigantic Sloth,* London 1843.

Owen, Richard, *Memoirs of extinct wingless birds of New Zealand,* London 1894.

Pallas, Peter Simon, *Zoographia Rossiae asiaticae,* Petersburg 1811.

Periplus Hannonis, Heidelberg 1808.

Peyer, Bernhard, *Geschichte der Tierwelt,* Stuttgart 1949.

Plinius, Gaius Secundus Maior, *Historia naturalis,* Leipzig 1881.

Pollen, François, *Recherches sur la faune de Madagascar,* Leiden 1868.

Polo, Marco, *Am Hofe des Großkhans,* Leipzig 1949.

Pontoppidan, Erik, *Försög til Norges Naturlige Historie,* Bergen 1752/54.
Przewalski, Nikolai M., *Przewalskis Reisen,* hrsg. v. Selenin, Petersburg 1909.

Raffles, Sir Stamford, *History of Java,* London 1817.
Raffles, Sophia, *Memoir of the Life and Public Services of Sir T. S. Raffles,* London 1830.
Reade, William Winwood, *Savage Africa,* London 1864.
Reischek, Andreas, *Sterbende Welt,* Wien 1924.
Roesel von Rosenhof, August, *Allmonatliche Insecten-Belustigungen,* Nürnberg 1753.
Romer, Alfred S., *Man and the Vertebrates,* Chicago 1946.
Roosevelt, Kermit, *The search for the Giant Panda,* New York 1930.
Rourke, Constance, *Audubon,* Wiesbaden 1947.
Rüppell, Eduard, *Reise nach Abessinien,* Frankfurt 1838/40.
Rumpf, Georg Eberhard, *Ambonsch Dierboek,* Dordrecht 1726.

Sage, Dean, *Hunting the Giant Panda,* New York 1935.
Schebesta, Paul, *Orang-Utan,* Leipzig 1928.
Schlosser, Max, *Die fossilen Säugetiere Chinas,* München 1903.
Schomburgk, Hans, *Mein Afrika,* Berlin 1928.
Schouten, Cornelius, *Journal ou description du merveilleux voyage,* Amsterdam 1619.
Shipton, E., *The Mount Everest reconnaissance expedition,* London 1952.
Simpson, George Gaylord, *Life of the Past,* New Haven 1953.
Smith, J. L. B., *The living coelancanthid fish from South Africa,* London 1939.
Sonnerat, Pierre, *Voyage à la Nouvelle Guinée,* Paris 1776.
Sonnerat, Pierre, *Voyage aux Indes orientales et à la Chine,* Paris 1782.
Souza, Gabriel Soures de, *Tratado Descriptivo do Brasil,* 1587.
Stanley, Henry Morton, *In darkest Africa,* London 1890.
Steller, Georg Wilhelm, *De bestiis marinis,* Petersburg 1751.
Steno, Nicolaus, *De solido intra solidum naturaliter contento,* Florenz 1669.
Sterne, Carus, *Werden und Vergehen,* Berlin 1905.
Stresemann, E., *Was wußten die Schriftsteller des XVI. Jahrhunderts von den Paradiesvögeln?,* Berlin 1914.
Stresemann, Erwin, *Die Entwicklung der Ornithologie,* Berlin 1951.
Strickland, Hugh, *The Dodo and its kindred,* London 1848.

Temminck, Coenraad J., *Verhandelingen over de natuurlijke geschiedenis der Nederlandsche overzeesche bezittingen door de leden der Natuurkundige Commissie,* Leiden 1839/45.
Thévet, Père André, *Les Singularités de la France antarctique, autrement nommée Amérique,* Paris 1558.
Tilman, H. W., *Himalayan Apery,* London 1955.
Trembley, Abraham, *Mémoire pour servir à l' histoire d' un genre de Polypes d' eau douce à bras en forme de cornes,* Leiden 1744.
Tyson, E., *Orang-outang, sive Homo sylvestris, or the Anatomy of a pygmie,* London 1699.

Urbain, A., u. P. Rode, *Les singes anthropoides,* Paris 1948.

Valentijn, François, *Verhandeling der Vogelen van Amboina,* Leiden 1726.
Vernon, Arthur, *The History and Romance of the Horse,* New York 1946.

Wallace, Alfred Russell, *Geographical Distribution of Animals,* London 1876.
Wallace, Alfred Russel, *The Malay Archipelago,* London 1869.

Waxell, Sven, *The American Expedition*, London 1952.

White, John, *Journal of a voyage to New South Wales*, London 1790.

Wied-Neuwied, Maximilian Prinz zu, *Beiträge zur Naturgeschichte von Brasilien*, 1825/33.

Williston, S. W., *Water Reptiles of the Past and Present*, Chicago 1914.

Yerkes, Robert, *The mind of the Gorilla*, New York 1928.

Yerkes, Robert u. Ada, *The Great Apes*, New Haven 1929.

Zänkert, A. u. L., *Dunkler heißer Kongowald*, Stuttgart 1951.

Zell, Theodor, *Polyphem ein Gorilla!*, Dresden 1908.

Register

Kursiv gedruckte Seitenzahlen verweisen auf Abbildungen.